月球遥感概论

陈圣波 主编

科学出版社
北京

内 容 简 介

月球是人类深空探测的前哨站。人类月球探测活动主要有地基观月、月球卫星探测、月面巡视探测和月球陨石分析等不同探测手段。月球遥感从地月系统出发，该书重点关注已有月球遥感卫星与载荷的技术特性及其应用成果。电磁波原理是月球遥感的基础。该书分别整理了月球反射光谱、发射光谱和微波辐射特性。由此，本书系统给出了人类开展的月球地形、表面成分、月壤特性、深部物理和大气遥感探测的方法和结果，作为后续月球遥感探测研究及其应用的基础。

本书可供从事深空探测工程和科学研究，特别是月球探测和月球科学研究的工程技术、科研和管理人员，以及高等院校相关专业的师生。

图书在版编目（CIP）数据

月球遥感概论／陈圣波主编． -- 北京：科学出版社，2024.9． -- ISBN 978-7-03-079609-7

Ⅰ．V1

中国国家版本馆 CIP 数据核字第 2024BT4852 号

责任编辑：崔　妍　张梦雪／责任校对：何艳萍
责任印制：肖　兴／封面设计：无极书装

科 学 出 版 社 出版
北京东黄城根北街 16 号
邮政编码：100717
http://www.sciencep.com

北京建宏印刷有限公司印刷
科学出版社发行　各地新华书店经销

*

2024 年 9 月第　一　版　　开本：787×1092　1/16
2024 年 9 月第一次印刷　　印张：22
字数：520 000
定价：298.00 元
（如有印装质量问题，我社负责调换）

序 一

  遥感是指借助对电磁波敏感的仪器，在不与探测目标接触的情况下，记录目标物对电磁波的辐射、反射、散射等信息，揭示目标物的特征、性质及其变化的综合探测技术。卫星技术的发展为星载遥感技术的发展提供了强大的动力。而当我们把目光由地球转向太空时，行星遥感成了最为便捷和有效的探测方式。

  月球探测始于20世纪50年代末，在经历了20世纪六七十年代的第一次高潮。20世纪90年代始，到现在的第二次热潮，目前已成为当今世界高新科技中极具挑战性也是最具标志性的领域之一，是众多高新技术的高度融合，是一个国家综合国力和科学技术整体水平的全面体现，更是一项凝聚国家民族力量、振奋民族精神的大科学系统工程和宏伟事业，同时也是提高一个国家国际威望并维护其国际外空事务权益的重要支撑活动之一。我国月球探测工程的成功，是继人造地球卫星、载人航天飞行取得成功之后，我国航天事业发展的又一座里程碑，实现了中华民族的千年奔月梦想，开启了中国人走向深空探索宇宙奥秘的时代，标志着我国已经进入世界具有深空探测能力的国家行列。

  无论是月球探测的第一次高潮还是现在的第二次热潮，月球遥感探测都在其中发挥了重要的作用，为获取月球整体性和全球性特征以及变化规律作出了突出的贡献，成为行星遥感探测的样板和典范。但对于月球遥感探测方式、数据处理和反演的方法，还缺乏系统全面的总结和梳理，《月球遥感概论》就在这样的背景下应运而生！该书从月球探测，特别是遥感探测的历程出发，系统介绍了月球地形、表面成分、月壤特性、水冰和大气以及内部结构等遥感探测的原理方法，还介绍了各类数据处理与反演的模型和算法，为月球和行星遥感探测方式的遴选、月球与行星科学问题的研究提供了基本的参考和基础的研究方法，是一本既有原理阐述又有方法论证的综合性专业论著，可为广大科研工作者以及工程技术人员提供系统的参考！

  愿该书的出版发行惠及更多的读者，也能成为行星遥感应用和研究的样板！

序　二

　　月球是地球唯一的天然天体卫星。1990 年以来，国际再次进入月球探测的高峰期。2018 年 2 月，美国发布《NASA 战略规划 2018》，计划重返月球开展长期空间探索和利用，并计划载人登陆火星。同时，相关国家也正在计划开展系统性月球与深空探测研究。我国随着嫦娥探月工程"绕""落""回"三步走的成功实施，实现了数千年来的探月梦想。以 2022 年 1 月发布的《2021 中国的航天》白皮书可知，中国将继续实施月球探测工程。2023 年中国载人航天工程办公室发布，我国将在 2030 年前实现载人登月计划，并计划建设月球科研站。

　　国内外每次进行月球探测任务，均会优先安排卫星遥感探测。陈圣波教授带领团队，结合参与我国嫦娥探月工程科学数据的研究分析，系统整理了人类地基观月、月球卫星探测、月面巡视探测和月球陨石分析等不同月球探测技术方法，特别是月球遥感卫星与载荷，及其在月球地形、表面成分、月壤特性、深部物理和大气遥感探测的理论与方法，由此形成月球遥感的理论与方法体系。

　　2022 年，我国遥感科学与技术被正式批准为一级交叉学科。遥感经典的固体颗粒物表面反射率模型（Hapke 模型），是从阿波罗（Apollo）时期月球光谱遥感研究发展起来的。月表本身反射光谱的稳定性，已作为常规地球遥感卫星的天然光谱辐射标定场，比地球表面的辐射标定场有得天独厚的天然优势。另外，月球作为天然的地球卫星，不仅关注基于月球的卫星，开展遥感探测月球；也可基于月球这个天然卫星平台，开展遥感探测地球和深空天文观测，可进一步拓展地球遥感和天文观测的时空边界。因此，月球遥感的理论与方法将进一步丰富遥感科学与技术的学科内涵和应用场景。

　　浩瀚星空，人类不会停下探索的步伐。我相信，月球遥感系列著作的出版，将为从事月球与行星探测、地球遥感的工程技术人员和科研工作者提供重要参考。

前　言

　　月球是地球唯一的天然天体卫星，是人类迈向深空的第一站。从我国上古时代的嫦娥、津巴布韦月亮神（Mwuetsi）和墨西哥月亮神（Coyolxauhqui）等神话故事，以及新石器时代早期识别出月表危海和湿海，希腊哲学家 Anaxagoras（约公元前 500~428 年）和 Democritus（约公元前 460~370 年）等提出月球岩石、山脉等特性。到 17 世纪初期，意大利科学家伽利略率先开展地基望远镜天文观测；1958 年，苏联发射了首个月球探测器，拉开了人类月球探测的序幕。1969 年，美国阿波罗 11 号（Apollo 11）开启人类第一次登月任务。1969 年 7 月 20 日，阿姆斯特朗（Armstrong）和奥尔德林（Aldrin）成为首次踏上月球的人类，从此开启了月球空间探测时代。在过去的 60 多年，人类共完成 100 余次月球探测任务。1990 年以来，国际再次进入月球探测的高峰期。2018 年 2 月发布《NASA 战略规划 2018》，目的是在美国领导下重返月球、开展长期空间探索和利用，乃至载人登陆火星。美国正加紧推进阿耳忒弥斯（Artemis）计划，计划在 2024 年载人登陆月球南极，2025 年起持续探索月球，建立月球基地，并筹备前往火星。

　　习近平总书记指出："探索浩瀚宇宙，发展航天事业，建设航天强国，是我们不懈追求的航天梦"。中国始终把发展航天事业作为国家整体发展战略的重要组成部分，始终坚持为和平目的探索和利用外层空间。自 1993 年起，经过长达 10 年科学目标与工程实现综合论证，中国月球探测提出"绕""落""回"三步实施的发展规划。2004 年初，月球探测一期工程，即绕月探测工程立项启动，实现对月球的全球性、整体性和综合性环绕探测。继而，月球探测工程二期、三期列入《国家中长期科学和技术发展规划纲要（2006—2020 年）》。2008 年，探月工程二期立项启动，实现了月球软着陆，对月面进行就位探测和巡视勘察。2010 年，探月工程三期获得国家立项，实现月球样品自动取样并安全返回地球。2016 年以来，中国航天进入创新发展"快车道"，探月工程"三步走"圆满收官。根据 2022 年 1 月 28 日发布的《2021 中国的航天》白皮书，未来五年，中国将继续实施月球探测工程，发射"嫦娥六号"探测器，并完成月球极区采样返回，发射"嫦娥七号"探测器，并完成月球极区高精度着陆和阴影坑飞跃探测，以及完成"嫦娥八号"任务关键技术攻关，与相关国家、国际组织和国际合作伙伴共同开展国际月球科研站建设。特别地，2023 年中国载人航天工程办公室发布，我国计划在 2030 年前实现载人登陆月球开展科学探索，其后将探索建造月球科研试验站，开展系统、连续的月球探测和技术试验验证。每次进行月球探测任务，均优先安排卫星遥感探测。

　　21 世纪以来我国嫦娥探月工程的成功实施，实现了我国数千年来探月的梦想。60 年来的月球遥感探测，获取了全月球丰富的探月遥感数据。如何通过分析这些数据，进一步揭示月球表面和深部的成分、结构、构造等特征，是月球遥感研究的目标。伴随着我国月球探测任务的实施，我们先后得到国家自然科学基金项目（40901159、40971187、41372337 和 41772346）的持续支持，系统开展了月球被动微波、可见光-近红外、雷达和热红外遥感机理和方法研究，初步形成了月球遥感体系框架。同时，结合承担国家高技术研究发展计划（863 计划）项目（2008AA12Z212、2010AA122203）、国家自然科学基金重大项目（41490634）、科技部科技基础性工作专项（2015FY210500）和数字月球工程等项目，深化了对月球遥感的认识。

围绕月球遥感体系框架，狭义上月球遥感的理论基础是电磁波理论。我们从地月系统出发，已有的人类月球探测活动主要有地基观月、月球卫星探测、月面巡视探测和月球陨石分析等，重点关注现有月球遥感卫星与载荷。根据月球电磁波遥感原理，分别整理了已有月球地形、表面成分、月壤特性、深部物理和大气遥感探测的方法和结果作为后续月球遥感研究和应用的基础。前事不忘，后事之师。为此我们将前人月球遥感研究成果和我们开展的月球遥感研究成果，分别编辑成《月球遥感概论》和《月球遥感研究》，形成系列呈现给读者参考。

《月球遥感概论》共分 8 章，各章节分工如下：第 1 章引言，由陈圣波、郭甜甜、曹一晶、辛欣、孙莹、刘彬等编；第 2 章月球遥感卫星与载荷，由陈圣波、许玉成等编；第 3 章月球电磁波遥感原理，由黄爽、戴睿等编；第 4 章月球地形地貌遥感，由陈圣波、黄爽、汪林峰等编；第 5 章月球表面成分遥感，由崔腾飞、王景然、周超、汪林峰等编；第 6 章月壤特性遥感，由王建国、许玉成等编；第 7 章月球物理探测，由陈圣波、周欢、陆天启、范宪创、刘彬等编；第 8 章月球大气遥感，由程雪、刘焱、戴睿等编。全书由陈圣波、李健、路鹏、马明、赵靓和徐锡统统稿。

本书在前期规划编辑大纲时，分别与中国科学院国家天文台的张渊智教授和平劲松研究员以及美国普渡大学的李林教授进行了交流讨论，并得到了非常有价值的指导意见。成稿后，分别得到了中国科学院地球化学研究所刘建忠研究员、中国科学院空天信息创新研究院邸凯昌研究员、北京大学法文哲教授和山东大学凌宗成教授的审阅，提出了建设性的修改意见，得以进一步完善该书稿，在此一并致谢。

最后特别感谢中国科学院地球化学研究所欧阳自远院士、中国科学院空天信息创新研究院郭华东院士为本书做序。

陈圣波
2023 年 10 月 2 日

目 录

序一
序二
前言

第1章 引言 ········· 1
  1.1 月球概述 ········· 1
  1.2 地基观月 ········· 5
  1.3 月球卫星探测 ········· 16
  1.4 月面巡视探测 ········· 20
  1.5 月球陨石分析 ········· 43
  参考文献 ········· 45

第2章 月球遥感卫星与载荷 ········· 49
  2.1 月球遥感卫星 ········· 49
  2.2 月球探测仪器 ········· 67
  参考文献 ········· 78

第3章 月球电磁波遥感原理 ········· 84
  3.1 月球反射光谱 ········· 84
  3.2 月球发射光谱 ········· 109
  3.3 月球微波辐射 ········· 125
  参考文献 ········· 137

第4章 月球地形地貌遥感 ········· 140
  4.1 地形遥感方法 ········· 140
  4.2 数字地形模型 ········· 151
  4.3 月球地貌 ········· 159
  参考文献 ········· 172

第5章 月球表面成分遥感 ········· 175
  5.1 月球元素遥感 ········· 175
  5.2 月球矿物遥感 ········· 195
  5.3 月球岩石遥感分类 ········· 205
  参考文献 ········· 217

第6章 月壤特性遥感 ········· 225
  6.1 月壤物理特性 ········· 225
  6.2 月壤厚度探测 ········· 235
  6.3 月球极地水冰遥感 ········· 244

  6.4 月球氦 3 资源遥感 ·· 248
  参考文献 ··· 258
第 7 章 月球物理探测 ·· 267
  7.1 月球重力探测 ·· 267
  7.2 月球磁场探测 ·· 277
  7.3 月球地震探测 ·· 284
  7.4 月球热流探测 ·· 299
  参考文献 ··· 304
第 8 章 月球大气遥感 ·· 311
  8.1 月球大气成分 ·· 311
  8.2 月球大气探测 ·· 323
  8.3 月球大气形成 ·· 331
  参考文献 ··· 338

第1章 引 言

月球是地球唯一的自然固态卫星，是一个广阔的、缺少空气的星体。一般认为，大约45亿年前，一个火星大小的天体撞击了原始地球，它的溅射物形成了月球（Benz et al., 1986）。炽热的原始星体逐渐冷却，并遭受彗星和流星的不断撞击，带来了太阳系彗星和流星上的元素。因此，对月球表面的物质成分与分布以及月壳原始岩石进行研究，可以帮助我们更好地理解月球的起源和月表物质的来源。

1.1 月球概述

月球是太阳系中第五大卫星，也是地球唯一的天然卫星。月球基本上是一个圆球体，直径为3476km，相当于地球直径的1/3.67。月球形状跟地球相似，南北极稍扁，赤道膨胀，极半径比赤道半径短500m。月球质量为7.35×10^{25}kg，约为地球质量的1/81.301；体积只有地球体积的1/49；表面积为3.8×10^7km²，是地球表面积的1/14；月球的平均密度为3.34g/cm³，比地球的平均密度（5.52g/cm³）小得多，只有地球引力的1/6。

除了绕地球公转，月球本身还在自转。月球的自转周期恰好等于它绕地球的公转周期，即27天7小时43分11.5秒，而且其自转和绕地球公转均为逆时针方向。因此，在地球上永远只能看到月球的一面，另外半个球面总是背向地球。月球基本物理参数见表1.1。

表 1.1 月球基本物理参数

月球基本物理参数	参数值
平均密度/(g·cm³)	3.34
平均半径/km	1737.5
惯性矩距/(I/MR²)	0.395
平均地月距离/km	384400
赤道上的重力加速度/(cm/s²)	162
中心压力/GPa	4.2
月震释放能/(J/a)	2×10^{10}
表面热流/(μW/cm²)	2.9
赤道上的逃逸速度/(km/s)	2.38
质量/g	7.35×10^{25}
绕地球运转的平均速度/(km/s)	1.02

续表

月球基本物理参数	参数值
表面反照率/%	6.7
从太阳获取的能量/[J/(cm² · min)]	8.37

资料来源：Heiken et al., 1991；中国科学院地球化学研究所, 1977

1.1.1 月球运动

月球可看作刚体。月球的运动分为质心运动（即轨道运动）和绕质心的转动（即自转）。在研究月球的质心运动时，将月球和地球看作全部质量集中在质心的质点，并且它们只受彼此间相互的引力作用，构成地-月系。在惯性坐标系内，地-月系的公共质心绕太阳公转，月球和地球又分别绕它们的公共质心作转动运动。根据二体运动理论，月球围绕地球质心作平面椭圆轨道运动，月球和地球的赤道与其轨道的几何关系如图 1.1 所示。其中，月球赤道与月球轨道面的夹角为 6°41′；月球轨道与黄道的夹角平均值为 5°9′，夹角的变化范围 4°57′~5°19′（Mutch et al., 1970）。月球在自己的轨道绕地球运行的平均速度是 1.02km/s，月球绕地球的公转周期称为恒星月。

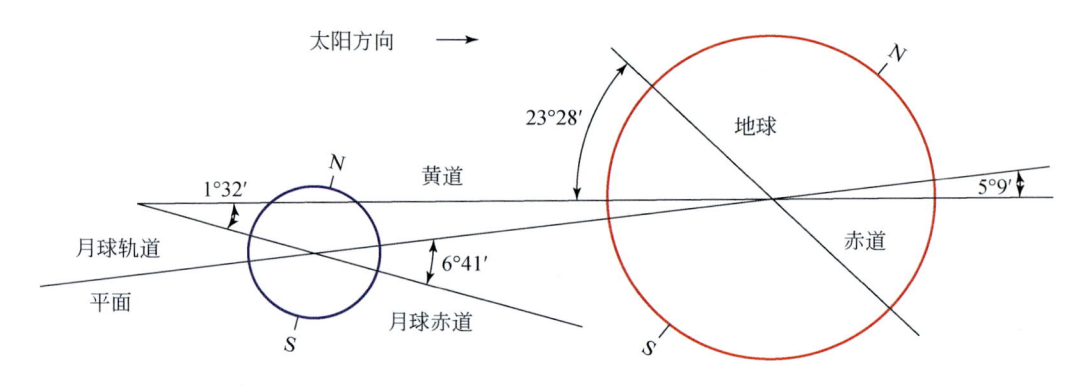

图 1.1 月球绕地球的旋转轴和轨道几何关系（Mutch et al., 1970）

月球绕地轨道是倾斜的椭圆形轨道，长半轴均值是 384400km，近地距离平均值为 363300km，远地距离平均值为 405500km。由于摄动作用，长半轴的变化可达 2700km（图 1.2）。月球椭圆轨道的偏心率平均值为 0.0549，接近 1/18。每隔 31.8 天就出现小的周期变化，变化在 1/15~1/23 的范围内。在月球的自转和绕地球公转动方向相同（逆时针转动）的情况下，地球上总只能看到月球的同一个半面。但它在不同的轨道位置面向地球的一面稍有不同，是月球天平动的结果。累计起来，人们在地球上永远只能看到月球整个表面的 59%。如果月球按顺时针方向自转，即使和绕地球转动的周期相等，在地球上也能看到整个月面。月球自转一周的时间，等于一个恒星月，而月球上的一昼夜经历的时间约为 29 天 12h44min2.8s，称为朔望月（Heiken et al., 1991）。一个恒星月后要两天多的时间才完成一个朔望月，因为月球经过一个恒星月之后，在恒星之间再度大致回到原来的位置时，太阳本身也已经向东移动了一段距离。

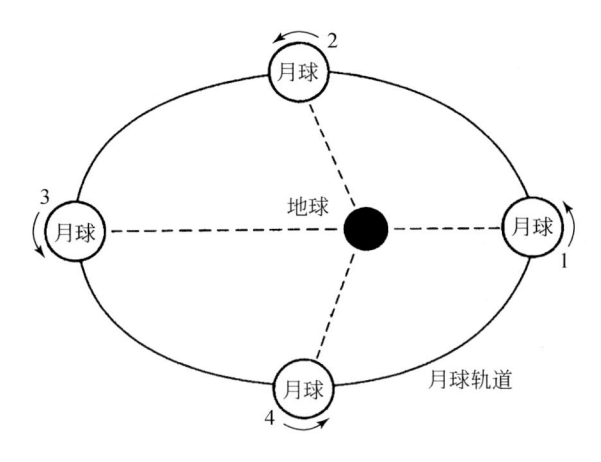

图 1.2　月球运动的椭圆轨道（Heiken et al.，1991）

月球和地球一样也绕轴自转，在月球上也跟在地面上一样，有白天和黑夜之分。月球上的一昼夜，就是它自转一周的时间，即一个恒星月。月球上任何一个地方都有连续相当于地球 14 天左右的时间是白天（月球自转周期的一半），一个黑夜的时间也大约相当于地球的 14 天。月球运动天文参数见表 1.2。

表 1.2　月球运动的轨道参数（Eckart et al.，1999）

月球运动轨道参数	参数值
半长轴/km	384400
近地点距离/km	363300
远地点距离/km	405500
公转周期/天	27.322
朔望周期/天	29.53
平均轨道速度/(km/s)	1.023
轨道倾斜/(°)	5.145
轨道偏心率	0.0549
恒星旋转周期/h	655.728
赤道倾斜/(°)	6.68
离开地球的速度/(cm/a)	3.8
白道和黄道的夹角	5°8′43″
月球自转周期	27 天 7 小时 43 分钟 11.5 秒
赤道与轨道面夹角	6°41′

1.1.2 月相与月食

1. 月相

月球绕地球运动，使太阳、地球、月球三者的相对位置在一个月中有规律地变动。因为月球本身不发光，且不透明，月球可见发亮部分是反射太阳光的部分。只有月球直接被太阳照射的部分才能反射太阳光。在地球上看月球的角度不一样，月球就有了各种圆缺形状，即月相的更迭。月球的月相成因示意图如图 1.3 所示（Heiken et al.，1991）。

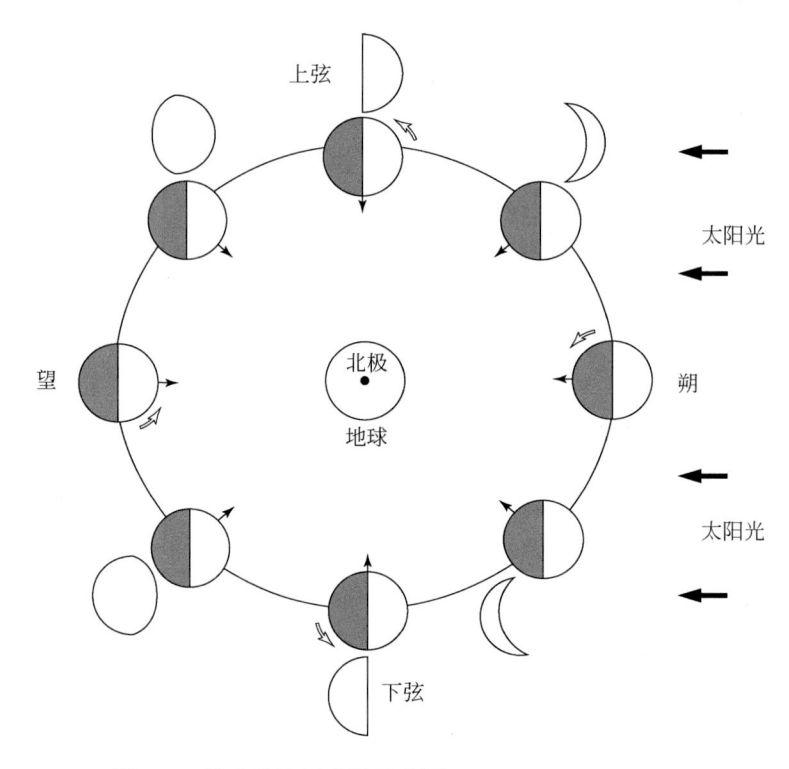

图 1.3 月球的月相成因示意图（Heiken et al.，1991）

月球位于日和地之间时叫做"朔"，月球暗的半个球朝向地球，我们看不到它。朔之后的一二天内，镰刀状的新月在傍晚时，从西方的天空中出现，凸面向着落日的方向。以后月球相对于太阳逐渐向东移动，亮的部分日益扩展。五六天以后成了半圆形，这时的月相称为"上弦"，日落时月球在天子午线附近。再经过七天，便到了"望"（满月），月球与太阳的距离相对比较远。此时，我们看到的是一轮明月，于傍晚东升，在早上从西落下。满月以后，月轮的西部日益亏缺。到"下弦"时，呈半圆形，月球到半夜才升起。和上弦月相反，下弦月是东边半个圆被照亮。下弦以后，半圆继续亏缺。它越来越接近太阳，终于运动到和太阳相同的方向，朔又来临。每当月球呈镰刀状出现在天边的时候，月球圆面的其余部分显现微弱的光辉，是来自地球反射的太阳光，称为"灰光"。若从月球上回首眺望地球,地球也同样有圆缺的变化,而且总是和月相相反。月球处于朔附近时,地球正是望的前后。地球能把入射阳光的40%反射出去;而月球的反射本领差得多,只能反射7.3%。月球表面没有大气,近于真空状态,阳光直照月表,因此月球的天空一团漆黑。

2. 月食

月球运行至地球的阴影部分时,在月球和地球之间的地区会因为太阳光被地球所遮蔽,就看到月球缺了一块。此时的太阳、地球、月球恰好(或几乎)在同一条直线上。月食可以分为月偏食、月全食和半影。

地球在背着太阳的方向会出现一条阴影,称为地影,分为本影和月食半影。月球的一部分进入地球本影时,处在地影中的月面部分将变暗,就是月偏食;当月球整个进入地球本影时,整个月轮将显得暗淡,就是月全食。若月球仅是进入地球的半影,天文学上称为半影月食,这时月轮的亮度减弱很小,肉眼是觉察不到的,一般不称为月食。实际上,即使是处在地球本影中的月偏食和月全食,被食的部分月轮或整个月轮并非完全暗黑,而呈暗弱的古铜色(图1.4)。

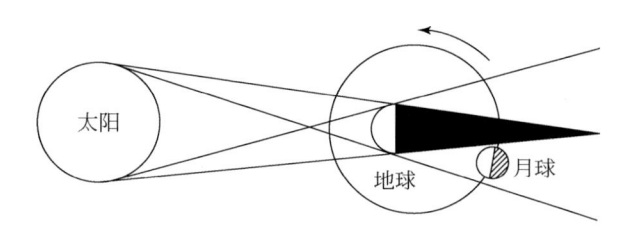

图 1.4 月食的形成原因

1.2 地基观月

17世纪初,意大利科学家伽利略率先将望远镜应用于天文观测,开创了望远镜天文学的新时代。1608~1610年间发现月球表面坑坑洼洼的地形,阴影部分是广阔的月海,而反射阳光较强的部分则是月面的高地。地基观月多利用可见光、红外线、射电手段对月球特性进行研究,从微观尺度的化学成分探测到宏观尺度的陨石撞击过程观测都有研究积累。

1.2.1 可见光-近红外观测

人类对天文的观测和天文望远镜的发展都是从光学波段开始的,20世纪末至今,可见光和近红外望远镜的观测取得了空前辉煌的成就,包括大型望远镜的研制、探测器的改进、光干涉系统的进展、主动光学、自适应光学系统的应用和全太阳光谱的获得等。光学望远镜中比较著名的专用红外望远镜有3.8m的英国红外望远镜和3.6m的法国红外望远镜（Brian et al.，2003）。目前已建成的或者在建的光学和红外望远镜如表 1.3 所示。通过可见光-近红外望远镜，实现月表物理属性、铁钛元素和成熟度分布分析，以及岩性分析。

表 1.3　建成的和在建的光学和红外望远镜

名称	口径/m	地址	建成时间
Hale	1×5	美国	1949 年
NOAO&CTIO	2×4	美国、智利	1973 年/1974 年
Bolahoi	1×6	俄罗斯	1976 年
Henschel	1×4.2	西班牙	1986 年
Keck	2×10	美国	1993 年/1998 年
MMT	1×6.5	美国	1999 年
HET	1×9.2	美国	1999 年
Subaru	1×8.4	美国	1999 年
Ge mini	2×8.3	美国、智利	2001 年
VLT	4×8.2	智利	2001 年
LBT	2×8.4	美国	2002 年
Magellan	2×6.5	智利	2000 年/2002 年
SALT	1×10	美国、南非	2002 年
Gran	1×10.4	西班牙	2003 年
Lamost	1×4	中国	2014 年
GSMT	1×30	美国	在建
Euro-50	1×50	欧洲	在建
OWL	1×100	欧洲	在建
CELT	1×30	美国	在建

1. 月表物理特征分析

偏振成像能够突出月球表面中等大小的纹理特征以及粗糙度等物理特性。基于该原理，巴黎天文台安置了一台可视偏振计，用来获取行星表面的线性偏振强度、角度和偏振光连续变化的望远镜影像，以及其他相关的光学偏振影像。Apollo 8 搭载的偏振计拍摄了月球第谷（Tycho）撞击坑影像，如图 1.5 所示（Audouin Dollfus，2000）。

2. 月表氧化钛、氧化亚铁和成熟度分布

通过望远镜获取的月球正面在 0.42nm、0.65nm、0.75nm、0.95nm 等四个波段的反射率图像，可以制作月球正面的铁、钛含量和成熟度分布图（Yurij et al.，1999）（图 1.6～图 1.8）。

图 1.5　Apollo 8 搭载的可视偏振计观测的第谷（Tycho）撞击坑影像（Audouin Dollfus，2000）

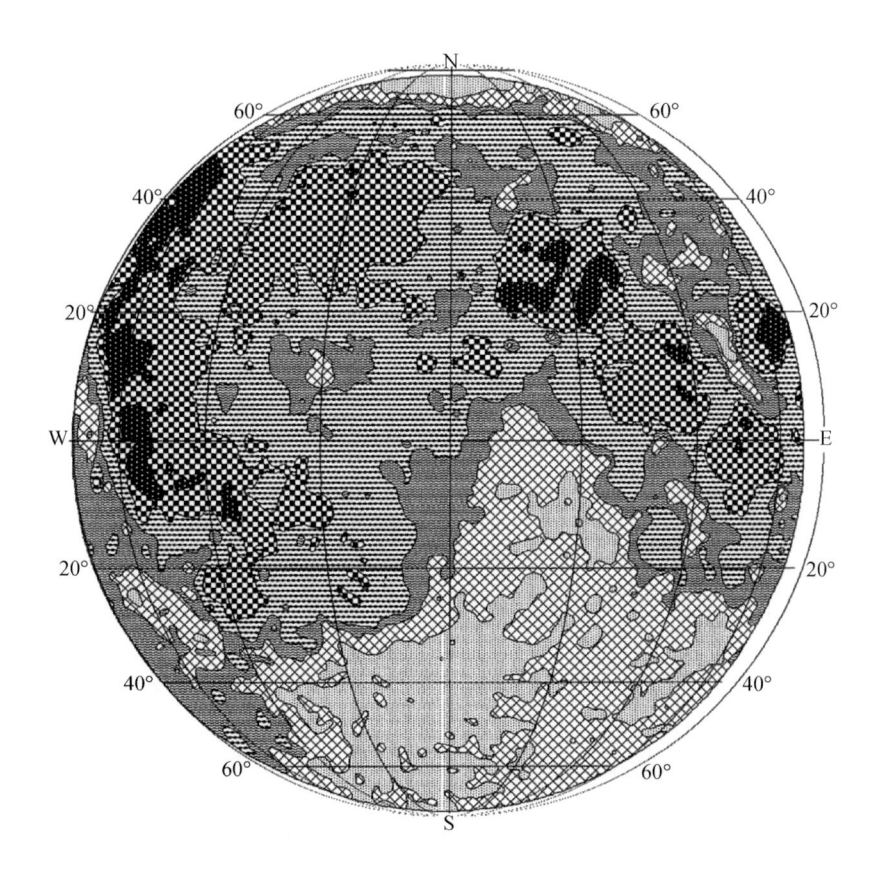

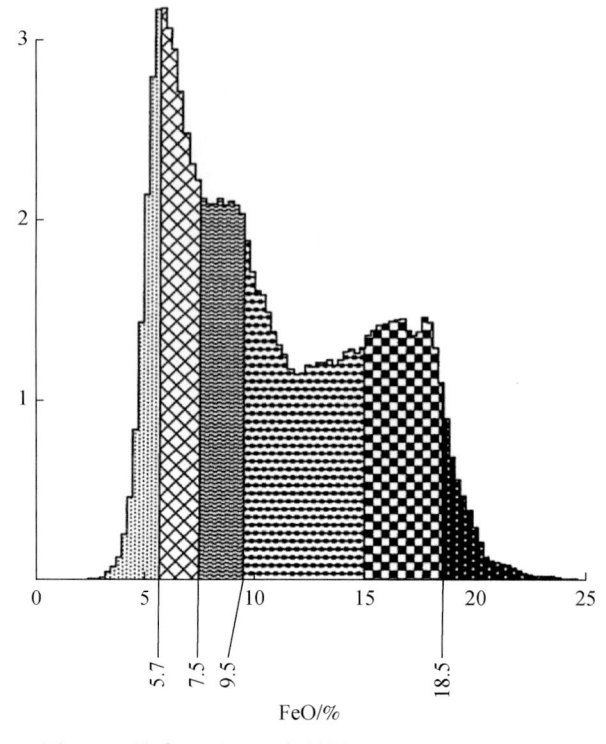

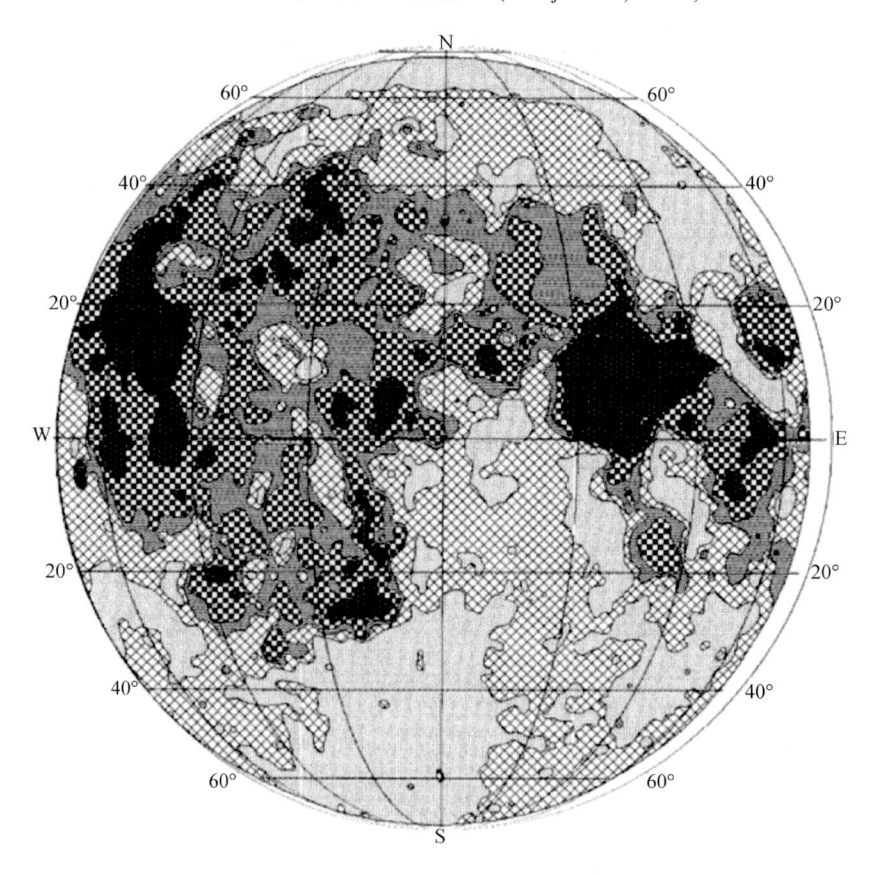

图 1.6 月球正面 FeO 含量图 (Yurij et al., 1999)

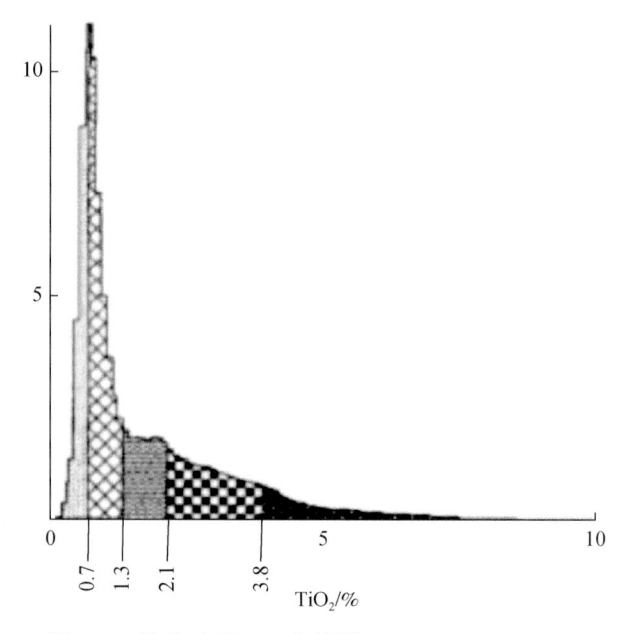

图 1.7 月球正面 TiO$_2$ 含量图（Yurij et al., 1999）

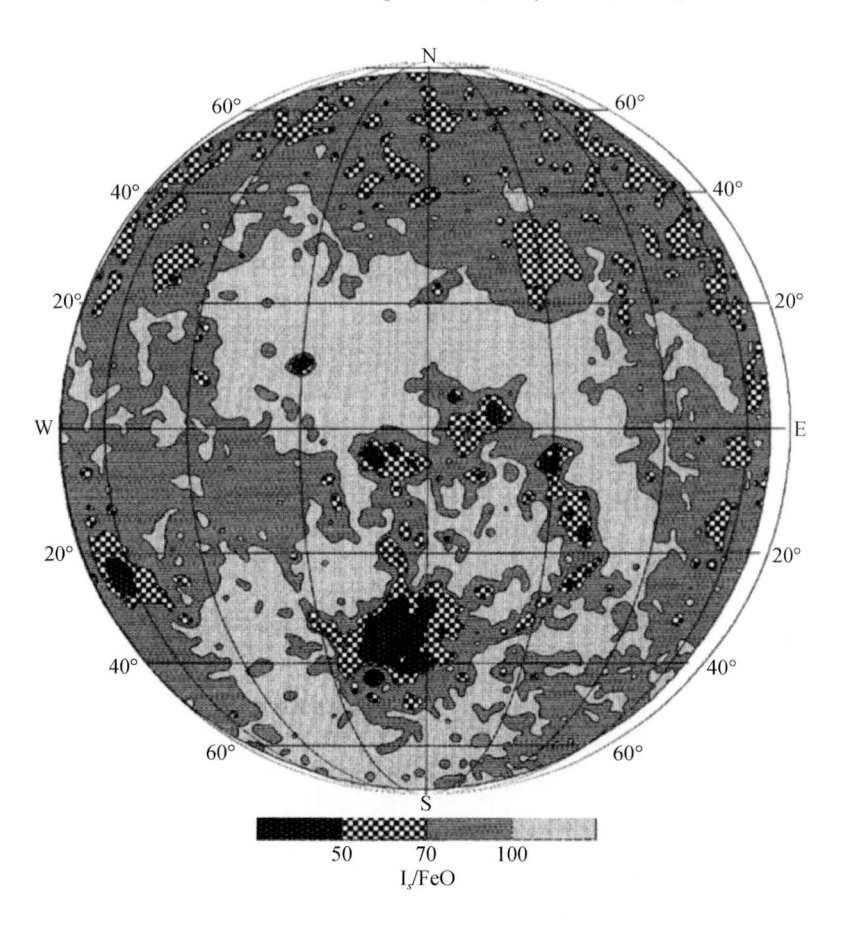

图 1.8 月球正面成熟度图（Yurij et al., 1999）

3. 岩性分析

由 NASA 红外望远镜设备 SpeX 光谱摄像仪获取波段范围为 0.7~5.3μm 的月球图像。该光谱数据采集至梅森撞击坑（Mersenius C）和哥白尼撞击坑（Copernicus）中央峰（图 1.9）。光谱量测采用小时间隔的近似连续量测法，并采用统一定标以使量测过程中的误差最小化。哥白尼撞击坑的光谱曲线显示出了在近红外区域由铁镁矿物引起的吸收特征以及在 4μm 附近的 Si-O 组合频振动特征。综合近红外以及 4μm 以上部分波长的光谱曲线特征，可知该地区的矿物为橄榄石、低钙辉石以及 Si-O 化物为主（Warell et al., 2006）（图 1.10）。

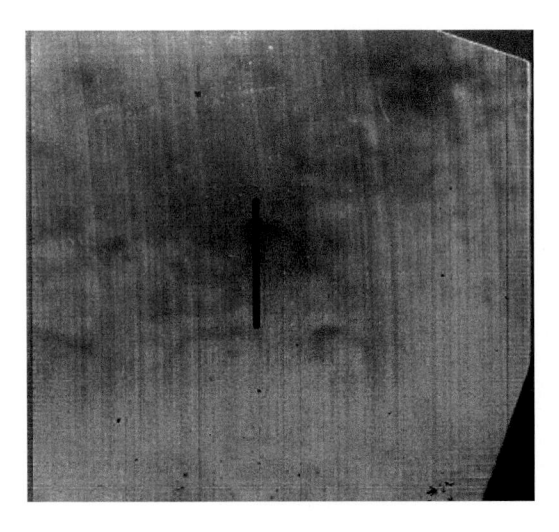

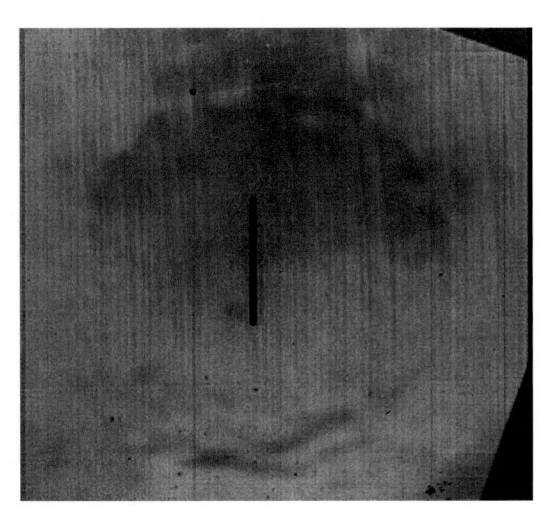

图 1.9 梅森撞击坑（Mersenius，左）和哥白尼撞击坑（Copernicus，右）SpeX 红外影像（Warell et al., 2006）

1.2.2 红外观测

从 1800 年英国著名天文学家 Herschel 发现红外辐射开始，到 20 世纪 70 年代，红外波段的巡天工作正式开启。以美国 NASA 的 3m 红外望远镜 IRTF 和英国 3.8m 红外望远镜 UKIRT 为代表 3~4m 级红外望远镜在 20 世纪 70~80 年代相继建成。至今，世界上最大的专用红外望远镜仍属 UKIRT。IRAS 红外天文卫星在 1983 年建成。它在中红外波段巡天，发现许多星系在红外波段的辐射能量是可见光波段能量的 50 倍。1981 年由云南天文台和北京师范大学等单位合作，在云南天文台 1m 望远镜上安装了红外探测器。

红外波段具有比可见光宽得多的波段范围。宇宙中从微米大小的尘埃到巨大的行星等低温天体辐射的大多数能量均位于红外区。另外，红外观测对研究低温环境，如恒星正在其中形成的多尘恒星云和行星的卫星及小行星冰盖表面是非常重要的。

月表辐射度测量结果表明，月食期间的月表温度变化值大于一个月球日期间的变化值（Pettit and Nicholson, 1930）。利用热物理模型，结合月球夜晚和月食期间观测到的月表温

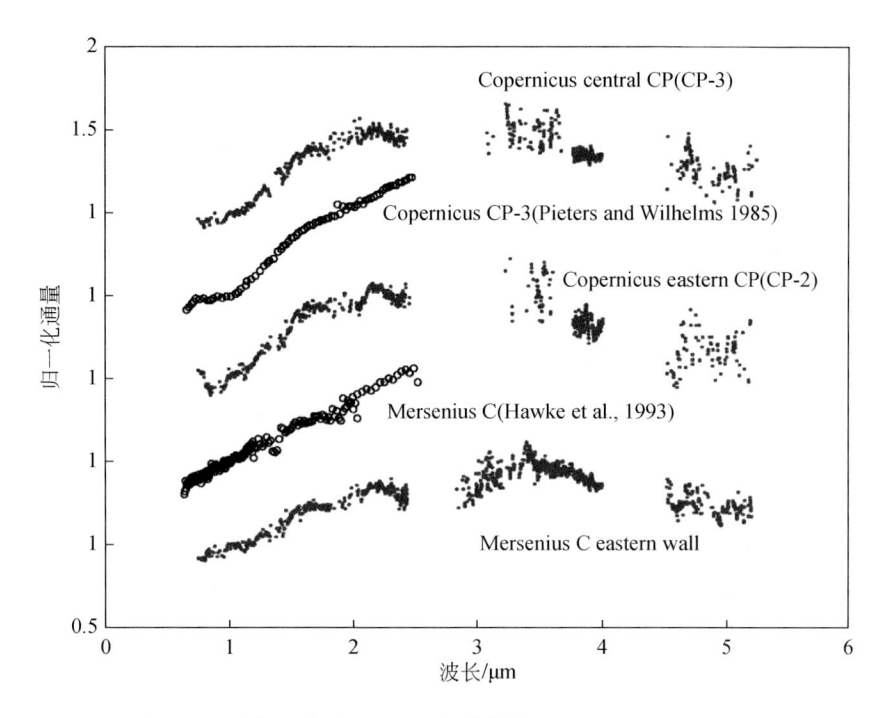

图 1.10 哥白尼撞击坑 SpeX 光谱曲线（Warell et al.，2006）

度，研究表明部分月表地区细粒度导热系数低的月球月壤上面覆盖着 2cm 厚的高导热系数物质（Jaeger and Harper，1950）。后续更加先进的地基红外望远镜观测结果揭示，撞击坑的夜晚亮温存在较大的空间变化性，表明月球月壤热物理特性的不均衡性分布或者撞击坑中岩石的存在（Jaeger and Harper，1950）。1966 年，应用 10～12μm 波段对 1964 年 12 月 19 日月全食成像，得出月表热量的不均匀性（Saari et al.，1966）。利用搭载在热气球上的望远镜系统测量了月球表面的热辐射，虽然测量影像上存在着一个直径为 300km 的光斑，但是测量数据显示了月球不同地区的热辐射差异和红外发射光谱在 8μm 附近存在一个明显的峰值（Murcray et al.，1970）（图 1.11）。

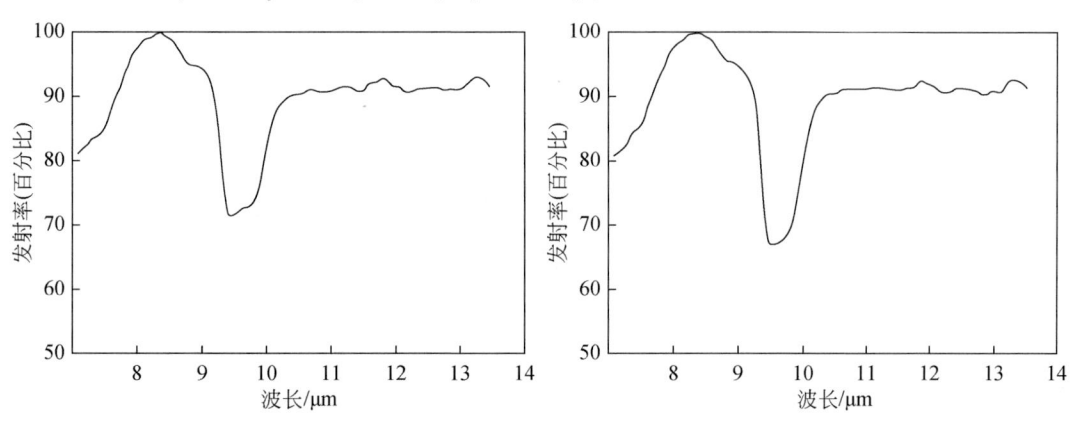

图 1.11 基于地基红外数据计算的月表发射光谱（Murcray et al.，1970）

1.2.3 微波观测

地基微波观测分为主动（有源）微波观测和被动（无源）微波观测。

1. 主动微波观测

地基雷达是指依托地面大口径天线作为发射和接收天线的雷达探测系统。它利用雷达与目标的相对运动，通过检测回波信号的时间延迟和多普勒频移参数，实现对目标的成像（魏二虎等，2006）。雷达具有一定穿透性，可对天体表层下的结构进行探测，完成天体表面的地形测绘、探测天体表层特性厚度、介电常数、地质结构等，以及实现对永久阴影区的探测等。最典型有美国金石太阳系雷达（Golden stone）和设在波多黎各的天文台地基雷达（Arecibo），其系统参数如表 1.4 所示。

表 1.4　国外主要地基雷达探测系统参数

名称	发射功率	发射天线口径/m	频率/MHz	接收天线
Arecibo	1MW	305	430	Arecibo 305m
			2380	Green Bank 100m
Golden stone	500kW	70	8560	DSS-13 34m
				Green Bank 100m
				VLA 天线阵

月球两极存在永久阴影区，可见光波段无法观测，而微波探测手段不受光照影响，阴影区是当前地基雷达月面探测的重点。Shkuratov 和 Bondarenko（2001）结合雷达后向散射影像和 Clementine 月球探测器的月面光谱数据，获得了月球正面月壤厚度分布图像如图 1.12 所示。1992 年，美国康奈尔大学利用雷达波对月球极地进行观测，没有发现面积大于 $1km^2$ 的水冰分布。由金石太阳系雷达获得的月球南极地形图最高分辨率为 20m/pixel，

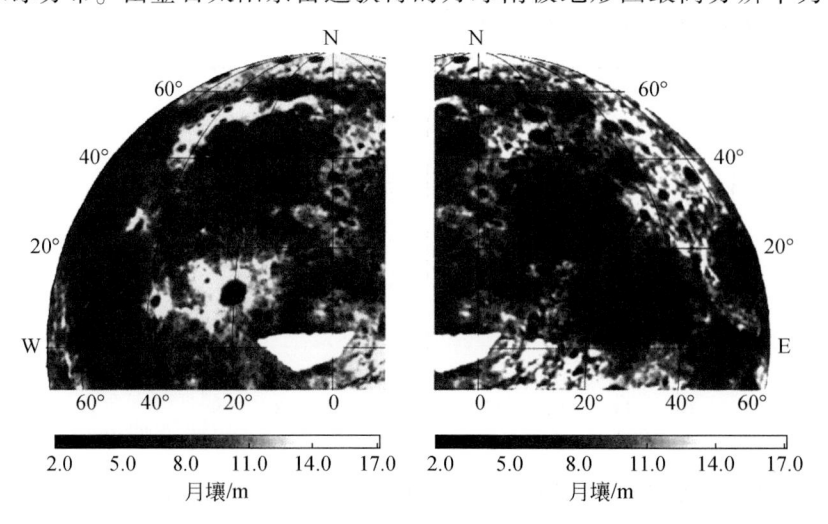

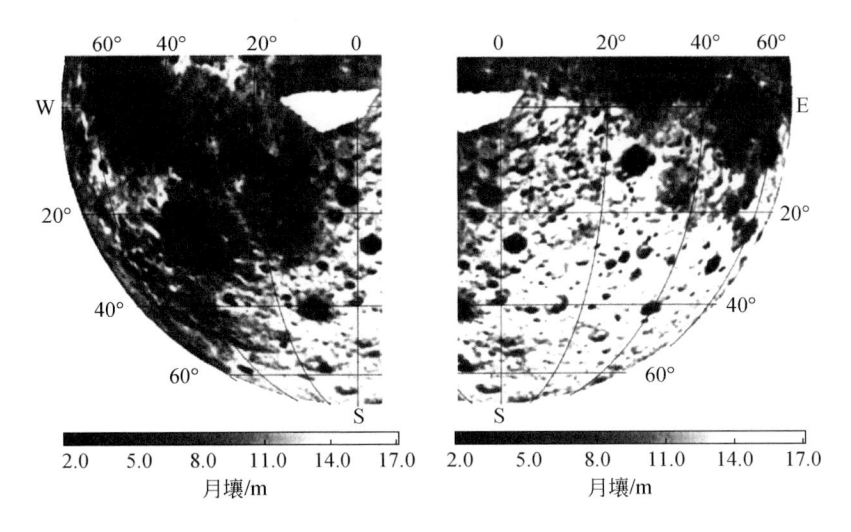

图 1.12　月球正面月壤厚度分布（Shkuratov and Bondarenko，2001）

揭示了月球南极的地形比以前认知的更加高低不平（Jurgen et al.，2005）。Schaber 等（1975）根据雨海盆地雷达后向散射异常低，研究了盆地内的岩浆流。Bruce 等（2014）通过 70cm 波长的雷达影像，研究了澄海的火山碎屑物、地质特性和月壤的厚度（图 1.13）。

图 1.13　月表 Didilia Corona 北部的熔岩流分布（影像中心纬度 19.6°N，40.5°E）（Bruce et al.，2014）

2. 被动微波观测

早在 20 世纪 60 年代，人们开始使用地基射电望远镜对月球进行被动微波辐射测量，研究月壤物理特性。地基微波辐射计获得了全部月球正面的微波遥感图像，波长分别为 7.5m、1.2m、70cm、23cm、13cm、3.8cm，空间分辨率为 2~40km（Tyler and Howard，

1973）。米波和厘米波望远镜的研制开始于第二次世界大战以后，建成的和在建的厘米波射电望远镜如表1.5所示，而毫米波望远镜的研制则相对较晚。

表1.5 建成的和在建的厘米波射电望远镜

名称	口径/m	波长/cm	分辨率/arc sec	地址
Fast	1×500	6~300	2.9	中国
Arecibo	1×300	6~90	60	波多黎各
ATCA	6×22	0.3~20	0.1	澳大利亚
Parks	1×64	1.3~90	50	澳大利亚
GBT	1×100	0.3~150	10	美国
Effelaberg	1×100	0.6~49	10	德国
GMRT	30×45	0.3~20	2	印度
1HT	500×5	3~30	3	美国
MERLIN	6×25~76	1.3~200	0.01	英国
Nancy	1×35~300	9~21	100	法国
VLBA	10×25	0.4~90	0.0001	美国
VLA	27×25	0.7~400	0.04	美国
Wasterbork	14×25	6~150	4	荷兰

由于毫米波和亚毫米波望远镜的飞速发展，相继有一批口径大、精度很高的毫米波望远镜建成并使用，包括法国的25m毫米波望远镜、联邦德国的30m毫米波望远镜、日本的45m毫米波望远镜、英国和荷兰的15m毫米波望远镜，以及德国和美国10m的亚毫米波望远镜。更大规模的毫米波和亚毫米波望远镜正在加紧建设，主要有美国的6m×8m亚毫米波阵，美国、欧洲和日本联合建造的64m×12m毫米波干涉仪，美国和墨西哥联合建造的45m的大口径毫米波望远镜等（郝钟雄，2007）。建成的和在建的大型毫米波射电望远镜如表1.6所示。

表1.6 建成的和在建的毫米波射电望远镜

名称	口径/m	波长/mm	分辨率/arc sec	地址
ALMA	64×12	0.3	0.003	智利
BIMA	10×6	1	0.2	美国
IRAM	5×15	1.5	0.6	法国
Nobeyama	1×64	3	1.5	日本
OVRO	6×10.4	1.5	0.5	美国
SMA	8×6	0.3	0.1	美国
CSO	1×10.4	0.3	7	美国
HHT	1×10.4	0.3	7	美国
IRAM	1×30	3	25	法国

续表

名称	口径/m	波长/mm	分辨率/arc sec	地址
JCMT	1×15	0.3	5	美国
LMT	1×50	1.5	7	墨西哥
Nobeyama	1×45	3	16	日本
德令哈	1×13.4	3	50	中国
大田	1×13.4	3	50	韩国

微波探月最典型的代表是苏联地基无线电望远镜。苏联无线电物理研究所（NIRFI）使用一种"人工月亮"的定标方法，使其射电望远镜的辐射测量精度能够反映微波辐射强度随波长的变化。在1961～1964年间对月球进行了0.4cm、1.6cm、9.6cm、14cm、32.5cm和50cm波长的系统观测（Troitsky et al.，1968）。

通过对观测数据分析，得到月球热流值是其后Apollo宇航员所获实地观测值的2～4倍（Krotikov and Troitskii，1964）（图1.14）。Hagfors（1970）在总结这些数据和其他当时的高精度数据的基础上，提出了对月球进行微波辐射观测的基本理论模型，认为月球的平均微波亮温在230K附近。2005年，Juan等（2005）的报告得出，全月的亮温度频率范围在300～950GHz。当频率为950GHz时，月球中心亮温值达到最高353K。月球表层物质为低损耗物质，介电常数在1.5～2.5。Keihm和Langseth通过苏联数据的再分析，并结合Apollo获得的月面热特性和物理特性数据，计算得到了与实测相符的全月球平均热流值，并推测月球正面的月壤厚度在很大比例上应在10～30m（Langseth et al.，1976）。

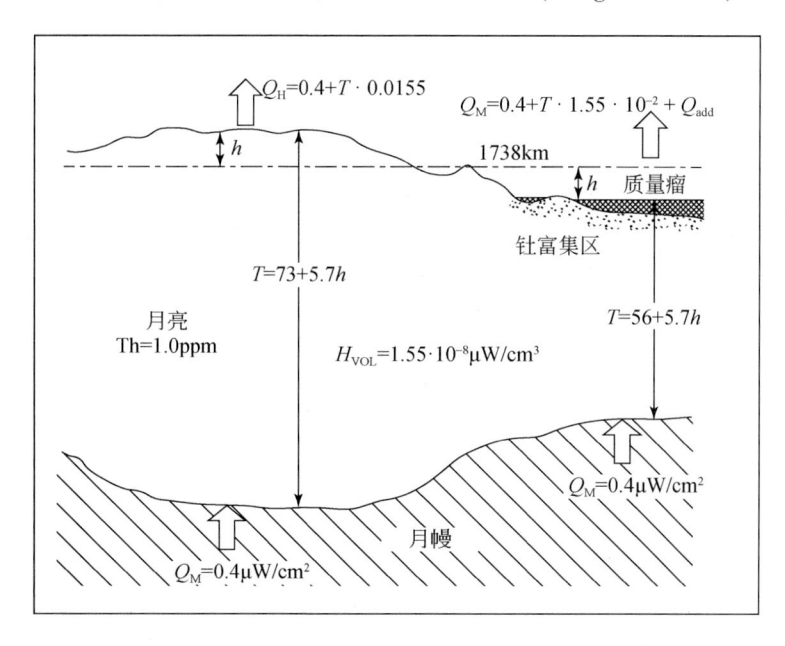

图1.14 全月球平均热流值（Krotikov and Troitskii，1964）

1.2.4　激光雷达观测

月球激光测距原理是将具有高度同向性的脉冲激光束，射向人工放置在月球的角反射镜。利用角反射镜的特殊光路性质，通过发送接收时间差计算出地月距离。精确到厘米量级的地月间激光测距是目前对月球探测精度最高的技术手段，对天文地球动力学、地月系动力学、月球物理学以及引力理论验证等学科有着重要的价值（YuL Kokurin，2003）。

1969 年 7 月 21 日 Apollo 11 号登月成功，宇航员 N. Armstrong 将激光后向反射器放置在月面预定位置，开展了对与地球相距 $3.8×10^5$ km 的月球高精度超远程测距。目前正在使用中的 4 个月面激光后向反射器参数如表 1.7 所示。

表 1.7　月面激光反射器参数

名称	放置时间	反射器面积/cm²	月心/km	月面经度/(°)	月面纬度/(°)
Apollo 11	1969 年 7 月 21 日	1134	1735.477	23.4509	0.6935
Apollo 14	1971 年 2 月 5 日	1134	1736.339	−17.5004	−3.6232
Apollo 15	1971 年 7 月 31 日	3402	1735.481	3.607	26.1553
Lunarhkod 2	1973 年 1 月 15 日	734	1734.643	30.9053	25.8511

国际上有数十个台站可以进行人造卫星激光测距。然而，能够进行常规激光测月工作的，只有美国的 McDonald 天文台和法国在 Grasse 的 CERGA 测站。McDonald 天文台的测月系统在 1983 年夏用 0.76m 口径望远镜激光测月系统取代原有 2.7m 望远镜系统，兼顾人造卫星激光测距（SLR）和月球激光测距（LLR）。1988 年将该系统移至福尔克斯山（Mt Fowlkes），以改善大气视宁度并使用至今。法国 CERGA 测月站于 1990 年建成，并投入月球激光测距工作。2005 年 10 月，美国新墨西哥州南部的阿帕奇点天文台月球激光测距计划（Apache Point Observatory Lunar Laser-ranging Operation）(Apollo) 3.5m 望远镜第一次取得月球激光测距的数据。另外，德国的 Wettzell 测距站、澳大利亚的 Orroral 站、日本东京天文台等都拟开展月球激光测距计划。2018 年，我国中国科学院云南天文台也实现了地月激光测距。研究人员利用 1.2m 望远镜激光测距系统，多次成功探测月面反射器 Apollo 15 返回的激光脉冲信号，在国内首次成功实现月球激光测距。

1.3　月球卫星探测

20 世纪 50 年代以来，月球探测进入空间探测阶段。1958 年苏联发射了首个月球探测器，拉开了人类月球探测的序幕。截至 2014 年，国际月球探测活动共实施 126 次（叶培建等，2014），期间出现两个探月高潮。20 世纪 50~70 年代，美苏两大国的竞争引起第一轮探月高潮；20 世纪末至今，各航天国家意识到月球探测的战略意义，纷纷提出月球探测计划并积极实施，掀起第二轮探月高潮（吴伟仁等，2019）。除已实施过月球探测任务的美国、俄罗斯（苏联）外，欧洲航天局（European Space Agency，ESA，简称欧空局）、中国、日本、印度、以色列等国家和组织先后加入月球探测行列。2018 年以来，多个国家和组织纷纷更新月球探测计划，月球正成为各国太空战略新的聚集点。

2018 年 1 月，国际空间探索协调工作组（ISECG）发布了第三版全球空间探索路线图（图 1.15）（刘继忠等，2019），呈现出"近地轨道–地月空间–火星"的深空探测发展态势。月球探测作为深空探测的前沿，正成为主要深空探测国家的首要探测目标，美国、俄罗斯、欧空局、日本等国家和组织计划在 2025 年前都将实施新的月球探测任务，并以在月面建立大型科研设施、开展长期月球探测作为远期目标。

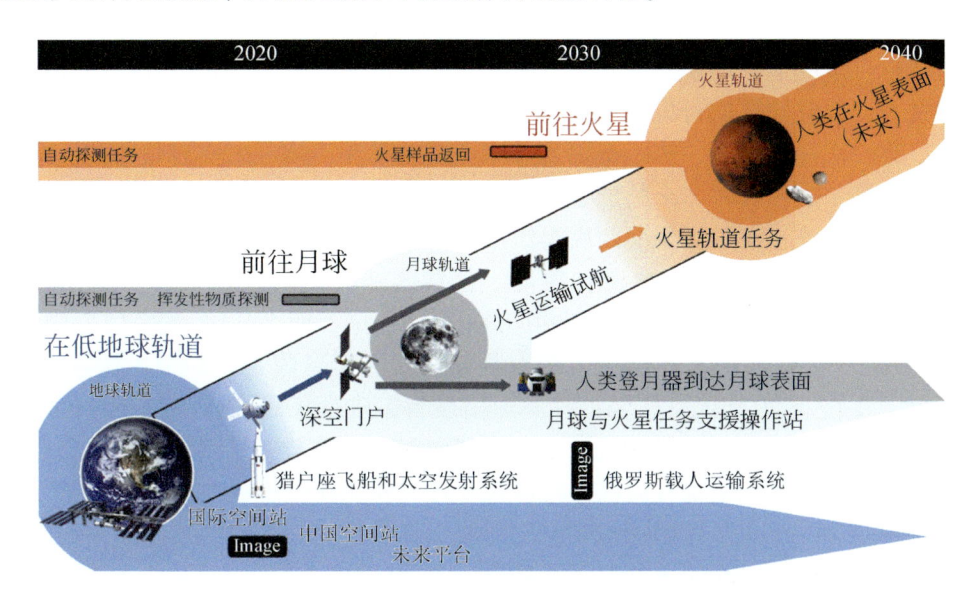

图 1.15　第三版全球空间探索路线图（刘继忠等，2019）

1. 美国月球卫星

美国从 1958 年开始，先后进行了 Pioneer 系列、Ranger 系列、Lunar Orbiter 系列和 Apollo 系列月球探测活动。经过了 20 年的宁静期之后，1990 年以来，美国已经发射的月球探测器还有 Galileo、Clementine、Lunar Prospector 和 Lunar Reconnaissance Orbiter。美国的月球探测不但实现了人类登陆月球的梦想，而且取回了月球样品 381.7kg。

继 2017 年 12 月美国总统特朗普签署 1 号航天政策令宣布重返月球以来，2018 年 2 月 NASA 发布《NASA 战略规划 2018》，目的是在美国领导下重返月球、开展长期空间探索和利用，乃至载人登陆火星。2018 年 9 月 NASA 发布《国家太空探索活动报告》，确定了 2018~2024 年的深空探测路线图，规划了 11 次任务，与月球相关的任务 8 次，计划通过国际合作在 2026 年前建造"深空之门（Gateway）"月球轨道空间站。2019 年 3 月副总统彭斯在国家航天委员会上宣布"5 年内完成载人登月，登月地点位于月球南极"。美正加紧推进阿耳忒弥斯（Artemis）计划，计划在 2024 年载人登陆月球南极，2025 年起持续探索月球，建立月球基地，并筹备前往火星。2020 年 4 月，NASA 公开了《NASA 的月球持续探索和发展计划》，系统描述了美国月球探索计划和愿景。2020 年 5 月 NASA 宣布选择

Blue Origin、SpaceX 和 Dynetics 三家宇航公司为其研制能在 2024 年载人登月的着陆器（裴照宇等，2020）。

2. 苏联月球卫星

在美国开展发射月球探测器的同时，苏联也进行了 Luna 系列和 Zond 系列的月球探测活动，促进了人类的月球探测发展。

Luna 系列从 1959 第一个飞行计划到 1976 年飞行计划的最后一次执行，整整持续了 27 年。其主要任务是为科学研究和制定未来的探月计划，收集月球和月球周围环境信息。该计划对了解月球的地形地貌和地质构造做出了重要贡献。虽然苏联的月球计划最终没有实现载人登月，但它同样取得了很多人类历史上的"第一次"。在此期间他们第一次飞过月球上空、第一次撞击月球、第一次拍到月球背面的照片、第一次实现软着陆、第一次发射绕月卫星、第一次分析月球土壤、第一次带着样品返回、第一次调配月球车。这些计划成功获得了月球影像，在月球表面两次操作月球车，并三次带回了月壤样本。

Zond 计划从 1964 年一直持续到 1979 年，总共发射 8 个探测器。尽管 Zond Program 被认为是一个月球计划，但是 Zond 1 的发射方向却是金星，而 Zond 2 的发射方向是火星。Zond 计划从 Zond 4 到 Zond 8 才被用于载人月球计划的信息收集。Zond 3 携带 106mm 相机、磁力仪、紫外–红外光度计、辐射计和通信设备，进行飞越式探测和环日探测，完成了月球的背面成像；Zond 5 携带相机、宇宙线和微陨石探测器、光谱仪器和生物载荷，完成绕月返回，实现了第一个绕月返回探测器获取月球和地球照片；Zond 6 获得了月球正面和背面的全色照片；Zond 7 携带相机和空间环境探测器，实现月球和地球照片的采集、空间环境探测及飞行试验；Zond 8 开展了系列有效载荷试验。

俄罗斯在《2016~2025年联邦航天计划》中提出，将月球探测列为优先发展方向之一，计划实施系列月球探测任务，将在 2025 年前实施 Luna-26 绕月探测任务、Luna-27 月球南极着陆巡视等任务。2019 年 2 月公布《月球综合探索与开发计划草案》中，提出在 2036~2040 年建设月球基地。其中，2023 年 8 月 11 日，Luna-25 号探测器发射升空。8 月 16 日，Luna-25 号探测器进入月球轨道。8 月 19 日，Luna-25 号探测器出现异常而失联。据初步推测，探测器进入了非预先规划的轨道并撞上了月球表面坠毁。

3. 欧空局月球卫星

2003 年 9 月 27 日，欧空局 SMART-1 搭载阿里 5 火箭，从地球同步转移轨道上发射，转移到奔月轨道上的月球探测器，实施绕月探测任务。其主要科学目标是返回有关月球地质、形态、地形、矿物、地球化学和外逸层大气环境的数据，从而解释行星形成的过程、地月系统起源、月球近地面与远地面成分、长期火山及构造活动、月球演化过程中的热动力学、水冰和月表外部作用等问题。

2016 年，欧空局发出全球建设"月球村"的倡议，号召有能力的国家共同参与，试验新技术、实现新发现、共享新成果，在月球上建设科研、采矿、太空旅游等活动的永久基地。2019 年 7 月，欧空局提出了以科学和开发利用为双轮驱动的探月新规划，包括 2023 年月球南极原位资源探测任务、月球通信星座规划等。2019 年 12 月，欧空局部长级理事会同意在未来 3 年向欧空局提供 125 亿欧元资助,月球探测是其新的增长点。

4. 日本月球卫星

日本宇航航空研究开发机构（Japan Aerospace Exploration Agency, JAXA）先后开展了"飞天"号月球探测和"月亮女神"探月卫星。1985 年日本用 M3SII 火箭成功地发射了"哈雷彗星"号探测器,载荷达 770kg。进入 20 世纪 90 年代后,主要目的是为以后的月球探测和行星际探测工程提供数据,检验借助月球引力飞行技术和精确控制引入绕月轨道技术。1992 年 2 月"飞天"号释放了 12kg 的月球轨道探测器"羽衣"号,一直工作到 1993 年 11 月后才坠毁在月球表面。

日本于 2007 年 9 月 14 日在种子岛宇宙中心发射了一枚名叫 Kaguya/Selene（月亮女神）的探月卫星。日本科学家希望了解月球表面成分和矿物组成、月球表面和次表面的结构、重力场、磁力场、高能粒子环境以及月球的等离子区,获得包括高清晰度月面照片、月面激光高程数据在内的大量科学数据。Kaguya 于 2009 年 6 月以撞击月面结束了月球探测工作。另外,日本新规划了"月球探索智能着陆器"计划（SLIM）、水冰勘查等无人探测任务,并在 2018 年发布《第四期中长期发展规划》（2018～2025 年）中,修订了 SLIM 发展规划。2023 年 9 月 7 日,SLIM 月球探测器发射升空,将尝试在月球精准着陆,将实际着陆点与预定地点的距离从通常的数千米缩短至 100m 内,将用于美国阿耳忒弥斯登月计划。按照计划,SLIM 月球探测器将在升空后 3～4 个月进入月球轨道,4～6 个月开始着陆。

5. 印度月球卫星

2008 年 10 月 22 日,随着 Chandrayaan-1（月船 1 号）极地轨道卫星运载火箭点火升空,印度开始了有史以来首度探月之旅。计划工作周期为 2 年,2009 年 8 月 30 日因卫星与地面失去联系而宣告失败,提前结束。2019 年月船二号软着陆失败,但轨道器成功绕月探测。2023 年 7 月 14 日,印度月船三号发射升空。8 月 23 日月船三号探测器成功软着陆在月球南极附近区域（69.36S, 32.34E）,8 月 24 日探月车"普拉吉安"驶出月球着陆器,展开为期 14 天的月球探索任务,设计行走 500m。

6. 中国月球卫星

1993 年起,经过长达 10 年科学目标与工程实现的综合论证,中国提出了月球探测分"绕""落""回"三步实施的发展规划。一期工程"绕"（2004～2008 年）,实现对月球的全球性、整体性和综合性环绕探测;二期工程"落"（2008～2014 年）,实现月球软着陆,对月面进行就位探测和巡视勘察;三期工程"回"（2011～2020 年）,实现月球样品自动取样并安全返回地球（欧阳自远,2010）。三个发展阶段分步实施、循序渐进、不断跨越,保持一定的连续性、继承性和前瞻性,构成协调完整的月球探测工程。2004 年初,月球探测一期工程,即绕月探测工程立项启动。继而,月球探测工程二期、三期列入《国家中长期科学和技术发展规划纲要（2006—2020 年）》。2008 年探月工程二期立项启动,2010 年探月工程三期获得国家立项（刘建忠等,2013）。2018 年 12 月 8 日成功发射的"嫦娥四号"探测器通过"鹊桥"卫星中继通信;2019 年 1 月 3 日首次实现航天器在月球背面软着陆和巡视勘察；2020 年 11 月 24 日成功发射的"嫦娥五号"探测器实现中国首次地外天体采样返回，12 月 17 日将 1731 克月球样品成功带回地球，标志着探月工程"绕、落、回"三步走圆满收官。

2022 年 1 月发布的《2021 中国的航天》白皮书提出，2035 年之前中国将建成国际月球空间站，可以长期运行。中国探月工程四期经过多年论证，已于 2021 年底正式通过立项审批，具体将分三步实施，计划在 2030 年之前发射"嫦娥六号"、"嫦娥七号"和"嫦娥八号"，目前研制工作进展比较顺利。探月工程四期的主要目标是对月球南极开展科学探测，建立月球科研站的基本型。

1.4 月面巡视探测

1969～1972 年，美国成功实现了 6 次 Apollo 载人登月计划（Apollo 11、Apollo 12、Apollo 14、Apollo 15、Apollo 16 和 Apollo 17），采集并返回地球大量的月球样品。同时，苏联也在 1970～1976 年进行了三次登月（Luna 16、Luna 20 和 Luna 24），由机器人采集并返回了月球样品。2013 年 12 月 2 日，中国的"嫦娥三号"（Chang'e-3，CE-3）探测器由长征三号乙运载火箭从西昌卫星发射中心发射，首次实现月球软着陆和月面巡视勘察。2018 年"嫦娥四号"探测器由长征四号丙运载火箭从西昌卫星发射中心发射，首次实现月球背面软着陆和巡视勘察。2020 年"嫦娥五号"探测器由长征五号遥五运载火箭从中国文昌航天发射场发射，是中国首个实现无人月面取样返回的月球探测器。迄今人类着陆采样或巡视探测点分布如图 1.16 所示，其基本信息如表 1.8 所示。

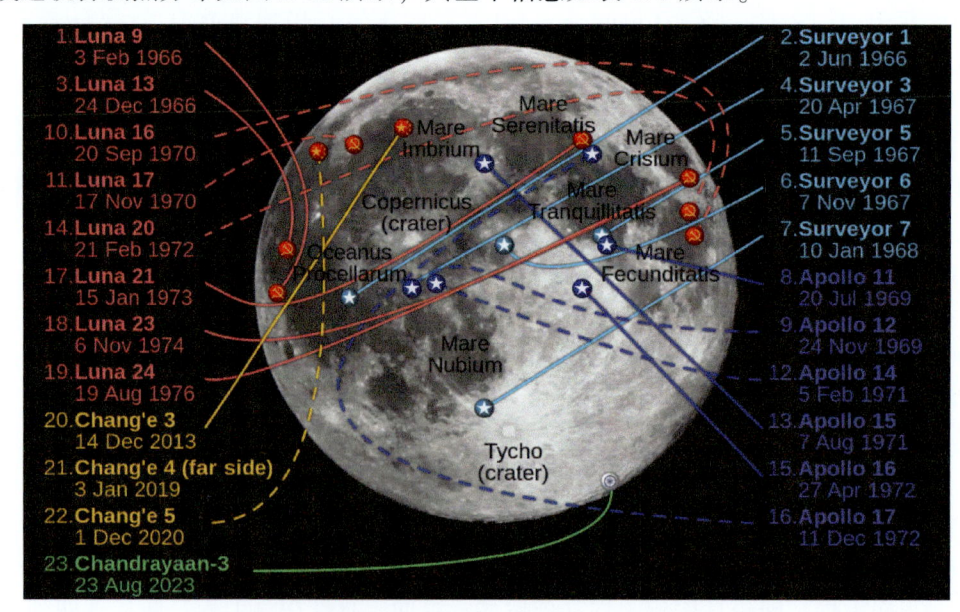

图 1.16 月球表面着陆点分布

Luna 16、Luna 20、Luna 24 指苏联 Luna 不载人探测器系列月面采样点；Apollo 11、Apollo 12、Apollo 14、Apollo 15、Apollo 16、Apollo 17 指美国 Apollo 载人登月舱系列月面采样点；Surveyor 系列指美国不载人软着陆探测器；"嫦娥三号"和"嫦娥四号"中国不载人软着陆探测器，嫦娥五号为中国采样返回点

表 1.8 月表着陆点基本情况统计

任务	执行日期	着陆点月面坐标 经度	着陆点月面坐标 纬度	采样区位置
Apollo 11	1969 年 7 月 16 日	东经 23°25.8′	北纬 0°41.4′	静海
Apollo 12	1969 年 11 月 14 日	西经 23°20.4′	南纬 2°27′	风暴洋
Apollo 14	1971 年 2 月 1 日	西经 17°27′46″	南纬 3°40′19″	弗拉摩洛建造
Apollo 15	1971 年 7 月 31 日	东经 3°39′20″	北纬 26°26′	哈德利山谷以北
Apollo 16	1972 年 4 月 16 日	东经 15°30′	南纬 9°	德卡尔特撞击坑以北
Apollo 17	1972 年 12 月 7 日	东经 30°44′58.3″	北纬 20°9′50.5″	利特罗夫撞击坑西南
Luna 16	1970 年 9 月 12 日	东经 56°18′	南纬 0°41′	丰富海
Luna17	1970 年 11 月 17 日	东经 35°	北纬 38°16′48″	范·博伊曼环形山
Luna 20	1972 年 2 月 14 日	东经 56°33′	北纬 3°23′	阿波洛尼厄斯撞击坑西北
Luna 21	1973 年 1 月 16 日	东经 30°27′	北纬 25°51′	莫斯科海
Luna 24	1976 年 8 月 9 日	东经 62°12′	北纬 12°15′	危海
嫦娥三号	2013 年 12 月 10 日	西经 19°30′36″	北纬 44°7′12″	虹湾
嫦娥四号	2019 年 1 月 3 日	东经 176.25°	南纬 44.45°	南极-艾肯盆地冯·卡门撞击坑
嫦娥五号	2020 年 12 月 1 日	西经 51°48′	北纬 43°6′	吕姆克山
月船三号	2023 年 8 月 24 日	东经 32°20.4′	南纬 69°21.6′	

1.4.1 Apollo 月面巡视

1. Apollo 11

Apollo 11 载人登月舱在月球表面静海地区着陆（图 1.17）。在距登月舱约 10m 的半径范围内进行采集，共采集了 22kg 样品，成功实现人类历史上第一次月球巡视探测（图 1.18）。37 块结晶岩石碎块和直径大于 3cm 的角砾岩约占样品总质量的 43%，总质量约为 9.5kg。碎块的重量范围为 43～971g。样品由玄武岩、角砾岩（月球和岩石碎片紧密凝聚的混合物）、月球土壤和月球尘埃组成。

此外，在 10085 号样品月岩碎块内还发现有斜长岩，其成分和颜色均不同于玄武岩及月球土壤的角砾岩，与探测者 7 号的分析结果类似。在月球的土壤中，还发现了一种特殊的岩石碎块，被称为路尼岩-1（Luni Rock-1），为冲击的细粒岩石碎块，由低钙辉石 [$(Ca_{0.04}Mg_{0.65}Fe_{0.31})SiO_3$]、均质斜长岩（$An_{90}Ab_{10}$）及钾长石、钛铁矿、含氯与氟的磷灰石、白磷钙矿组成。

2. Apollo 12

Apollo 12 载人登月舱在月球表面的风暴洋地区着陆（图 1.19）。着陆点周围有许多撞

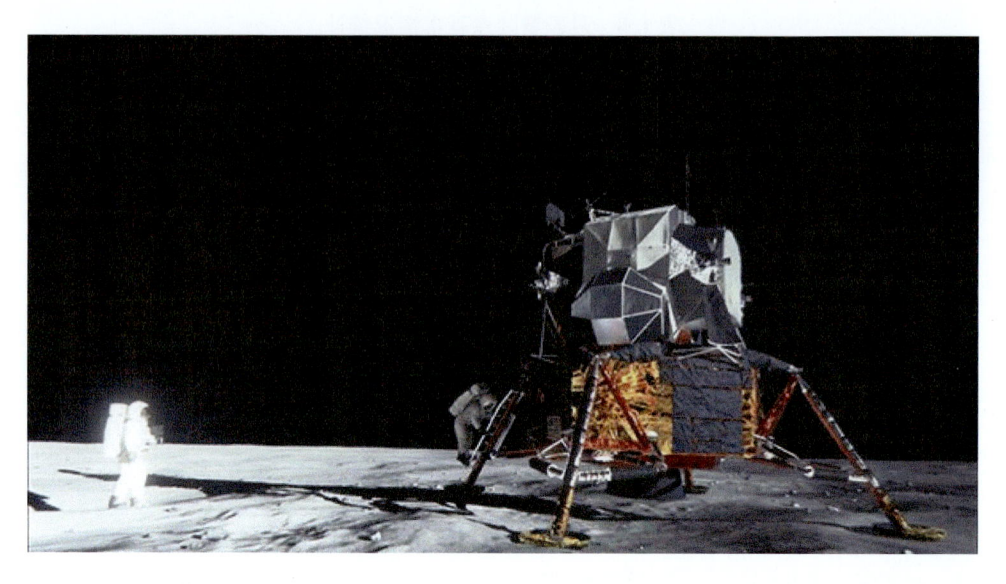

图 1.17 Apollo 11 载人登月舱（https://www.skymarvels.com/infopages/mooninfo.htm［2024-05-24］）

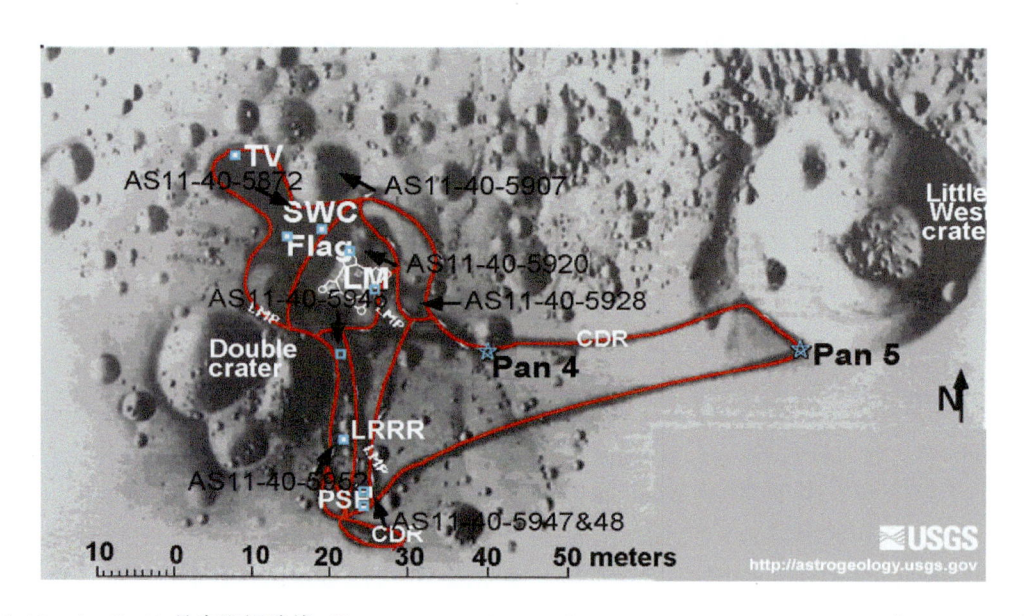

图 1.18 Apollo 11 月表巡视路线（https://www.skymarvels.com/infopages/mooninfo.htm［2024-05-24］）

击坑，其直径为 50~100m，采集的样品共 34.6kg。其中，占总质量 80% 的岩石是在着陆点两侧 600~1500m 的范围内采集的，45 个结晶岩石碎块和角砾岩的平均直径大于 3cm，碎块质量范围为 53~2426g，平均约为 628g（图 1.20）。此外，还采集少量的单岩心管样品及岩石碎块。风暴洋的结晶岩主要是玄武岩，其次是少量的斜长岩、苏长岩、辉石岩及橄榄岩。在 Apollo 12 月壤和角砾岩中发现了一种分布广泛的特殊岩石类型（克里普岩）。在月岩样品中还观察到一种在化学成分上非常独特的类似中性岩石的岩石，富含 SiO_2（61%）、K、U 及 Th，为浅灰色的角砾岩石。

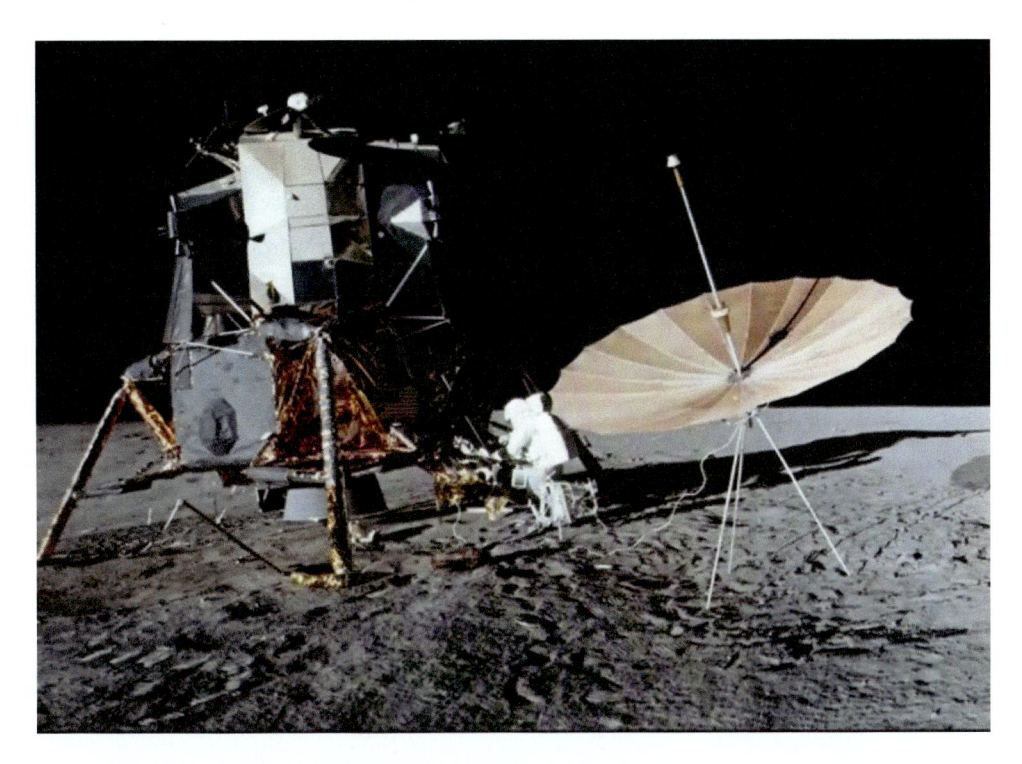

图 1.19 Apollo 12 载人登月舱

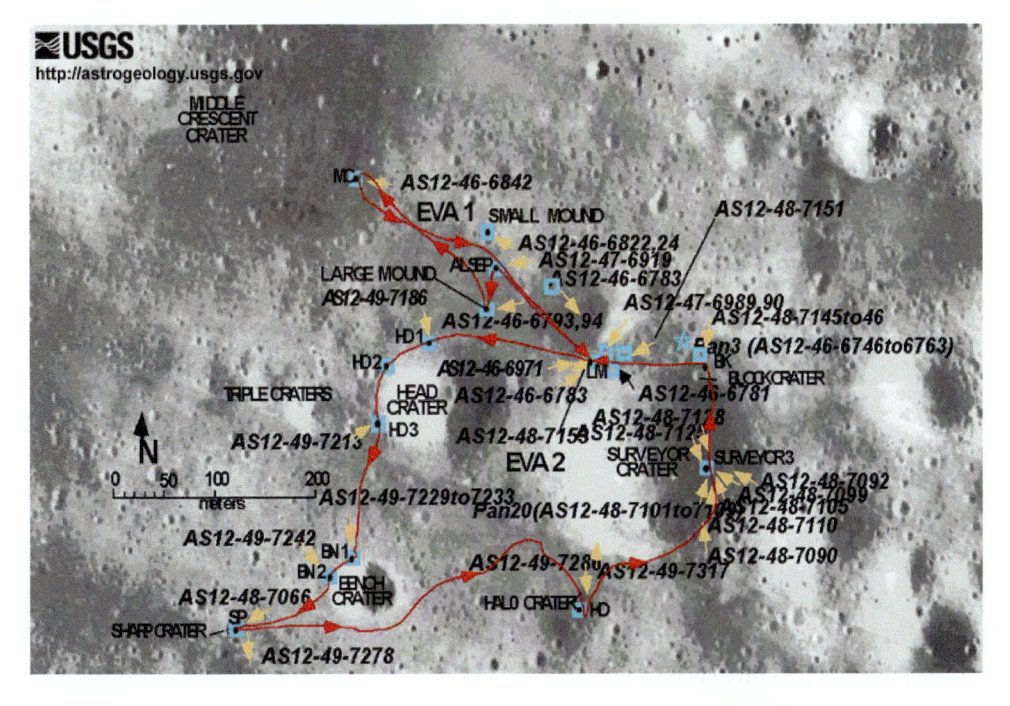

图 1.20 Apollo 12 月表巡视路线（https://astropedia.astrogeology.usgs.gov/download/Moon/Apollo/Traverse/AP12Trav.jpg［2024-05-24］）

3. Apollo 14

Apollo 14 载人登月舱在弗拉摩洛建造建造突起的堆积物上着陆的（图 1.21）。着陆点位于哥白尼（Copernicus）撞击坑以南 390km，额尔巴阡山脉（Altai Mountains）以南 550km，雨海盆地中心以南 1230km，是人类史上第一次月球高地着陆。Apollo 14 共采集岩石和月壤样品 43kg，其中 33 个样品质量超过 50g，30 个样品质量在 10～50g，分别在平坦的平原区（着陆点西侧）、高为 100m 的南北走向山脊所发育的月壤和较年轻的撞击坑采样。采样撞击坑直径为 340m，位于山脊顶部周围的溅射堆积物中（图 1.22）。此外，还采集 4 个月壤岩心样品。着陆点附近有较大的岩石块，为岩石碎块的胶结物。Apollo 14 登月点的月壤厚度约为 8.5m，其下是 20～70m 厚的破碎岩和大月壤，可能是弗拉·摩洛（Fra Mauro）建造破碎岩层的一部分。

图 1.21　Apollo 14 载人登月舱

Apollo 14 样品几乎全部由复杂的角砾岩组成，并显示出冲击和热效应特征。角砾岩主要由苏长岩构成，有少量斜长岩碎屑。Apollo 14 岩石样品中仅有两个是结晶的火成岩（样品 14310、样品 14053）。样品 14310 为细粒亚蛇纹至粒间结构和富斜长岩的玄武岩，其化学成分不同于组成月壳的三种主要月岩类型。构成月壳的主要岩石类型是富铁或富钛的月海玄武岩、富放射性元素及难熔元素的苏长岩及富铝的斜长岩。样品 14310 可能是由前雨海的月壤或角砾岩重新熔融形成的，不是原始的火成岩。样品 14053 是标准的月海玄武岩，类似于静海、风暴洋的月海玄武岩。

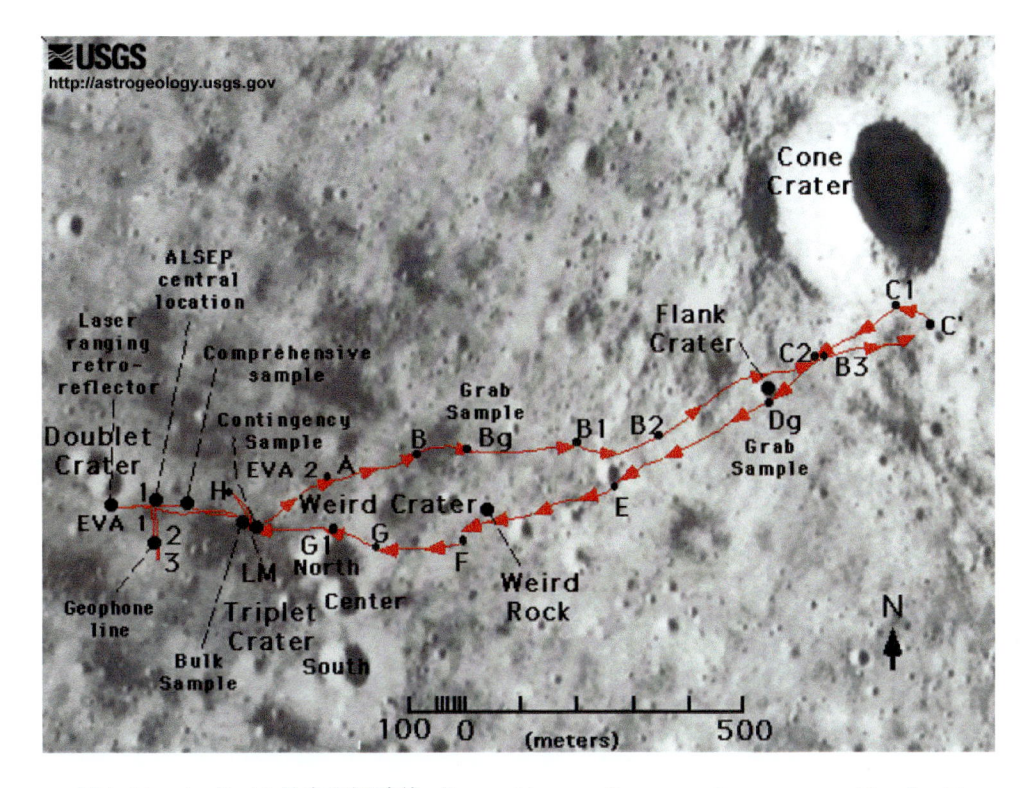

图 1.22　Apollo 14 月表巡视路线（https://astropedia.astrogeology.usgs.gov/download/Moon/Apollo/Traverse/AP14_traverseL.jpg[2024-05-24]）

Apollo 14 月样中的岩石碎片具有的矿物组合主要有以下几点：①单斜辉石-斜长石碎屑，具玄武岩结构，含有少量的钛铁矿、铁金属及陨硫铁，斜长石颗粒通常呈一种细粒的嵌晶结构；②长石质碎屑，主要是由斜长石及少量的其他物质组成；③斜长石-斜方辉石碎屑，具次辉绿结构；④少见的橄榄石-玻璃碎屑，碎屑几乎完全由等粒结构的橄榄石组成；⑤角状玻璃碎屑及圆形的玻璃碎屑。

4. Apollo 15

Apollo 15 载人登月舱在哈德利（Hadley）月溪以东着陆（图 1.23）。着陆点位于高山哈德利（Hadley）山谷 4000m 以上的山岭与切割深度大于 300m 的山谷之间。该地区覆盖着各种各样的地层单元，样品代表了三种性质不同的月面单元和构造，分别是：①亚平宁山脉（Montes Apenninus），是月球表面的主要山脉，由小行星撞击月球的溅射物堆积形成；②由熔岩流充填的、分布广泛且底部平坦的撞击盆地；③主要由较大的年轻撞击坑溅射的辐射状堆积物。Apollo 15 在哈德利（Hadley）地区的 10 个采样点共采集 350 多个样品，总质量 77kg。样品来自月海平原和高达 3000m 的山地前缘（图 1.24）。其中，月海平原主要由喷出的和浅成的玄武岩，以及具玻璃熔壳并由玻璃胶结的角砾岩等岩石类型组成。山地前缘的样品是一组不同的岩石类型，从角砾岩到准火山岩。

Apollo 15 岩石样品由月海玄武岩和非月海玄武岩组成，包括块状、致密状细粒玄武

图 1.23　Apollo 15 载人登月舱

岩，以及多孔状辉长石和孔隙比超过 50% 的火山渣状岩石。13 个玄武岩的显微岩石薄片观察表明，Apollo 15 月海玄武岩具有明显不同的岩石结构，即斑状单斜辉石玄武岩（样品 15058、样品 15706、样品 15085、样品 15475）、斑状单斜辉石玄武岩的玻基斑岩、斑状橄榄玄武岩（样品 15535、样品 15545、样品 15555）和气孔状玄武岩（样品 15016、样品 15556）。这些岩石的基本化学成分及结构类型说明月海是由一系列喷出火山岩构成的，以富铁和贫钠为特征。

岩石样品初步研究表明，存在一种月海区未找到的玄武岩。该岩石碎块在斯普尔月坑的样品中发现，又在山前角砾岩样品中呈碎屑产出。研究表明，该角砾岩碎屑类似 Apollo 14 所取回的富斜长石的玄武岩（样品 14310）。山前采集的大多数物质是从基性火成岩派生的，即喷出的玄武岩或富斜长石的堆积物。它们与月海样品不同的是，所有山前的样品都受到明显的冲击变质作用或角砾岩化。斜长岩在角砾岩中呈碎块或碎屑产出。

Apollo 15 的土壤样品代表了三种不同的地区，即 莫斯科山脉（Hadley-Apennine）、瓦尔德尔斯坦山脉（Palus Putredinis）、Apollo 15 登月舱周围。其中，四个大的土壤样品平均每个重约为 1kg。其化学分析结果表明，土壤中的 Al_2O_3 的含量比组合的火成岩要高得多，FeO 的含量则很低。月壤的岩心样品由六段组成。每段长 40cm。岩心总质量为 1.33kg，

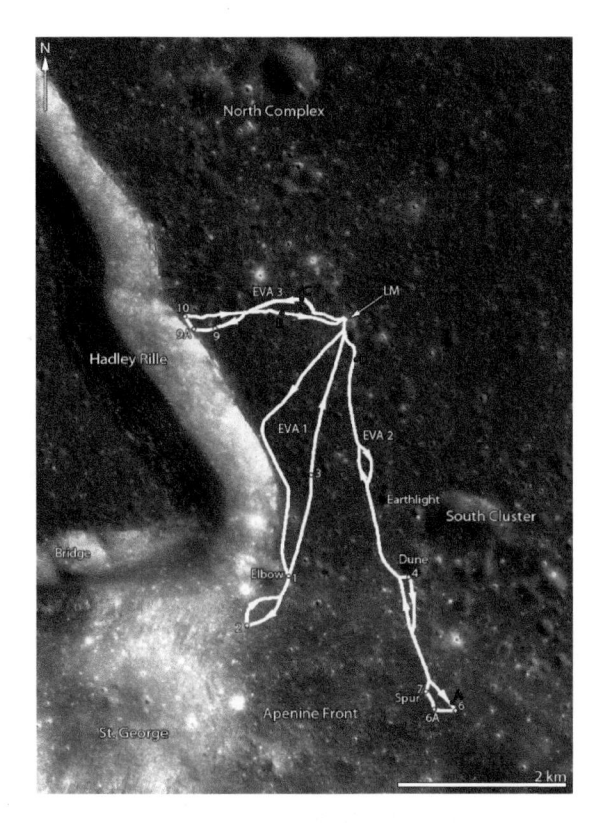

图 1.24　Apollo 15 月表巡视路线（http://lroc.sese.asu.edu/news/uploads/a15_traverse2.png[2024-05-24]）

岩心管最下段样品的密度较高，为 2.15g/cm³。

5. Apollo 16

Apollo 16 载人登月舱在笛卡儿（Decalt）山西侧、Decalt 撞击坑北侧着陆（图 1.25）。着陆区距凯莱（Kate）高地以西约 50km，属于月球正面最高地形区的一部分，由厚度在 200m 以上的层状角砾岩组成，其上覆盖的月壤厚度为 10~20m。宇航员驾驶月球车从着陆点向西行驶 1.4km，向南行驶 3.7km，向北行驶 4.4km，行驶总距离 20.3km（图 1.26）。共采集月球岩石和月壤样品 95kg。大多数岩石样品是由斜长岩-辉长岩受冲击作用而产生的角砾岩（约占样品 75%），只有几个样品是未变质的火成岩。角砾岩含有粗粒的斜长岩和细粒的镁铁质岩石，有些岩石还具有火成及变质的结构。

成层角砾岩的成分是来自深成的斜长岩、长石质辉长岩及成分相类似的变质岩。元素组成类似月球高地地区的成分，角砾岩和碎屑的结构类似陆地的冲击角砾岩。Apollo 16 岩石样品可划分为碎裂斜长岩、部分熔融的角砾岩、火成岩及变质岩和复杂的碎屑角砾岩。若按岩石含 Al_2O_3 的含量可将岩石分为：在成分上近于纯的斜长岩（碎裂斜长岩）；由几种复杂的角砾组成（结晶质岩石及所有的岩石样品），Al_2O_3 的含量在 26%~29%；岩石的 Al_2O_3 含量低于 26%，其成分类似于 Apollo 12、Apollo 14、Apollo 15 的克里普岩。

图 1.25　Apollo 16 载人登月舱

月壤中的碎片分为具玻璃外壳的颗粒（黏合集块岩）、矿物或岩石碎块，其成分相当于上述的岩石类型；各种各样的岩石玻璃碎片。此外，在 Apollo 16 样品中还有一种具有锈斑的岩石，锈色主要由针铁矿（$Fe_2O_3 \cdot H_2O$）组成，并与镍铁金属、陨氯铁镍矿及陨碳铁等陨石矿物组合。而形成锈色的水可能来自彗星的撞击，或来自太阳风。

6. Apollo 17

Apollo 17 载人登月舱在靠近澄海东南边缘的阿拉斯–利特罗（Taurus-Littrow）峡谷地区，分布有暗色堆积物的挑战者号（Challenger）谷底着陆（图 1.27）。山谷形成于形成澄海的撞击事件中，高地构造运动形成地堑，进而成为山谷，之后又为盆地堆积物所填充。着陆点西南和北部地区由角砾岩和撞击形成的重结晶角砾岩组成，构成了碎石覆盖的陡峭高山。高地由角砾岩化的月壳物质组成，这种月壳物质是在澄海盆地隆起时形成，区内还出露有较年轻的月海盆地溅射物和火山物质覆盖层。Apollo 17 月面巡视的主要任务是采集月球上最古老的高地样品，调查靠近着陆点附近大型环形山内壁出露的充填物，调查暗色覆盖层。这层物质可能为火山熔岩，也许将是月表最年轻的地层单元（图 1.28）。

Apollo 17 着陆点附近分布着明显的有暗色覆盖层的堆积物，是基岩因陨石撞击而被粉碎和玻璃化的产物。此外，在 Apollo 17 样品中还发现一种特殊的月壤类型，主要由橙色玻

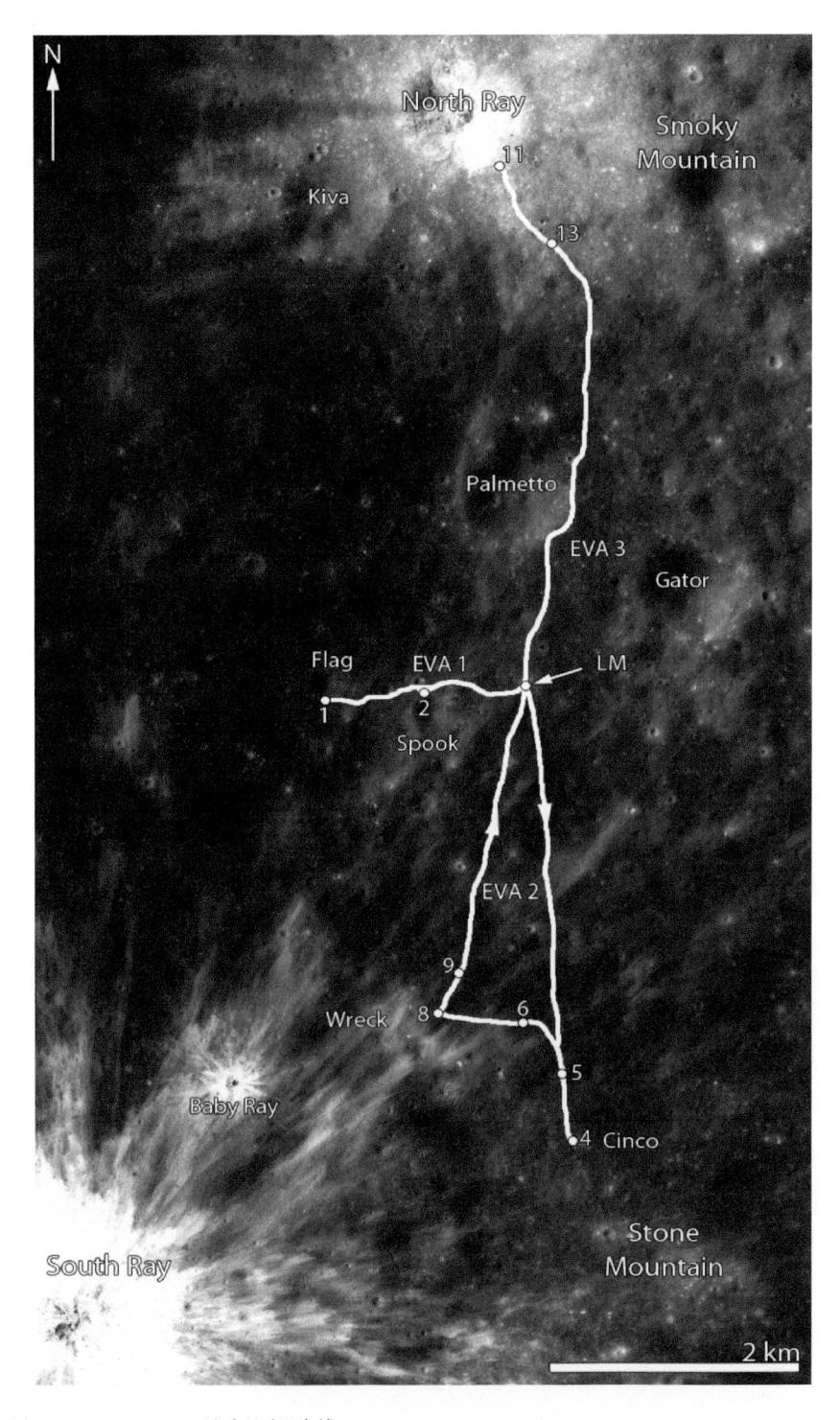

图 1.26　Apollo 16 月表巡视路线（http://lroc.sese.asu.edu/news/uploads/a16_lroc_traversemap.png[2024-05-24]）

图1.27　Apollo 17 载人登月舱（https://www.skymarvels.com/infopages/mooninfo.htm［2024-05-24］）

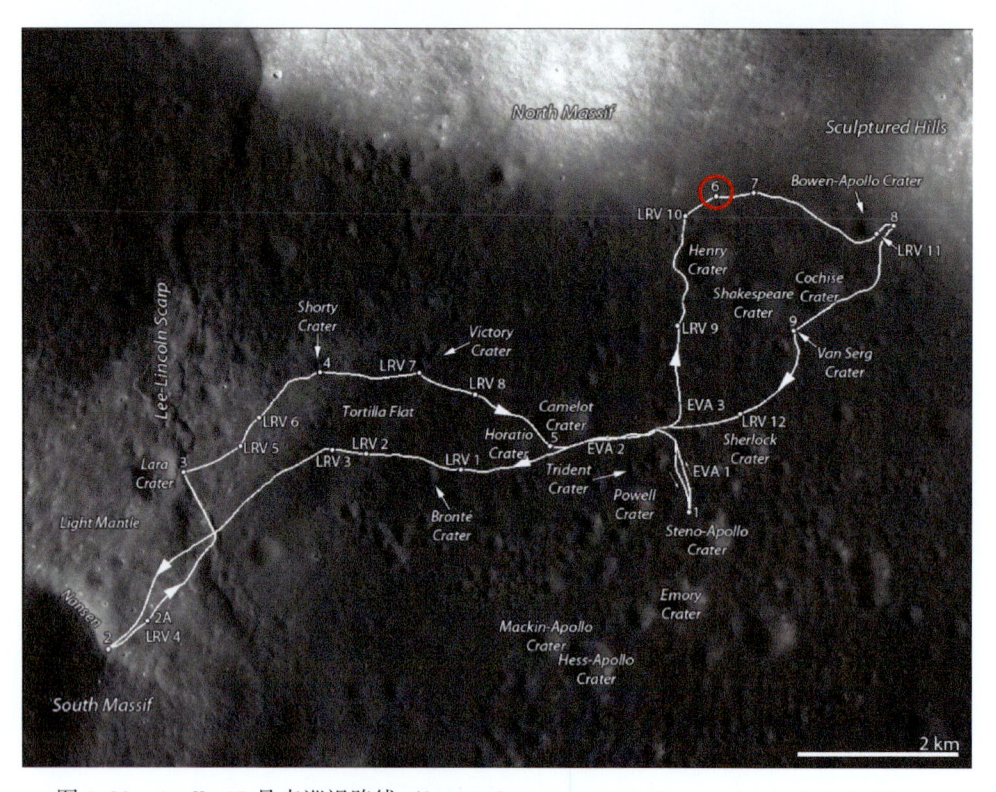

图1.28　Apollo 17 月表巡视路线（http://lroc.sese.asu.edu/news/uploads/LROCiotw/A17_eva.png［2024-05-24］）

璃组成。其中的玻璃呈显微圆球状、椭球状及碎片状,平均直径为 0.1~0.2mm。橘黄色月壤的化学成分与本地月海玄武岩相似,还有较高的 TiO_2 和较低的 Al_2O_3,锌、铅、铜、氯和镍的含量较高,但铀和稀土元素的含量较低,贫钠、钾等挥发性元素。因此,Apollo 17 样品的岩石类型分别为覆盖阿拉斯-利特罗(Taurus-Littrow)峡谷底部的玄武岩和北部地区的橘黄色-灰色角砾岩。

1.4.2 Luna 月面巡视

1. Luna 16

Luna16 在丰富海(Mare Fecunditatis)海东北部距韦伯(Weber)撞击坑东侧 100km 处着陆,是人类第一次成功实现月面软着陆的无人航天器(图 1.29)。Luna 16 共采集月壤样品 0.101kg,样品是借助空心钻杆取样器采集,钻进深度为 30cm,也可能达 0.5~1m。Luna 16 月壤样品主要包括玄武岩火成碎屑岩、熔融玻璃状结构碎屑及玻璃质球粒。此外,还含有一些斜长岩、辉长岩、角砾岩、火山渣和玻璃等碎屑。

图 1.29 Luna16 探测器

样品中玄武岩火成碎屑主要是细粒玄武岩(内含玻璃)和辉长岩质粗粒玄武岩。两者均具有辉绿结构,约占粗粒玄武岩(粒径>0.45mm)的四分之一。岩石的主要矿物成分有斜长石、辉石和钛铁矿,橄榄石很少。样品中不同岩屑的矿物组成差异较大。

样品中的角砾岩为熔融胶结后固化形成的岩石,是细粒月壤、火成碎屑、铁-镍合金胶结形成的;火山渣是微小的黏结性颗粒,呈不规则分支状集合体;玻璃、玻璃状和火山渣状的颗粒占月壤体积的二分之一,颜色随化学成分(Fe、Ti 等含量)而定,由暗黑色、褐色到黑色。凝固的滴状物具有不同的形状。如球状、梨状及哑铃状等,显然是在超过岩石熔点的温度条件下形成的。此外,在 Luna 16 月壤样品中还发现了斜长岩、苏长岩和橄长岩成分的火成岩屑碎和陨石球粒。

2. Luna 17

Luna 17 于 1970 年 11 月 17 日降落在雨海(Mare Imbrium)(图 1.30),并部署了月球车-月球行者(Lunokhod 1)(图 1.31)。它的主要任务是进行科学实验,包括收集有关月

图 1.30　Luna 17 着陆器

图 1.31　Lunokhod 1 巡视器

球地质和化学性质的数据。Lunokhod 1 配备了一套用于探测月表地质特征的仪器，包括摄像头、射线测量仪和 X 射线荧光光谱仪。这些工具帮助科学家理解月球表面的地形、岩石和土壤组成。备了电视摄像头，Lunokhod 1 拍摄了超过 20000 张照片和一些视频，这些图像提供了月球表面的高分辨率视图。这有助于科学家更详细地研究月球的地形。Lunokhod 1 携带了射线测量仪，用于研究月表上的射线水平。这有助于了解月球的辐射环境，并为未来载人任务提供了重要信息。该任务还包括一台 X 射线荧光光谱仪，用于分析月表土壤中元素的成分，这有助于科学家了解月球的化学组成。Lunokhod 1 并没有采集和返回任何岩石样品。Lunokhod 1 是一辆月球车，其主要任务是在月球表面进行勘测和实验，包括拍摄照片、测量地形，以及分析土壤成分等，其巡视路线如图 1.32 所示。虽然它携带了一些科学仪器，但并没有采集实际的岩石样本并将它们带回地球。

3. Luna 20

1972 年 2 月，Luna 20 不载人探测器着陆于丰富海与危海之间，距丰富海北部边缘 35~40km（图 1.33）。着陆区地形为典型的高地，区内为平缓的丘陵地形，散布了许多直径达 10km 的撞击坑，直径大于 3km 的撞击坑的分布密度比丰富海北部高 50 倍左右。

采样的空心钻杆在月表 10cm 深处遇到了岩石层，仅回收样品 0.05kg，也是人类第一次月球高地采样。Luna 20 月球样品为松散的、不同粒级的亮灰色月壤样品。与 Luna 16 月壤样品相比，Luna 20 样品内含有很少的熔融颗粒和椭球体，月壤颗粒保存有断口面和晶面均比较完整的岩石和矿物碎片，很少见到月海月壤所特有的火山渣角砾岩和椭球体。岩石碎块主要是斜长岩，但也发现有苏长岩和橄榄岩。样品中月海玄武岩碎块很少，辉长岩和橄榄岩型的岩石碎块也很有限。也就是说，Luna 20 月壤样品主要是由斜长岩碎片组成的。

Luna 20 高地岩石主要由斜长岩、苏长岩和橄榄岩系列组成，其次为低钾高铝玄武岩。与月海玄武岩相比，Luna 20 高地岩石的 Al_2O_3 含量较高，Fe/Mg 值较低。月海玄武岩的 TiO_2、Cr_2O_3、FeO、MnO、K_2O、P_2O_5 含量比斜长岩、苏长岩和橄榄岩系列更高。

4. Luna 21

Luna 21 于 1973 年 1 月 16 日成功着陆（图 1.34），并部署了月球车 Lunokhod 2。Lunokhod 2 是另一辆由苏联发射的月球车（图 1.35）。该任务的目标是研究月球表面的地形、地质和形态，特别是月海和高地之间的过渡。Luna 21 在位于塞伦尼塔蒂斯盆地东缘的勒莫尼尔陨石坑着陆。火山熔岩充满塞伦尼塔蒂斯海。与 Lunokhod 1 相同，Lunokhod 2 也没有进行月球岩石样品的采集和返回任务。类似于 Lunokhod 1，Lunokhod 2 的主要任务是在月球表面执行科学实验、勘测地形，并收集有关月球地质和环境的数据（图 1.36）。

Lunokhod 2 携带了一系列科学仪器，包括摄像头、射线测量仪、X 射线荧光光谱仪等，用于研究月球表面的物理和化学性质。然而，它并没有设计用于采集、储存或返回岩石样本。

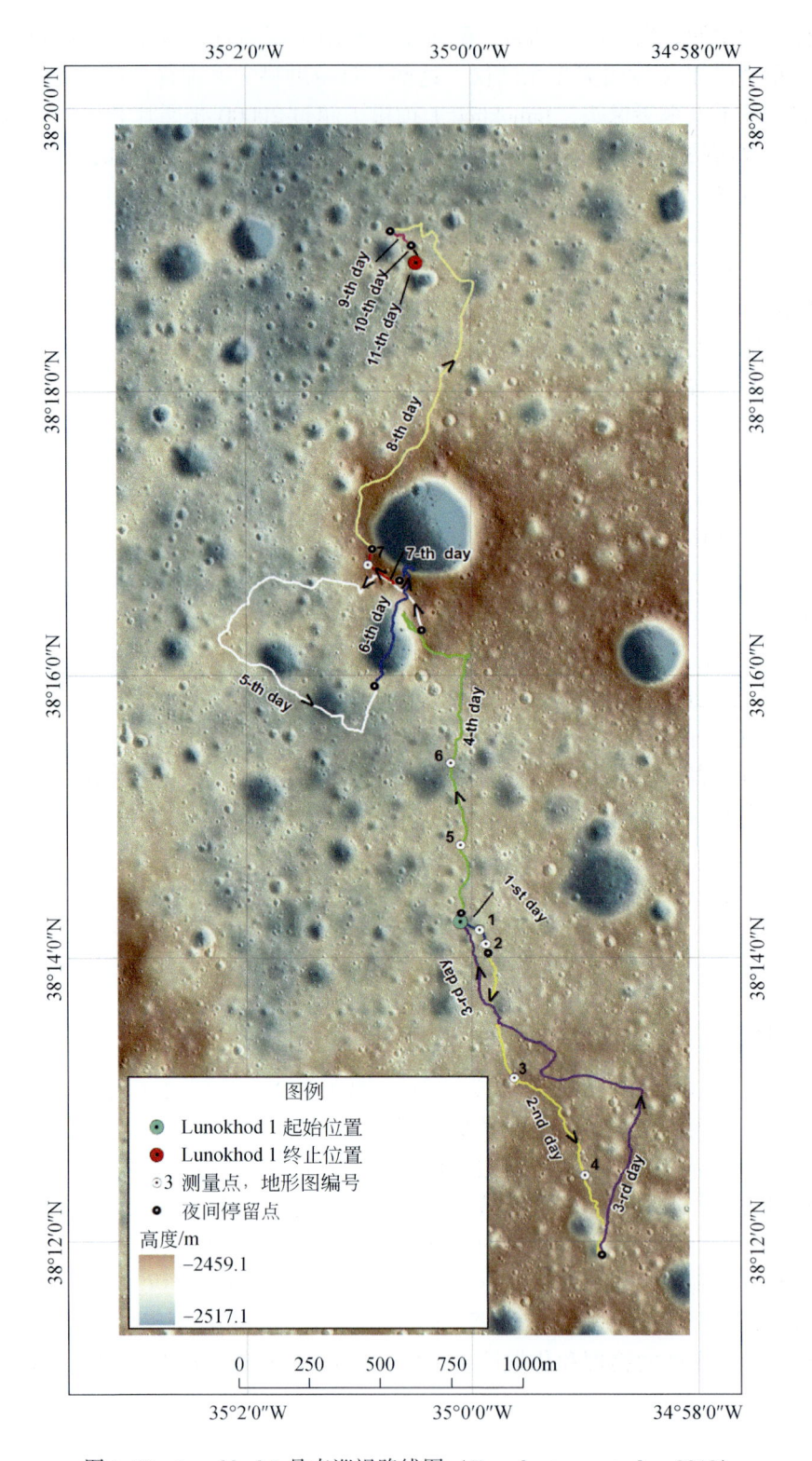

图1.32　Lunokhod 1 月表巡视路线图（Karachevtseva et al., 2013）

图 1.33　Luna 20 探测器

图 1.34　Luna 21 探测器

图 1.35　Lunokhod 2 巡视器

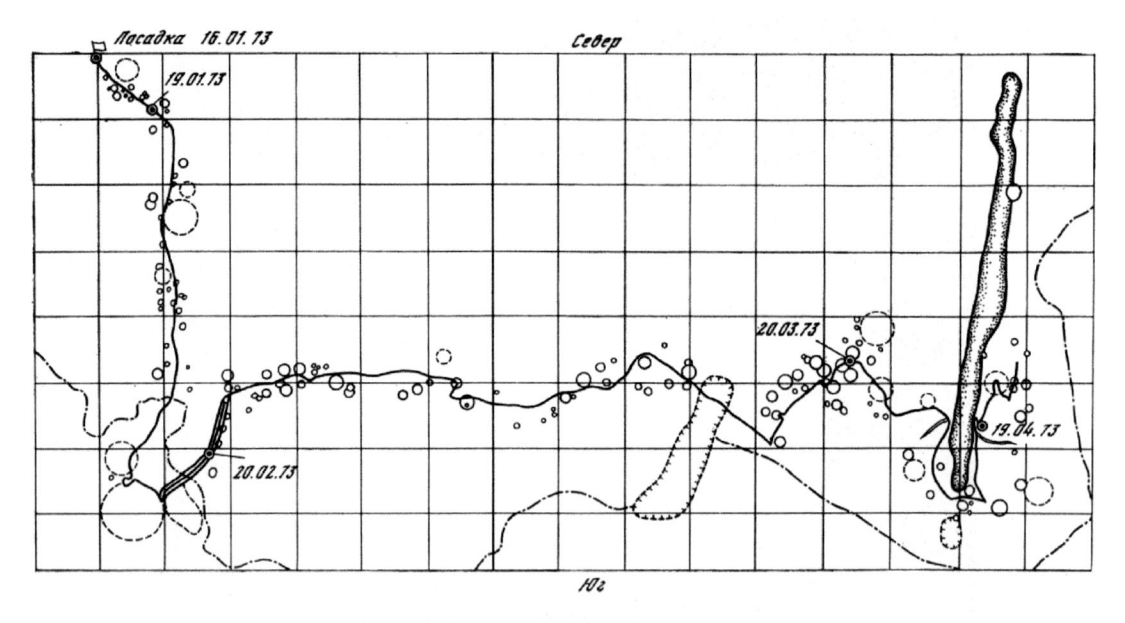

图 1.36　Lunokhod 2 月表巡视路线图（Karachevtseva et al.，2017）

5. Luna 24

Luna 24 携带了一台改进的空心钻取样器，于 1976 年 8 月 9 日发射，降落于月球正面的危海地区，与 Luna 23 着陆场相距约 2km（图 1.37）。1976 年 8 月 22 日，Luna 24 携带 170.1g 月球样品返回地球。岩心样品是在月表下约 2.5m 深处采集的，由分层的细粒月壤和月尘组成，含有丰富的长石颗粒。Luna 24 号是苏联月球计划中最后一个送回月球表面样本的探测器。

图 1.37　Luna 24 探测器

1.4.3　嫦娥月面巡视

1. 嫦娥三号

2013 年 12 月 14 日，中国的"嫦娥三号"（Chang'e-3，CE-3）探测器成功着陆在月球虹湾地区。"嫦娥三号"探测包括着陆器和巡视器两部分（图 1.38 和图 1.39）。以软着陆

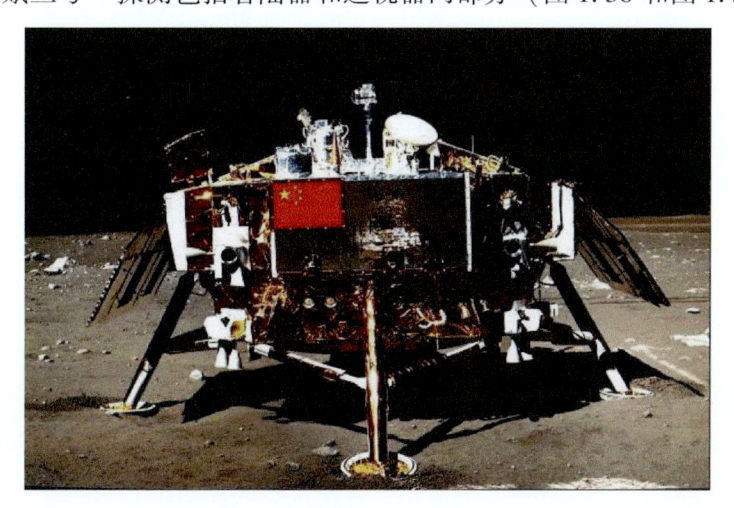

图 1.38　Chang'e-3 着陆器

图 1.39　Chang'e-3 巡视器

的方式降落在月球虹湾地区之后，着陆器释放巡视器，开展月面探测，巡视路线总长度为114.8m，并下传科学数据（图1.40）。"嫦娥三号"任务的科学目标主要有月表形貌与地质构造调查，包括着陆区和巡视区的形貌探测、撞击坑的调查与研究、月壤特性和厚度与月壳浅层结构探测和月球地质构造综合研究等；月表物质成分和可利用资源调查，获取月球的化学成分、矿物组成、岩石类型及其分布规律，对着陆区和巡视区矿物组成与化学成分的就位分析，矿产与能源资源的调查与评估等；对日地月空间环境探测和月基光学天文观测，即地球等离子体层极紫外成像探测、月基光学天文观测等。

"嫦娥三号"有效载荷主要有全景相机、测月雷达、红外成像光谱仪、粒子激发X射线光谱仪。有效载荷的探测任务见表1.9。

表 1.9　"嫦娥三号"有效载荷的探测任务

有效载荷	探测任务
全景相机	获取着陆区和巡视区周围的月表光学图像
测月雷达	探测巡视器所经路线上的月壤厚度和结构、月壳浅层结构
红外成像光谱仪	获取巡视器周围的月表红外光谱和图像，用于月表矿物组成和分布分析
粒子激发X射线光谱仪	对巡视区周围的月表物质主量元素含量进行现场分析，用于识别、鉴定岩石全岩成分、月壤全岩成分和矿物成分

通过分析大量由"嫦娥三号"回传的重要科学数据可知，数据中包括低频雷达浅层数据，判断月球雨海北部年轻的爱拉托逊纪熔岩流具有多期性，风化层为高 FeO（~22.8%）和高 TiO_2（5%）的橄榄石标准玄武岩。此外，该玄武岩中 Al_2O_3 含量较高（~11%），表明该玄武岩是一种新型玄武岩。由此，对一些月球构造演化提供了新的约束。

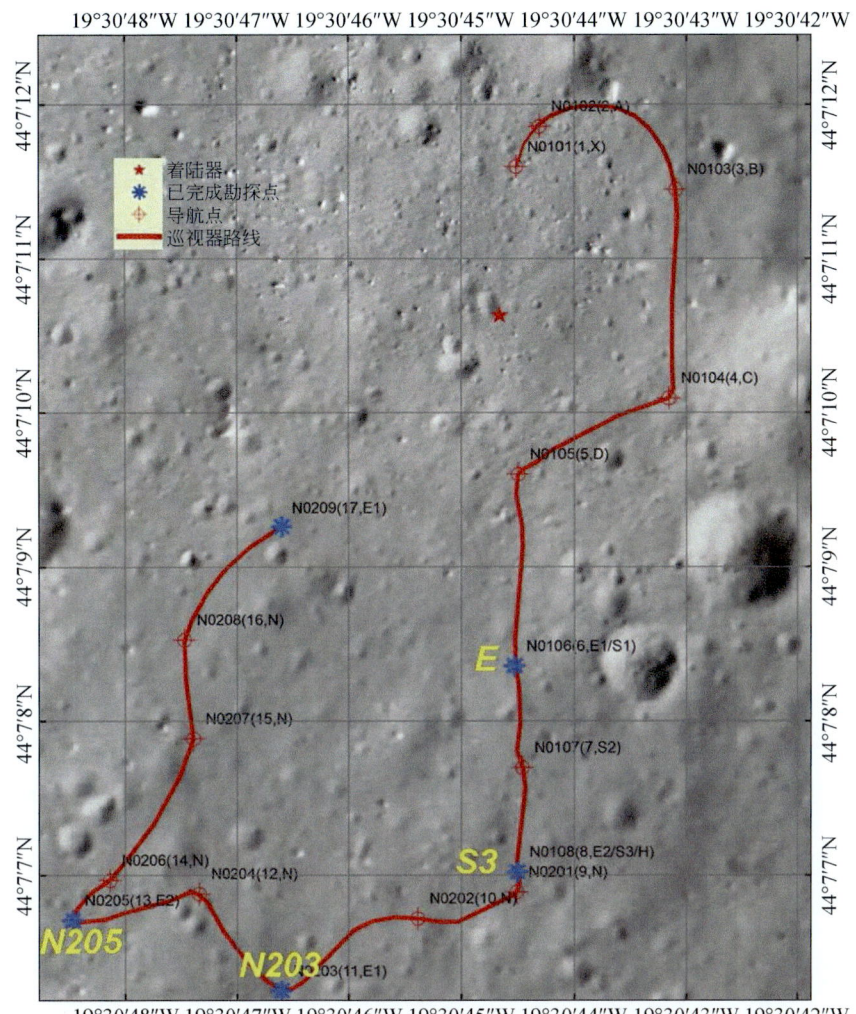

图 1.40 Chang'e-3 月表巡视路线（He et al., 2015）

2. 嫦娥四号

"嫦娥四号"（Chang'e-4，CE-4）于 2018 年 12 月 8 日发射升空，于 2019 年 1 月 3 日在月球背面预选区着陆，是人类第一个着陆月球背面的探测器，实现了人类首次月球背面软着陆和巡视勘察。"嫦娥四号"探测器由中继星、着陆器和巡视器三部分组成（图 1.41 和图 1.42），软着陆在月球背面南极–艾肯（South Pole-Aitken）盆地内的冯·卡门撞击坑底部，开展人类历史上首次月背巡视探测（图 1.43）。"嫦娥四号"任务的科研目标主要包括开展月表地形地貌与地质构造、矿物组成和化学成分、月球内部结构、地月空间与月表环境等探测活动，建成基本配套的月球探测工程系统；对月球背面，尤其是太阳系内已知最大的陨石坑进行探测，尝试月球背面的中继通讯和进行世界首次低频射电天文观测。

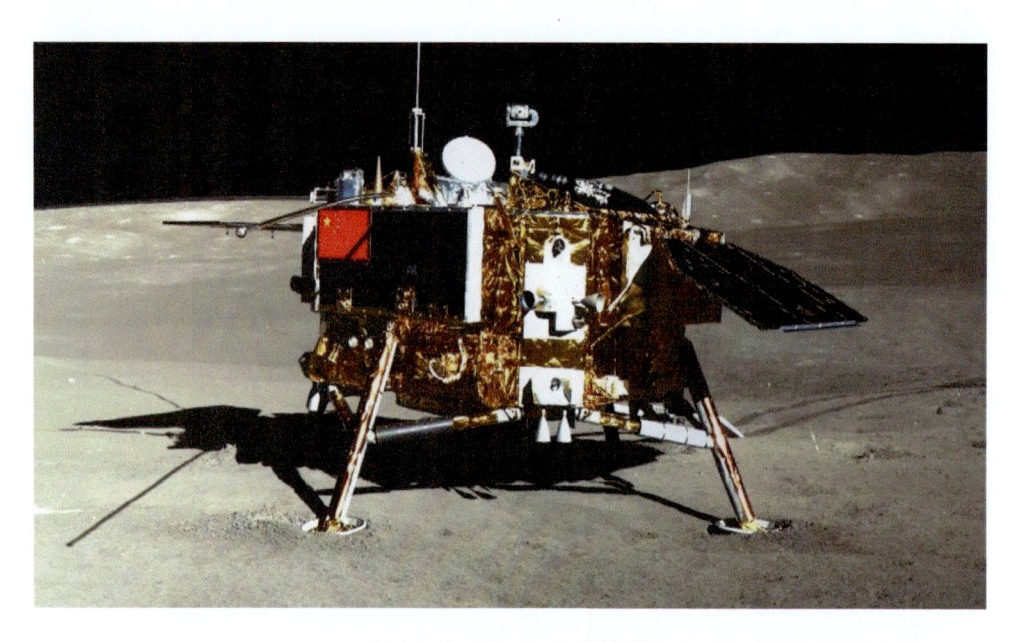

图 1.41　Chang'e-4 着陆器

图 1.42　"玉兔二号"巡视器

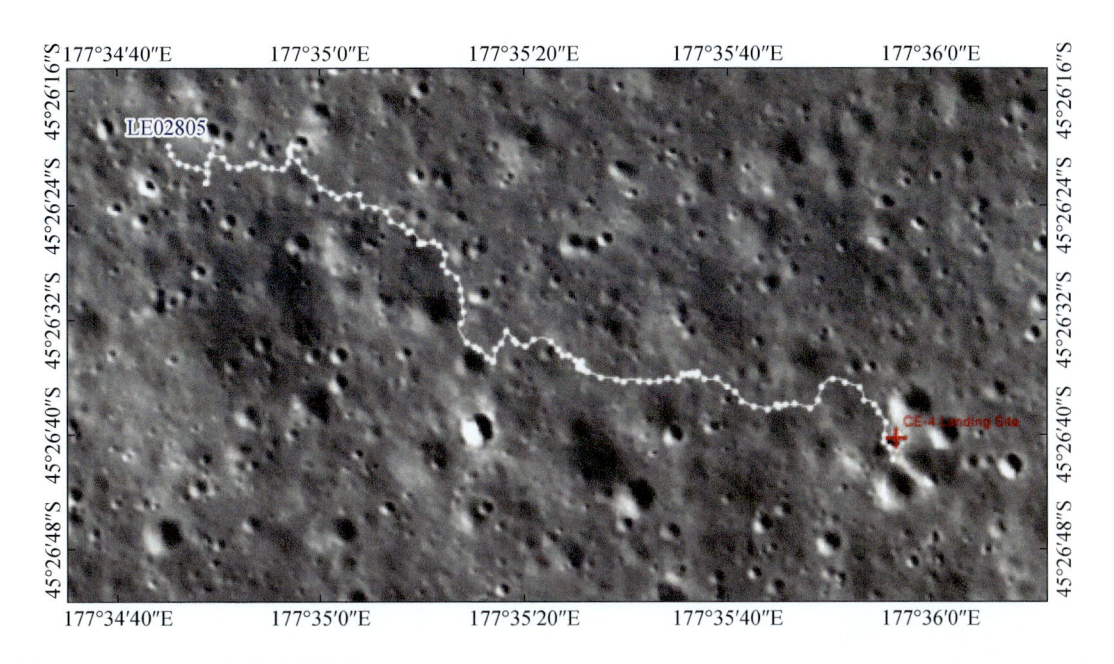

图 1.43　Chang'e-4 月表巡视路线（https://mp.weixin.qq.com/s/Ub45inr-5gHP9g697XCUQ［2024-05-24］）

"嫦娥四号"的有效载荷主要有降落相机、地形地貌相机、低频射电谱仪、全景相机、测月雷达、红外成像光谱仪。有效载荷的探测任务见表 1.10。

表 1.10　"嫦娥四号"有效载荷的探测任务

有效载荷	探测任务
降落相机	获取着陆器降落过程中各个高度时段降落区域的月球地形地貌图像
地形地貌相机	获取着陆器周围的光学图像，用于月球地形地貌的科学考察，还负责监视巡视器围绕着陆器的运动过程，当月球表面温度较高时采取闭储状态
低频射电谱仪	对太阳爆发时产生的低频电场进行探测，并对月球电离层进行研究
全景相机	实现对月球表面的大视场三维成像，完成探测月表形貌与地质构造的科学目标
测月雷达	巡视路线上的月球次表层结构探测，巡视路线上月壤厚度和结构以及月壳浅层结构
红外成像光谱仪	获取巡视区周围的可见光谱段图像以及红外光谱曲线，用于月表矿物组成和分布分析

"嫦娥四号"探测数据光谱分析表明，着陆区岩石成分以斜长石和辉石为主，橄榄石较少，月壤中 FeO 含量较高，TiO_2 含量较低。月壤含有富镁橄榄石和富镁斜方辉石矿物，两者相对含量基本相等。根据镁铁质矿物成分和芬森撞击坑空间位置，进一步分析认为着陆区月壤可能来源自南极-艾肯盆地撞击事件形成的撞击熔融分异物或一套富镁岩石。同时，"玉兔二号"月球车搭载的测月雷达获取了行驶路径下方的地质剖面，揭示地下的分层结构，表明着陆区月面物质来自于芬森撞击坑，而不是来自冯·卡门撞击坑自身的充填玄武岩，还揭示了着陆区经历多期次的撞击溅射堆积和多期次玄武岩浆喷发充填。

3. 嫦娥五号

2020 年 12 月 1 日,"嫦娥五号"(Chang'e-5,CE-5)在吕姆克(Rümker)山脉以北地区成功着陆(图 1.44)。"嫦娥五号"探测由轨道器、返回器、着陆器、上升器四部分组成。后续在经历地月转移、近月制动、环月飞行后,着陆器和上升器组合体将与轨道器和返回器组合体分离,轨道器携带返回器留轨运行,着陆器承载上升器择机实施月球正面预选区域软着陆,按计划开展月面自动采样等后续工作。

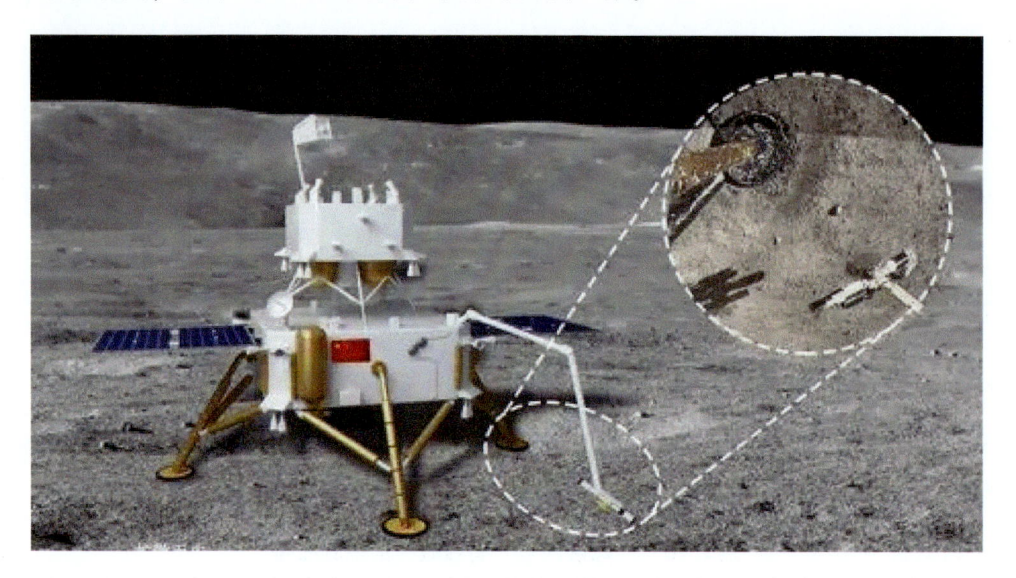

图 1.44 Chang'e-5 着陆器

"嫦娥五号"任务的科学目标最重要的就是"采样返回",开展着陆点区域形貌探测和地质背景勘察,获取与月球样品相关的现场分析数据,建立现场探测数据与实验室分析数据之间的联系。对月球样品进行系统、长期的实验室研究,分析月壤的结构、物理特性、物质组成,深化月球成因和演化历史的研究。

"嫦娥五号"的有效载荷主要有降落相机、月球矿物光谱分析仪、月壤结构探测仪、全景相机。有效载荷的探测任务见表 1.11。

表 1.11 "嫦娥五号"有效载荷的探测任务

有效载荷	探测任务
降落相机	获取探测器落月过程中月表图像
月球矿物光谱分析仪	获取月表可见光和红外高分辨反射率,获取指定谱段的光谱图像数据。月表物质成分和资源勘查
月壤结构探测仪	着陆点月壤厚度以及其结构探测,月球浅层内部结构探测以及钻取过程支持
全景相机	获取着陆区域高分辨率图像,提供着陆区及表取采样区域三维重构所需的视觉信息

2020年12月17日,"嫦娥五号"携带1731g月球样品返回地球。CE-5采样点附近的月壤大多呈灰黑色,月壤颗粒比普通土黏土更规则或更圆润。CE-5月样品的粒度主要分布在微米级,少量岩石碎片大于1cm。CE-5月壤中岩屑率(约50%)较高;但是,质量百分比极低(约10%),表明岩石碎屑的体积/面积比单一矿物碎屑的体积/面积小得多。在CE-5月球样品中,玄武岩是最主要的岩屑(许多小于1mm的复杂矿物颗粒都属于这种类型),主要由辉石、长石、橄榄石和钛铁矿组成,少量有钾长石、石英、静海石、磷灰石、陨磷钙钠石、斜锆石和锆石。CE-5风化层的碎屑分为火成岩碎屑(以玄武岩为主)、胶结物和玻璃屑,还发现了一些角砾岩。CE-5土壤矿物组成与月海玄武岩相一致,属低Ti/低Al/低K型,稀土元素含量低于富钾、富稀土、富磷物质。CE-5土壤具有高FeO、低Mg指数的特征,可能是一种新的玄武岩类型(Li et al., 2022)。目前,已在岩浆分异、太空风化、氦-3气体以及生物能转化等方面取得最新成果,对认识月球起源与演化,探寻月球资源的有效利用以及实现"零能耗"的地外环境和生命支持系统具有重要启示意义。

1.5 月球陨石分析

1.5.1 月球陨石

月球陨石是月球受到小行星或彗星的撞击,撞击区的月球岩石受到高温高压的作用而部分气化、熔融,形成的玻璃熔体就地包裹岩石的角砾碎块并向空间溅射,当溅射物的速度大于月球逃逸速度时,月球的溅射物可进入行星际空间运行。当溅射物的轨道与地球相遇时,溅射物以高速穿过地球大气层,未被完全烧蚀而残留的溅射物降落到地球表面成为月球陨石。绝大部分的陨石是小行星碎片,仅有极少数陨石来自月球、火星和其他行星。自1979年发现和确认了第一块月球陨石(ALHA 81005)(图1.45)之后,至今已收集到649块月球陨石。虽然采集的样品大约382kg月球样品,但由于飞船登陆采样位置有限,月球陨石对了解月球的物质组成和演化历史提供了重要的样品补充。除了少量具有结晶结构的岩石类型以外,大部分月球陨石为碎屑岩。这些碎屑岩主要有三类:高地斜长质角砾

图1.45 第一块月球陨石(ALHA 81005)

岩、月海玄武质角砾岩和高地斜长质-月海玄武质混合角砾岩。根据岩性分析，尤其是岩屑，月球陨石中存在斜长岩、玄武岩、辉长岩、橄长岩、苏长岩、克里普（KREEP）岩。

1.5.2 月球陨石分析

在撞击概率和月球撞击坑直径分布已知的前提下，1994 年，保罗·沃伦（Paul Warren）认为月球陨石起源于相对小的撞击坑，即直径只有数千米的撞击坑。2001 年，詹姆斯·黑德（James Head）通过理论计算认为，能形成 450m 直径撞击坑的撞击事件就可溅射出月球陨石。月球陨石的（FeO% +MgO%）/（Al$_2$O$_3$%）值（N）几乎落在 Apollo 月球样品中月海岩石的 3 种含铁矿物（辉石+橄榄石+钛铁矿）N 值与高地斜长岩 N 值组成的连线上，而普通球粒陨石（H）和地球地壳平均组成的 N 值均远离这条连线。因此，不落在这条线上的岩石就不是月球起源。另外，岩石的 Fe/Mn 值近乎常数 70，与是否是月海岩石还是高地岩石无关，其他行星、行星的卫星、小行星起源的陨石和地球岩石的 Fe/Mn 值与月球岩石明显不同，也是判断陨石是否为月球起源的依据（Korotev et al., 2003）。

1. 地球化学特征

长石、辉石、橄榄石和钛铁矿四种矿物以及由四种矿物熔融形成的玻璃质几乎占了矿物模式比例的 98%。这四种矿物及其变化产物对月球和月球陨石的地球化学成分特征起到了决定性的作用。此外，石英和钾长石在月球陨石中的含量非常低，常与 KREEP 组分密切相关，但对月球的地球化学具有重要的影响。

月球陨石中的长石主要是斜长石，而且斜长石以富钙为特征，绝大部分都属于钙长石。斜长石 An 值一般在 83~99，而玄武岩中斜长石 An 值更高，达到 95~98。月球陨石中钾长石非常少见，常以富含 KREEP 组分的岩屑或玻屑出现。月海玄武岩中辉石主要有普通辉石，常具有成分环带，核部富镁贫铁钙，边部富铁钙贫镁。玄武岩中的橄榄石一般富铁，而斜长石碎屑岩中橄榄石成分明显富镁。另外，月球陨石橄榄石具有富 Cr$_2$O$_3$ 和 CaO 特征。月球陨石中尚没有发现高钛玄武岩，其主要是 FeTiO$_3$-MgTiO$_3$ 之间的成分变化。月球陨石受到小行星冲击过程中，除了形成熔融玻璃，还形成大量的熔长石，而且所有月球陨石中还含有微量的原生金属铁（<0.1%）。

月球陨石的主量元素含量变化往往是由斜长石和玄武岩的比例变化引起的。斜长石质月球陨石 CaO 和 Al$_2$O$_3$ 含量高，还具有高的 Cr 含量。玄武质月球陨石中 Al、Mg、碱土元素和水亏损，但富 Fe、Ti 和 Cr。月球陨石的 Th 和 FeO 的分布明显具有分散和随机性。Cr/Se 值随着 MgO/FeO 值的增加而增加，两者具有良好的相关性。克里普岩成分也在月球陨石中发现，富含 K、REE、P 以及其他不相容元素。克里普岩组分主要出现在斜长岩中，其次为玄武岩中，是岩浆岩后期的产物。

2. 溅射源区与年代

对于未破碎的月球玄武岩，月球陨石溅射成对判断的主要依据是陨石成分的相似性、与别的月球玄武岩的成分差异性、宇宙射线暴露历史及其暴露年龄的相似性、结晶年龄的相似性。月球陨石碎屑岩溅射成对判断难度大,以其宇宙射线暴露历史及其溅射年龄为主依据,其次为岩性、岩相学和成分等特征。此外,根据岩性和 Apollo 月球表面成分特征对比,人们发现月球陨石可能源区大部分来自正面,包括席卡尔德(Schickard)撞击坑、雨海和澄海、月球东侧近危海、北马里亚、拉兰德撞击坑、月球正面西北部南极-艾肯(SPA)盆地附近、月球正面西侧、背面北部和风暴洋等全月面。

月球陨石经历了月壳岩石的形成、月壤和角砾岩的形成、月表表土物质受撞击溅射、月球与地球之间的运行及降落到地球,其时间序列为月球岩石的结晶年龄及稀有气体保存年龄、月球表土暴露于宇宙射线持续的时间、从月球表面溅射离开的时间、在月球-地球间运行的持续的时间及降落到地球后居地年龄。Apollo 岩石结晶年龄为 4.5~3.9Ga。月球陨石结晶年龄与此吻合。月球陨石 Rb-Sr 内部等时线、K-Ar 及 Ar-Ar 等年龄数据分散表明,月球在 3.9Ga 前受到灾变冲击事件,而且时间间隔较小。月球表面岩石颗粒表面 $^{40}Ar/^{36}Ar$ 值与月球角砾岩形成年龄有非常好的对应关系。此外,据宇宙射线暴露年龄和居地年龄分析,证明了月球陨石的不同溅射事件。

参 考 文 献

法文哲,金亚秋.2007.三层月壤模型的多通道微波辐射模拟与月壤厚度的反演[J].空间科学学报,27(1):55-65.

宫晓蕙,金亚秋.2012."嫦娥一号"对月球新生环行山表面热辐射"热点"与"冷点"昼夜变化的观测[J].中国科学:信息科学,(8):923-935.

郝钟雄.2007.天文望远镜现状及发展趋势[J].现代科学仪器,5(10):30-34.

姜景山,王振占,李芸.2008.嫦娥1号卫星微波探月技术机理和应用研究[J].中国工程科学,10(6):16-22.

林杨挺,缪秉魁,徐琳,等.2013.陨石学与天体化学(2001-2010)研究进展[J].矿物岩石地球化学通报,32(1):40-55.

刘继忠,邹永廖,王伟,等.2019.铸就辉煌——中国探月工程科学成果第一辑[M].北京:中国宇航出版社.

刘建忠,欧阳自远,李春来,等.2013.中国月球探测进展(2001-2010 年)[J].矿物岩石地球化学通报,32(5):544-551.

缪秉魁,陈宏毅,夏志鹏,等.2013.月球陨石:月球的物质组成及其演化历史的见证[J].极地研究,25(4):315-328.

欧阳自远.2005.月球科学概论[M].北京:中国宇航出版社.

欧阳自远.2010.嫦娥一号卫星的初步科学成果与嫦娥二号卫星的使命[J].航天器工程,19(5):1-6.

欧阳自远,李春来,邹永廖,等.2010.绕月探测工程的初步科学成果[J].中国科学:D辑,40(3):261-268.

裴照宇,刘继忠,王倩,等.2020.月球探测进展与国际月球科研站[J].科学通报,65(24):2577-2586.

时莉.2008.月表散射对月壤亮度温度影响的研究及微波探测仪数据处理[D].北京:中国科学院研究生院.

王振占,李芸,姜景山,等.2009.用"嫦娥一号"卫星微波探测仪亮温反演月壤厚度和 ~3He 资源量评估的方法及初步结果分析［J］. 中国科学：地球科学, 39（8）：1069.

魏二虎, 常亮, 刘经南. 2006. 我国进行激光测月的研究［J］. 测绘信息与工程, 31（3）：1-3.

吴伟仁, 刘继忠, 唐玉华, 等. 2019. 中国探月工程［J］. 深空探测学报, 6（5）：5-16.

熊耀恒. 2001. 月球激光测距的新技术方法研究［D］. 昆明：中国科学院云南天文台.

叶培建, 黄江川, 张廷新, 等. 2013. 嫦娥二号卫星技术成就与中国深空探测展望［J］. 中国科学：技术科学, 43（5）：467-477.

叶培建, 黄江川, 孙泽洲, 等. 2014. 中国月球探测器发展历程和经验初探［J］. 中国科学：技术科学, 44（6）：543-558.

郑磊, 苏彦, 郑永春, 等. 2009. 地基雷达技术及其在太阳系天体探测中的应用［J］. 天文学进展, 4：373-382.

郑向明, 郭锐, 李语强, 等. 2007. 我国月球激光测距研究与进展［J］. 天文研究与技术, 4（3）：231-237.

中国科学院地球化学研究所. 1977. 月质学研究进展［M］. 北京：科学出版社.

Audouin Dollfus. 2000. Langrenus: Transient Illuminations on the Moon［J］. Icarus, 146: 430-443.

Benz W, Slattery W L, Cameron A G W. 1986. The origin of the Moon and the single impact hypothesis I［J］. Icarus, 66: 515-535.

Bruce A, Campbell B, Ray H, et al. 2014. Improved discrimination of volcanic complexes, tectonic features, and regolith properties in Mare Serenitatis from Earth-based radar mapping［J］. Journal of Geophysical Research, 119（2）: 313-330.

Cudnik B M, Dunham D W, Palmer D M, et al. 2003. Ground-based observations of Lunar meteoritic［J］. Phenomena, Earth, Moon and Planets, 93: 145-161.

Eckart P, Aldrin B, Bishop S, et al. 1999. The Lunar base handbook［M］. New York: McGraw-Hill Higher Education.

Hagfors T. 1970. Remote probing of the Moon by Infrared and microwave emissions and by radar［J］, Radio Science, 2: 445-465.

He Z, Xu R, Li C, et al. 2015. Visible and near-infrared imaging spectrometer (VNIS) for in-situ Lunar surface measurements［C］. Toulouse, France: Sensors, Systems, and Next-Generation Satellites XIX. SPIE, 9639: 498-509.

Heiken G H, Vaniman D T, French B M, et al. 1991. Lunar Sourcebook: A user's guide to the Moon［M］. London: Cambridge University Press.

Jaeger J C, Harper A F A. 1950. Nature of the surface of the Moon［J］. Nature, 166（4233）: 1026.

Juan R, Pardo, Eugene Serabyn, et al. 2005. Broadband submillimeter measurements of the full Moon Center brightness temperature and application to a Lunar eclipse［J］. Icarus, 178: 19-26.

Jurgen Muller, James G, Williams, et al. 2005. Lunar laser ranging contributions to relativity and geodesy［C］. Bremen, Germany: Proceeding of the 359th WE2Heraeus Seminar on "Lasers, Clocks, and Drag2Free: Technologies for Future Exploration in Space and Tests of Gravity".

Karachevtseva I, Oberst J, Scholten F, et al. 2013. Cartography of the Lunokhod-1 landing site and traverse from LRO image and stereo-topographic data［J］. Planetary and Space Science, 85: 175-187.

Karachevtseva I P, Kozlova N A, Kokhanov A A, et al. 2017. Cartography of the Luna-21 landing site and Lunokhod-2 traverse area based on Lunar reconnaissance orbiter camera images and surface archive TV-panoramas［J］. Icarus, 283: 104-121.

Kokurin Y. 2003. Lunar laser ranging: 40 years of research［J］. Quantum Electron, 33（1）: 45-47.

Korotev R L, Jolliff B L, Zeigler R A, et al. 2003. Feldspathic Lunar meteorites and their implications for compositional remote sensing of the Lunar surface and the composition of the Lunar crust [J]. Geochimica et Cosmochimica Acta, 67 (24): 4895-4923.

Krotikov V D, Troitskii. 1964. Radio emission and nature of the Moon (Engl. Transl.) [J]. Soviet Physics, 6 (6): 841-871.

Langseth M G, Keihm S J, Peters K, et al. 1976. Revised Lunar heat-flow value [J] Lunar Science, 3 (A77-3465115-91): 3143-3171.

Li C, Hu H, Yang M F, et al. 2022. Characteristics of the Lunar samples returned by the Chang'e-5 mission [J]. National science review, 9 (2): nwab188.

Meng Z, Chen S, Du X, et al. 2011. Influence of temperature and frequency on microwave dielectric properties of Lunar regolith simulant [J]. Chinese Geographical Science, 21 (1): 94-101.

Murcray F H, Murcray D G, Williams W J. 1970. Infrared emissivity of Lunar surface features: 1. Balloon-borne observations [J]. Journal of Geophysical Research, 75 (14): 2662-2669.

Mutch T A. 1970. Geology of the Moon-A stratigraphic view [M]. New Jersey: Princeton University Press, 1-402.

Nozette S, Lichtenberg C L, Spaudis P, et al. 1996. The Clementine bistatic radar experiment [J]. Science, 274: 1495-1498.

Oshigami S, Yamaguchi Y, Yamaji A, et al. 2009. Distribution of the subsurface reflectors of the western nearside maria observed from Kaguya with Lunar radar sounder [J]. Geophysical Research Letters, 36 (18): 252-260.

Peeples W J, Sill W R, May T W, et al. 1978. Orbital radar evidence for Lunar subsurface layering in Maria serenitatis and crisium [J]. Journal of Geophysical Research Solid Earth, 83 (B7): 3459-3468.

Pettit E, Nicholson S B. 1930. No. 392. Lunar radiation and temperatures [J]. Contributions from the Mount Wilson Observatory, 392: 1-34.

Phillips R J, Adams G F, Brown W E J, et al. 1973. Apollo Lunar sounder experiment [C]. Apollo 17: Preliminary Science Report, 330 (22): 1-26.

Pollack J B, Whitehill L. 1972. A multiple-scattering model of the diffuse component of Lunar radar echoes [J]. Journal of Geophysical Research, 77 (23): 4289-4303.

Pommerol A, Kofman W, Audouard J, et al. 2010. Detectability of subsurface interfaces in Lunar maria by the LRS/SELENE sounding radar: Influence of mineralogical composition [J]. Geophysical Research Letters, 37 (3): 93-101.

Porcello L J, Jordan R L, Zelenka J S, et al. 1974. The Apollo Lunar sounder radar system [J]. Proceedings of the IEEE, 62 (6): 769-783.

Saari J M, Shorthill R W, Deaton T K. 1966. Infrared and visible images of the eclipsed moon of December 19, 1964 [J]. Icarus, 5: 635-659.

Schaber G G, Thompson T W, Zisk S H. 1975. Lava flows in mare imbrium: An evaluation of anomalously low earth-based radar reflectivity [J]. The Moon, 13: 395-423.

Sharpton V L, Iii J W H. 1982. Stratigraphy and structural evolution of southern mare serenitatis: A reinterpretation based on Apollo Lunar sounder experiment data [J]. Journal of Geophysical Research: Solid Earth, 87 (B13): 10983-10998.

Shkuratov Y G, Bondarenko N V. 2001. Regolith layer thickness mapping of the moon by radar and optical data [J]. Icarus, 149 (2): 329.

Tom Murphy. 2006. APOLLO springs to life: One 2millimeter LLR [C]. Canberra, Australia: Proceeding of 15th International Laser Ranging Workshop.

Troitsky V S, Burov A B, Alyoshina T N. 1968. Influence of the temperature dependence of Lunar material properties on the spectrum of the Moon's radio emission [J]. Icarus, 8 (1-3): 423-433.

Tyler G L, Howard H T. 1973. Dual-frequency bistatic-radar investigations of the Moon with Apollo s 14 and 15 [J]. Journal of Geophysical Research, 78 (23): 4852-4874.

Warell J, Sprague A L, Emery J P, et al. 2006. The 0.7-5.3μm IR spectra of Mercury and the Moon: Evidence for high-Ca clinopyroxene on Mercury [J]. Icarus, 180: 281-291.

Yu L Kokurin. 2003. Lunar laser ranging: 40 years of research [J]. Quantum Electronics, 33 (1): 45 -47.

Yurij G, Shkuratov, Vadym G, et al. 1999. Opanasenko, iron and titanium abundance and maturity degree distribution on the Lunar nearside [J]. Icarus, 137: 222-234.

Zhang W G, Jiang J S, Liu H G, et al. 2010. Distribution and anomaly of microwave emission at Lunar south pole [J]. Science China Earth Sciences, 53 (3): 465-474.

Zheng Y C, Tsang K T, Chan K L, et al. 2012. First microwave map of the Moon with Chang'e-1 data: The role of local time in global imaging [J]. Icarus, 219 (1): 194-210.

第 2 章 月球遥感卫星与载荷

从 1958 年开始，人类已经进行了 140 余次对月遥感探测任务，包括苏联无人探月计划（Luna）、美国阿波罗载人计划（Apollo）、日本的月亮女神计划（SELENE/Kaguya）、欧空局的小型先进技术研究任务（Small Missions for Advanced Researchin Technology，SMART）计划、中国的嫦娥探月计划（Chang'e）及印度的月球飞船计划（Chandrayaan）等。

2.1 月球遥感卫星

1959 年，苏联的第一颗月球探测器成功发射，随后人类开启了一个全新的月球探测时代。苏联与美国相继于 1959～1969 年各自发射了多系列的探测器用于观测月球，总发射数量为 108 个，其中成功或部分成功的有 50 余个。另外，日本、欧洲、中国和印度等地区都开展了月球遥感卫星探测。世界各国进行的 78 项月球卫星探测工程如表 2.1 所示。

2.1.1 苏联卫星

1. Luna

苏联发起过两个月球探索计划，Luna 系列是其中之一。从 1959 年 1 月发射第一颗卫星 Luna 1 起（图 2.1），到 1976 年 8 月共发射了 24 个月球卫星探测器，实施了包括飞越、

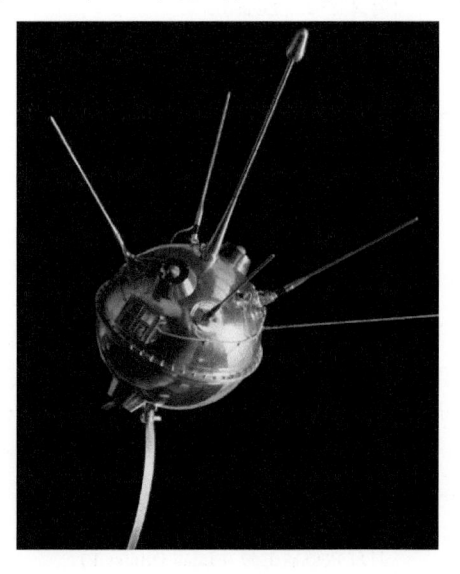

图 2.1 Luna 1 卫星

软着陆、硬着陆、绕月、月球车勘查和取样等，展开了除载人登月外的所有月球探测活动，有关月球的地质构造和地形地貌研究取得了重要进展。卫星上搭载了各种探测仪器，主要包括红外探测器、磁力仪、伽马射线光谱仪、辐射探测器、带电粒子探测器、陨石探测器以及 X 射线探测器等。

其中，Luna 2 首次成功完成了探月航天器的月面硬着陆和撞月；Luna 9 在 Luna 3 至 Luna 8 相继失败后，首次完成月球软着陆；Luna 14 完成了月球重力场的探测；Luna 16 号首次成功实现无人采样返回；Luna 17 首次完成搭载自动月球车 1 号登月（Harvey, 1996）；随着 Luna 24 在携带月表以下 2m 的 170g 月岩样品成功自动返回后，宣告了 Luna 计划的圆满结束（Blanchard et al., 1978；Sobolev et al., 1980；计都，2011）。2023 年 8 月 11 日，俄罗斯成功将 Luna 25 号探测器发射升空，但在同年该探测器因出现异常而失联。

表 2.1　月球卫星探测工程

序号	发射时间	名称	任务	发射国家
1	1959 年 2 月 2 日	月球 1 号（Luna 1）	月球飞越	苏联
2	1959 年 3 月 3 日	先驱者 4 号（Pioneer 4）	月球飞越	美国
3	1959 年 9 月 12 日	月球 2 号（Luna 2）	月球碰撞	苏联
4	1959 年 10 月 4 日	月球 3 号（Luna 3）	月球飞越	苏联
5	1961 年 8 月 23 日	徘徊者 1 号（Rangers 1）	月球试验	美国
6	1961 年 11 月 18 日	徘徊者 2 号（Rangers 2）	月球试验	美国
7	1962 年 1 月 26 日	徘徊者 3 号（Rangers 3）	月球着陆	美国
8	1962 年 4 月 23 日	徘徊者 4 号（Rangers 4）	月球着陆	美国
9	1962 年 10 月 18 日	徘徊者 5 号（Rangers 5）	月球碰撞	美国
10	1963 年 4 月 2 日	月球 4 号（Luna 4）	月球着陆	苏联
11	1964 年 1 月 30 日	徘徊者 6 号（Rangers 6）	月球碰撞	美国
12	1964 年 7 月 28 日	徘徊者 7 号（Rangers 7）	月球碰撞	美国
13	1965 年 2 月 17 日	徘徊者 8 号（Rangers 8）	月球碰撞	美国
14	1965 年 3 月 21 日	徘徊者 9 号（Rangers 9）	月球碰撞	美国
15	1965 年 5 月 9 日	月球 5 号（Luna 5）	月球着陆	苏联
16	1965 年 6 月 8 日	月球 6 号（Luna 6）	月球着陆	苏联
17	1965 年 7 月 18 日	探测器 3 号（Zond 3）	月球飞越	苏联
18	1965 年 10 月 4 日	月球 7 号（Luna 7）	月球着陆	苏联
19	1965 年 12 月 3 日	月球 8 号（Luna 8）	月球着陆	苏联
20	1966 年 1 月 31 日	月球 9 号（Luna 9）	月球着陆	苏联
21	1966 年 3 月 31 日	月球 10 号（Luna 10）	月球轨道器	苏联
22	1966 年 5 月 30 日	勘察者 1 号（Surveyor 1）	月球着陆	美国
23	1966 年 8 月 10 日	月球轨道器 1 号（Luna Orbiter 1）	月球轨道器	美国
24	1966 年 8 月 24 日	月球 11 号（Luna 11）	月球轨道器	苏联

续表

序号	发射时间	名称	任务	发射国家
25	1966年9月20日	勘察者2号（Surveyor 2）	月球着陆	美国
26	1966年10月22日	月球12号（Luna 12）	月球轨道器	苏联
27	1966年11月6日	月球轨道2号（Luna Orbiter 2）	月球轨道器	美国
28	1966年12月21日	月球13号（Luna 13）	月球着陆	苏联
29	1967年2月4日	月球轨道器3号（Luna Orbiter 3）	月球轨道器	美国
30	1967年4月17日	勘察者3号（Surveyor 3）	月球着陆	美国
31	1967年5月8日	月球轨道器4号（Luna Orbiter 4）	月球轨道器	美国
32	1967年7月14日	勘察者4号（Surveyor 4）	月球着陆	美国
33	1967年8月1日	月球轨道器5号（Luna Orbiter 5）	月球轨道器	美国
34	1967年9月8日	勘察者5号（Surveyor 5）	月球着陆	美国
35	1967年11月7日	勘察者6号（Surveyor 6）	月球着陆	美国
36	1968年1月7日	勘察者7号（Surveyor 7）	月球着陆	美国
37	1968年4月7日	月球14号（Luna 14）	月球轨道器	苏联
38	1968年9月15日	探测器5号（Zond 5）	月球飞越	苏联
39	1968年11月10日	探测器6号（Zond 6）	月球飞越	苏联
40	1968年12月21日	阿波罗8号（Apollo 8）	月球轨道器	美国
41	1969年5月18日	阿波罗10号（Apollo 10）	月球轨道器	美国
42	1969年7月13日	月球15号（Luna 15）	月球采样	苏联
43	1969年7月16日	阿波罗11号（Apollo 11）	月球着陆	美国
44	1969年8月7日	探测器7号（Zond 7）	月球飞越	苏联
45	1969年11月14日	阿波罗12号（Apollo 12）	月球着陆	美国
46	1970年4月11日	阿波罗13号（Apollo 13）	月球着陆	美国
47	1970年9月12日	月球16号（Luna 16）	月球采样	苏联
48	1970年10月20日	探测器8号（Zond 8）	月球飞越	苏联
49	1970年11月10日	月球17号（Luna 17）	月球车	苏联
50	1971年1月31日	阿波罗14号（Apollo 14）	月球着陆	美国
51	1971年7月26日	阿波罗15号（Apollo 15）	月球着陆	美国
52	1971年9月2日	月球18号（Luna 18）	月球采样	苏联
53	1971年9月28日	月球19号（Luna 19）	月球轨道器	苏联
54	1972年2月14日	月球20号（Luna 20）	月球采样	苏联
55	1972年4月16日	阿波罗16号（Apollo 16）	月球着陆	美国
56	1972年12月7日	阿波罗17号（Apollo 17）	月球着陆	美国
57	1973年1月8日	月球21号（Luna 21）	月球车	苏联
58	1974年6月2日	月球22号（Luna 22）	月球轨道器	苏联
59	1974年10月28日	月球23号（Luna 23）	月球采样	苏联

续表

序号	发射时间	名称	任务	发射国家
60	1976年8月14日	月球24号（Luna 24）	月球采样	苏联
61	1989年10月18日	伽利略号（Galileo）	木星轨道器	美国
62	1990年1月24日	飞天号（Hiten）	月球轨道器	日本
63	1994年1月25日	克莱门汀（Clementine）	月球轨道器	美国
64	1998年1月7日	月球勘探者（Lunar Prospector）	月球轨道器	美国
65	2003年9月27日	智慧1号（SMART-1）	月球轨道器	欧空局
66	2007年9月14日	月亮女神（SELENE）	月球轨道器	日本
67	2007年10月24日	嫦娥一号（Chang'e-1）	月球轨道器	中国
68	2008年10月22日	月船一号（Chandrayaan-1）	月球轨道器	印度
69	2009年6月18日	月球勘测轨道器（Lunar Reconnaissance Orbiter）	月球轨道器	美国
70	2010年10月1日	嫦娥二号（Chang'e-2）	月球轨道器	中国
71	2010年6月28日	阿尔特弥斯号（ARTEMIS）	月球轨道器	美国
72	2011年9月8日	圣杯号（GRAIL）	月球轨道器	美国
73	2013年12月4日	嫦娥三号（Chang'e-3）	月球轨道器	中国
74	2018年12月8日	嫦娥四号（Chang'e-4）	月球背面探测	中国
75	2020年11月24日	嫦娥五号（Chang'e-5）	无人月球采样	中国
76	2023年7月14日	月船三号（Chandrayaan-3）	月球南极探测	印度
77	2023年8月11日	月球25号（Luna 25）	月球南极探测	俄罗斯
78	2023年9月7日	月球探索智能着陆器计划（SLIM）	月球着陆探测	日本

2. Zond

Zond系列是苏联的以月球为目标的两个空间探测计划之一。该计划从1965年开始，并持续到1970年，共发射8个卫星探测器。其中，在用于月球探测的5个探测器中，3个成功完成绕月飞行并返回地球，为后来的苏联载人登月积蓄了大量极具意义的技术条件。卫星上搭载了相机、磁力仪、紫外-红外光度计、辐射计、空间环境探测仪器与宇宙线和微陨石探测器。

其中，Zond 1和Zond 2分别用于探测金星和火星。Zond 3在进入日心轨道飞往火星前，成功掠月飞行并将月球背面照片传回（图2.2）。Zond 4任务为完成绕月并返达地球进行飞行试验，但结果进入日心轨道。

Zond 5首次成功绕月球后返抵地球，带回了黑白地球图片。Zond 6绕月并返回地球后，使用跳跃式再次回到大气层。Zond 7首次传回彩色照片。Zond 8在绕过月球后成功返达地球，最终弹道载入式降至北极水面后被回收（Harvey，1996；郑伟等，2012）。

图 2.2 Zond 3 卫星

2.1.2 美国卫星

1. Pioneer

Pioneer 系列是美国最早的月球探测尝试，1958～1960 年共发射 9 颗。虽然 Pioneer 系列不是成功的月球探测系列，但是解决了载人登月中的许多问题。其中，发射的 Pioneer 0、Pioneer 1 和 Pioneer 2，主体为一直径长 74cm 的圆柱，火箭发动机安装在底部，外形酷似飞碟。Pioneer 0 在大西洋上空爆炸；Pioneer 1 飞出地球磁层测量了行星际磁场，却未达到进入月轨的逃逸速度；Pioneer 2 第三级发动机点火失败。Pioneer 3 与 Pioneer 4（图 2.3）主体均为圆锥形，整体约重 6.1kg，任务为飞过月球附近并探测。Pioneer 3 由于火箭故障回落燃烧在南非上空，但验证了辐射带的存在。Pioneer 4 因计算失误掠过月球六万余千米上空，虽未能观测月球辐射，但却是人类飞行器首次超越地球的逃逸速度。

Pioneer P-1 航天器的运载火箭在发射台的静态发射期间发生爆炸，未被爆炸摧毁的 Pioneer P-1 航天器后来用于先锋 Pioneer P-3 任务。Pioneer P-3、Pioneer P-30 和 Pioneer P-31 的卫星构造均为直径长 1m 的球体，并在外部装有 4 块太阳能电池板。Pioneer P-3 运载火箭的第二级点火失败，导致卫星未能成功进入轨道。随后发射的 Pioneer P-30 和 Pioneer P-31 也因各种故障在发射不久后坠落。这 3 颗卫星均是美国为实现在太空中操纵卫星的尝试。

Pioneer 探测器几乎都没有取得成功，失败的关键是火箭的推动力不足，未使探测器达到脱离地球的逃逸速度而抵达月球。

图 2.3　Pioneer 4 卫星

2. Ranger

Ranger 系列月球探测器于 1961 年第一次发射，截至 1965 年共发射了 9 颗。Ranger 计划包括 9 个飞船探测任务，飞船被设想为一个完全稳定的平台。在平台上进行月球和行星观测。卫星上装载了 6 个 TV 相机、2 个全扫描相机（full-scan camera）以及 4 个局部扫描相机（partial-scan camera）。

为"Apollo"飞船寻找着陆点，获取月面坚实程度，收集月球表面近距离照片，用测震仪观测击中月球表面时的震动情况，以及月球表面岩石和土壤的化学组成等是 Ranger 计划的主要任务。Ranger 6 于 1964 年 1 月 30 日发射，并首先硬着陆于月面静海地区，但未能拍摄月球照片。Ranger 7 于 1964 年 7 月 28 日发射，成功通过 6 台电视摄像机在硬着陆前逼近月球的过程中，拍摄月面照片后向地面传回。Ranger 8 和 Ranger 9（图 2.4）分别发射于 1965 年 2 月 17 日以及 3 月 21 日，并分别硬着陆在月球的静海和云海，共发回了 12000 张清晰的月球近景照片（Jet Propulsion Laboratory，1965；Jet Propulsion Laboratory，1966）。

3. Surveyor

Surveyor 计划于 1966 年 5 月发射第一颗探测器 Surveyor 1（图 2.5），至 1968 年 1 月，共陆续发射了 7 颗登陆型月球卫星，在卫星上搭载了摄像机、月壤采样器、弹性计量器、α 粒子散射分析仪及磁棒等仪器。

1966 年 5 月～1968 年 2 月，Surveyor 系列不但探测了月球赤道带的月海，传回了 87000 张图像，而且完成了许多月壤样品的化学分析。在月球表面进行了挖掘试验，测量了月壤的成分与特性，完成了 Apollo 载人登月的技术准备。其中，Surveyor 1、Surveyor 3、

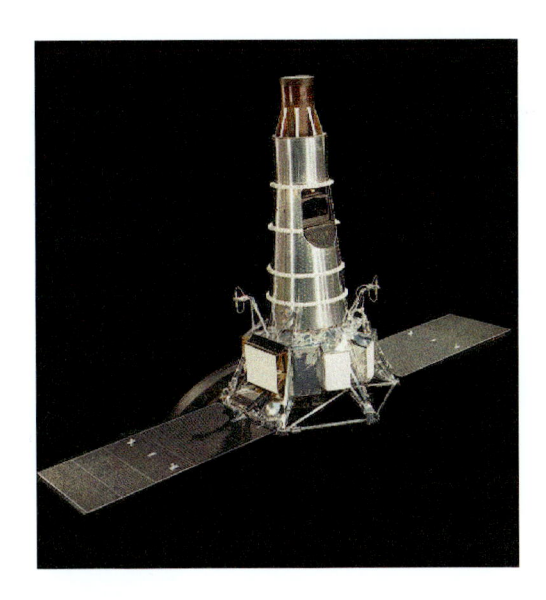

图 2.4　Ranger 9 卫星

图 2.5　Surveyor 1 月球探测器

Surveyor 5、Surveyor 6、Surveyor 7 成功软着陆在月球表面。Surveyor 计划还获得了月球表面与近月空间的照片，以及 Apollo 载人登陆计划所需的重要技术信息（Malin et al.，1998；Edgett and Malin，2000）。

Surveyor 1、Surveyor 3、Surveyor 5、Surveyor 6 到达了 Apollo 计划预选的着陆区，采集了大量月壤与月岩样品并做了化学分析（Turkevich et al.，1967）。Surveyor 7 飞船着陆区为崎岖不平的高地，用以进行月陆、月海相关参数的对比分析（Turkevich et al.，1968；Shoemaker et al.，1969）。

4. Lunar Orbiter

Lunar Orbiter 系列为绕月飞行类卫星，于 1966 年 8 月 10 日计划发射 Lunar Orbiter 1 号卫星（图 2.6），至 1967 年 8 月 1 日共发射 5 颗。Lunar Orbiter 是绕月轨道上的月面测绘探测器，星上搭载了成像系统仪器，共获得了 1654 张高分辨率的月表遥感图像。

图 2.6 Lunar Orbiter 1 卫星

Lunar Orbiter 计划获得了精细的月球地形和地质信息来判定它们是否适合 Apollo 和登月者着陆，加深了人类对于月球的认识。作为月面测绘探测器，提供了精细的轨道信息，并改善月球重力场数据（Michael et al., 1966; Tolson and Gapcynski, 1968; Lorell, 1970）。

除此之外，卫星提供了第一批自月球轨道拍摄月球和地球的照片。通过高轨道拍摄，将整个月球正面和 95% 月球背面，根据空间分辨率达 60m 或更高的照片来成像，是从地球上观测的最佳分辨率的 10 倍。Lunar Orbiter 计划还获取了 36 块具有特殊性质的区域，以及 Apollo 着陆地区的图像（Heen et al., 1967），为 Apollo 载人计划的顺利执行，选取了平稳合适的登陆点。

5. Apollo

Apollo 登月计划于 1967 年 2 月 21 日～1972 年 12 月 7 日共有 17 次计划。其中，共有 6 次载人登月计划获得成功，分别是 Apollo 11、Apollo 12、Apollo 14、Apollo 15、Apollo 16 和 Apollo 17 计划（图 2.7）。Apollo 登月计划为科学家提供了包括绕月轨道实验结果、月球照片、采集的月球样品以及月表科学活动等大量月球数据。卫星上搭载了轻便荧光探测器、激光测距系统、月表尘埃探测器、太阳风高能粒子探测器、月球车等装置。

Apollo 11 号首次成功实现载人登月，飞船登月舱于 1969 年 7 月 20 日降落在月球赤道附近的静海区，带回了大量月面岩石样品和照片。1969 年 11 月至 1972 年 12 月期间，又陆续发射了 Apollo 12～Apollo 17 号飞船。其中，除 Apollo 13 号因故未成功登月（航天员安全返回地面），其余船均登月成功。Apollo 12 号进行了引起月震达 55min 的人工"陨石"撞击实验，于环月轨道将登月舱上升至月面。Apollo 15、Apollo 16 号各自从环月轨道上发射了科学卫星环月运行。Apollo 15、Apollo 16、Apollo 17 号的航天员驾驶登月舱各带

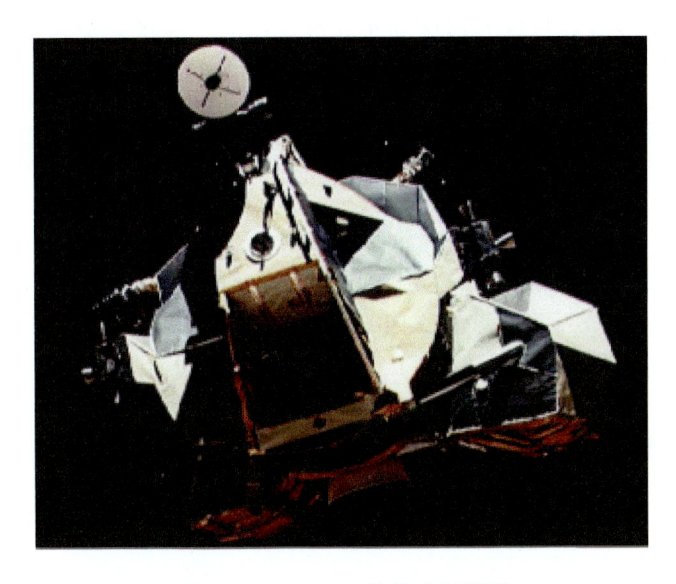

图 2.7　Apollo 17 号月球探测器

有的一辆月球车，活动于月面、对月表岩石采集并进行科学考察（Metzger et al.，1973；Schmitt，1973）。Apollo 17 号是地质学家首次用以参加登月活动的飞船。

6. Galileo

Galileo 号飞船是一个木星探测器（图 2.8），于 1989 年发射，先后于 1990 年 10 月和 1992 年 10 月飞临月球，并对月球进行多波段成像。成像数据在月球成分研究和月球影像成图方面被广泛应用。成像使用的是固体成像相机（solid-state imaging，SSI），相机 CCD 像元分辨率为 800×800，视场角为 0.46°，包括 8 个谱段，分别为 404nm、559nm、611nm、671nm、727nm、756nm、889nm 和 986nm。

图 2.8　Galileo 月球探测器

通过利用固体成像机对月球北极区和东北区获得的影像进行分析，发现月海区域物质组成主要为低到中钛玄武岩（Greeley et al., 1993；Belton et al., 1994；Lucey et al., 1996）。

7. Clementine

1994年1月25日，在美国范登堡（Vandenburg）空军基地，Clementine卫星搭乘Titan IIG火箭完成发射（图2.9）。在经过两次绕地飞行之后，Clementine于1994年2月19日到达绕月轨道。在绕月飞行期间，Clementine进行了2次系统性的月球绘图工作，时间跨度约为2个月。Clementine上搭载了近红外CCD相机、高分辨率相机、长波红外相机、激光测高系统、充电粒子探测仪、激光雷达系统、S频段转发器、星跟踪器相机以及可见光/紫外CCD相机，共9个探测器。

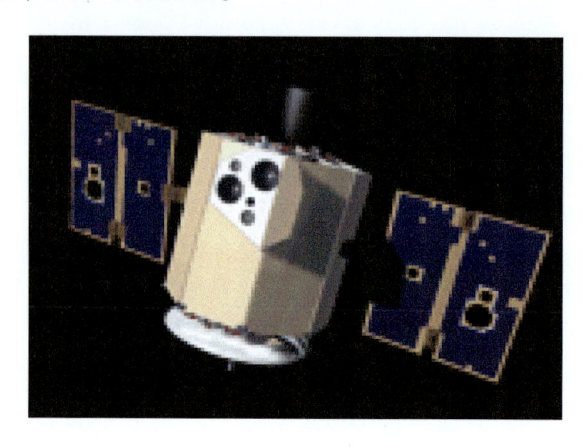

图2.9 Clementine卫星

可见光/紫外CCD相机实验得到了对月球表面的岩石物质属性，有助于形态学研究和撞击坑统计。近红外（near-infrared，NIR）照相机获得了近红外波谱范围内6个不同波长下月球表面岩石特性。高分辨率CCD相机获得的高分辨率数据有助于对月球表面的成分和地质信息进行详细的研究。激光图像探测和激光雷达测距实验测量了从飞船到月球表面的距离，用于制作测高图、确定月球大型盆地和其他地形特点，利于对岩石圈的弯曲性能和应力应变进行研究，并可结合引力研究月壳的密度分布。激光雷达系统获得的月球南极上空200km雷达回波数据为月球上可能存在水提供了直接的探测证据（Nozette et al., 1996）。

8. Lunar Prospector

1998年1月15日，Lunar Prospector（LP）探测器成功发射（图2.10）。在燃料耗尽时，航天器成功撞击在了接近月球极地的一个永久阴影区。卫星上搭载了中子谱仪（neutron spectrometer，NS）、γ射线谱仪（GRS）、磁力计（magnetometer，MAG）和电子反射计（electrical resistivity，ER）、S频段多普勒重力试验（DGE）以及α粒子探测器（APS）。

图 2.10 Lunar Prospector 月球探测器

在月球正面上空，LP 可分辨重力异常的尺度为 50km，而在月背时的分辨尺度为 200km，仅能分析回到正面时它轨道有何异常，无法直接监测。在半年的勘探中，LP 除了确认以前已在月球正面雨海（Mare Imbrium）、东方海（Mare Orientale）与危海（Mare Crisium）中央各处发现的质量瘤外，又新发现了 7 处质量瘤。其中，3 处在正面的洪堡海（Mare Humboldtianum）、孟德尔-里德堡环形山与席勒-朱邱乌斯（Schiller Juchuus）环形山，4 处在背面的莫斯科海（Mare Moscoviense）、赫茨普龙（Hertzsprung）环形山、库伦-萨顿环（Coulomb-Sarton）形山与弗罗恩德利希-沙罗诺夫（Frondelich Sharonov）环形山（Sugano，2004）。LP 数据还确定了月球转动惯量的新数值，由此推算出月核含铁。若月核由纯铁构成，则半径约为 220km；若月核由较轻的硫化铁构成，则半径可能为 450km。通过对中子光谱仪数据的分析，在月球极地地区发现了水冰的存在（Feldman et al.，1998）。基于伽马射线谱仪获得的数据，完成了全月球硅、镁、钙、铀、钍、钾、铁等元素含量分布制图（Lawrence et al.，1998；Feldman et al.，1999）。

利用磁力计完成了整个月壳磁力场填图，发现月球两个磁场最弱的区域为东海（Oriental）盆地与雨海（Imbrium）盆地（<0.2nT）（Mitchell et al.，2008）。在撞击试验中，通过撞击接近月球极地的一个永久阴影区，航天器以确认月球极地地区是否存在水。该撞击没有达到预期效果，对撞击溅物的探测不能证明月球是否存在水。

9. Lunar Reconnaissance Orbiter

2009 年 8 月 16 日，Lunar Reconnaissance Orbiter（LRO）卫星成功发射（图 2.11），主要任务是探测月面环境、精细测绘月球地形、提供航天员月面生存保障服务，并进行着陆区选址便于美国载人登月，这是新的美国太空计划。在月球轨道任务完成后，对月球表面两次撞击，来寻找月球水冰和探测月面深坑。

卫星上搭载了激光高度计、月球辐射计、Diviner 红外辐射计（图 2.12）、宇宙射线望远镜、LRO 相机、月球中子探测器与紫外成像光谱仪。

NASA 于 2009 年 7 月 2 日公布了首批高清月球影像，影像空间分辨率为 0.5m/像元，

图 2.11　Lunar Reconnaissance Orbiter 卫星

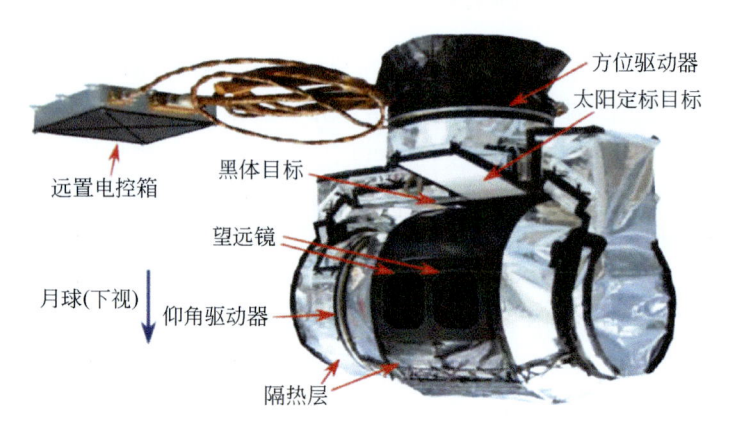

图 2.12　Diviner 探测器

在月球白昼和黑夜分界线附近由 LRO 的窄角相机拍摄。7 月 13 日公布了 LRO 广角相机拍摄照片，空间分辨率较低，在可见光波段为 100m，紫外波段为 400m（Jolliff et al.，2009；Bray et al.，2010）。

利用月球轨道器激光高度计（Lunar Orbiter Laser Altimeter，LOLA）获得了精细的月球地形图（Anthony et al.，2008；Rosenburg et al.，2011）。利用月球辐射计与中子探测器，分别探测得到月球温度分布图和氢含量分布图（Mitrofanov et al.，2010；Paige et al.，2010；Bandfield et al.，2011；Vasavada et al.，2012）。

10. GRAIL

2011 年 9 月 10 日，重力回溯及内部结构实验室（Gravity Recovery and Interior Laboratory，GRAIL）任务中的月球探测器由美国 NASA 研制并成功发射，该探测器拥有两个卫星——"埃布（Ebb）"号和"弗洛（Flow）"号，按计划在地面控制下，于美国东部时间 2011 年 9 月 17 日 17：28（北京时间 18 日清晨 6：28）成功撞击月球，主要任务探测月球重力场和从月壳到月核内部结构热量演化（图 2.13）。卫星上搭载了飞行计算机与月球重力测距系统（LGRS）装置。

图 2.13　GRAIL 卫星

GRAIL 自 2012 年 3 月 8 日工作 89 天以来，共 3 次收集覆盖整个月表数据。通过探测器上搭载的"月球重力场系统"传输信号，处理月球重力场的高分辨率地图及重力异常图（Wieczorek et al.，2013；Zuber et al.，2013；Konopliv et al.，2013）。

2.1.3　日本卫星

1. Hiten

1990 年 1 月 24 日，日本空间和宇宙航行科学研究机构（Institute of Space and Astronautical Science，ISAS）成功发射地–月轨道卫星 Hiten（图 2.14）。观测月球周围的电场和温度并传回"飞天号"到地球，进行地–月轨道环境探测，准备未来月球和其他行星探测为其主要目标。卫星上装有一副中增益共线阵列天线和两副低增益十字形偶极子全向天线、粒子计数器、阻尼器以及两个 CCD 相机。

截至 1991 年 3 月，Hiten 卫星完成了为期两次的世界首次月球动力制动实验，对地月系统的拉格朗日点（L4，L5）进行了科学考察以及月表着陆（Uesugi et al.，1991；Uesugi，1996）。

2. SELENE

月亮女神（SELENE / Kaguya）卫星，于 2007 年 9 月 15 日在日本种子岛宇宙中心发射，并于 2009 年 6 月以撞击月亮结束了月球探测工作（图 2.15）。该计划包括三个部分——主卫星 Kaguya、小型中继卫星、甚长基线干涉测量无线电卫星，星上搭载了 14 种科学探测仪器，包括 γ 射线分光光度计、荧光 X 射线分光光度计、月面雷达探测器、粒子

图 2.14　Hiten 卫星

辐射测量仪、激光高度计、月面摄像/分光仪、等离子体成像仪、月球磁场观测装置、射电科学观测装置、等离子体观测装置（装在母卫星上）、中继器（装在 RSAT 上）、卫星射电源和月球表面射电源（分别装在甚长基线干涉测量无线电卫星（VRAD）和小型中继卫星（RSAT）上）。

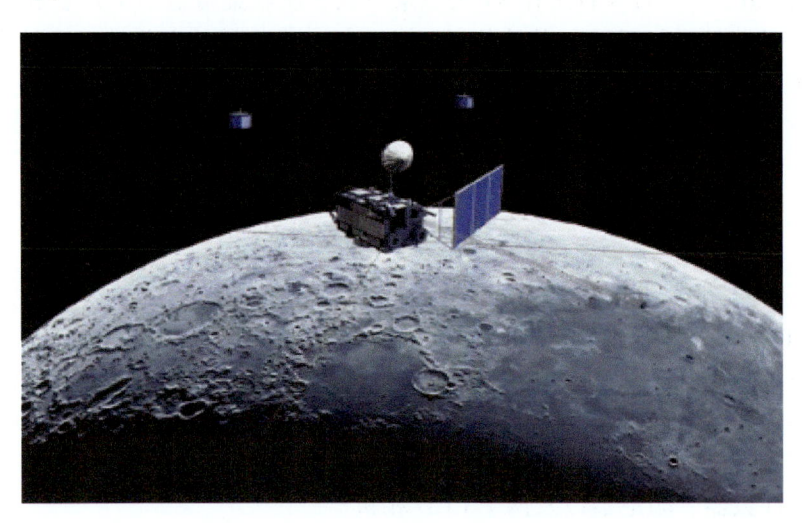

图 2.15　SELENE 卫星

通过同波束甚长基线干涉测量（VLBI）和多普勒测量，得到精密轨道精度为 10m。利用四程多普勒测量，首次获得了月球背面精确的重力场（Matsumoto et al.，，2010）；利用激光高度计首次获得了纬度高于 86°区域的分辨率达 5m 的月面地形图（Araki et al.，2009）；利用月球全月重力场信息和月球全月地形信息，绘制了全球重力异常分布图（Namiki et al.，2009）。SELENE 另一个重要的科学成果是得到了月球极区的光照率详细分布图（Noda et al.，2008）和关于月壳厚度的全球分布图（Ishihara et al.，2009）。

2.1.4 欧空局卫星

2003年9月27日,绕月轨道类卫星SMART-1成功发射(图2.16),并于2004年11月13日驶入月球轨道,之后撞击月球,结束于2006年9月3日7时42分。卫星上搭载了潜在尘埃和电子试验仪、Kα频段试验仪、电推进诊断包、小型X射线成像光谱仪和X射线监测仪、红外光谱仪以及月球微成像仪等仪器。

图2.16 SMART-1月球探测器

这次计划的主要科学目标是获得有关月球地质、地貌、地形、矿物、地球化学和外逸层大气环境数据,从而解释行星形成的过程、地月系统起源、月球近地面与远地面划分、火山及构造活动、月球演化过程中的热动力学等问题(Foing et al., 1999; Foing et al., 2006)。

2.1.5 中国卫星

中国探月工程分为"绕月探测、落月探测、采样返回探测",简称"绕、落、回"三期。

1. 嫦娥一号

2007年10月24日,在西昌卫星发射中心,中国"嫦娥一号"探月卫星(图2.17)发射成功,并开展为期一年半的绕月探测活动。由此,首次突破了我国的绕月探测技术,实现了距地球3.8×10^5km的远程测控通信,初步构建了中国月球探测航天工程体系,通过得到近月空间环境、月表矿物含量、月表化学元素分布、月壤分布和全月球影像图等研究数据,填补中国在月球探测领域的空白。"嫦娥一号"卫星于2008年7月,利用CCD立体相机首次实现 100% 月球表面影像的覆盖，获得全月南北纬 70°范围以内 508 轨以及南北纬 70°~90°范围内 589 轨极区影像。

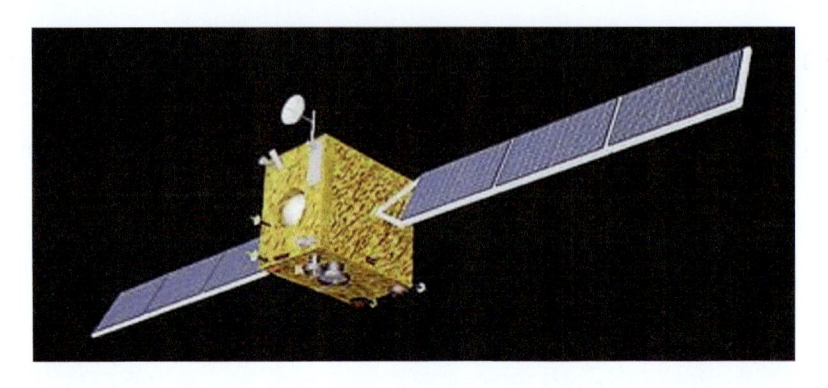

图 2.17　"嫦娥一号"探月卫星

2. 嫦娥二号

"嫦娥二号"于 2010 年 10 月 1 日发射（图 2.18），运行在极轨道上距月球表面约 100km 高度，设计寿命为半年。其主要任务为试验验证新技术，获取未来的预选着陆区高分辨率成像，探测数据可获得更加准确和丰富对月球的科学认知深化。利用一次发射探测，完成了全月球 7m 影像图，同时实现了 4179 小行星、日-地 L2 点等多目标探测，开创了中国航天的先河。

图 2.18　"嫦娥二号"探月卫星

3. 嫦娥三号

2013 年 12 月 2 日"嫦娥三号"探月卫星成功发射（图 2.19），其任务是探月工程第二阶段的主任务，由巡视器（即"玉兔号"月球车）和着陆器组成。"嫦娥三号"落月探测器于 2013 年 12 月 2 日顺利进入地月转移轨道，12 月 14 日首次实现地球以外天体的软着陆。"嫦娥三号""玉兔号"月球车与着陆器于 12 月 15 日互相拍照，标志着我国成为世界第三个拥有落月探测技术的国家以及"嫦娥三号"任务的成功。部分嫦娥三号着陆器上的科学载荷直至 2021 年 5 月仍在工作。

图 2.19　"嫦娥三号"探月卫星

4. 嫦娥四号

"嫦娥四号"落月探测器于我国 2018 年 12 月 8 日成功发射，于 2019 年 1 月 3 日完成了世界上首次在月球背面冯·卡门撞击坑的软着陆（图 2.20）。"嫦娥四号"开展了首次国际月表能量中性原子探测，完成人类探测器首次造访月球背面，并通过人类航天器地-

图 2.20　"嫦娥四号"探月卫星

月 L2 点首次地月中继通信,实现月球背面的空间科学研究。

5. 嫦娥五号

2020 年 11 月 24 日,"嫦娥五号"探测器成功发射,目标为采样返回,是中国探月工程规划"绕、落、回"的第三步(图 2.21)。12 月 1 日成功软着陆于月球正面吕姆克山脉(Mons Rümker)以北地区,随后便开展自动采样等工作。"嫦娥五号"完成了我国首次在月球的表面自动采样、月面起飞、月轨无人交会对接和携月壤返抵地球。作为我国技术跨度最大、复杂度最高的航天系统工程,"嫦娥五号"奠定了我国未来开展月球及行星探测的坚实基础。通过对"嫦娥五号"探测器携回重 1731g 月球样品研究可知,带回玄武岩的形成年龄约为 20.30±0.04 亿年,并发现 20 亿年前月球的岩浆活动一直持续距今,因而推测月球寿命较此前延长约 8 亿年(Li et al., 2021)。

图 2.21 "嫦娥五号"探月卫星

2.1.6 印度卫星

2008 年 10 月 22 日,月船一号(Chandrayaan-1)卫星成功升空(图 2.22)。卫星工作周期原计划为 2 年,但因 2009 年 8 月 30 日与地面失联致任务提前结束。星上搭载了立体相机、太阳 X 射线监测仪、成像光谱仪、激光高度计、低能伽马射线谱仪、低能 X 射线谱仪与撞击探测器等多种载荷装置。

"飞船一号"主要探测任务是生成 5~10m 空间和高度分辨率的月球正面和背面三维图集,开展全月面化学和矿物学测绘,获取铁、镁、硅、铝、钛和钙等元素约 25km 空间分辨率的分布资料,并获取钍、氢和铀等大原子序数元素约 20km 空间分辨率的分布情况。这样,通过识别不同地质单元,探究月壳的地层性质与构造,并对月球早期演化史进行推断,不仅利于研究撞击体在月球演化初期的月球成分,也利于研究地球的形成。

2023 年 8 月 23 日月船三号探测器成功软着陆在月球南极附近区域(69.36°S,

图 2.22 Chandrayaan-1 卫星

32.34°E)，8 月 24 日探月车"普拉吉安"驶出月球着陆器。"普拉吉安"装备的激光诱导击穿光谱仪在月球南极附近表面发现硫等多种物质，包括铝、铁、钙、铬、钛、锰、氧和硅，接下来将探测月球南极是否存在水冰。

2.2 月球探测仪器

迄今为止，在人类已进行了 70 余次的月球探测中，搭载了大量科学探测仪器，主要有光学仪器、微波仪器、激光雷达、能谱仪和物性探测仪等。

2.2.1 光学仪器

1. 光学相机

月球卫星上搭载的光学相机按成像原理分为胶片相机和 CCD 相机，如早期 Apollo 登月计划与 Lunar Orbiter 计划所携带的相机为胶片相机。按成像的波段范围分为近红外、可见光、中红外、紫外相机。按用途又可分为用于拍摄月球表面物质成分的相机，如 Apollo 与 Lunar Orbiter 所携带的相机；用于研究月表物质特性的相机，如用于研究矿物学的 Clementine 近红外相机、研究月球热辐射特性的 Clementine 长波红外相机、绘制月球表面图像的 Chang'e-1 号 CCD 立体相机（表 2.2）。

表 2.2 光学相机参数

仪器名称	搭载卫星	波长	空间分辨率	发射时间	国家
哈苏相机	Apollo-8	0.4~0.76μm	80mm、250mm焦距	1968年12月21日	美国
毛雷尔相机	Apollo-8 Apollo-11 Apollo-12	0.4~0.76μm	5mm、10mm、18mm、75mm焦距	1968年12月21日 1969年7月16日 1969年11月14日	美国
哈苏500EL相机	Apollo-10、12	0.4~0.76μm	80mm、250mm、500mm焦距	1969年5月18日	美国
哈苏电子相机	Apollo-11、12	0.4~0.76μm	60mm、80mm、250mm焦距	1969年7月16日 1969年11月14日	美国
月表宽角相机	Apollo-11	0.4~0.76μm	80mm焦距	1969年7月16日	美国
月表立体特写相机	Apollo-11 Apollo-12	0.4~0.76μm	72mm×82.8mm	1969年7月16日 1969年11月14日	美国
Dual-lens相机	LunarOrbiter1 LunarOrbiter2 LunarOrbiter3 LunarOrbiter4 LunarOrbiter5	0.4~0.76μm	80mm焦距：200~1000m 610mm焦距：20~130m	1966年8月10日 1966年11月6日 1967年2月4日 1967年5月8日 1967年8月1日	美国
高分辨率CCD相机	Clementine	400~800nm、415nm、560nm、650nm、750nm	8m	1994年1月25日	美国
紫外/可见光相机	Clementine	415~100nm	120m	1994年1月25日	美国
近红外相机	Clementine	1100~2780nm	150~500m	1994年1月25日	美国
星像跟踪相机	Clementine	400~1100nm	200m（极地）、55m（赤道）	1994年1月25日	美国
AMIE多光谱相机	SMART-1	750~960nm	50m	2003年2月27日	欧空局
TerrainCamera	SELENE	430~850nm	10m	2007年9月14日	日本
CCD相机	Chang'e-1	500~750nm	120m	2007年10月24日	中国
地形绘图相机	Chandrayaan-1	400~900nm	5m	2008年10月22日	印度
NAC	LRO	550nm	0.005m	2009年6月18日	美国
WAC	LRO	315~680nm	100m可见光、400m紫外	2009年6月18日	美国
可见光相机VIS	LCROSS	380~760nm	0.2m、0.01m	2009年6月18日	美国
近红外相机 NIR-A、NIR-B	LCROSS	900~1700nm	0.4m、0.02m	2009年6月18日	美国
中红外相机 MIR-1、MIR-2	LCROSS	6000~135000nm	0.6m、0.04m	2009年6月18日	美国
CCD立体相机	Chang'e-2	450~520nm	≤10m	2010年10月1日	中国
地形地貌相机	Chang'e-3	245~340nm	2m	2013年5月2日	中国

2. 光谱仪

月球卫星所携带的光谱仪旨在利用光学遥感对月表的物质成分及表面结构进行探测，达到对月球表面的认识。根据工作原理，现代光谱仪分为经典光谱仪和新型光谱仪。据光谱仪色散组件不同的反射分光原理，光谱仪器分为干涉光谱仪、棱镜光谱仪和衍射光栅光谱仪。月球卫星携带的光谱仪具体相关信息见表2.3所示。

表2.3 光谱仪参数

仪器名称	搭载卫星	波长	波段/空间分辨率	光谱分辨率	发射时间	地区
月球缩微成像仪	SMART-1	750、915、960	80m	60nm	2003年2月27日	欧空局
SP	SELENE	520~2600nm	296/562*400m	6~8nm	2007年9月14日	日本
多波段成像仪 MI	SELENE	415~1000nm 1000~1550nm	5/VIS: 20m 4/NIR: 62m	5/VIS: 415、750、900、950、1000nm 4/NIR: 1000、1050、1250、1550nm	2007年9月14日	日本
高光谱成像仪 HySI	Chandrayaan-1	400~900nm	32/80m	15nm	2008年10月22日	印度
M^3	Chandrayaan-1	430~3000nm	346/70m 140m	10nm 20~40nm	2008年10月22日	印度
干涉成像光谱仪	Chang'e-1	0.48~0.96μm	200m	15nm	2007年10月24日	中国
可见光光谱仪 VSP	LCROSS	263~650nm	150m	10nm	2009年6月18日	美国
近红外光谱仪 NSP-1,2	LCROSS	1200~2400nm	1.35~2.25um	35nm	2009年6月18日	美国
近红外CCD相机	Clementine	1100~2780nm	150~500m		1994年1月25日	美国
红外光谱仪 SIR	SMART-1	930~2400nm	300m		2003年2月27日	欧空局
近红外光谱仪	Chandrayaan-1	0.93~2.4μm	100m		2008年10月22日	印度
Diviner	LRO	0.35~400μm	400~500m		2009年6月18日	美国
可将光/近红外成像光谱仪	Chang'e-3	450~950nm可见光近红外 900~2400nm短波红外	2~7nm可见光近红外 3~11.8nm短波红外		2013年12月2日	中国

其中，由Chandrayaan-1矿物绘图仪通过红外光谱反射数据获取了全月赤铁矿分布图（图2.23），橙色地区为赤铁矿分布，发现月球高纬度地区储有大量赤铁矿，且主要存于面向地球的一面。

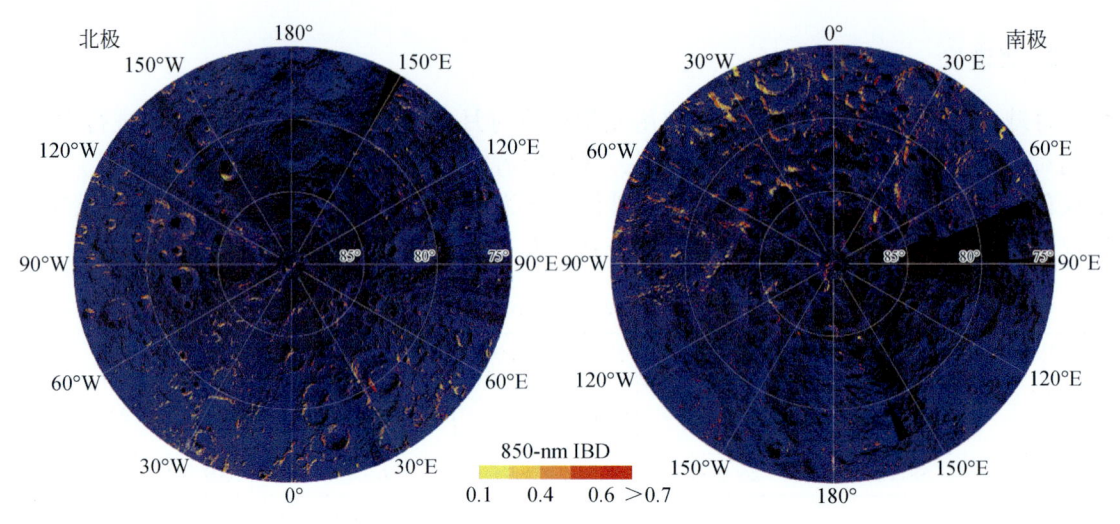

图 2.23 全月赤铁矿分布图（Li et al., 2020）

IBD 为 Integratea Band Depth，表示积分带深度

3. 红外仪器

红外光谱仪、长波红外相机、近红外相机及红外辐射计等是月球卫星搭载的红外仪器，分别搭载在 Clementine、Apollo 17 等卫星上（表 2.4）。研究月表物质热辐射特性的热辐射数据，可通过红外仪器获得。

表 2.4 红外仪器参数

仪器名称	搭载卫星	波长/μm	空间分辨率	发射时间	国家
红外探测器	Luna10	7~20		1966 年 3 月 31 日	苏联
红外辐射计	Apollo 17	11.2~70	212km	1972 年 12 月 7 日	美国
长波红外相机	Clementine	8.0~9.5	极地：200m 赤道：55m	1994 年 1 月 25 日	美国

在阿波罗 17 号的轨道舱中，搭载了一台热辐射红外辐射计。该仪器在月球表面进行了红外辐射探测，其空间分辨率约为 212 千米，光谱范围为 11.2 至 70 微米。其探测结果可用于获取最小块状物质的丰度和大小，如在日出前阿利斯塔克（Aristarchus）撞击坑中心温度高达 120~130K，但其周围坑壁温度为 100K 左右，从而推测，该撞击坑内部存在 11%~16% 的基岩露头。

Clementine 搭载有波段中心为 175μm、带宽 115μm 的长波红外（LWIR）探测器。极地空间分辨率为 200m，赤道空间分辨率为 55m。该相机主要用于极地夜晚成像，其他区域可选择性地高分辨率成像。按 Plank 定律，Lawson 等（2000）通过将 LWIR 获得的 DN 值转化为亮度温度，确定了月球表面的亮度温度。根据亮度温度，进而研究月球表面的密度、粒度等物理信息。利用 LWIR 数据，Lawson 和 Jakosky（2001）证实，若使用垂直观测，热辐射可采用月球表面近似朗伯体。Lawson 等（2000）还发现反照率以及太阳入射角是白天对月球表面温度变化影响最大的因素。

2.2.2 微波仪器

1. 雷达仪器

月球卫星所携带的雷达仪器主要包括雷达探测仪、双站雷达、合成孔径雷达及小型SAR，雷达的具体信息如表2.5所示。

表 2.5 雷达仪器参数

仪器名称	搭载卫星	频率	空间分辨率/m	发射时间	国家
Radar Sounder	Apollo 17	5MHz（HF-1）、15MHz（HF-2）、150MHz（VHF）	300、100、10	1972年12月7日	美国
Bistatic Radar	Clementine	2.273GHz	400	1994年1月25日	美国
Lunar Radar Sounder	SELENE	5MHz	100	2007年9月14日	日本
MINI-SAR	Chandrayaan-1	S波段2.38GHz	100	2008年10月22日	印度
MINI-RF	LRO	S波段2380MHz（±10MHz）、X波段7140MHz（±10MHz）	S-band：75 X-band：7.5	2009年6月18日	美国
测月雷达	Chang'e-3	60MHz、500MHz	垂直分辨率：≤1、≤0.3	2013年12月2日	中国
测月雷达	Chang'e-4	60MHz、500MHz	垂直分辨率：≤1、≤0.3	2018年12月8日	中国

1972年，搭载着雷达探测仪（Radar sounder）的Apollo 17成功完成探月飞行实验。由此，美国首次完成对月球表面的雷达探测仪试验（Apollo Lunar Sounder Experiment，ALSE），并通过探测月表廓线以及月球次表层的介电特性，推测了月表地形的变化及月球地壳表层的地质构造。在月球表面，ALSE观测约13h，并利用合成孔径雷达对月球表面进行成像（Porcello et al.，1974）。

美国Clementine月球探测器于1994年，利用搭载的双站雷达（Bistatic Radar）先后数次观测月球南北两极。1994年4月绕月轨道234轨，运行到与地面接收站、月球在一条直线上的高度200km月球南极上空时，发现呈现出"脏冰"水冰的特征（Nozette et al.，1996），即特殊散射效应的雷达回波，而干燥月壤所应具有的特征回波未被呈现。因此，水冰可能存在于月球南极的直接探测证据被首次获得。通过双站雷达数据进行分析，发现月表物质遵从朗伯双站散射函数（Simpson，1998；Simpson and Tyler，1999）。

2007年9月，搭载了月球雷达探测仪（Lunar Radar Sounder）的SELENE探月卫星在日本成功发射，以实现对整个月球表面次表层结构及地质构造特征的探测（Kato et al.，

2008；Kobayashi et al.，2012）。

Chandrayaan-1搭载了小型合成孔径雷达（Mini-SAR），其主要任务是对月球极区开展水冰探测和成像。并且，还测试与地面站间通信能力，验证建设月球微型多模态雷达观测站。

在月球北极，Mini-SAR发现了40多个（直径为1.6~15km）具有异常回波特征的撞击坑（Spudis et al.，2009）。其中，可能存在水冰的撞击坑约有30个，其外围和坑环均无回波异常，坑内出现回波异常。这些位于高纬度地区的撞击坑坑底至少有部分区域为永久阴影区，因而推测水冰可能存在坑内。此外，11个形成年龄较晚、具有辐射纹的撞击坑的外围和坑内均出现异常回波，雷达回波异常据估是由表面粗糙度引起的。Mini-SAR在月球南极也发现类似现象。据初步对月球北极的估算，有30个撞击坑内存在约 6.0×10^8 t 水冰（Spudis et al.，2010；Nozette et al.，2010）。可能作为优先月球基地选址的撞击坑Shoemaker内存在雷达回波异常。根据雷达波散射和反射探测的原理，很可能这些水冰存在于撞击坑内是以冰层或大冰块形式，并在月壤层10余米厚度内分布。

搭载一个X、S波段小型SAR的LRO，是美国发射用于搜寻是否有水冰存在于月球两极地区永久阴影区内的探月卫星。由此，计划继续搜寻是否有水冰存在于月表极地地区，利用Chandrayaan-1和LRO上搭载的Mini-SAR开展了月球表面双站SAR成像实验。

探月雷达是中国嫦娥三号与四号重要的科学载荷之一，由两个通道组成，工作频率为60MHz与500MHz。探测巡视路线上月壤厚度及其结构，如利用嫦娥四号探月雷达，确定着陆地区形貌和矿物来源、组成及特性，建立着陆地区月层剖面与多期溅射物覆盖关系，并确定溅射物厚度与地层单元结构。

2. 微波辐射计

月表次表层温度廓线分布可用月球微波热辐射探测，进而测出月球表层的热流等。我国"嫦娥一号"和"嫦娥二号"探月卫星上搭载了多通道微波辐射计（表2.6），主要用于测量月球表面月壤特性，如温度、月壤厚度等。基于"嫦娥一号"微波辐射计数据，开展了月壤厚度反演（Fa and Jin，2010；Wang et al.，2010），并研究了月表亮温的分布特征（Fa and Jin，2010；Chan et al.，2010），可估算月壤氦-3含量（Fa and Jin，2010）以及Cabeus撞击坑水冰含量研究等工作（孟治国等，2010）。

表2.6　微波辐射计参数

仪器名称	搭载卫星	频率/GHz	带宽/MHz	温度分辨率/K	空间分辨率/km	发射时间	国家
微波辐射计	Chang'e-1	3、7.8、19.35、37	100、200、500、500	0.5	50、35、35、35	2007年10月24日	中国
	Chang'e-2	3、7.8、19.35、37	100、200、500、500	0.5	50、35、35、35	2010年10月1日	中国

2.2.3　激光高度计

在环月探测卫星上，如美国Clementine卫星（1994年）、日本SELENE-1卫星（2007

年)、我国"嫦娥一号"卫星(2007年)、印度 Chandrayaan-1 卫星(2007年)、美国于 2008 年发射的"月球勘测者"等,都搭载了激光雷达或高度计载荷(表 2.7)。高分辨率、高精度、抗干扰强、可全天时工作等为激光高度计特点,测量卫星星下点月球表面地形高度数据,用于确定月球全球数字网格模型、绘制月面精确三维地形图、测量目标高程、月面辅助着陆等。

表 2.7 激光雷达或高度计参数

仪器名称	搭载卫星	距离测量范围/km	空间分辨率	发射时间	国家	测距精度/m
激光图像探测和激光雷达测距系统	Clementine	20~640	垂直分辨率:40m 水平分辨率:100m	1994 年 1 月 25 日	美国	0.1
激光高度计(LALT)	SELENE-1	50~150	2km	2007 年 9 月 14 日	日本	5
激光高度计	Chang'e-1	200±25	7km	2007 年 10 月 24 日	中国	5
月球激光测距仪	Chandrayaan-1	100~200	垂直分辨率 5m	2008 年 10 月 22 日	印度	5
LRO 激光高度计(LOLA)	LRO	20~70	1.6km	2009 年 6 月 18 日	美国	0.1
激光高度计	Chang'e-2	10~125	5km	2010 年 10 月 1 日	中国	5

1. SELENE-1 卫星激光高度计

激光高度计(laser altimeter,LALT)获得了比 Clementine 卫星激光雷达更为精确的月球地形模型,其高度分辨率为 5m、空间分辨率小于 2km,覆盖全部月球表面区域。

根据现有的观测数据,日本宇宙航空研究开发机构(Japan Aerospace Exploration Agency,JAXA)确认 LALT 按照预期目标获得了准确的全月球地形数据(Araki et al.,2009a),包括以前的卫星从未探测到的纬度高于 75°的极地地区。这些数据和地形相机(terrain camera,TC)立体观测的高空间分辨率数据将建立首幅完整、准确的月球高空间分辨率地形图像(Araki et al.,2009b)。阴影区域的极地陨石坑地形由 LALT 测量,并与其他科学任务合作,如结合月球地形与引力场,分析和确定月内结构信息(如月球外壳厚度分布)等。

2. 嫦娥一号卫星激光高度计

建立及测量月面的三维地形图像和卫星轨道至最低点的高度,使用的是光学成像系统和月球探测激光高度计(Lunar Explorer Laser Altimeter,LELA)数据。基于 LELA 获得的多轨数据,建立了高分辨率 DEM 模型,构建了全月球数字地形模型,并实现了月面信息的提取(李春来等,2010;刘洪利,2012)。

3. Chandrayaan-1 卫星激光高度计(LLRI)

月球激光测距仪(Lunar Laser Ranging Instrument,LLRI)是 Chandrayaan-1 上地形测绘相机和超光谱成像仪的重要辅助仪器(Kamalakar et al.,2009)。从月球极地轨道精确测量月球地形和高程，研究月球表面的三维地形分布，建立改进的月球重力场模型，获得以往月球探测任务中从未测量过的月球极地区域高程数据，并生成月球空间和高度分辨率为 5~10m 的三维地图集。

4. LRO 卫星激光高度计（LOLA）

LOLA（Lunar Orbiter Laser Altimeter）由戈达德太空飞行中心（Godard Space Flight Center，GSFC）开发，主要任务目标建立高精度全月球地形模型，生成全月球几何坐标系，并提供有关安全着陆，高精度测量着陆场表面粗糙度和坡度。依靠地形数据，判断并探测月球极地的光照环境，及永久阴影区地形，寻找可能有水冰存在的撞击坑。Smith 等（2010）与 Riris 等（2009）学者利用 LOLA 获得的数据，已经得到了高精度的全月地形、坡度、粗糙度等模型以及 1064nm 月表反射率。

5. Clementine 激光图像探测和激光雷达测距系统

Clementine 激光图像探测和激光雷达测距以 1000m 的间距对月球南纬 75°到北纬 75°之间地区进行了高程测量的月球地形（Standish，1995；Cook et al.，2000）。该系统可用于制作测高图、探求岩石圈与应力应变、判断月球的大型盆地与其余地貌特点，以及结合引力探究月壳密度的分布。

2.2.4 能谱仪

1. X 射线谱仪

X 射线光谱仪由太阳 X 射线监测器、X 射线探测器、数据管理系统、电子和数据采集系统、软件共四部分所组成。在 Luna 2、Luna 10、SMART-1、Chandrayaan-1 及 Chang'e-1 卫星上均搭载有 X 射线谱仪（表 2.8），由此检测一些元素含量分布特征，如 Mg、Al、Si 等。有强太阳活动情况下，可检测出 Ca、Fe、Ti 等元素含量。

表 2.8　X 射线谱仪参数

仪器名称	搭载卫星	能量范围	分辨率	发射时间	地区	测量元素
低能 X 射线质子测量仪	Luna10	1~8KeV	35KeV	1966 年 3 月 31 日	苏联	Mg、Al、Si、S、Ca、Ti、Fe
X 射线太阳监控仪	SMART-1	1~20KeV	250eV@6keV	2003 年 9 月 28 日	欧空局	Si
成像 X 射线光谱仪	SMART-1	0.5~10KeV	20eV（FWHM）	2003 年 9 月 28 日	欧空局	Fe、Mg、Si
X 射线光谱仪	SELENE	0.7~10KeV	120eV@Al-K、170eV@Mn-K	2007 年 9 月 14 日	日本	Mg、Al、Si、Ca、Ti、Fe
X 射线谱仪	Chang'e-1	0.5~60KeV	600eV@5.95KeV	2007 年 10 月 24 日	中国	Mg、Al、Si、Ca、Ti、Fe

续表

仪器名称	搭载卫星	能量范围	分辨率	发射时间	地区	测量元素
低能 X-ray 光谱仪	Chandrayaan-1	0.5~10KeV	8%@1.5KeV、4%@6KeV	2008年10月22日	印度	Mg、Al、Si、Ca、Ti、Fe
高能量 X-ray 光谱仪 HEX	Chandrayaan-1	10~200KeV	5%@60KeV	2008年10月22日	印度	U、Th
太阳 X 射线监测仪 SXM	Chandrayaan-1	2~10KeV	5%@6KeV	2008年10月22日	印度	U、Th
X 射线谱仪	Chang'e-2	1~10KeV、25~60KeV	300eV@5.95KeV	2010年10月1日	中国	Mg、Al、Si、Ca、Ti、Fe
粒子激发 X 射线谱仪	Chang'e-3	0.3~25KeV	140eV@5.9KeV	2013年5月2日	中国	Mg、Al、Si、Ca、Ti、Fe

2. 伽马射线谱仪

伽马射线谱仪（GRS）搭载于 Luna 10、Luna 19、Lunar Prospector 及 Change-1 等卫星上（表2.9），建立整个月表的元素丰度分布图。GRS 记录月表元素的放射性衰变，以及太阳风高能粒子和宇宙射线对月球表面元素的影响。Apollo 和 Lunar Prospector 携带的伽马能谱仪获得了月球上 O、Ti、Fe、Mg、Ca、Al、Si、K、U、Th 的全月和局部元素分布图（Lawrence et al.，1998；Zhu et al.，2010）。

表2.9 伽马射线谱仪参数

仪器名称	搭载卫星	能量范围	分辨率	发射时间	地区	测量元素
伽马射线谱仪	Luna10	0.3~3MeV	200KeV~12MeV	1966年3月31日	苏联	K、Th、U、Fe、Si、O、Mg、H
	Lunar Prospector	0.3~9MeV	高地100km 月表150km	1998年1月26日	美国	O、Mg、Al、Si、Ca、Ti、Fe、K、Th、U
	Chang'e-1	0.3~10MeV	9%@662KeV	2007年10月24日	中国	U、Th、K、Fe、Ti、Si、O、Al、Mg、Ca
	Selene	0.1~12MeV	3.0KeV（FWHM）@1.332MeV	2007年9月14日	日本	Fe、Mg、Al、Ti、Ca、Si、O、K、Th、U、H
	Chang'e-2	0.3~9MeV	4%@662KeV	2010年10月1日	中国	U、Th、K、Fe、Ti、Si、O、Al、Mg、Ca

3. 中子谱仪

中子探测器能够对月球表面土壤中含有氢的区域进行高清晰度氢分布绘图，探测在月球极地区域可能存在近表面冰水物质分布。目前，Apollo 17、Lunar Prospector 以及 LRO 月球遥感卫星中均搭载装有中子探测器（表 2.10）。

表 2.10　中子探测器参数

仪器名称	搭载卫星	测量范围	空间分辨率/km	发射时间	国家	精度/%
中子探测器	Apollo 17	0.35~100eV		1972 年 12 月 7 日	美国	
中子谱仪	Lunar Prospector	热中子 0~0.3eV 超热中子>0.3eV	150	1998 年 1 月 26 日	美国	<0.01
LEND	LRO	温和中子 0~0.8MeV 快中子 0.8~8MeV 热中子<0.4eV 超热中子 0.4eV~0.3MeV 高能中子 0.3~15MeV	5	2009 年 6 月 18 日	美国	<0.01

月球整个表面的氢含量可由 Lunar Prospector 携带的中子探测器获取。水含量多少由氢信号的强度反映。中子探测器探测深度约为 0.5m，分辨率为 150km，探测结果显示位于月球南北纬 80°到极地之间，存在含量小于 0.01% 的水。中子流数据探测出大量的氢存在于月球两极，月球北极的氢信号略强于南极。因而，可推测月球极地富含水冰。通过对检测数据的分析，可能在干燥表土下约 40cm 处，水冰以固体几乎纯水冰的形式埋藏，在两极水冰的总有效面积约为 1850km^2。由于不同时期的彗星撞击，可能这些水冰也与月球土壤以层层交替的形式储存（Feldman et al.，1998；Lawrence et al.，2006）。

通过对中子计数的记录，LRO 上的中子探测仪获得了氢的含量，并进而确定水的存在。据中子探测仪观测，大量氢存在于月球撞击坑内的永久阴影区，并可能以水的形式存在（Garvin et al.，2010；Mitrofanov et al.，2010）。由于中子探测器仅能探测月球表面几米厚深度的月球土壤，这些"水"或许会以冰粒的形式与月球土壤混合，但在 3 个高温、阳光强烈的陨石坑周边地区也发现了大量的氢。

2.2.5　物性探测仪

1. 重力仪

月球重力仪包括搭载在 Apollo 17、Clementine、Lunar Prospector 与 GRAIL 卫星上的导线重力仪、S-Band 多普勒重力仪、多普勒重力仪和月球重力距离测量仪（表 2.11）。多普勒重力仪主要提供月表质量分布信息，通过这些信息可了解月壳、岩石圈以及月球内部结构。GRAIL 卫星携带的月球重力距离测量仪主要用来测量月球的密度和月壳厚度，并对月球重力分布情况进行成图。

利用 Clementine 计划获得的数据，Lemoine 等（1997）计算了第 70 级重力场模型 GLGM2。该探测仪器专门用于研究月球的重力场，使 Lunar Prospector 计划得以实现，并且极大地提高了月球重力场模型的求解质量。Konopliv 等（1993）发现，基于 LP 数据，近月球表面有三个大型重力异常集中区。75 阶月球重力场模型 LP75G 由 Konopliv 等（1998）利用 LP 数据获得，并在月球表面发现质量瘤。后期，利用 LP 数据，先后建立了 LP100J/LP100K 和 LP165P 等重力场模型。LP165P 模型是目前比较高阶的 LP 月球重力场模型，月球正面、背面的有效阶次分别是 110、60。

表 2.11 重力仪参数

仪器名称	搭载卫星	空间分辨率/km	发射时间	国家	精度
导线重力仪 TGE	Apollo 17	75	1972 年 12 月 7 日	美国	0.01mGal
S-Band 多普勒重力仪	Clementine	70	1994 年 1 月 25 日	美国	10~30mGal
多普勒重力仪	Lunar Prospector	200	1998 年 1 月 26 日	美国	30mGal
月球重力距离测量仪	GRAIL	30	2011 年 9 月 10 日	美国	0.1mGal

2. 磁力仪

月球卫星携带的磁力仪主要为搭载于 Luna 2、Luna 10、Lunar Prospector、SELENE 卫星的磁力计与 Lunar Prospector 卫星上的电子反射计（表 2.12），主要测量月表电磁及等离子环境，并收集月表残余古地磁区域信息。Halekas 等（2001）利用 Lunar Prospector 探测器携带的电子反射计和磁力计数据获得月球磁场特性，并由此建立了首张全月球 1:100000 比例尺的磁场分布图。其中，月海为月表主要低磁场强度集中地，而大型的撞击坑为强磁场的主要集中地。SELENE 卫星上的月球磁力计（Lunar MA Gnetometer，LMAG）在距月表 100km 处成功观测到月球磁场。Tsunakawa 等（2010）利用 LMAG 获得的数据完成了全月球磁力异常图，并估测了月表物质电阻率。

表 2.12 磁力仪参数

仪器名称	搭载卫星	发射时间	国家	精度
磁力计	Luna 2	1959 年 9 月 12 日	苏联	50~100gammas
	Luna 10	1966 年 3 月 31 日	苏联	10gammas
	Lunar Prospector	1998 年 1 月 26 日	美国	0.01nT
电子反射计 ER	Lunar Prospector	1998 年 1 月 26 日	美国	0.01nT
月球磁力计 LM	SELENE	2007 年 9 月 14 日	日本	<0.1nT

3. 月震仪

地震仪主要由 Apollo 系列登月器搭载的月震实验（表 2.13）。通过月表振动与倾斜检测，测量观测仪器位置重力变化，获得月球内部结构、月球构造活动、月表潮汐变形及月球物理状态等。

表 2.13 地震仪参数

仪器名称	搭载卫星	空间分辨率/Hz	发射时间	国家
LP 地震仪	Apollo 12	0.004~2	1969 年 11 月 4 日	美国
SP 地震仪	Apollo 12	0.05~20	1969 年 11 月 4 日	美国
地震检波器	Apollo 16	3~250	1972 年 4 月 16 日	美国

Apollo 12 进行了被动月震实验（PSE）。PSE 单元主要由铍制成，包括一个电子模块与一个传感器系统，传感器系统包括 3 个长周期（LP）地震仪和 1 个短周期（SP）地震仪。Apollo 16 通过 Apollo 12、Apollo 14、Apollo 15 的地震仪网络，通过两组炸药进行主动月震实验（ASE）。Apollo 17 通过 4 个检波器组成的三角检波器阵列，开展月球地震剖面实验（LSPE），同时也观测了登月舱的撞击及登月舱发射时上升产生的冲量。

2.2.6 Alpha 探测器

Lunar Prospector 与 Surveyor 7 卫星上搭载了 Alpha 探测器（APS），其被设计用来探测自月球表面散逸出的氡（表 2.14）。APS 可侦测氡衰变时产生的 α 粒子和衰变后产生的钋（Lawson et al.，2005）。月表下的缝隙可能会溢出气体形式的氡、氮和二氧化碳至月表。这些气体被认为是月球极稀薄大气层的来源。

表 2.14 Alpha 仪器参数

仪器名称	搭载卫星	测量元素	发射时间	国家
Alpha-Scattering Surface Analyzer	Surveyor 7	Rn、Po	1968 年 1 月 7 日	美国
Alpha Particle Spectrometer	Lunar Prospector	Rn、Po	1998 年 1 月 26 日	美国
莱曼 Alpha 成像仪 LAMP	LRO	He、Ar、N、H、S、C	2009 年 6 月 18 日	美国

参 考 文 献

法文哲，金亚秋. 2010. "嫦娥"1 号对月球表面微波辐射观测分析及其月壤厚度反演 [J]. 中国科学：信息科学，40（1）：115-127.

计都. 2011. 苏联无人采样返回任务取得巨大成就 [J]. 国际太空，(1)：20-22.

李春来，任鑫，刘建军，等. 2010. 嫦娥一号激光测距数据及全月球 DEM 模型 [J]. 中国科学：地球科学，40（3）：281-293.

刘洪利. 2012. 嫦娥 1 号卫星激光高度计（LAM）数据的全月球虚拟现实构建 [D]. 中国地质大学（北京）.

路风香. 1990. Luna 24 月岩样品中火成岩碎屑的岩石学及其成因探讨 [J]. 地球科学：中国地质大学学报，15（6）：617-627.

孟治国, 陈圣波, Jnr E M O, 等. 2010. 基于嫦娥一号卫星微波辐射计数据的月球 Cabeus 撞击坑水冰含量研究 [J]. 中国科学: 物理学, 力学, 天文学, (11): 1363-1369.

平劲松, 黄倩, 鄢建国, 等. 2008. 基于嫦娥一号卫星激光测高观测的月球地形模型 CLTM-s01 [J]. 中国科学: G 辑, (11): 1601-1612.

王洁, 秦刚. 2013. 基于嫦娥一号高能粒子数据的地球磁层屏蔽效应研究 [J]. 空间科学学报, (5): 8

王馨悦, 荆涛, 张珅毅, 等. 2012. "嫦娥一号"卫星太阳高能粒子探测器的首次观测结果 [J]. 地球物理学进展, 27 (6): 7.

吴昀昭, 周贤锋, 王振超. 2012. 嫦娥一号干涉成像光谱数据在轨定标与月表常量元素反演 [C]. 桂林: 第十届全国月球科学与比较行星学陨石学与天体化学学术研讨会会议论文集.

郑伟, 许厚泽, 钟敏, 等. 2012. 月球探测计划研究进展 [J]. 地球物理学进展, (6): 2296-2307.

郑小坡, 刘福江, 章颖, 等. 2012. 基于"嫦娥一号"干涉成像光谱数据的月表虹湾地区 FeO 及 TiO$_2$ 含量评估 [J]. 测绘通报, (7): 10-13.

Anthony W Y, Novo-Gradac A M, Shaw G B, et al. 2008. Laser Transmitter for the Lunar Orbit Laser Altimeter (LOLA) Instrument [J]. IEEE.

Araki H, Tazawa S, Noda H, et al. 2009a. Lunar global shape and polar topography derived from Kaguya-LALT laser altimetry [J]. Science, 323 (5916): 897-900.

Araki H, Tazawa S, Noda H, et al. 2009b. The lunar global topography by the laser altimeter (LALT) onboard Kaguya (SELENE): results from the one year observation [C]. Lunar and Planetary Science Conference. 40: 1432.

Bandfield J L, Ghent R R, Vasavada A R, et al. 2011. Lunar surface rock abundance and regolith fines temperatures derived from LRO diviner radiometer data [J]. Journal of Geophysical Research: Planets (1991-2012), 116 (E12).

Belton M J S, Greeley R, Greenberg R, et al. 1994. Galileo multispectral imaging of the north polar and eastern limb regions of the Moon [J]. Science, 264 (5162): 1112-1115.

Blanchard D P, Brannon J C, Aaboe E, et al. 1978. Major and trace element chemistry of Luna 24s amples from mare crisium [C]. Mare Crisium: The view from Luna 24. 1: 613-630.

Bray V J, Tornabene L L, Keszthelyi L P, et al. 2010. New insight into lunar impact melt mobility from the LRO camera [J]. Geophysical Research Letters, 37 (21): L21202, 1-5.

Chan K L, Tsang K T, Kong B, et al. 2010. Lunar regolith thermal behavior revealed by Chang'e-1 microwave brightness temperature data [J]. Earth and Planetary Science Letters, 295 (1): 287-291.

Cook A C, Watters T R, Robinson M S, et al. 2000. Lunar polar topography derived from Clementine stereoimages [J]. Journal of Geophysical Research: Planets (1991-2012), 105 (E5): 12023-12033.

Edgett K S, Malin M C. 2000. New views of Mars eolian activity, materials, and surface properties: Three vignettes from the Mars global surveyor Mars orbiter camera [J]. Journal of Geophysical Research: Planets (1991-2012), 105 (E1): 1623-1650.

Fa W, Jin Y Q. 2010. A primary analysis of microwave brightness temperature of Lunar surface from Chang-E 1 multi-channel radiometer observation and inversion of regolith layer thickness [J]. Icarus, 207 (2): 605-615.

Fa W Z, Jin Y Q. 2010. Global inventory of Helium-3 in Lunar regoliths estimated by a multi-channel microwave radiometer on the Chang-E 1 lunar satellite [J]. Chinese Science Bulletin, 55 (35): 4005-4009.

Feldman W C, Barraclough B L, Fuller K R, et al. 1999. The Lunar prospector gamma-ray and neutron spectrometers [J]. Nuclear Instruments and Methods in Physics Research Section A: Accelerators,

Spectrometers, Detectors and Associated Equipment, 422 (1): 562-566.

Feldman W C, Maurice S, Binder A B, et al. 1998. Fluxes of fast and epithermal neutrons from Lunar prospector: Evidence for water ice at the lunar poles [J]. Science, 281 (5382): 1496-1500.

Foing B H, Racca G R. 1999. SMART-1 team The ESA SMART-1 mission to the Moon with solar electric propulsion [J]. Advances in Space Research, 23 (11): 1865-1870.

Foing B H, Racca G D, Marini A, et al. 2006. SMART-1 mission to the Moon: Status, first results and goals [J]. Advances in Space Research, 37 (1): 6-13.

Garvin J B, Mitrofanov I, Smith D E, et al. 2010. Lunar polar hydrogen correlations with impact crater geometry from LRO LEND and LOLA observations [C]. The Woodlands. Texas: Lunar and Planetary Science Conference. 41: 2224.

Greeley R, Belton M J S, Head J W, et al. 1993. Galileo imaging results from the second Earth-Moon flyby: Lunar Maria and related units [C]. Lunar and Planetary Science Conference. 24: 565-566.

Halekas J S, Mitchell D L, Lin R P, et al. 2001. Mapping of crustal magnetic anomalies on the Lunar near side by the Lunar prospector electron reflectometer [J]. Journal of Geophysical Research: Planets (1991-2012), 106 (E11): 27841-27852.

Harvey, B. 1996. The new Russian space programme from competition to collaboration [M]. New York: John Wiley & Sons, Chichester, England.

Heen H K, Wilson W C, Widmer J, et al. 1967. Lunar orbiter camera [J]. Journal of the SMPTE, 76 (8): 740-750.

Ishihara Y, Goossens S, Matsumoto K, et al. 2009. Crustal thickness of the Moon: Implications for farside basin-structures [J]. GeophysResLett, 36: L19202.

Jet Propulsion Laboratory (US). 1966. Ranger IX photographs of the moon, cameras "A," "B," and "P." [M]. Scientific and Technical Information Division, National Aeronautics and Space Administration; US Govt. Print. Off.

Jolliff B L, Wiseman S M, Robinson M S, et al. 2009. LRO camera imaging of the Moon: Apollo 17 and other sites for ground truth [C]. AGU Fall Meeting Abstracts. 1: 0012.

Kamalakar J A, Prasad A S L, Bhaskar K V S, et al. 2009. Lunar laser ranging instrument (LLRI): A tool for the study of topography and gravitational field of the moon [J]. Current Science, 96 (4): 512-516.

Kato M, Sasaki S, Tanaka K, et al. 2008. The Japanese Lunar mission SELENE: Science goals and present status [J]. Advances in Space Research, 42 (2): 294-300.

Kobayashi T, Kim J H, Lee S R, et al. 2012. Synthetic aperture radar processing of Kaguya Lunar radar sounder data for Lunar subsurface imaging [J]. Geoscience and Remote Sensing, IEEE Transactions on Geoscience and Remote Sensing, 50 (6): 2161-2174.

Konopliv A S. 1993. A high resolution Lunar gravity field and predicted orbit behavior [C] //Aas/aiaa Astrodynamics Specialist Conference

Konopliv A S, Binder A B, Hood L L, et al. 1998. Improved gravity field of the Moon from Lunar prospector [J]. Science, 281 (5382): 1476-1480.

Konopliv A S, Park R S, Yuan D N, et al. 2013. The JPL Lunar gravity field to spherical harmonic degree 660 from the GRAIL primary mission [J]. Journal of Geophysical Research: Planets, 118 (7): 1415-1434.

Lawrence D J, Feldman W C, Barraclough B L, et al. 1998. Global elemental maps of the Moon: The Lunar prospector gamma-ray spectrometer [J]. Science, 281 (5382): 1484-1489.

Lawrence D J, Feldman W C, Elphic R C, et al. 2006. Improved modeling of Lunar prospector neutron spectrometer data: Implications for hydrogen deposits at the Lunar poles [J]. Journal of Geophysical Research: Planets (1991-2012), 111 (E8): 1-19.

Lawson S L, Jakosky B M, Park H S, et al. 2000. Brightness temperatures of the Lunar surface: Calibration and global analysis of the Clementine long-wave infrared camera data [J]. Journal of Geophysical Research: Planets, 105 (E2): 4273-4290.

Lawson S L, Jakosky B M. 2001. Lunar surface thermophysical properties derived from Clementine LWIR and UVVIS images [J]. Journal of Geophysical Research: Planets, 106 (E11): 27911-27932.

Lawson S L, Feldman W C, Lawrence D J, et al. 2005. Recent outgassing from the Lunar surface: The Lunar prospector alpha particle spectrometer [J]. Journal of Geophysical Research: Planets (1991-2012), 110 (E9).

Lemoine F G R, Smith D E, Zuber M T, et al. 1997. A 70th degree Lunar gravity model (GLGM-2) from Clementine and other tracking data [J]. Journal of Geophysical Research: Planets, 102 (E7): 16339-16359.

Li Q L, Zhou Q, Liu Y, et al. 2021. Two-billion-year-old volcanism on the Moon from Chang'e-5 basalts [J]. Nature, 600 (7887): 54-58.

Li S, Lucey P G, Fraeman A A, et al. 2020. Widespread hematite at high latitudes of the Moon [J]. Science Advances, 6 (36): eaba1940.

Lorell J. 1970. Lunar orbiter gravity analysis [J]. The Moon, 1 (2): 190-231.

Lucey P G, Blewett D T, Johnson J L, et al. 1996. Lunar titanium content from UV-VIS measurements [C]. Houston, Texas: Lunar and Planetary Science Conference. 27: 781.

Malin M C, Carr M H, Danielson G E, et al. 1998. Early views of the Martian surface from the Mars orbiter camera of Mars global surveyor [J]. Science, 279 (5357): 1681-1685.

Matsumoto K, Goossens S, Ishihara Y, et al. 2010. An improved Lunar gravity field model from SELENE and historical tracking data: Revealing the farside gravity features [J]. Journal of Geophysical Research, 115: E06007.

Metzger A E, Trombka J I, Peterson L E, et al. 1973. Lunar surface radioactivity: Preliminary results of the Apollo 15 and Apollo 16 gamma-ray spectrometer experiments [J]. Science, 179 (4075): 800-803.

Michael W H, Tolson R H, Gapcynski J P. 1966. Lunar orbiter: Tracking data indicate properties of moon's gravitational field [J]. Science, 153 (3740): 1102-1103.

Mitchell D L, Halekas J S, Lin R P, et al. 2008. Global mapping of Lunar crustal magnetic fields by Lunar prospector [J]. Icarus, 194 (2): 401-409.

Mitrofanov I G, Sanin A B, Boynton W V, et al. 2010. Hydrogen mapping of the Lunar south pole using the LRO neutron detector experiment LEND [J]. Science, 330 (6003): 483-486.

Namiki N, Iwata T, Matsumoto K, et al. 2009. Farside gravity field of the Moon from four-way Doppler measurements of SELENE (Kaguya) [J]. Science, 323: 900-905.

Noda H, Araki H, Goossens S, et al. 2008. Illumination conditions at the Lunar polar regions by KAGUYA (SELENE) laser altimeter [J]. Geophysical Research Letters, 35: L24203.

Nozette S, Lichtenberg C L, Spudis P, et al. 1996. The Clementine bistatic radar experiment [J]. Science, 274 (5292): 1495-1498.

Nozette S, Spudis P, Bussey B, et al. 2010. The Lunar reconnaissance orbiter miniature radio frequency (Mini-RF) technology demonstration [J]. Space Science Reviews, 150 (1-4): 285-302.

Paige D A, Siegler M A, Zhang J A, et al. 2010. Diviner Lunar radiometer observations of cold traps in the Moon's south polar region [J]. Science, 330 (6003): 479-482.

Porcello L J, Jordan R L, Zelenka J S, et al. 1974. The Apollo Lunar sounder radar system [J]. Proceedings of the IEEE, 62 (6): 769-783.

Riris H, Cavanaugh J, Sun X, et al. 2008. The Lunar orbiter laser altimeter (LOLA) on NASA's Lunar reconnaissance orbiter (LRO) mission [C]. San Jose, California: Conference on Lasers and Electro-Optics. Optical Society of America.

Rosenburg M A, Aharonson O, Head J W, et al. 2011. Global surface slopes and roughness of the Moon from the Lunar orbiter laser altimeter [J]. Journal of Geophysical Research: Planets (1991-2012), 116 (E2).

Schmitt H H. 1973. Apollo 17 report on the valley of Taurus-Littrow a geological investigation of the valley visited on the last Apollo mission to the Moon [J]. Science, 182 (4113): 681-690.

Shoemaker E M, Batson R M, Holt H E, et al. 1969. Observations of the Lunar regolith and the Earth from the television camera on surveyor 7 [J]. Journal of Geophysical Research, 74 (25): 6081-6119.

Simpson R A. 1998. Clementine bistatic Radar: Reanalysis [C]. Washington D C: Bulletin of the American Astronomical Society.

Simpson R A, Tyler G L. 1999. Reanalysis of Clementine bistatic radar data from the lunar south pole [J]. Journal of Geophysical Research: Planets (1991-2012), 104 (E2): 3845-3862.

Smith D E, Zuber M T, Neumann G A, et al. 2010. Initial observations from the Lunar orbiter laser altimeter (LOLA) [J]. Geophysical Research Letters, 37 (18): L18204, 1-6.

Sobolev A V, Dmitriev L V, Barsukov V L, et al. 1980. The formation conditions of the high-magnesium olivines from the monomineralic fraction of Luna 24 regolith [C]. Houston T X: Lunar and Planetary Science Conference Proceedings.

Spudis P D, Bussey D B J, Butler B, et al. 2009. The Mini-SAR imaging radar on the Chandrayaan-1 mission to the moon [C]. Woodlands Texas: Lunar and Planetary Science Conference, 40: 1098.

Spudis P D, Bussey D B J, Baloga S M, et al. 2010. Initial results for the north pole of the Moon from Mini-SAR, Chandrayaan-1 mission [J]. Geophysical Research Letters, 37 (6).

Standish E M. 1995. The JPL planetary and Lunar ephemerides DE402/LE402 [C]. Bulletin of the American Astronomical Society, 27: 1203.

Sugano T, Heki K. 2004. High resolution Lunar gravity anomaly map from the Lunar prospector line-of-sight acceleration data [J]. Earth Planets and Space, 56 (1): 81-86.

Tolson R H, Gapcynski J P. 1968. An analysis of the Lunar gravitational field as obtained from Lunar orbiter tracking data [J]. Moon and Planets II, 1: 178-186.

Tsunakawa H, Shibuya H, Takahashi F, et al. 2010. Lunar magnetic field observation and initial global mapping of Lunar magnetic anomalies by MAP-LMAG onboard SELENE (Kaguya) [J]. Space Science Reviews, 154 (1-4): 219-251.

Turkevich A L, Knolle K, Franzgrote E, et al. 1967. Chemical analysis experiment for the surveyor Lunar mission [J]. Journal of Geophysical Research, 72 (2): 831-839.

Turkevich A L, Franzgrote E J, Patterson J H. 1968. Chemical analysis of the Moon at the surveyor VII landing site: Preliminary results [J]. Science, 162 (3849): 117-118.

Uesugi K. 1996. Results of the MUSES-A "HITEN" mission [J], Advances in Space Research, 18 (11): 69-72.

Uesugi K, Matsuo H, Kawaguchi J, et al. 1991. Japanese first double Lunar swingby mission "HITEN" [J]. Acta Astronautica, 25 (7): 347-355.

Vasavada A R, Bandfield J L, Greenhagen B T, et al. 2012. Lunar equatorial surface temperatures and regolith properties from the Diviner Lunar radiometer experiment [J]. Journal of Geophysical Research: Planets, 117 (E12): E00H18, 1-12.

Wang Z Z, Li Y, Jiang J S, et al. 2010. Lunar surface dielectric constant, regolith thickness, and 3He abundance distributions retrieved from the microwave brightness temperatures of CE-1 Lunar microwave sounder [J]. Science China Earth Sciences, 53 (9): 1365-1378.

Wieczorek M A, Neumann G A, Nimmo F, et al. 2013. The crust of the Moon as seen by GRAIL [J]. Science, 339 (6120): 671-675.

Zheng Y C, Zou Y L, Chan K L, et al. 2010. Global brightness temperature of the Moon: Result from Chang'e-1 microwave radiometer [C]. Rome Italy: European Planetary Science Congress.

Zhu M H, Ma T, Chang J. 2010. Chang'e-1 gamma ray spectrometer and preliminary radioactive results on the Lunar surface [J]. Planetary and Space Science, 58 (12): 1547-1554.

Zuber M T, Smith D E, Watkins M M, et al. 2013. Gravity field of the moon from the gravity recovery and interior laboratory (GRAIL) mission [J]. Science, 339 (6120): 668-671.

第3章 月球电磁波遥感原理

地物电磁波特性是遥感基础。月球遥感是基于月球的反射光谱、发射光谱和微波辐射等电磁波特性，实现月球物质成分、结构和构造等月表特性探测，是世界各国月球探测计划的核心目标和任务。

3.1 月球反射光谱

反射光谱是月球和行星探测重点利用的电磁波特性。几乎所有的行星探测计划中都搭载反射光谱载荷，其主要工作原理包括光度模型和辐射传输模型。

3.1.1 光度模型

月表光度模型是描述月表辐亮度随光照观测几何变化的函数模型，在月表图像及光谱数据光度校正中广泛应用，用以消除光照观测几何对月表图像及光谱数据的影响。因此，光度模型在月表图像镶嵌、月表矿物识别与反演、月表物理参数反演以及月表光度异常区研究等方面有重要的应用意义。目前，国际上常用的月表光度模型主要有半经验模型和物理模型。

1. 半经验模型

半经验模型是在长期的观察和实验中总结出的（半）定量化模型，主要的月表光度半经验模型有 Minnaert 模型、Lommel-Seelinger 模型、Lunar-Lambert 模型。

在探月卫星之前，人们只能通过肉眼和地基望远镜来观测和记录月表亮度变化，当时使用最为广泛的光度模型是 Minnaert 模型。该模型是早期研究中最具影响力的月表光度模型，最早由 M. Minnaert 于 1941 年提出，主要用来解释地基望远镜观测到的月球表面相同纬度上不同点之间的亮度差异（Minnaert，1941）。该模型是根据推广的朗伯面反射规律，认为辐照度为 J 的太阳光经朗伯面反射，进入各个方向的辐亮度 $I(i,e,a)$ 相同，与入射角 i 的关系为

$$I(i,e,a) = \frac{1}{\pi} J A_{\rm L} \cos i = \frac{1}{\pi} J A_{\rm L} \mu_0 \tag{3.1}$$

式中，$A_{\rm L}$ 为朗伯反照率；μ_0 为入射角 i 的余弦值；J 为入射太阳辐照度；e 为出射角；a 为相位角。

在加入出射角对月表辐亮度的影响后，其改进形式为

$$I(i,e,a) = J A_{\rm M} \mu_0^k \mu^{k-1} \tag{3.2}$$

式中，μ 为出射角的余弦值；$A_{\rm M}$、k 均为经验常数。

在卫星探月的成像光谱仪数据光度校正中，广泛使用的半经验光度模型为 Lommel-Seeliger 模型和 Lunar-lambert 模型。

Lommel-Seeliger 模型描述的是月表辐亮度 $I(i,e,a)$ 随光照–观测几何条件变化，表示为

$$I(i,e,a) = \frac{\mu_0}{\mu_0 + \mu} f(a) \tag{3.3}$$

$$f(a) = b_0 e^{-b_1 a} + a_0 + a_1 a + a_2 a^2 + a_3 a^3 + a_4 a^4 \tag{3.4}$$

式中，μ_0、μ 分别为入射角、出射角的余弦值；a 为太阳相位角；e 为自然对数的底数；$a_0 \sim a_4$、b_0、b_1 为系数，通常因月表区域类型（月海、月陆）和光谱波长不同而不同。

Lunar-Lambert 模型归一化函数 $X_L(i,e,a)$ 表示全月表光度行为，其表达式为

$$X_L(i,e,a) = 2L(a)\frac{\mu_0}{\mu_0 + \mu} + [1 - L(a)\mu_0] \tag{3.5}$$

其中，$L(a)$ 为三次多项式，表达式为

$$L(a) = 1 + Aa + Ba^2 + Ca^3 \tag{3.6}$$

式中，μ_0、μ 分别为入射角、出射角的余弦值；a 为太阳相位角；A、B、C 分别为待定参数。

2. 物理模型

物理模型是通过辐射传输理论，对月壤中的辐射场分布进行描述，进而推导出月壤二向反射特性的模型。最常用的物理模型是 Hapke 模型（Hapke and Wells, 1981, 1984, 1986, 2002, 2008）。Hapke 光度模型是从颗粒介质辐射传输方程中导出的，其参数反映了介质的化学和物理性质，如矿物成分、颗粒粒径和形状、孔隙度、表面粗糙度等。

1）原始 Hapke 模型

1981 年，Bruce Hapke 提出一个基于 Chandrassekhar 辐射传输理论（Chandrasekhar, 1960）的二向性反射模型，称为 Hapke 模型。依据 Hapke 的推导，原始的 Hapke 模型式为

$$r(\mu_0, \mu, g) = \frac{w}{4\pi} \frac{\mu_0}{\mu_0 + \mu} \{[1 + B(g)]P(g) + H(\mu_0)H(\mu) - 1\} \tag{3.7}$$

式中，$r(\mu_0, \mu, g)$ 为二向性反射率；μ_0、μ 分别为入射角、出射角的余弦值；g 为相位角，计算公式为

$$g = \arccos(\cos i \cos e + \sin i \sin e \cos \varphi) \tag{3.8}$$

式中，i、e、φ 分别为入射光天顶角、出射光天顶角、入射光与出射光方位角的差值；w 为颗粒的平均单次反照率，定义式为

$$w = \frac{S}{E} \tag{3.9}$$

式中，S、E 分别为由颗粒组成介质的散射系数和消光系数，其计算公式为

$$S = \sum_i N_i \sigma_i Q_{si} \tag{3.10}$$

$$E = \sum_i i N_i Q_{Ei} \tag{3.11}$$

式中，i 为介质中第 i 种颗粒的下标；N_i 为单位体积中第 i 种颗粒的个数；σ_i 为第 i 种颗粒的平均横截面积；Q_{si}、Q_{Ei} 分别为第 i 颗粒的散射系数和消光系数；$B(g)$ 为后向散射函数，其计算公式为

$$B(g) = \begin{cases} B_0 \left[1 - \dfrac{\tan|g|}{2h} \left(3 - \exp\left(-\dfrac{h}{\tan|g|}\right) \right) \left(1 - \exp\left(-\dfrac{h}{\tan|g|}\right) \right) \right] & |g| \leqslant \dfrac{\pi}{2} \\ 0 & |g| \geqslant \dfrac{\pi}{2} \\ B_0 \left(1 - \dfrac{3|g|}{2h} \right) & |g| \ll 1 \end{cases} \quad (3.12)$$

式中，B_0 为反向效应的幅度；h 为与颗粒孔隙率相关的参数。

因为其受入射角、探测角度视野等因素综合影响，在实验室条件下很难单独测量，行星表面亦是如此。通常研究中使用的近似形式，即

$$B_0 = \exp\left(-\dfrac{w^2}{2}\right) \quad (3.13)$$

其中，$P(g)$ 表示单个颗粒相函数，其二阶 Legendre 多项式展开形式为

$$P(g) = 1 + b\cos(g) + \dfrac{c}{2}(3\cos^2 g - 1) \quad (3.14)$$

式中，b、c 为常量。

$H(\mu_0)$、$H(\mu)$ 为描述多项散射的函数，其近似形式为

$$H(x) = \dfrac{1 + 2x}{1 + 2rx} \quad (3.15)$$

其中，r 的表示形式为

$$r = (1 - w)^{\frac{1}{2}} \quad (3.16)$$

2）宏观粗糙度改正 Hapke 模型

模型实验室模拟及天文观测之间的比较结果（Hapke and Wells，1981），证明了 Hapke 模型存在着明显的缺陷：在反演反照率较低的行星极地地区亮度变化时，基于光滑介质表面辐射传输方程的精确反演结果认为，亮度值与纬度无关，而且在临边地区达到峰值（Chandrasekhar，1960；Hapke，1963；郑永春等，2005），而实际观测结果（Hapke，1966，1977）则与之相反。研究人员推测该矛盾产生的主要原因是对该地区表面粗糙度的不恰当忽略（Hapke，1984）。由此，Bruce Hapke 对原始 Hapke 模型进行了改进，引入了表征宏观粗糙度的变量–平均坡度（$\bar{\theta}$），定义为

$$\tan\bar{\theta} = \dfrac{2}{\pi} \int_0^{\frac{\pi}{2}} \tan\theta \, a(\theta) \, \mathrm{d}\theta \quad (3.17)$$

式中，θ 为坡度；$a(\theta)$ 为坡度归一化函数，其定义为

$$\int_0^{\frac{\pi}{2}} a(\theta) \, \mathrm{d}\theta = 1 \quad (3.18)$$

改进后的 Hapke 模型形式如下：

$$r_g(i, e, g) = \dfrac{w}{4\pi} \dfrac{\mu_0'}{\mu_0' + \mu'} \left\{ [1 + B(g)] P(g) - 1 + H(\mu_0') H(\mu') \right\} S(\bar{\theta}) \quad (3.19)$$

式中，i、e、g 分别为入射角、出射角、相位角；$\bar{\theta}$ 为平均坡度；$B(g)$、$P(g)$、$H(x)$ 的意义同原始 Hapke 模型中相同，计算公式见式（3.12）、式（3.14）和式（3.15）；μ_0'、μ'、r_g 分别为经过宏观粗糙度改正后的入射角、出射角余弦值和二向性反射率；$S(\bar{\theta})$ 为宏观粗糙度改正函数。

令 ψ 为方位角，则 μ_0'、μ'、$S(\bar{\theta})$ 的计算公式如下：

当 $i \geqslant e$ 时，

$$\mu_0' = \frac{1}{\sqrt{1+\pi\tan^2\bar{\theta}}}\left[\cos i + \sin i \tan\bar{\theta}\left(\frac{\exp\left(-\dfrac{\cot^2\bar{\theta}\cot^2 i}{\pi}\right) - \sin^2\dfrac{\psi}{2}\exp\left(-\dfrac{\cot^2\bar{\theta}\cot^2 e}{\pi}\right)}{2 - \exp\left(-\dfrac{2}{\pi}\cot\bar{\theta}\cot i\right) - \dfrac{\psi}{\pi}\exp\left(-\dfrac{2}{\pi}\cot\bar{\theta}\cot e\right)}\right)\right] \quad (3.20)$$

$$\mu' = \frac{1}{\sqrt{1+\pi\tan^2\bar{\theta}}}\left[\cos e + \sin e \tan\bar{\theta}\left(\frac{\cos\psi\exp\left(-\dfrac{\cot^2\bar{\theta}\cot^2 i}{\pi}\right) + \sin^2\dfrac{\psi}{2}\exp\left(-\dfrac{\cot^2\bar{\theta}\cot^2 e}{\pi}\right)}{2 - \exp\left(-\dfrac{2}{\pi}\cot\bar{\theta}\cot i\right) - \dfrac{\psi}{\pi}\exp\left(-\dfrac{2}{\pi}\cot\bar{\theta}\cot e\right)}\right)\right] \quad (3.21)$$

$$S(\bar{\theta}) = \frac{\mu'}{\mu'^0}\frac{\mu_0}{\mu'^0}\frac{1}{\sqrt{1+\pi\tan^2\bar{\theta}}}\left(1 - f + \frac{f}{\sqrt{1+\pi\tan^2\bar{\theta}}}\frac{\mu}{\mu'^0}\right)^{-1} \quad (3.22)$$

其中，

$$\mu_0'^0 = \frac{1}{\sqrt{1+\pi\tan^2\bar{\theta}}}\left[\cos i + \sin i \tan\bar{\theta}\frac{\exp\left(-\dfrac{\cot^2\bar{\theta}\cot^2 i}{\pi}\right)}{2 - \exp\left(-\dfrac{2}{\pi}\cot\bar{\theta}\cot i\right)}\right] \quad (3.23)$$

$$\mu'^0 = \frac{1}{\sqrt{1+\pi\tan^2\bar{\theta}}}\left[\cos e + \sin e \tan\bar{\theta}\frac{\exp\left(-\dfrac{\cot^2\bar{\theta}\cot^2 e}{\pi}\right)}{2 - \exp\left(-\dfrac{2}{\pi}\cot\bar{\theta}\cot e\right)}\right] \quad (3.24)$$

$$f = \exp\left[-2\tan\left(\frac{\psi}{2}\right)\right] \quad (3.25)$$

当 $i \leqslant e$ 时，

$$\mu_0' = \frac{1}{\sqrt{1+\pi\tan^2\bar{\theta}}}\left[\cos i + \sin i \tan\bar{\theta}\left(\frac{\cos\psi\exp\left(-\dfrac{\cot^2\bar{\theta}\cot^2 e}{\pi}\right) + \sin^2\dfrac{\psi}{2}\exp\left(-\dfrac{\cot^2\bar{\theta}\cot^2 i}{\pi}\right)}{2 - \exp\left(-\dfrac{2}{\pi}\cot\bar{\theta}\cot e\right) - \dfrac{\psi}{\pi}\exp\left(-\dfrac{2}{\pi}\cot\bar{\theta}\cot i\right)}\right)\right] \quad (3.26)$$

$$\mu' = \frac{1}{\sqrt{1+\pi\tan^2\bar{\theta}}}\left[\cos e + \sin e \tan\bar{\theta}\left(\frac{\exp\left(-\frac{\cot^2\bar{\theta}\cot^2 e}{\pi}\right) - \sin^2\frac{\psi}{2}\exp\left(-\frac{\cot^2\bar{\theta}\cot^2 i}{\pi}\right)}{2-\exp\left(-\frac{2}{\pi}\cot\bar{\theta}\cot e\right) - \frac{\psi}{\pi}\exp\left(-\frac{2}{\pi}\cot\bar{\theta}\cot i\right)}\right)\right] \tag{3.27}$$

$$S(\bar{\theta}) = \frac{\mu'}{\mu'^0}\frac{\mu_0}{\mu'^0_0}\frac{1}{\sqrt{1+\pi\tan^2\bar{\theta}}}\left(1-f+\frac{f}{\sqrt{1+\pi\tan^2\bar{\theta}}}\frac{\mu_0}{\mu'^0_0}\right)^{-1} \tag{3.28}$$

其中，μ'^0_0、μ'^0、f 的计算见式（3.23）～式（3.25）。

3) 二流近似 Hapke 模型

即使在不考虑反冲效应的情况下，使用 Hapke 模型模拟强反射介质（反照率接近 1.00）的反射率，绝对精度也会降低 16%（Hapke，2002）。其次，对于强各向异性反射特性的颗粒介质而言，在特定角度条件下，其模拟反射率的绝对精度较低（Hapke，2002）。

在原始模型中，Hapke 认为反向效应是由阴影"隐藏"造成的，并将其对反射率的影响体现在了单次散射中，然而显示反向效应，产生的主要原因应该是相干后向散射（coherent backscatter）。而多次散射对该效应的贡献程度远大于单次散射（Kuga and Ishimaru，1984；Hapke，1986；Shkuratov，1988；Elfenstein et al.，1997）。

为解决这些问题，B. Hapke 对原始 Hapke 模型［式（3.16）］做出了适当改进，建立了二流近似的 Hapke 模型（Hapke，2002），其表达形式为

$$r(i,e,g) = \frac{w}{4\pi}\frac{\mu_0}{\mu_0+\mu}[p(g)B_{SH}(g) + M(\mu_0,\mu)]B_{CB}(g) \tag{3.29}$$

其中，$r(i, e, g)$、w、μ_0、μ、$p(g)$ 的物理意义同原始模型一致。$B_{SH}(g)$ 表示由阴影"隐藏"而产生的反向效应，$B_{CB}(g)$ 为描述相干后向散射引起的反向效应的函数。其计算公式为

$$B_{SH}(g) = 1 + B_{S0}B_S(g) \tag{3.30}$$

式中，B_{S0} 为阴影"隐藏"反向效应的幅度，其合理取值范围应限定在小于或等于 1。

$B_S(g)$ 的计算公式为

$$B_S(g) = \left[1+\frac{1}{hs}\tan\left(\frac{g}{2}\right)\right]^{-1} \tag{3.31}$$

$$hs = -E\langle a\rangle\ln\left(\frac{1-\phi}{2\phi}\right) \tag{3.32}$$

式中，E 为介质的消光系数；$\langle a\rangle$ 为平均颗粒半径，ϕ 为介质的填充系数，hs 为颗粒介质中的特征传输长度。

相似的，$B_{CB}(g)$ 为描述相干后向散射引起的反向效应的函数，计算公式为

$$B_{CB}(g) = 1 + B_{C0}B_C(g) \tag{3.33}$$

式中，B_{C0} 为相干反向效用的幅度，其合理取值范围应限定在小于或等于 1。

$B_C(g)$ 的计算公式为

$$B_{\mathrm{C}}(g) = \frac{1 + \dfrac{1-\exp\left(-\dfrac{1}{h_{\mathrm{C}}}\tan\left(\dfrac{g}{2}\right)\right)}{\dfrac{1}{h_{\mathrm{C}}}\tan\left(\dfrac{g}{2}\right)}}{2\left[1+\dfrac{1}{h_{\mathrm{C}}}\tan\left(\dfrac{g}{2}\right)\right]^2} \tag{3.34}$$

$$h_{\mathrm{C}} = \frac{\lambda}{4\pi}\Lambda \tag{3.35}$$

式中，λ 为波长；Λ 为光在介质中平均透明光路长度；h_{C} 为相干长度或相干散射长度，即光子在介质内的传播方向发生，如 1 弧度的较大变化之前的平均传播距离，其计算公式为

$$\Lambda = [n\sigma Q_{\mathrm{S}}(1-\langle\cos\theta\rangle)]^{-1} \tag{3.36}$$

式中，n 为介质单位体积内颗粒个数；σ 为颗粒的平均横截面积；Q_{S} 为颗粒平均散射效率；$\langle\cos\theta\rangle$ 为散射角的平均余弦值。

$M(\mu_0,\mu)$ 是二流近似模型中新引入的描述多向散射的模型，计算公式为

$$M(\mu_0,\mu) = P(\mu_0)[H(\mu)-1] + P(\mu)[H(\mu_0)-1] + P[H(\mu)-1][H(\mu_0)-1] \tag{3.37}$$

$$P(\mu_0) = 1 + \sum_{n=1}^{\infty} A_n b_n P_n(\mu_0) \tag{3.38}$$

$$P(\mu) = 1 + \sum_{n=1}^{\infty} A_n b_n P_n(\mu) \tag{3.39}$$

$$P = 1 - \sum_{n=1}^{\infty} A_n^2 b_n \tag{3.40}$$

$$A_n = \begin{cases} 0 & n\text{ 为偶数} \\ \dfrac{(-1)^{\frac{n+1}{2}}}{n}\dfrac{1\cdot 3\cdot 5\cdots n}{2\cdot 4\cdot 6\cdots(n+1)} & n\text{ 为奇数} \end{cases} \tag{3.41}$$

式中，$P(\mu_0)$ 为从与垂直方向成 i 角的方向照射的粒子散射到下半球的平均辐射；$P(\mu)$ 为粒子散射到上半球的一个方向上的辐射，当从整个下半球均匀照射时，该方向与垂直方向成 e 角；P 为粒子从整个下半球均匀照射后散射回整个下半球的平均辐射强度；A_n、b_n 为系数；$H(\mu)$ 为赫尔维茨函数（Hulst function）；$H(\mu_0)$ 为初始方向的赫尔维茨函数。

与式（3.15）不同，在二流近似模型中，$H(x)$ 有着更为接近辐射传输方程的精确解，近似表示为

$$H(x) \approx \left[1 - wx\left(r_0 + \frac{1-2r_0 x}{2}\ln\frac{1+x}{x}\right)\right]^{-1} \tag{3.42}$$

$$r_0 = \frac{1-r}{1+r} \tag{3.43}$$

其中，r 的计算公式见式（3.16）。

4）半无限均匀介质二向性反射模型

在单层或半无限介质中传输中的散射量通常用双向反射率（bidirectional reflectance）表示，μ、ϕ 分别为照射和观测角度，双向反射率表示为

$$R(\infty,\mu,\phi,\mu_0,\phi_0) = \frac{1}{\mu_0 F}I(0,\mu,\phi) \tag{3.44}$$

其中，$I(0,\mu,\phi)$ 为介质表面上行的辐射量，有关 R 的散射函数 S 定义为

$$S(\infty,\mu,\phi,\mu_0,\phi_0) = \frac{4\mu}{F}I(0,\mu,\phi) = 4\mu\mu_0 R(\infty,\mu,\phi,\mu_0,\phi_0) \tag{3.45}$$

定向半球反射率 A_{dh} 被用于计算热平衡，表示每单位面积的总反射量与每单位面积的总入射量比值，即

$$A_{dh} = \frac{1}{\pi}\int_0^{2\pi}\int_0^1 \mu R(\infty,\mu,\phi,\mu_0,\phi_0)\mathrm{d}\mu\mathrm{d}\phi \tag{3.46}$$

适当的忽略反向作用，可推导出 R 在半无限均匀介质中散射和吸收的先验方程。当 $\lim\tau\to\infty$ 时，假设 R 在半无限均匀介质中的散射和吸收为

$$R(\infty,\mu,\phi,\mu_0,\phi_0) = \frac{1}{4\mu\mu_0}\{S_{ms}^{P_r} - [S_{ss}^{P_r} + S_{ds}^{P_r}] + [S_{ss} + S_{ds}^{P_2^N}]\} \tag{3.47}$$

在 R 的表达式中，不同的 ϕ 对应不同的 μ 和 μ_0。当获得相关的几何量时，可得到定向半球反射率 A_{dh} 的公式，即

$$A_{dh} = \frac{1}{2\mu_0}\int_0^1 \{S_{ms}^{(0)P_r} - [S_{ss}^{(0)P_r} + S_{ds}^{(0)P_r}] + [S_{ss}^{(0)P_1^N} + S_{ds}^{(0)P_2^N}]\}\mathrm{d}\mu \tag{3.48}$$

式中，$S_{ss}^{(0)P_1^N}$，$S_{ds}^{(0)P_2^N}$ 和 $S_{ms}^{(0)P_r}$ 分别为单次、双次和多次散射贡献值。

5) 多层平行介质二向性反射模型

在有分层的介质中，提出了一个解决辐射传输问题的模型，能量在每一层的传输都被完全描述成散射、反射和透射函数。基于 Chandrasekhar 理论和迭代矩阵算法，直到加入最后一层，全部的分层介质被重建，最终应用算法得到反射率。算法中的步长（m），由多层均匀的散射函数 S 来约束，即

$$S_{m-1}(\infty,\mu,\phi,\mu',\phi') = \sum_{n=0}^{N} S_{m-1}^{(n)}(\infty,\mu,\mu')\cos[n(\phi'-\phi)] \tag{3.49}$$

由光学厚度 τ_m 表示的有限层均匀介质的散射函数和透射函数为

$$\begin{aligned}S_m(\tau,\mu,\phi,\mu',\phi') &= \sum_{n=0}^{N} S_m^{(n)}(\tau_m,\mu,\mu')\cos[n(\phi'-\phi)] \\ T_m(\tau,\mu,\phi,\mu',\phi') &= \sum_{n=0}^{N} T_m^{(n)}(\tau_m,\mu,\mu')\cos[n(\phi'-\phi)]\end{aligned} \tag{3.50}$$

假设多层均匀介质被平行光 πF 照射，Chandrasekhar（1960）指出，入射通量从介质顶层经过光学厚度为 τ_m 的介质传输后，到达底层介质的下行辐射强度为

$$\begin{aligned}I(\tau_m,-\mu,\varphi) &= \frac{F}{4\mu}T_m(\tau_m,\mu,\varphi,\mu',\varphi') \\ &+ \frac{1}{4\pi\mu}\int_0^1\int_o^{2\pi} S_m(\tau_m,\mu,\varphi,\mu'',\varphi'')I(\tau_m,\mu'',\varphi'')\mathrm{d}\varphi''\mathrm{d}\mu''\end{aligned} \tag{3.51}$$

同理，入射通量 $\pi Fe^{-\tau_m/\mu'}$ 从介质顶层经过光学厚度为 τ_m 的介质传输后，到达底层介质的上行辐射强度为

$$\begin{aligned}I(\tau_m,\mu,\phi) &= \frac{F}{4\mu}e^{-\tau_m/\mu'}S_{m-1}(\infty,\mu,\phi,\mu',\phi') \\ &+ \frac{1}{4\pi\mu}\int_0^1\int_o^{2\pi} S_{m-1}(\infty,\mu,\phi,\mu'',\phi'')I(\tau_m,-\mu'',\phi'')\mathrm{d}\phi''\mathrm{d}\mu''\end{aligned} \tag{3.52}$$

当 ϕ'' 在 $[0, 2\pi]$ 内变化时,原理不变,为了便于表示,将能量用傅里叶函数分解为

$$I(\tau,\mu,\phi) = \sum_{n=0}^{N} I^{(n)}(\tau,\mu)\cos[n(\phi_0 - \phi)] \tag{3.53}$$

下行的辐射强度为

$$\begin{aligned}I(\tau_m, -\mu,\phi) &= \frac{1}{4\mu}\sum_{n=0}^{N}(1+\delta_{0n})\int_0^1 S_m^{(n)}(\tau_m,\mu,\mu'')I^{(n)}(\tau_m,\mu'')\mathrm{d}\mu'' \cdot \cos[n(\phi'-\phi)] \\ &\quad + \frac{F}{4\mu}\sum_{n=0}^{N} T_m^{(n)}(\tau_m,\mu,\mu') \cdot \cos[n(\phi'-\phi)]\end{aligned} \tag{3.54}$$

上行的辐射强度为

$$\begin{aligned}I(\tau_m,\mu,\phi) &= \frac{1}{4\mu}\sum_{n=0}^{N}(1+\delta_{0n})\int_0^1 S_{m-1}^{(n)}(\infty,\mu,\mu'')I^{(n)}(\tau_m,-\mu'')\mathrm{d}\mu'' \cdot \cos[n(\phi'-\phi)] \\ &\quad + \frac{F}{4\mu}\mathrm{e}^{-\tau_m/\mu'}\sum_{n=0}^{N} S_{m-1}^{(n)}(\infty,\mu,\mu') \cdot \cos[n(\phi'-\phi)]\end{aligned} \tag{3.55}$$

将方程两边分解为 n 阶傅里叶函数为

$$\begin{aligned}I^{(n)}(\tau_m, -\mu) &= \frac{1}{4\mu}(1+\delta_{0n})\int_0^1 S_m^{(n)}(\tau_m,\mu,\mu'')I^{(n)}(\tau_m,\mu'')\mathrm{d}\mu'' \\ &\quad + \frac{F}{4\mu}T_m^{(n)}(\tau_m,\mu,\mu') \\ I^{(n)}(\tau_m,\mu) &= \frac{1}{4\mu}(1+\delta_{0n})\int_0^1 S_{m-1}^{(n)}(\infty,\mu,\mu'')I^{(n)}(\tau_m,-\mu'')\mathrm{d}\mu'' \\ &\quad + \frac{F}{4\mu}\mathrm{e}^{-\tau_m/\mu'}S_{m-1}^{(n)}(\infty,\mu,\mu')\end{aligned} \tag{3.56}$$

当 μ'' 的近似值可用积分求和公式来确定,方程分解为独立的关于 Christoffel 数据 a_j ($j = 1, \cdots, \eta_3$) 的 η_3 阶 Legendre 多项式的零阶,即

$$\begin{aligned}I^{(n)}(\tau_m,-\mu_i) &= \frac{1}{4\mu_i}(1+\delta_{0n})\sum_{j=1}^{\eta_3} a_j S_m^{(n)}(\tau_m,\mu_i,\mu_j)I^{(n)}(\tau_m,\mu_j) \\ &\quad + \frac{F}{4\mu_i}T_m^{(n)}(\tau_m,\mu_i,\mu') \\ I^{(n)}(\tau_m,\mu_i) &= \frac{1}{4\mu_i}(1+\delta_{0n})\sum_{j=1}^{\eta_3} a_j S_{m-1}^{(n)}(\infty,\mu_i,\mu_j)I^{(n)}(\tau_m,-\mu_j) \\ &\quad + \frac{F}{4\mu_i}\mathrm{e}^{-\tau_m/\mu'}S_{m-1}^{(n)}(\infty,\mu_i,\mu')\end{aligned} \tag{3.57}$$

$\forall i = 1, \cdots, \eta_3, \quad \forall n = 0, \cdots, N$

定义矢量:

$$\bar{I}_-^{(n)} = \begin{pmatrix} I^{(n)}(\tau_m,-\mu_i) \\ i = 1, \cdots, \eta_3 \end{pmatrix} \tag{3.58}$$

$$\bar{I}_+^{(n)} = \begin{pmatrix} I^{(n)}(\tau_m,+\mu_i) \\ i = 1, \cdots, \eta_3 \end{pmatrix} \tag{3.59}$$

$$\bar{T}_m^{(n)} = \begin{pmatrix} \dfrac{F}{4\mu_i} T_m^{(n)}(\tau_m,\mu_i,\mu') \\ i=1,\cdots,\eta_3 \end{pmatrix} \tag{3.60}$$

$$\bar{S}_{m-1}^{(n)} = \begin{pmatrix} \dfrac{F}{4\mu_i} e^{-\tau_m/\mu'} S_{m-1}^{(n)}(\infty,\mu_i,\mu') \\ i=1,\cdots,\eta_3 \end{pmatrix} \tag{3.61}$$

定义矩阵:

$$\hat{S}_m^{(n)} = \begin{pmatrix} \dfrac{1}{4\mu_i}(1+\delta_{0n})a_j S_m^{(n)}(\tau_m,\mu_i,\mu_j') \\ i=1,\cdots,\eta_3, j=1,\cdots,\eta_3 \end{pmatrix} \tag{3.62}$$

$$\hat{S}_{m-1}^{(n)} = \begin{pmatrix} \dfrac{1}{4\mu_i}(1+\delta_{0n})a_j S_{m-1}^{(n)}(\infty,\mu_i,\mu_j') \\ i=1,\cdots,\eta_3, j=1,\cdots,\eta_3 \end{pmatrix} \tag{3.63}$$

则式 (3.57) 写成:

$$\begin{aligned} \bar{I}_-^{(n)} &= \hat{S}_m^{(n)} \bar{I}_+^{(n)} + \bar{T}_m^{(n)} \\ \bar{I}_+^{(n)} &= \hat{S}_{m-1}^{(n)} \bar{I}_-^{(n)} + \bar{S}_{m-1}^{(n)} \end{aligned} \tag{3.64}$$

其中,矢量 $\bar{I}_+^{(n)}$ 和 $\bar{I}_-^{(n)}$ 表示了在 ($\pm\mu$) 方向上的辐射区域内,位于顶层和底层之间 τ_m 层的辐射强度,$\hat{U}$ 为唯一矩阵,即

$$\begin{aligned} \bar{I}_+^{(n)} &= -(\hat{S}_{m-1}^{(n)} \hat{S}_m^{(n)} - \hat{U})^{-1}(\hat{S}_{m-1}^{(n)} \bar{T}_m^{(n)} - \bar{S}_{m-1}^{(n)}) \\ \bar{I}_-^{(n)} &= -(\hat{S}_m^{(n)} \hat{S}_{m-1}^{(n)} - \hat{U})^{-1}(\hat{S}_m^{(n)} \bar{S}_{m-1}^{(n)} - \bar{T}_m^{(n)}) \end{aligned} \tag{3.65}$$

另外,为计算整个空间内的散射率,可将 $\tau=0$ 带入顶层的辐射强度 $I(0,\mu,\phi)$。入射通量 πF 经过顶层的散射和均匀的中间层传输后得到的辐射强度为

$$\begin{aligned} I(0,\mu,\phi) &= \dfrac{F}{4\mu} S_m(\tau_m,\mu,\phi,\mu',\phi') \\ &+ \dfrac{1}{4\pi\mu} \int_0^1 \int_0^{2\pi} T_m(\tau_m,\mu,\phi,\mu'',\phi'') I(\tau_m,\mu'',\phi'') \mathrm{d}\mu'' \mathrm{d}\phi'' + e^{-\tau_m/\mu} I(\tau_m,\mu,\phi') \end{aligned} \tag{3.66}$$

应用傅里叶展开得

$$\begin{aligned} I(0,\mu,\phi) = \sum_{n=0}^{N} \Big\{ &\dfrac{F}{4\mu} S_m^{(n)}(\tau_m,\mu,\mu') + \dfrac{1}{4\mu}(1+\delta_{0n}) \\ &\cdot \int_0^1 T_m^{(n)}(\tau_m,\mu,\mu'') I^{(n)}(\tau_m,\mu'') \mathrm{d}\mu'' + e^{-\tau_m/\mu} \mathrm{Inter}(\bar{I}_+^{(n)},\mu') \Big\} \cos[n(\phi'-\phi)] \end{aligned} \tag{3.67}$$

辐射强度 $\bar{I}_+^{(n)}$ 在 ($+\mu$) 方向上的离散线性差值,以一个近似的和值代替 μ'',得到在 m 层介质中的散射率函数为

$$S_m(\infty,\mu,\phi,\mu',\phi') = \sum_{n=0}^{N} S_m^{(n)}(\infty,\mu,\mu') \cos[n(\phi'-\phi)] \tag{3.68}$$

其中,

$$S_m^{(n)}(\infty,\mu,\mu') = S_m^{(n)}(\tau_m,\mu,\mu') + \frac{4\mu}{F}e^{-\tau_m/\mu}\text{Inter}(\bar{I}_+^{(n)},\mu)$$
$$+ \frac{1}{F}(1+\delta_{0n})\sum_{j=1}^{\eta_3}a_j T_m^{(n)}(\tau_m,\mu,\mu_j)\bar{I}_+^{(n)j} \tag{3.69}$$

如果 m 层不是最后一层介质，则同样的推导过程持续到 $m+1$ 层。

如果 m 层是顶层，则算法停止，全部的平行层介质的双向反射（bidirectional reflectance, BDR）为

$$R(\infty,\mu,\phi,\mu_0,\phi_0) = \frac{1}{4\mu\mu_0}S_m(\infty,\mu,\phi,\mu_0,\phi_0) \tag{3.70}$$

如果表面的照射条件为各向同性的入射通量 F，则表达式写为

$$I(\tau_m,-\mu,\phi) = \frac{F}{4\pi^2}\frac{1}{\mu}\int_0^1\int_0^{2\pi}T_m(\tau_m,\mu,\phi,\mu_0,\phi_0)\mathrm{d}\phi_0\mathrm{d}\mu_0$$
$$+ \frac{1}{4\pi\mu}\int_0^1\int_0^{2\pi}S_m(\tau_m,\mu,\phi,\mu'',\phi'')I(\tau_m,\mu'',\phi'')\mathrm{d}\phi''\mathrm{d}\mu'' \tag{3.71}$$

$$I(\tau_m,\mu,\phi) = \frac{F}{4\pi^2}\frac{1}{\mu}\int_0^1\int_0^{2\pi}e^{-\tau_m/\mu_0}S_{m-1}(\infty,\mu,\phi,\mu_0,\phi_0)\mathrm{d}\phi_0\mathrm{d}\mu_0$$
$$+ \frac{1}{4\pi\mu}\int_0^1\int_0^{2\pi}S_{m-1}(\infty,\mu,\phi,\mu'',\phi'')I(\tau_m,-\mu'',\phi'')\mathrm{d}\phi''\mathrm{d}\mu'' \tag{3.72}$$

由于各向同性的光照条件，各方位的辐射区域是独立的，因此当条件为零时，这个区域可用两个矢量表示为

$$\bar{I}_+^{(0)} = -(\hat{S}_{m-1}^{(0)}\hat{S}_m^{(0)}-\hat{U})^{-1}(\hat{S}_{m-1}^{(0)}\bar{T}_m^{(0)}+\bar{S}_{m-1}^{(0)})$$
$$\bar{I}_-^{(0)} = -(\hat{S}_m^{(0)}\hat{S}_{m-1}^{(0)}-\hat{U})^{-1}(\hat{S}_m^{(0)}\bar{S}_{m-1}^{(0)}+\bar{T}_m^{(0)}) \tag{3.73}$$

对于矢量 $\bar{I}_+^{(0)}$ 和 $\bar{I}_-^{(0)}$，矩阵 $\hat{S}_m^{(0)}$ 和 $\hat{S}_{m-1}^{(0)}$ 在式（3.65）、式（3.62）和式（3.63）已有定义，对于新的矢量 $\bar{T}_m^{(0)}$ 和 $\bar{S}_{m-1}^{(0)}$ 定义为

$$\bar{T}_m^{(0)} = \left(\begin{array}{c}\dfrac{F}{2\pi}\dfrac{1}{\mu_i}\int_0^1 T_m^{(0)}(\tau_m,\mu_i,\mu_0)\mathrm{d}\mu_0 \\ i=1,\cdots,\eta_3\end{array}\right) \tag{3.74}$$

$$\bar{S}_{m-1}^{(0)} = \left(\begin{array}{c}\dfrac{F}{2\pi}\dfrac{1}{\mu_i}\int_0^1 e^{-\tau_m/\mu_0}S_{m-1}^{(0)}(\infty,\mu_i,\mu_0)\mathrm{d}\mu_0 \\ i=1,\cdots,\eta_3\end{array}\right) \tag{3.75}$$

反射能量的第一个贡献值 $I(0,\mu,\phi)$ 是各向同性的光照条件下顶层 m 的散射值。第二个贡献值是第 τ_m 层的上层直射或散射透射之后经过顶层的上行辐射量。应用在 τ_m 水平上相同离散形式的上行辐射场，各向同性表面的反射辐射量表示为

$$I(0,\mu,\phi) = \frac{F}{2\pi}\frac{1}{\mu}\sum_{j=1}^{\eta_3}a_j S_m^{(0)}(\tau_m,\mu,\mu_j)$$
$$+ \frac{1}{2\mu}\sum_{j=1}^{\eta_3}a_j T_m^{(0)}(\tau_m,\mu,\mu_j)\bar{I}_+^{(0)j} + e^{-\tau_m/\mu}\text{Inter}(\bar{I}_+^{(0)},\mu) \tag{3.76}$$

对于中间的不同层介质，也可由上述公式推导。通过定义不同的 $\bar{T}_m^{(0)}$ 和 $\bar{S}_{m-1}^{(0)}$，根据区分的入射辐射场，也可计算非各向同性的照射能量。

3.1.2 辐射传输模型

辐射传输模型是利用散射理论模拟电磁波在界质中的传输过程，进而逆向应用于遥感研究领域，主要包括单向、双向和多向散射理论。

1. Chandrasekhar 多向散射理论

Chandrasekhar 多向散射理论用两个单变量的函数 $X(\mu)$ 和 $Y(\mu)$ 表示散射函数和透射函数，ω 为单次散射反照率，b 为递减的相函数参数，τ 为光学厚度，$X(\mu)$ 和 $Y(\mu)$ 可用耦合积分方程表示为（Chandrasekhar, 1960; Douté and Schmitt, 1998）：

$$X(\mu) = 1 + \mu \int_0^1 \frac{\Psi(\mu')}{\mu + \mu'} [X(\mu)X(\mu') - Y(\mu)Y(\mu')] d\mu'$$
$$Y(\mu) = e^{-\tau/\mu} + \mu \int_0^1 \frac{\Psi(\mu')}{\mu - \mu'} [Y(\mu)X(\mu') - X(\mu)Y(\mu')] d\mu' \tag{3.77}$$

式中，$\Psi(\mu)$ 为与 ω 和 b 相关的多项式。

为求出方程的近似解，这些方程可用解析形式表示，使用高斯积分公式将 μ' 上的每个积分替换为同一变量上的总和。解析形式包含 $\mu_j(j=1,\cdots,\eta_1)$（η_1 阶 Legendre 多项式展开式的零阶），光学厚度 τ 和特征方程的根 $k_\alpha(\alpha=1,\cdots,\eta_1)$ 为

$$1 = 2 \sum_{j=1}^{\eta_1} \frac{a_j \psi(\mu_j)}{1 - k^2 \mu_j^2} \tag{3.78}$$

其中，系数 $a_j(\alpha=1,\cdots,\eta_1)$ 为高斯积分的权重系数。这个特征方程的解可通过搜索 η_1 次多项式的根 $\frac{1}{k\alpha}$ 来代替，即

$$PC(\mu) = \prod_{j=1}^{\eta_1} (\mu^2 - \mu_j^2) \left[1 - 2\mu^2 \sum_{j=1}^{\eta_1} \frac{a_j \psi(\mu_j)}{\mu^2 - \mu_j^2} \right] \tag{3.79}$$

积分方程的近似解不能够精确地表达散射函数和透射函数，但是可表示迭代过程的起始点 $X_0(\mu)$ 和 $Y_0(\mu)$，步长为 $m+1$。以 μ_j（$j=1,\cdots,\eta_2$）的 η_2 阶 Legendre 多项式展开式的零阶计算得到的 X 和 Y 函数为

$$X_{m+1}(\mu_i) = 1 + \mu_i \sum_{j=1}^{\eta_2} \frac{aj\psi(\mu_J)}{\mu_i + \mu_J} [X_m(\mu_i)X_m(\mu_J) - Y_m(\mu_i)Y(\mu_j)]$$
$$Y_{m+1}(\mu_i) = e^{-\tau/\mu} + \mu_i \sum_{j=1}^{\eta_2} \frac{aj\psi(\mu_J)}{\mu_i - \mu_J} [Y_m(\mu_i)X_m(\mu_J) - X_m(\mu_i)Y(\mu_j)] \tag{3.80}$$
$$m = 1\cdots 1 \leq i \leq \eta_2$$

当 $i=j$ 时，

$$\lim i = \lim_{\mu \to \mu_i} \frac{Y_m(\mu_i)X_m(\mu) - X_m(\mu_i)Y_m(\mu)}{\mu_i - \mu} \tag{3.81}$$

以 $a_1\Psi(\mu_j)$ $\lim_j$ 代替 $i=j$，假设在趋于 M 时收敛，得

$$\left| 1 - \left\{ 1 - 2\sum_{j=1}^{\eta_2} a_j\psi(\mu_j) + \left[\sum_{j=1}^{\eta_2} a_j\psi(\mu_j)Y_M(\mu_j) \right]^2 \right\}^{\frac{1}{2}} - \sum_{j=1}^{\eta_2} a_j\psi(\mu_j)X_M(\mu_j) \right| < \varepsilon_1$$
(3.82)

当 $\tau \to \infty$，$\mu \in (0, 1)$ 时，$X(\mu) \to H(\mu)$，$Y(\mu) \to 0$，$H(\mu)$、$H_0(\mu)$ 可以写为

$$H_0(\mu) = \frac{\prod_{j=1}^{\eta_1}(\mu + \mu_j)}{\mu_1 \cdots \mu_{\eta_1} \prod_{\alpha=1}^{\eta_1}(1 + k_\alpha\mu)}$$
(3.83)

积分方程可写为

$$\frac{1}{H(\mu)} = \left[1 - 2\int_0^1 \psi(\mu)\mathrm{d}\mu \right]^{\frac{1}{2}} + \int_0^1 \frac{\mu'\psi(\mu')H(\mu')\mathrm{d}\mu'}{\mu' + \mu}$$
(3.84)

Mullikin（1962）认为式（3.84）不存在唯一解，为此在方程中引入了唯一根 $1/k$。

$$\rho(\mu) = 1 - 2\mu^2 \int_0^1 \frac{\psi(t)}{\mu^2 - t^2}\mathrm{d}t$$
(3.85)

当 ω 确定时，$1/k$ 是一个无限值。当 $k=0$ 时，可以确定 $\bar{\omega}$ 的值。当 $\bar{\omega}=0.999999$ 时，可得

$$\rho_0(\mu) = 1 - 2\mu^2 \int_0^1 \frac{\psi(t) - \psi(\mu)}{\mu^2 - t^2}\mathrm{d}t + \mu\psi(\mu)\ln\left(\frac{1-\mu}{1+\mu}\right)$$
(3.86)

式中，$\lim_{t \to \mu} \frac{\psi(t) - \psi(\mu)}{\mu^2 - t^2}$ 为特征方程的有限值。

当 $\rho_0 \in [0, 1]$ 时，k' 为方程的单根。已经存在的根产生三个媒介方程 $\theta(\mu)$ 为

$$\begin{aligned} \rho(\mu) < 0 \quad & \theta(\mu) = \arctan\left[\frac{\pi\mu\psi(\mu)}{\rho_o(\mu)}\right] + 1 \\ \rho(\mu) = 0 \quad & \theta(\mu) = \frac{1}{2} \\ \rho(\mu) > 0 \quad & \theta(\mu) = \frac{1}{\pi}\arctan\left[\frac{\pi\mu\psi(\mu)}{\rho_o(\mu)}\right] \end{aligned}$$
(3.87)

当 $\tau \to \infty$ 时，$X(\mu) = H(\mu)$，$Y(\mu) = 0$，式（3.77）写为

$$H(\mu) = \frac{1+\mu}{1+k\mu}\left[2\int_0^1 \frac{t^2\psi}{1-(kt)^2}\mathrm{d}t \right]^{-1/2} \exp\left[-\int_0^1 \frac{\theta(t)}{\mu+t}\mathrm{d}t \right]$$
(3.88)

一般情况下，可得到物理解 $(X(\mu), Y(\mu))$，即

$$\begin{aligned} \beta(\mu) &= -\int_0^1 \frac{\mu^{-\tau/\mu}}{(1+k\mu)H(\mu)} \frac{\psi(t)(1-kt)}{H(t)\Delta(t)(t+\mu)}\beta(t)\mathrm{d}t + \frac{\mathrm{e}^{-\tau/\mu}}{(1+k\mu)H(\mu)} \\ \phi(\mu) &= \int_0^1 \frac{\mu^{-\tau/\mu}}{(1+k\mu)H(\mu)} \frac{\psi(t)(1-kt)}{H(t)\Delta(t)(t+\mu)}\varphi(t)\mathrm{d}t + \frac{\mathrm{e}^{-\tau/\mu}}{(1+k\mu)H(\mu)} \\ & 0 \leqslant \mu \leqslant 1 \quad \Delta(t) = \rho_o^2(t) + [\pi t\psi(t)]^2 \end{aligned}$$
(3.89)

考虑到方程的非奇异性，应用高斯求积的和代替集来定义矢量和矩阵：

$$\bar{\beta} = \begin{pmatrix} \beta(\mu_i) \\ i=1,\cdots,\eta_2 \end{pmatrix} \quad \bar{\varphi} = \begin{pmatrix} \varphi(\mu_i) \\ i=1,\cdots,\eta_2 \end{pmatrix} \quad \bar{\nu} = \left(\frac{1}{H(\mu_i)(1+k\mu_i)} \mathrm{e}^{-\tau/\mu_i} \right)$$
(3.90)

$$\hat{K} = \frac{\mu_1 e^{-\tau/\mu}}{(1+k\mu_i)H(\mu_i)H(\mu_j)\Delta(\mu_j)(\mu_j+\mu_i)} \quad a_j\psi(u_J)(1-k\mu_j) \tag{3.91}$$

$$(\hat{U}+\hat{K})\bar{\beta} = \bar{V}$$
$$(\hat{U}-\hat{K})\bar{\varphi} = \bar{V} \tag{3.92}$$

当 $\eta_2 = 20$ 时，X 和 Y 方程的解最精确。

由已经得到 X、Y 和 H 函数，散射函数 S_{ms} 和多向散射函数 T_{ms} 可表示为有限的傅里叶二次展开式，即

$$S_{ms}^{P_r}(\tau,\mu,\phi,\mu_o,\phi_o) = S_{ms}^{(0)}(\tau,\mu,\mu_o) + S_{ms}^{(1)}(\tau,\mu,\mu_o)\cos(\phi_o-\phi)$$
$$T_{ms}^{P_r}(\tau,\mu,\phi,\mu_o,\phi_o) = T_{ms}^{(0)}(\tau,\mu,\mu_o) + T_{ms}^{(1)}(\tau,\mu,\mu_o)\cos(\phi_o-\phi) \tag{3.93}$$

当 $\tau \to \infty$ 时，

$$S_{ms}^0(\mu,\mu_o) = \omega \frac{\mu\mu_o}{\mu+\mu_o} H^{(0)}(\mu) H^{(0)}(\mu_o) [1-x(\mu+\mu_o) - b(1-\omega)\mu\mu_o]$$
$$S_{ms}^1(\mu,\mu_o) = \omega \frac{\mu\mu_o}{\mu+\mu_o} H^{(1)}(\mu) H^{(1)}(\mu_o) b(1-\mu_o^2)^{\frac{1}{2}}(1-\mu^2)^{\frac{1}{2}} \tag{3.94}$$

$$x = b\omega(1-\omega)\frac{m_1^{(0)}}{2-\omega m_0^{(0)}}$$
$$m_0^{(0)} = \int_0^1 H^{(0)}(\mu)\mathrm{d}u \quad m_1^{(0)} = \int_0^1 H^{(0)}(\mu)\mu\mathrm{d}u \tag{3.95}$$

将函数 $H^{(0)}(\mu)$ 和 $H^{(1)}(\mu)$ 与特征方程相联系，得

$$\psi^{(0)}(\mu) = \frac{\omega}{2}(1+b(1-\omega)\mu^2)$$
$$\psi^{(1)}(\mu) = \frac{b\omega}{4}(1-\mu^2) \tag{3.96}$$

2. 单次散射贡献值

假设辐射强度 I 在 $(\pm\mu,\phi)$ 方向上经过一次散射后接受到的入射辐射通量 πF 沿介质内的一条直线传播，$(\pm\mu)$ 为反射辐射，$\mathrm{d}V$ 是体积散射的无穷小量（图3.1），即

$$\mathrm{d}I = \frac{F}{4} e^{-\tau'/\mu_o} e^{-\tau'/\mu} \omega P(\alpha) \frac{\mathrm{d}\tau'}{\mu} \tag{3.97}$$

式中，α 为散射角，表示入射辐射通量的衰减。

散射辐射在出射路径上的衰减用 $\mathrm{d}V$ 表示，当 $\mathrm{d}V$ 集合成一个整体时，得

$$I(0,|\mu|,\phi) = \frac{F}{4}\frac{\omega P(\alpha)}{\mu}\int_0^\tau e^{-\tau'(1/\mu_o-1/\mu)}\mathrm{d}\tau'$$
$$= \frac{F}{4}\omega P(\alpha)\frac{\mu_o}{\mu_o-\mu}(1-e^{-\tau(1/\mu+1/\mu_o)}) \tag{3.98}$$

同理，透射辐射量 $(-\mu)$ 为 $(-|\mu|,\phi)$ 方向上无限小体积元素的和，即

第3章 月球电磁波遥感原理

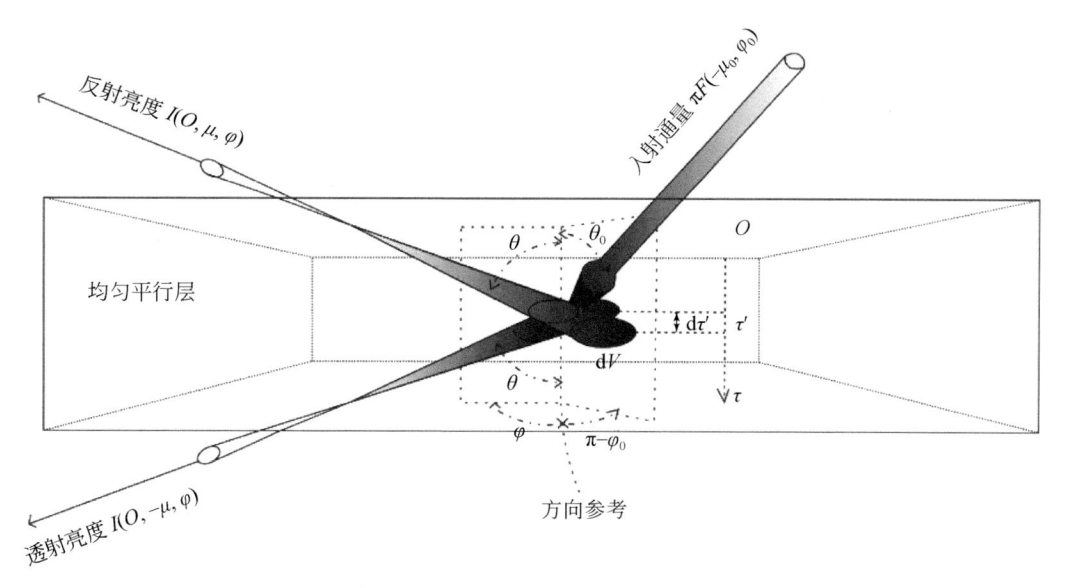

图 3.1 单次散射示意图（Douté and Schmitt，1998）

$$I(0,-|\mu|,\varphi) = \frac{F}{4}\frac{\omega Pa}{\mu}\int_0^\tau e^{-\tau'(1/\mu_o-1/\mu)}\mu d\tau'$$

$$= \frac{F}{4}\omega Pa\frac{\mu_o}{\mu_o-\mu}(e^{-\tau'/\mu_o}-e^{-\tau'/\mu}) \quad (3.99)$$

散射函数 S_{SS} 与单次散射函数 T_{SS} 可表示为

$$S_{SS}(\tau,\mu,\phi,\mu_o,\phi_o) = \omega\frac{\mu\mu_o}{\mu+\mu_o}(1-e^{-\tau(1/\mu+1/\mu_o)})P(\alpha)$$

$$T_{SS}(\tau,\mu,\phi,\mu_o,\phi_o) = \omega\frac{\mu\mu_o}{\mu+\mu_o}(1-e^{-\tau(1/\mu+1/\mu_o)})P(\alpha) \quad (3.100)$$

$$\cos\alpha = -\mu\mu_o + (1-\mu_o^2)^{\frac{1}{2}}(1-\mu^2)^{\frac{1}{2}}\cos(\phi_o-\phi)$$

$$\cos\alpha = \mu\mu_o + (1-\mu_o^2)^{\frac{1}{2}}(1-\mu^2)^{\frac{1}{2}}\cos(\phi_o-\phi)$$

将 $P(\alpha)$ 分解为一个有限量的傅里叶函数为

$$P_1^N(\mu,\mu_o,\phi,\phi_o) = \sum_{n=0}^N \alpha_n(\mu,\mu_o)\cos[n(\phi-\phi_o)]$$

$$\approx P\{\arccos[-\mu\mu_0 + (1-\mu_o^2)^{\frac{1}{2}}(1-\mu)^{\frac{1}{2}}\cos(\phi_o-\phi)]\} \quad (3.101)$$

系数 $a_n(\mu,\mu_0)$ 为傅里叶 n 阶展开为

$$a_n(\mu,\mu_o) = \frac{(2-\delta_{0n})}{\pi}\int_0^\pi P\Big[\arccos\Big((-\mu\mu_o+(1-\mu_o^2)^{\frac{1}{2}}$$

$$\cdot(1-\mu^2)^{\frac{1}{2}}\cos(\varphi_o-\varphi)\Big)\Big]\cos(n(\varphi_o-\varphi))d(\varphi_o-\varphi) \quad (3.102)$$

得

$$S_{\text{SS}}(\tau,\mu,\mu_o,\phi,\phi_o) \approx \sum_{n=0}^{N} S_{\text{SS}}^{(n)}(\tau,\mu,\mu_o)\cos[n(\phi_o-\phi)]$$

$$T_{\text{SS}}(\tau,\mu,\mu_o,\phi,\phi_o) \approx \sum_{n=0}^{N} T_{\text{SS}}^{(n)}(\tau,\mu,\mu_o)\cos[n(\phi_o-\phi)] \quad (3.103)$$

$$S_{\text{SS}}^{(n)}(\tau,\mu,\mu_o) = \omega \frac{\mu\mu_o}{\mu+\mu_o}(1-e^{-\tau(1/\mu+1/\mu_o)})a_n(\mu,\mu_o)$$

$$T_{\text{SS}}^{(n)}(\tau,\mu,\mu_o) = \omega \frac{\mu\mu_o}{\mu+\mu_o}(e^{-\tau/\mu_o}-e^{-\tau/\mu})a_n(-\mu,\mu_o)$$

在 T_{ss} 中，当 $\mu=\mu_0$ 时存在一个数学奇点，由洛必达法则得到极限：

$$\lim(\tau,\mu_o) = \lim_{\mu \to \mu_o}\left[\frac{e^{-\tau/\mu_o}-e^{-\tau/\mu}}{\mu_o-\mu}\right] \quad (3.104)$$

$$\lim(\tau,\mu_0) = \frac{\tau e^{-\tau/\mu_0}}{\mu_0^2} \quad (3.105)$$

所以得

$$T_{\text{SS}}^{(n)}(\tau,\mu_0,\mu_0) = \omega\mu_0^2\lim(\tau,\mu_0)a_n(-\mu_0,\mu_0) = \omega\tau e^{-\tau/\mu_0}a_n(-\mu_0,\mu_0) \quad (3.106)$$

3. 两次散射贡献值

假设 $I(\pm\mu,\phi)$ 为经过两次散射后的辐射强度，入射衰减量是由第一个体积元素产生的散射 dV'，当经过第二个体积元素时继续产生散射衰减 dV，最后得到的辐射能量经过两次散射（图 3.2）。

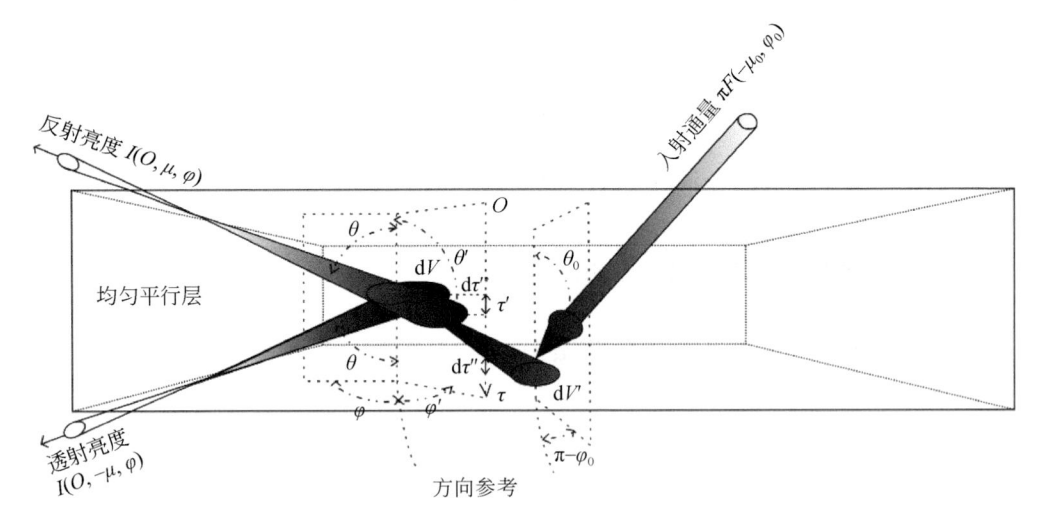

图 3.2 两次散射示意图（Douté and Schmitt，1998）

在第一个体积元素上的衰减量 dV' 为

$$\pi F' = \pi F e^{-\tau'/\mu_0} \quad (3.107)$$

又经过第二个体积元素时的散射能量为

$$dI' = \frac{F}{4} e^{-\tau''/\mu_0} \omega P(\alpha') \frac{d\tau''}{|\mu'|} \tag{3.108}$$

由 dV' 又经过 dV 时的衰减能量为

$$dI'' = \frac{F}{4} e^{-\tau''/\mu_0} \omega P(\alpha') \frac{d\tau''}{|\mu'|} e^{-|\tau'-\tau''|/|\mu'|} \tag{3.109}$$

沿视线方向的散射能量为

$$dI''' = \frac{F}{16} e^{-\tau''/\mu_0} \omega^2 P(\alpha') P(\alpha) \frac{d\tau''}{|\mu'|} e^{-|\tau'-\tau''|/|\mu'|} \frac{d\tau'}{|\mu|} d\phi' d\mu' \tag{3.110}$$

如果能量向上传播，最后的衰减量为

$$\frac{dI}{dI'''} = e^{-\tau'/\mu} \tag{3.111}$$

如果能量向下传播，最后的衰减量为

$$\frac{dI}{dI'''} = e^{-(\tau-\tau')/|\mu|} \tag{3.112}$$

为了获得传输中的总的反射能量 $I(0,\phi,\mu)$，需要考虑所有的体积元素。因此，根据 dV' 在空间中相对于 dV 的位置将反射能量分为两种情况：dV' 在 dV 上和 dV' 在 dV 下，即

$$\begin{aligned} I(0,\mu,\phi) = & \frac{F}{16\pi} \frac{\omega^2}{\mu} \int_0^\tau e^{-\tau'/\mu_0} \int_0^1 \int_0^{2\pi} \frac{P(\alpha)P(\alpha')}{\mu'} d\phi' d\mu' \\ & \cdot \int_0^\tau e^{-\tau''/\mu_0} e^{-(\tau'-\tau'')/\mu'} d\tau'' d\tau' \\ & - \frac{F}{16\pi} \frac{\omega^2}{\mu} \int_0^\tau e^{-\tau'/\mu} \int_{-1}^0 \int_0^{2\pi} \frac{P(\alpha)P(\alpha')}{\mu'} d\phi' d\mu' \\ & \cdot \int_{\tau'^-}^\tau e^{-\tau''/\mu_0} e^{-(\tau'-\tau'')/\mu'} d\tau'' d\tau' \end{aligned} \tag{3.113}$$

光学厚度（τ''）表示为

$$\begin{aligned} I(0,\mu,\phi) = & \frac{F}{16\pi} \frac{\omega^2}{\mu} \mu_0 \int_0^\tau e^{-\tau'/\mu} \left\{ \int_0^1 \int_0^{2\pi} \frac{P(\alpha)P(\alpha')}{\mu_0 - \mu'} \right. \\ & \cdot (e^{-\tau''/\mu_0} - e^{-\tau'/\mu'}) d\phi' d\mu' \\ & \left. - \int_{-1}^0 \int_0^{2\pi} \frac{P(\alpha)P(\alpha')}{\mu_0 - \mu'} (e^{-\tau(1/\mu_0 - 1/\mu') - \tau'/\mu'} - e^{-\tau'/\mu_0}) d\phi' d\mu' \right\} d\tau' \end{aligned} \tag{3.114}$$

得到二次散射反射方程：

$$\begin{aligned} S_{ds}(\tau,\mu,\phi,\mu_0,\phi_0) = & \frac{1}{4\pi} \omega^2 \mu_0 \int_0^\tau e^{-\tau'/\mu} \int_0^1 \int_0^{2\pi} \frac{P(\alpha)P(\alpha')}{\mu_0 - \mu'} (e^{-\tau'/\mu_0} - e^{-\tau'/\mu'}) d\phi' d\mu' d\tau' \\ & - \frac{1}{4\pi} \omega^2 \mu_0 e^{-\tau'/\mu} \int_0^\tau e^{-\tau'/\mu} \int_0^1 \int_0^{2\pi} \frac{P(\alpha)P(\alpha')}{\mu_0 + \mu'} e^{(\tau'-\tau)/\mu'} d\phi' d\mu' d\tau' \\ & - \frac{1}{4\pi} \omega^2 \frac{\mu_0^2 \mu}{\mu + \mu_0} (e^{-\tau(1/\mu + 1/\mu_0)} - 1) \int_0^1 \int_0^{2\pi} \frac{P(\alpha)P(\alpha')}{\mu_0 + \mu'} d\phi' d\mu' \end{aligned} \tag{3.115}$$

当 dV' 在 dV 上时，

$$\cos\alpha' = \mu'\mu_0 - (1-\mu_0^2)^{\frac{1}{2}}(1-\mu'^2)^{\frac{1}{2}}\cos(\phi_0-\phi')$$
$$\cos\alpha = -\mu'\mu - (1-\mu'^2)^{\frac{1}{2}}(1-\mu^2)^{\frac{1}{2}}\cos(\phi-\phi')$$
(3.116)

当 dV' 在 dV 下时,

$$\cos\alpha' = -\mu'\mu_0 - (1-\mu_0^2)^{\frac{1}{2}}(1-\mu'^2)^{\frac{1}{2}}\cos(\phi_0-\phi')$$
$$\cos\alpha = \mu'\mu - (1-\mu'^2)^{\frac{1}{2}}(1-\mu^2)^{\frac{1}{2}}\cos(\phi-\phi')$$
(3.117)

将 $P(\alpha)$ 和 $P(\alpha')$ 用傅里叶函数展开得

$$P_2^N(\mu,\mu_0,\phi,\phi_0) = \sum_{n=0}^{N} b_n(\mu,\mu_0)\cos[n(\phi_0-\phi)]$$
$$\approx P\left\{\arccos\left[\mu\mu_0 - (1-\mu_0^2)^{\frac{1}{2}}(1-\mu^2)^{\frac{1}{2}}\cos(\phi_0-\phi)\right]\right\}$$
(3.118)

第二类傅里叶系数 $b_n(\mu,\mu_0)$ ($n=0,\cdots,N$) 表示为

$$b_n(\mu,\mu_0) = \frac{(2-\delta_{0n})}{\pi}\int_0^{\pi} P\left\{\arccos[\mu\mu_0-(1-\mu_2^0)^{\frac{1}{2}}\right.$$
$$\left.\cdot(1-\mu^2)^{\frac{1}{2}}\cos(\phi_0-\phi)]\right\}\cos[n(\phi_0-\phi)]d(\phi_0-\phi)$$
(3.119)

所以, S_{ds} 可用 S_{ds}^1 表示为

$$S_{ds}^1 = \frac{\omega^2}{4\pi}\mu_0\int_0^{\tau}e^{-\tau'/\mu}\sum_{n=0}^{N}\sum_{n'=0}^{N}\int_0^1 \frac{b_n(-\mu,\mu')b_{n'}(\mu',\mu_0)}{\mu_0-\mu'}$$
$$\cdot(e^{-\tau'/\mu_0}-e^{-\tau'/\mu'})d\mu'd\tau'$$
$$\cdot\int_0^{2\pi}\cos[n(\phi-\phi')]\cos[n'(\phi_0-\phi')]d\phi'$$
(3.120)

已知:

$$\int_0^{2\pi}\cos[n(\phi-\phi')]\cos[n'(\phi_0-\phi')]d\phi' = \pi\cos[n'(\phi_0-\phi)]\delta_{n'n}(1+\delta_{0n})$$
(3.121)

由克罗内克 (Kronecker) 可知, 当 $n=n'$ 时, $\delta_{nn'}=1$; 当 $n\neq n'$ 时, $\delta_{nn'}=0$, 可得

$$S_{ds}^1 = \frac{\omega^2}{4\pi}\mu_0\sum_{n=0}^{N}(1-\delta_{0n})\int_0^{\tau}e^{-\tau'/\mu}\int_0^1\frac{b_n(-\mu,\mu')b_{n'}(\mu',\mu_0)}{\mu_0-\mu'}$$
$$\cdot(e^{-\tau'/\mu_0}-e^{-\tau'/\mu'})d\mu'd\tau'\cos[n(\phi_0-\phi)]$$
(3.122)

式中, μ' 可用有限个高斯求积表示, 所以 S_{ds}^1 可用 η_2 阶 Legendre 多项式中的零阶和权重 a_j ($j=1,\cdots,\eta_2$) 表示为

$$S_{ds}^1 = \frac{\omega^2}{4\pi}\mu_0\sum_{n=0}^{N}(1-\delta_{0n})\int_0^{\tau}e^{-\tau'/\mu}$$
$$\cdot\sum_{j=1}^{\eta_2}\alpha_j\frac{b_n(-\mu,\mu_j)b_{n'}(\mu_j,\mu_0)}{\mu_0-\mu_j}(e^{-\tau'/\mu_0}-e^{-\tau'/\mu_j})d\tau'\cdot\cos[n(\phi_0-\phi)]$$
(3.123)

当 $\mu_0=\mu_j$ 时,

$$S_{ds}^{1} = \frac{\omega^{2}}{4\pi}\mu_{0}\sum_{n=0}^{N}(1-\delta_{0n})\Bigg\{\sum_{\substack{j=1 \\ \mu_{j}\neq\mu_{0}}}^{\eta_{2}}\alpha_{j}\frac{b_{n}(-\mu,\mu_{j})b_{n'}(\mu_{j},\mu_{0})}{\mu_{0}-\mu_{j}}$$

$$\cdot\left[\frac{\mu\mu_{0}}{\mu+\mu_{0}}(1-e^{-\tau(1/\mu+1/\mu_{0})})-\frac{\mu\mu_{j}}{\mu+\mu_{j}}(1-e^{-\tau(1/\mu+1/\mu_{j})})\right] \quad (3.124)$$

$$+\sum_{j=1}^{\eta_{2}}\delta(\mu_{0}-\mu_{j})a_{j}b_{n}(-\mu,\mu_{0})b_{n}(\mu_{0},\mu_{0})$$

$$\cdot\int_{0}^{\tau}e^{-\tau'/\mu}\lim(\tau',\mu_{0})d\tau'\Bigg\}\cos[n(\phi_{0}-\phi)]$$

当 $\mu_0 = \mu_j$ 时，$\delta(\mu_0 - \mu') = 1$；当 $\mu_0 \neq \mu_j$ 时，$\delta(\mu_0 - \mu') = 0$，则 $\lim(\tau', \mu_0)$ 可由式 (3.125) 求得，即

$$\int_{0}^{\tau}e^{-\tau'/\mu}\lim(\tau',\mu_{0})d\tau' = \frac{\mu\mu_{0}-(\mu\tau+\mu\mu_{0}+\mu_{0}\tau)e^{-\tau(1/\mu+1/\mu_{0})}}{(\mu+\mu_{0})^{2}} \quad (3.125)$$

当 $\tau\to\infty$ 时，式 (3.125) 趋于 $\mu\mu_0/(\mu+\mu_0)$，可以得到 S_{ds}^2 和 S_{ds}^3，即

$$S_{ds}^{2} = -\frac{\omega^{2}}{4}\mu\mu_{0}e^{\tau/\mu_{0}}\sum(1+\delta)\sum_{1}^{\eta}\mu a$$

$$\cdot\frac{b(\mu,\mu)b(-\mu,\mu)e^{\tau/\mu}-e^{\tau/\mu}}{\mu_{0}+\mu\mu_{0}-\mu}\cos[n(\phi_{0}-\phi)] \quad (3.126)$$

$$S_{ds}^{3} = \frac{\omega^{2}}{4}\frac{\mu_{0}\mu}{\mu+\mu_{0}}(1-e^{-\tau(1/\mu+1/\mu_{0})})\sum_{n=0}^{N}(1+\delta_{0n})$$

$$\cdot\sum_{j=1}^{\eta_{2}}a_{j}\frac{b_{n}(\mu,\mu_{j})b_{n}(-\mu_{j},\mu_{0})}{\mu_{0}+\mu_{j}}\cos[n(\phi_{0}-\phi)] \quad (3.127)$$

最终表达式为

$$S_{ds2}^{P^{N}}(\tau,\mu,\phi,\mu_{0},\phi_{0}) \cong \sum_{n=0}^{N}S_{ds}^{(n)}(\tau,\mu,\mu_{0})\cos[n(\phi_{0}-\phi)] \quad (3.128)$$

$$S_{ds}^{(n)}(\tau,\mu,\mu_{0}) = (1+\delta_{0n})\frac{\omega^{2}}{4}\mu_{0}\Bigg\{\frac{\mu\mu_{0}}{\mu+\mu_{0}}(1-e^{-\tau(1/\mu+1/\mu_{0})})$$

$$\cdot\left[\sum_{\substack{j=1 \\ \mu_{j}\neq\mu_{0}}}^{\eta_{2}}a_{j}\frac{b_{n}(-\mu,\mu_{j})b_{n}(\mu_{j},\mu_{0})}{\mu_{0}-\mu_{j}}+\sum_{j=1}^{\eta_{2}}a_{j}\frac{b_{n}(\mu,\mu_{j})b_{n}(-\mu_{j},\mu_{0})}{\mu_{0}+\mu_{j}}\right]$$

$$-\mu\sum_{\substack{j=1 \\ \mu_{j}\neq\mu_{0}}}^{\eta_{2}}a_{j}\frac{\mu_{j}}{\mu+\mu_{j}}(1-e^{-\tau(1/\mu+1/\mu_{j})})\frac{b_{n}(-\mu,\mu_{j})b_{n}(\mu_{j},\mu_{0})}{\mu_{0}-\mu_{j}} \quad (3.129)$$

$$-\mu e^{-\tau/\mu_{0}}\sum_{j=1}^{\eta_{2}}a_{j}\mu_{j}\left(\frac{e^{-\tau/\mu}-e^{-\tau/\mu_{j}}}{\mu-\mu_{j}}\right)\frac{b_{n}(\mu,\mu_{j})b_{n}(-\mu_{j},\mu_{0})}{\mu_{0}+\mu_{j}}+$$

$$\sum_{j=1}^{\eta_{2}}\delta(\mu_{0}-\mu_{j})a_{j}b_{n}(-\mu,\mu_{0})b_{n}(\mu_{0},\mu_{0})\int_{0}^{\tau}e^{-\tau'/\mu}\lim(\tau',\mu_{0})d\tau'\Bigg\}$$

为获得全部的透射辐射量 $I(\tau, -\mu, \phi)$，需要对所有的无穷小量求积分，分为 dV' 在 dV 上和 dV' 在 dV 下两种情况：

$$I(\tau,-\mu,\phi) = \frac{F}{16\pi}\frac{\omega^2}{\mu}\int_0^\tau e^{-(\tau-\tau')/\mu}\int_0^1\int_0^{2\pi}\frac{P(\alpha)P(\alpha')}{\mu'}d\phi'd\mu' \cdot \int_0^{\tau'} e^{-\tau''/\mu}e^{-(\tau-\tau'')/\mu'}d\tau''d\tau'$$

$$-\frac{F}{16\pi}\frac{\omega^2}{\mu}\int_0^\tau e^{-(\tau-\tau')/\mu}\int_{-1}^0\int_0^{2\pi}\frac{P(\alpha)P(\alpha')}{\mu'}d\phi'd\mu' \cdot \int_{\tau'}^{\tau} e^{-\tau''/\mu_0}e^{-(\tau'-\tau'')/\mu'}d\tau''d\tau' \quad (3.130)$$

当 dV' 在 dV 上（$\mu'>0$）时，

$$\cos\alpha' = \mu'\mu_0 - (1-\mu_0^2)^{\frac{1}{2}}(1-\mu'^2)^{\frac{1}{2}}\cos(\phi_0-\phi') \quad (3.131)$$
$$\cos\alpha = \mu'\mu - (1-\mu'^2)^{\frac{1}{2}}(1-\mu^2)^{\frac{1}{2}}\cos(\phi-\phi')$$

当 dV' 在 dV 下（$\mu'<0$）时，

$$\cos\alpha' = -\mu'\mu_0 - (1-\mu_0^2)^{\frac{1}{2}}(1-\mu'^2)^{\frac{1}{2}}\cos(\phi_0-\phi') \quad (3.132)$$
$$\cos\alpha = -\mu'\mu - (1-\mu'^2)^{\frac{1}{2}}(1-\mu^2)^{\frac{1}{2}}\cos(\phi-\phi')$$

T_{ds} 的最终表达式可以写为

$$T_{ds}(\tau,\mu,\phi,\mu_0,\phi_0) \cong \sum_{n=0}^N T_{ds}^N(\tau,\mu,\mu_0)\cos[n(\phi_0-\phi)] \quad (3.133)$$

$$T_{ds}^{(n)}(\tau,\mu,\mu_0) = (1+\delta_{0n})\frac{\omega^2}{4}\mu_0\left\{\mu\mu_0\frac{e^{-\tau/\mu}-e^{-\tau/\mu_0}}{\mu-\mu_0}\right.$$

$$\cdot\left[\sum_{\substack{j=1\\\mu_j\neq\mu_0}}^{\eta_2} a_j\frac{b_n(\mu,\mu_j)b_n(\mu_j,\mu_0)}{\mu_0-\mu_j} + \sum_{j=1}^{\eta_2} a_j\frac{b_n(-\mu,\mu_j)b_n(-\mu_j,\mu_0)}{\mu_0+\mu_j}\right]$$

$$-\mu e^{-\tau/\mu_0}\sum_{j=1}^{\eta_2} a_j\mu_j(1-e^{-\tau(1/\mu_j+1/\mu)})\frac{b_n(-\mu,\mu_j)b_n(-\mu_j,\mu_0)}{(\mu_0+\mu_j)(\mu+\mu_j)} \quad (3.134)$$

$$+\sum_{j=1}^{\eta_2}\delta(\mu_0-\mu_j)a_jb_n(\mu,\mu_j)b_n(\mu,\mu_0)$$

$$\left.\cdot\int_0^\tau e^{-(\tau-\tau')/\mu}\lim(\tau',\mu_0)d\tau'\right\}$$

积分中的极限由式（3.135）求得

$$\int_0^\tau e^{-(\tau-\tau')/\mu}\lim(\tau',\mu_0)d\tau' = e^{-\tau/\mu_0}\left[\frac{(\mu\tau-\mu\mu_0-\mu_0\tau)e^{-\tau(1/\mu-1/\mu_0)}}{(\mu-\mu_0)^2} + \frac{\mu\mu_0}{(\mu-\mu_0)^2}\right]$$
$$(3.135)$$

当存在 $J(1\leq J\leq\eta_2)$ 使得 $\mu_j=\mu$ 时，$\lim(\tau,\mu)$ 代替 $\dfrac{e^{-\tau/\mu}-e^{-\tau/\mu_j}}{\mu-\mu_j}$ 参与计算。当 $\mu=\mu_0$ 时，$\lim(\tau,\mu_0)$ 代替 $\dfrac{e^{-\tau/\mu}-e^{-\tau/\mu_0}}{\mu-\mu_0}$ 参与计算。

3.1.3 月球反射光谱

1. 反射率波谱数据库

国际上，已经建立的典型月球矿物反射率波谱数据库有 ASTER 波谱库、LSCC 波谱库和 RELAB 波谱库。

1) ASTER 波谱数据库

ASTER（Advanced Space borne Thermal Emission and Reflection Radiometer，ASTER）波谱数据库汇集了矿物、岩石、土壤、植被等近 2000 种自然地物和人工目标的波谱数据，波谱波段范围为 0.4~25μm。其波谱数据主要来自 JPL 光谱数据库、USGS 光谱数据库和美国霍普金斯大学（Johns Hopkins University）光谱数据库。该库还包含陨石的波谱数据，波谱波段范围为 2.08~25μm。

2) LSCC 波谱数据库

LSCC 是月壤特征协会（Lunar Soil Characterization Consortium，LSCC）采集的实测数据，包含于 RELAB 波谱库中。LSCC 实验测量了 Apollo 计划 6 次登月采集带回样品的反射光谱，光谱分辨率为 5nm，光谱范围为 300~2600nm。采样点包括 9 组成熟度较低的月海月壤（Apollo 11、Apollo 12、Apollo 15、Apollo 17 月海采样）、4 组 Apollo14 登月点数据和 6 组 Apollo16 登月点数据。LSCC 测量了 4 种不同粒径样品的反射光谱：<10μm、10~20μm、20~45μm 及块状，具有一定的代表性。所有的波谱都是在入射角为 30°、出射角为 0°获得的。LSCC 波谱库拥有每一种月壤的图像光谱和相关的数据，每个数据文件都包含所有月壤不同粒度的反射系数光谱和一个标准的偏差测量。每个数据文件都有一个标题行，包含九个用段落标记分隔的反射率数据条目，也就是波长、粒度<10μm 的月壤、标准差、粒度在 10~20μm 的月壤、标准差、粒度在 20~45μm 的月壤、标准差、粒度<45μm 的块状月壤、标准差。

3) RELAB 波谱数据库

布朗大学 RELAB（Reflectence Experiment LABoratory）波谱库是由美国航空航天局项目资助的多用户光谱设施。RELAB 包括两台可协同操作的光谱仪：紫外-可见光-近红外二向光谱仪和 Nicolet 870 Nexus 傅里叶红外光谱仪。其总体目标是获得地球和其他行星的高精密、高光谱分辨率的二向反射光谱。其设计的关键要素之一是使用指定的视几何测量样品。这允许研究者在实验室条件下模拟那些通过遥感获得的，即使用卫星、望远镜和飞机系统的光谱反射率。在 RELAB 波谱库中，反射光谱包含可见光-近红外（0.3~2.5μm）和热红外（0.3~25μm）两个波谱范围。

2. 月表主要矿物反射率

月球主要矿物按照成因和成分划分，主要包括辉石、斜长石、橄榄石、钛铁矿、熔融玻璃与其他矿物和成分等。

1) 辉石

辉石 [pyroxenes，化学式为 $(Ca, Mg, Fe)_2Si_2O_6$] 是一种晶体硅酸盐矿物，是月球表层含量最高的暗色矿物，即主要的成岩矿物，主要存在于富铁、钙、镁的深成火成岩中，如玄武熔岩、辉长岩和橄榄岩。辉石的成分变化较大，在月海玄武岩中主要是单斜辉石，而在非月海玄武岩及高地岩石中则主要是斜方辉石。辉石的反射光谱曲线有明显的吸收特征，这主要与铁的丰度有关。根据钙的含量，辉石可以分为低钙辉石和高钙辉石。低钙辉石为斜方晶系，其固溶体介于顽火辉石（$Mg_2Si_2O_6$）和铁辉石（$Fe_2Si_2O_6$）之间，一般称为斜方辉石（Orthopyroxene）；高钙辉石为单斜晶系是由 $Ca_2Si_2O_6$、$Mg_2Si_2O_6$ 和 $Fe_2Si_2O_6$ 的固溶体组成，从矿物学的角度解释，高钙辉石主要由透辉石（$CaMgSi_2O_6$）和铁钙辉石（$CaFeSi_2O_6$）的固溶体组成，一般称为单斜辉石（clinopyroxene）。单斜辉石与斜方辉石反射光谱如图 3.3 和图 3.4 所示，光谱数据来自 RELAB 光谱数据库（http://site.brown.edu/relab-spectral-database/）。

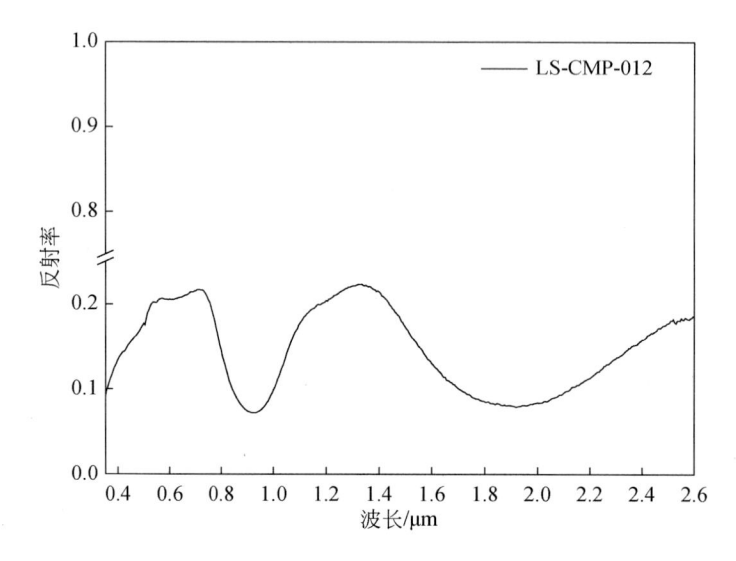

图 3.3 月表斜方辉石反射率光谱（RELAB 波谱数据库）

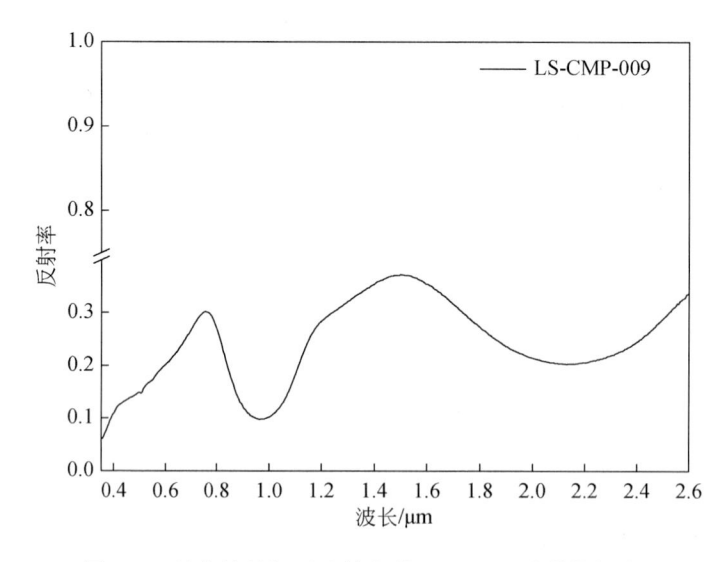

图 3.4 月表单斜辉石反射光谱（RELAB 波谱数据库）

辉石光谱在 1.0μm 附近和 2.0μm 附近有明显的吸收特征。随着 Fe^{2+} 含量的增加，吸收谷将向长波方向移动，并发生偏移且反射率降低。

2) 斜长石

斜长石（plagioclases feldspars，化学式为 $CaAl_2Si_2O_8$）是含有钾、钠、钙及极少的钠的铝硅酸盐。斜长石是月海玄武岩和高地岩石的主要矿物，是以钙长石（$CaAl_2Si_2O_8$）和钠长石（$NaAlSi_3O_8$）为主要成分的固溶体。因为月球上贫乏碱性金属，由于月球上缺乏碱性金属，相对于地球上的斜长石，月球斜长石中的钠长石（$NaAlSi_3O_8$）含量较少，而钙长石（$CaAl_2Si_2O_8$）是主要成分。月表斜长石反射率光谱如图 3.5 所示。

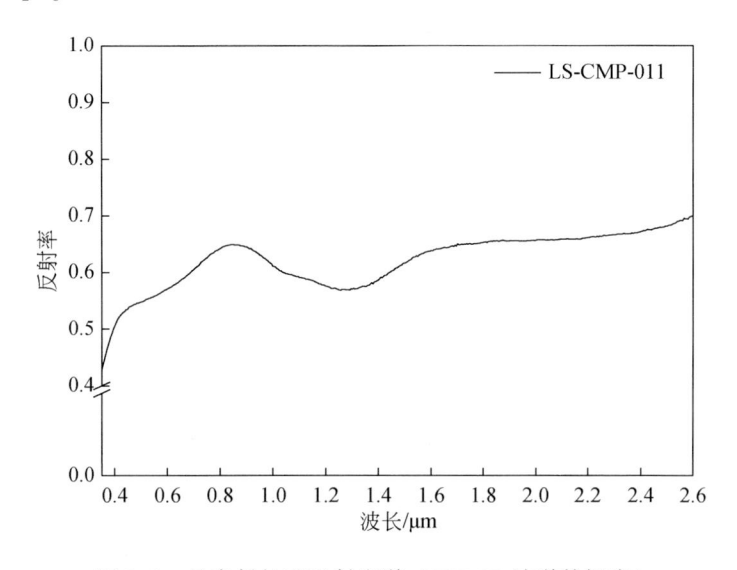

图 3.5　月表斜长石反射光谱（RELAB 波谱数据库）

图 3.5 光谱特征非常清楚地说明了它与地球上的钙长石相似，在 0~2.5μm 波长范围内，尤其是在 1.25μm 附近吸收特征明显，也应是 Fe 取代 Ca 而处在轻微无序位置上产生，由于 Fe-O 转移在紫外从而产生强而宽的吸收谱带，使得反射率在短波方向出现显著降低。在 0.63μm 附近存在一个弱的吸收带，这与少量 Fe^{3+} 的存在有关。粒度越小，反射率越大；粒度越大，反射率越小。

3) 橄榄石

橄榄石 [Olivine，化学式为 $(Mg, Fe)_2SiO_4$] 是一种普通的火成岩造岩矿物，也是在月海中分布较广的一种硅酸盐矿物。橄榄石在不同岩石中含量不同，此外在岩石中还见到含钴的金属镁-铁与橄榄石共生。橄榄石大体上可分为镁橄榄石（Mg_2SiO_4）和铁橄榄石（Fe_2SiO_4），在月球橄榄石中还混杂着一些钙、锰、铬和铝等杂质元素，其中铬含量较多，约 0.6%。月表橄榄石反射率光谱如图 3.6 所示。

橄榄石反射率随着 Fe^{2+} 含量的增加和矿物粒度的增大而减小，而且在 1μm 吸收特征的中心波长接近 1.1μm。随着铁含量的增加，该吸收特征变深变宽，吸收谷右移。此外，随着铁含量的增加，1.4μm 处出现明显的吸收特征。另外，与斜长石相似，同样由 Fe-O 转移在紫外引起的强而宽的吸收谱带，出现在短波方向上反射率显著降低的特征。

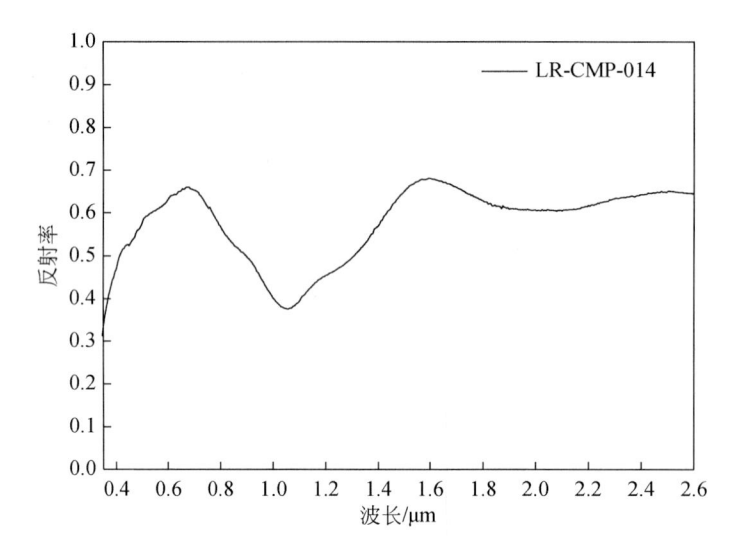

图 3.6　月表橄榄石反射光谱（RELAB 波谱数据库）

4）钛铁矿

钛铁矿（ilmenite，化学式为 FeTiO₃）是典型的不透明矿物，在 0.4~1.8μm 光谱范围基本不存在光谱特征，分子式为 $Fe^{2+}Ti^{4+}O_3$。月海玄武岩含有 10%~20% 的钛铁矿，而地球玄武岩甚至低于 5%。因此，高钛铁矿含量是月海玄武岩的一个显著特征，月海成因的钛铁矿比非月海成因钛铁矿贫镁而富锆。钛铁矿颗粒内与颗粒之间的化学成分变化都很小，成分较纯。各种粒径样品的相对反射率具有不透明矿物的典型特点，随颗粒变细，反射率降低。钛铁矿反射光谱如图 3.7 所示。

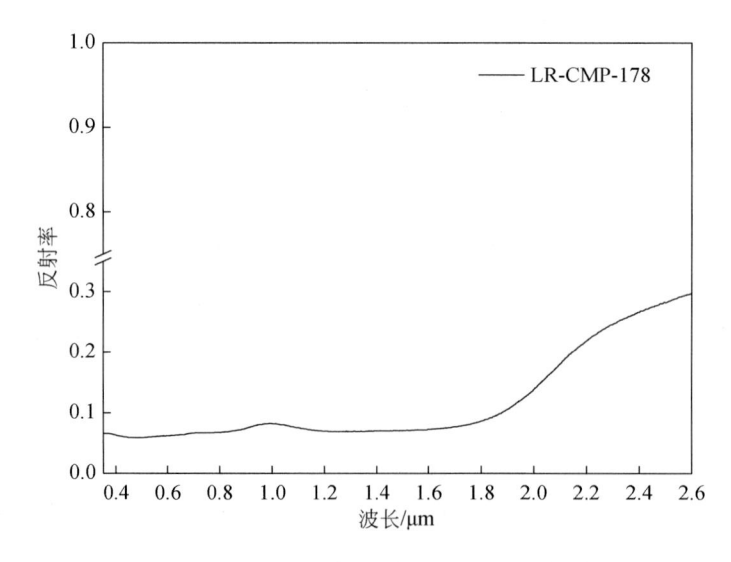

图 3.7　月表钛铁矿反射光谱（RELAB 波谱数据库）

从其光谱特性也能反映出不透明的特征。在 0~0.1 区间内存在 2 个吸收谷，谷值分别在 0.5μm 和 1.5μm 附近。当矿物粒度变大时，吸收谷向短波方向偏移，且反射率降低。前者延伸到紫外，应该是 Fe–O、Fe^{2+}–Ti^{4+} 及 Fe^{2+}–Fe^{3+} 的电荷转移过程共同造成。其中 Fe^{2+}–Ti^{4+} 导致峰值在可见光区吸收峰强而宽；后者则应是 Fe^{2+} 产生，其中心位于 1.5μm 附近。两谱带强而宽且重叠，掩盖了 Fe^{2+} 在 1.0μm 处的典型谱带，并导致整谱段都非常低，强度在 8% 以下。当微粒度足够细时，可近似为不透明。

5）熔融玻璃

月壤中玻璃分为熔融玻璃和火山玻璃，但大部分是熔融玻璃（glass），是在月壤受到 $1.5×10^8 \sim 7.3×10^8$ Pa 的陨石冲击力时形成的，常含有一些小于 300nm 的铁质球粒。熔融玻璃是部分矿物的熔融胶结，一般富含 Fe、Mg、Ti，而 Na、Ca、Al、Eu 等元素相对匮乏。月表熔融玻璃反射光谱如图 3.8 所示。

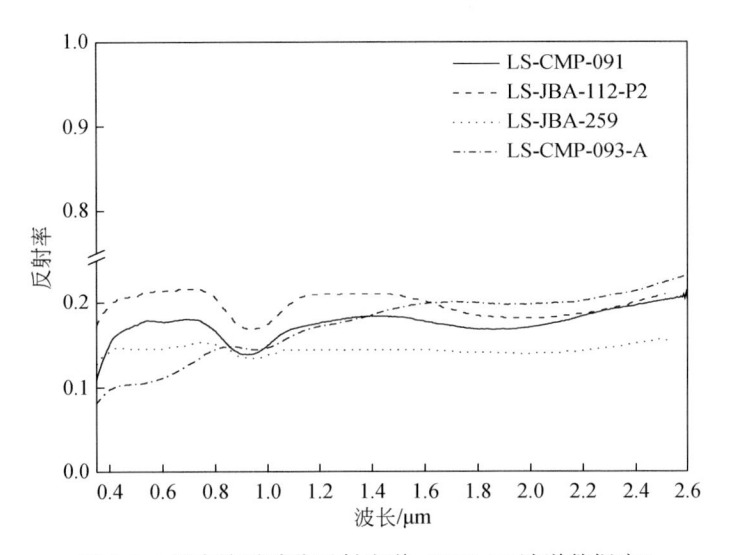

图 3.8 月表熔融玻璃反射光谱（RELAB 波谱数据库）

从图 3.8 中可以看出，玻璃的反射率整体水平大部分偏低，在 20% 以下，但是也有个别的偏高，光谱趋于平缓；在紫外波段具有强烈吸收，在 0.9～0.93μm 附近均有明显较深吸收谷；而在 1.9μm 附近有一个比较宽阔但是不深的吸收带；在 0.73μm 附近有一个吸收峰。

6）其他矿物和成分

月壤矿物除上述矿物以外还有很多种矿物和成分，如尖晶石、方英石、鳞石英等，还有地球上没有的矿物，如三斜铁辉石、静海石等。月表各种矿物类型按照化学成分分类的话，主要有硅酸盐矿物、氧化物矿物、硫化物矿物、自然金属（主要指铁钴镍等）和磷酸盐矿物等。

3. 月表主要岩石反射率

月球岩石按照成因和成分划分，主要包括月海玄武岩、高地岩石、克里普岩和角砾岩等。

1) 月海玄武岩

月海玄武岩（mare basalt）是由月球内部富铁和贫斜长石的区域部分熔融产生的，而不是月壳原始分异的产物。钛是月海玄武岩的主要成分之一，含量可达 0.5%～13%。根据钛的含量可将玄武岩分为高钛玄武岩、低钛玄武岩和极低钛玄武岩。月海玄武岩在月表广泛存在，美苏探月计划均采集了月海玄武岩样品。玄武岩的主要矿物成分为辉石、富镁橄榄岩、富钙长石和钛铁矿。其中，各组分比例大致为辉石（主要是高钙斜辉石）占51%、斜长石占27%、橄榄石占8%、不透明物质占11%。月海玄武岩反射光谱如图3.9所示。

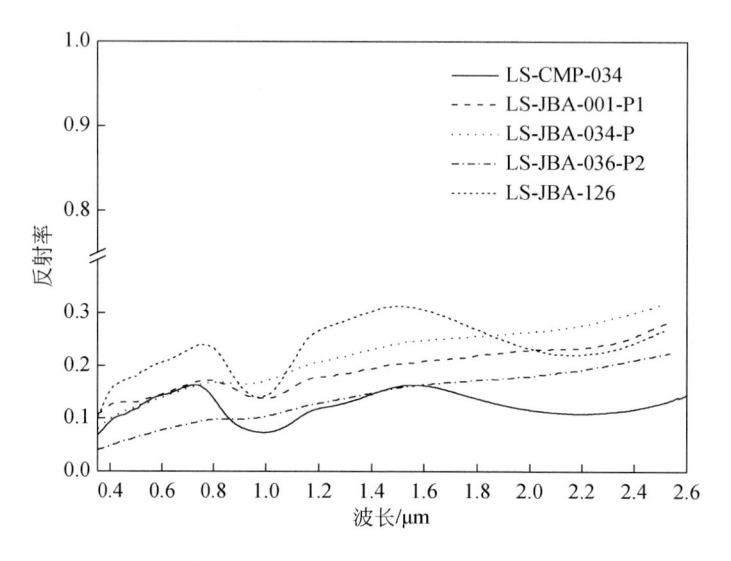

图 3.9 月海玄武岩反射光谱（RELAB 波谱数据库）

图 3.9 中的光谱来自 RELAB 光谱库，由不同 Apollo 探测器在不同地点采集样品测得的。从光谱曲线看出，玄武岩在不同地点具有相似的光谱特征，在 1.0μm 附近都出现了显著的吸收谷特征，这是月海玄武岩中高钙辉石含量较高造成的。若橄榄石含量大于10%，这个吸收谱带会变宽，且吸收谷会右移。

2) 高地岩石

高地岩石（highland rock）主要是由斜长岩和富镁结晶岩组成，一般包括苏长岩、橄长岩、纯橄岩、尖晶石橄长岩和辉长斜长岩。高地斜长岩通常含有高量的钙和铝，主要由95%的斜长石（富钙斜长石）及少量的低钙辉石组成。除此之外，还含有极少量的橄榄石和单斜辉石，是构成原始月壳的最主要岩石类型。月球高地岩石反射光谱如图3.10所示。

如图3.10中所示的光谱，多数样品在 0.9～1.0μm 区间内均呈现了吸收特征，这是样品中含有镁铁质矿物造成的，其变化与各种矿物的含量有关。此外，在 2.0μm 附近还有一个吸收。高地岩石的光谱比较复杂，不同的样品测得的光谱有所不同，这与高地岩石的类型有关系。镁铁质含量较低的高地斜长岩在这里几乎没有吸收特征；若为含有斜长石和低钙辉石的苏长岩，则有一个随辉石丰度变化的镁铁质吸收带，吸收特征在 0.9～0.93μm

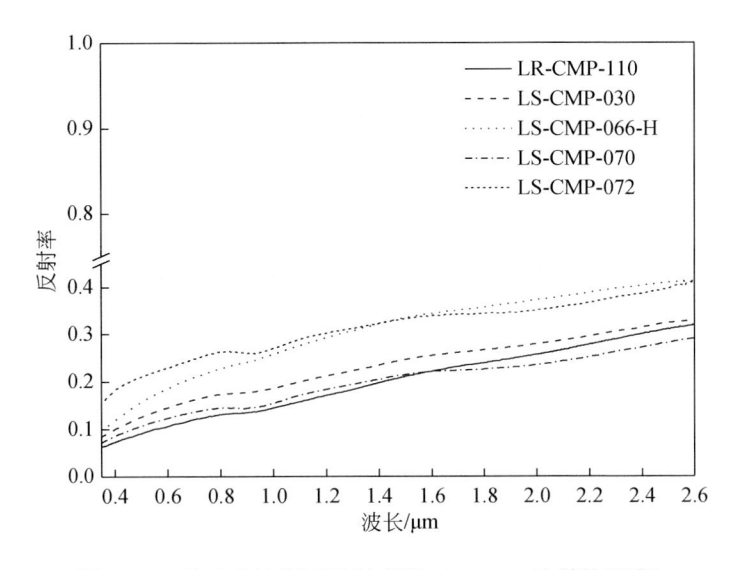

图 3.10 月球高地岩石反射光谱（RELAB 波谱数据库）

之间；若为含有长石和高钙辉石的辉长岩，则吸收特征在 0.97～1.0μm 之间；纯橄榄岩和橄长岩在 1.1μm 附近呈现多个吸收带，其强度随着橄榄石和斜长石比例的变化而变化。

3) 其他岩石

月表还有一些其他的岩石类型，如克里普岩（KREEP）和角砾岩（breccia）等。典型的克里普岩是由等量的低钙辉石和斜长石，以及少量的二长闪长岩和花岗岩等组成。其光谱理论上可能与火成岩的钙长石光谱相似。角砾岩是由各种类型的岩石经撞击破碎并部分熔融黏结形成的，成分复杂的富含下伏岩石和玻璃质等的岩石类型。其矿物组成、化学成分以及粒度大小都不均匀。其光谱特征也相差很大，尤其是高地角砾岩和月海角砾岩光谱特征具有很大不同。高地上在 1.0μm 和 2.0μm 均有吸收特征，而月海处在 0.98～1.0μm 有较明显的吸收特征，但是整体上并不存在固定的光谱形态和诊断特征。

3.2 月球发射光谱

矿物的发射率光谱与其晶格振动具有着密切的联系，发射率光谱特征对矿物成分和结构具有较好的指示性信息，可用于矿物种类、成分和结构等信息的研究（Lane and Christensen, 1997; Christensen et al., 2000; Hamilton, 2000; Cooper et al., 2002）。

3.2.1 月表温度模型

月表温度模型主要是基于热传导理论和月壤样品热物理参数，根据斯蒂芬玻尔兹曼定律（Stefan-Boltzmann Law）和能量守恒定律，通过假设月球为半无限固体，以及月表物理温度、太阳辐照度和月球内部热流间的关系建立的。不同温度模型的主要区别在于假设或者边界条件的不同，分为一维和二维两种温度模型。

1. 一维月表温度模型

Wesselink（1948）温度模型假设月球表面的温度是按照余弦或者傅里叶周期变化，通过求解热传导方程，获得了月球温度随深度和时间的变化规律，即

$$\sigma T^4 = I + (4\pi P)^{-1/2} (kc)^{1/2} \left(\frac{\partial T}{\partial \xi} \right) \tag{3.136}$$

式中，σ 为斯蒂芬玻尔兹曼常数，为 5.67×10^{-8} W/（m²·K⁴）；T 为月球表面温度；I 为有效太阳辐照度；P 为月球周期；k 为月球表面物质热传导率；c 为月球表面物质热容比；ξ 为月球表面深度。Wesselink 模型计算的月表温度如图 3.11 所示。

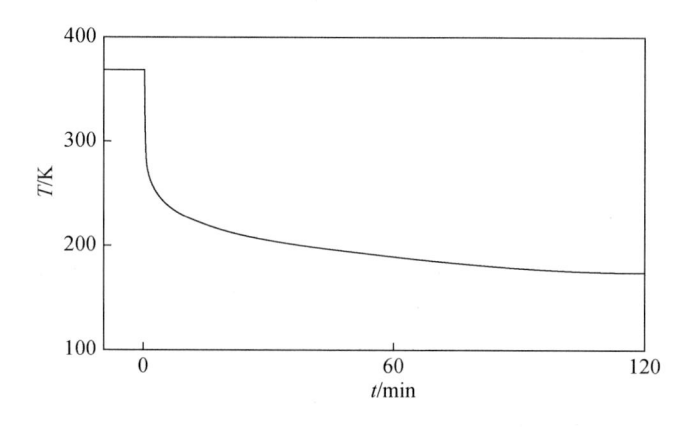

图 3.11　Wesselink 模型计算月表温度（Wesselink，1948）

Jaeger（1953）温度模型与 Wesselink 温度模型相似，区别是 Jaeger 将月球表面分为均匀一层模型和两层模型。其中，两层模型包括厘米厚传导率极低的月尘层和传导率较高的月壤层组成，其月表昼夜的边界条件分别为

$$k \frac{\partial T}{\partial x} = \varepsilon \sigma T^4 - S\cos\left(\frac{2\pi t}{P}\right) \tag{3.137}$$

$$k \frac{\partial T}{\partial x} = \varepsilon \sigma T^4 \tag{3.138}$$

式中，x 为月球深度；ε 为月表发射率；S 为太阳辐射强度；t 为月球时间。Jaeger 模型计算的月表温度如图 3.12 所示。

Ted 和 George（1969）建立了一种模拟月壤模型，将整个月球表面的温度模型简化为

$$T = A_0 + \sum_{n=1}^{\infty} e^{-x\sqrt{n\pi/aP}} \left[A_n \cos\left(\frac{2\pi t}{P} - x\sqrt{n\pi/aP}\right) + B_n \sin\left(\frac{2\pi t}{P} - x\sqrt{n\pi/aP}\right) \right] \tag{3.139}$$

式中，x 为月球深度；t 为月球时间；P 为月球周期；A_n 和 B_n 分别为傅里叶级数的系数。

当 $n=50$ 时，其边界条件为

$$T(x,0) = \left\{ A_0 + \sum_{n=1}^{50} e^{-x\sqrt{n\pi/aP}} \left[A_n \cos\left(\frac{2\pi t}{P} - x\sqrt{n\pi/aP}\right) + B_n \sin\left(\frac{2\pi t}{P} - x\sqrt{n\pi/aP}\right) \right] \right\} \cos\phi^{1/4} \tag{3.140}$$

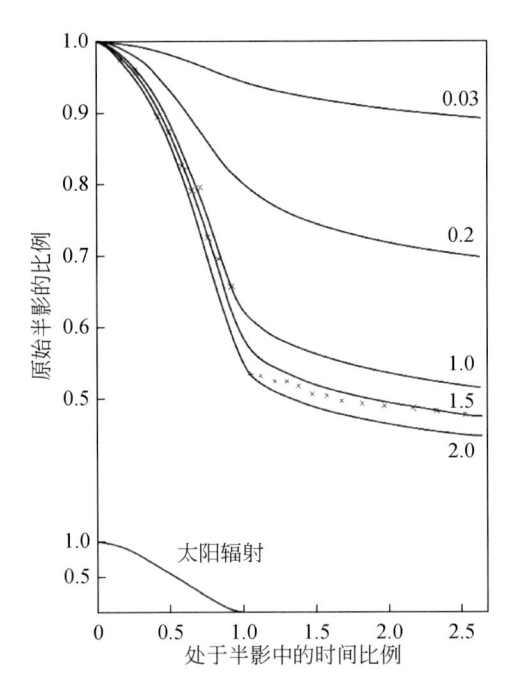

图 3.12 Jaeger 模型计算月表温度（Jaeger，1953）

式中，ϕ 为月表纬度。

Calvert 模型计算的月表温度如图 3.13 所示。

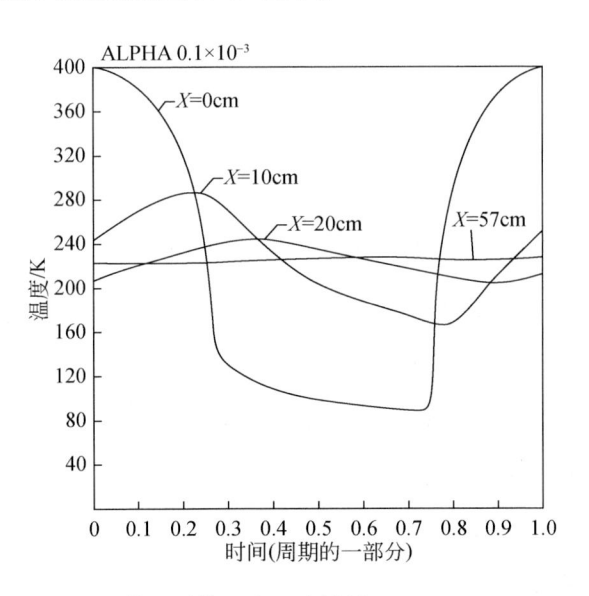

图 3.13 Calvert 模型计算月表温度结果（Ted and Calvert，1969）

Jones 等（1975）首次利用函数表示温度模型中的参数，认为热导率是深度和温度的函数、比热容是温度的函数、密度是深度的函数、介电常数和正切损耗是密度的函数。结

合具有边界条件的有限差分和一维热传导偏微分方程，计算多个常微分方程，可以获得月表温度随时间和深度的变化曲线，即

$$F(t) - \varepsilon\sigma T_0^4 = -k\frac{\partial T_0}{\partial x} \tag{3.141}$$

$$F(t) = E\left(\frac{t}{p}\right)(1-\alpha)S_0 r^2 \cos\left(\frac{2\pi t}{p}\right)\cos\phi \tag{3.142}$$

式中，$E\left(\dfrac{t}{p}\right)$为月食参数；$\alpha$为反照率；$S_0$为日照常数；$\phi$为月表纬度。Jones 模型计算的月表温度如图 3.14 所示。

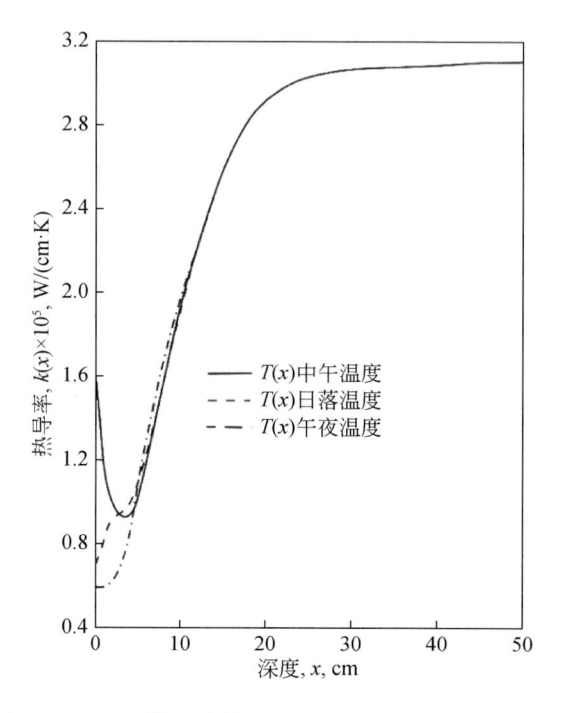

图 3.14 Jones 模型计算月表温度（Jones et al.，1975）

Racca（1995）模型将月表的温度模型分为稳态模型和动态传输模型。其中，稳态模型认为月表的温度与经纬度具有密切的关系，即

$$T_0(\phi,\varphi) = \left[\frac{1-a}{\varepsilon}\cos\phi\cos\varphi\,\frac{S_0}{\sigma} + \frac{Q}{\sigma}\right]^{1/4} \tag{3.143}$$

式中，ϕ 和 φ 分别为月表的纬度和经度；Q 为月球内部热流。

Racca 模型计算的月表温度如图 3.15 所示。

2. 二维月表温度模型

David 等（1994）模型的热传导模型将月球表面分为热传导和密度不同的两层。热传导方程为

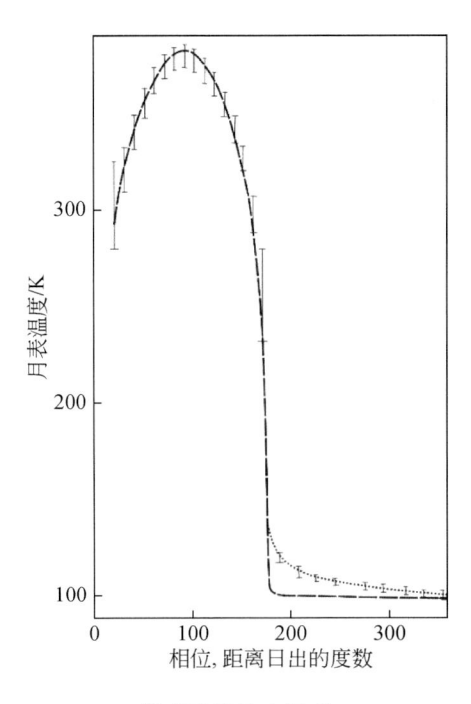

图 3.15　Racca 模型计算月表温度（Racca，1995）

$$\rho(x,t)c(x,T)\frac{\partial T}{\partial x}=\frac{\partial}{\partial x}\left[K(x,T)\frac{\partial T}{\partial x}\right]+Q_t(x,t) \tag{3.144}$$

式中，ρ 为月壤密度；c 为比热容；x 为月壤深度；t 为月球时间；T 为月球表面温度；K 为月壤热传导率；Q 为月球内部的热源。

Vasavada 等（1999）模型建立了月球表面或者撞击坑表面的温度模型，且 Vasavada 模型与 Mitchell 模型都认为月球表面具有热物理性质不同两层的物质组成。但是与 Mitchell 模型不同的是，Vasavada 模型认为月球的热导率、热容和密度是随着深度变化的。同时，其模拟结果与 Apollo 15 和 Apollo 17 登月点实测结果非常接近。

Vasavada 模型主要是利用有限差分的方法求解一维热传导方程，利用热导率、热容和密度等热物理参数，结合轨道位置和行星方向，求解物理模型。其中，月球表面温度取决于太阳入射、导热、热辐射和内部热流。模型的深层温度梯度只有内部热流决定。Vasavada 模型忽略了内部热流，认为在 30K 以上时，热流的贡献可以忽略。因此，温度与太阳的穿透深度直接相关，如图 3.16 显示的温度与穿透深度的关系图像。利用 Vasavada 模型计算的月球赤道地区表面温度随月球时间变化的结果如图 3.17 所示。

Hale 和 Hapke（2002）模型基于实时辐射和热传递，严格求解了辐射传递和太阳辐照度的变化，将辐射传输方程分为可见光和月壤颗粒之间的热辐射两个方程，即

$$\frac{\partial T(\tau,t)}{\partial t}=\frac{\partial^2 T(\tau,t)}{\partial t^2}+\pi q\frac{\partial^2 \phi_{\text{therm}}(\tau,t)}{\partial t^2}+q\gamma_{\text{vis}}\left[F(t)\mathrm{e}^{-\tau/u(t)}+4\pi\phi_{\text{vis}}(\tau,t)\right] \tag{3.145}$$

$$\frac{\partial^2 \phi_{\text{therm}}(\tau,t)}{\partial t^2}=4\gamma_{\text{therm}}^2\left[\phi_{\text{therm}}(\tau,t)-T_4(\tau,t)\right] \tag{3.146}$$

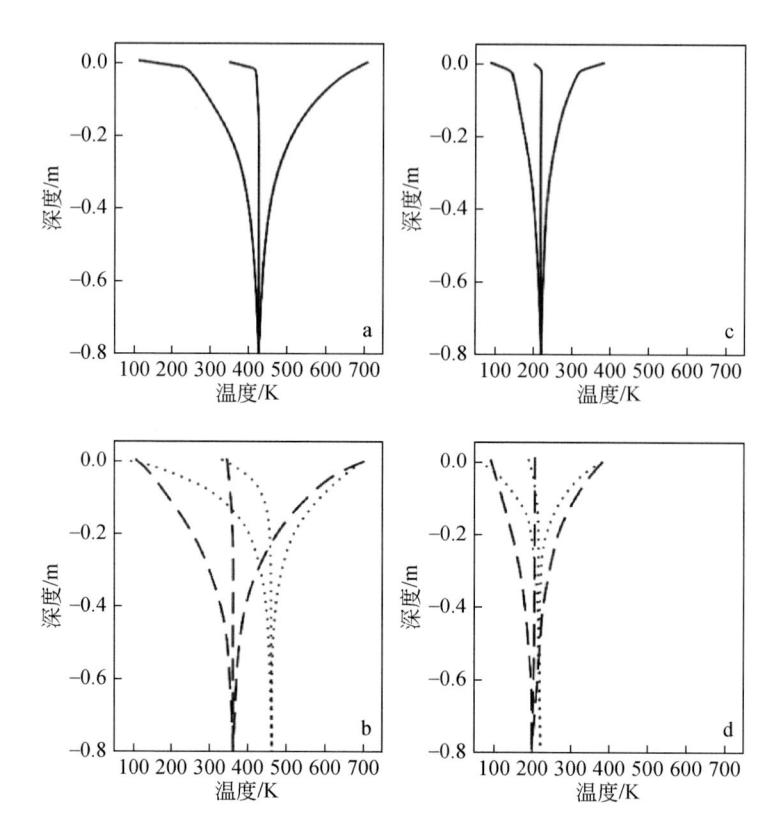

图 3.16　温度与穿透深度的关系图像

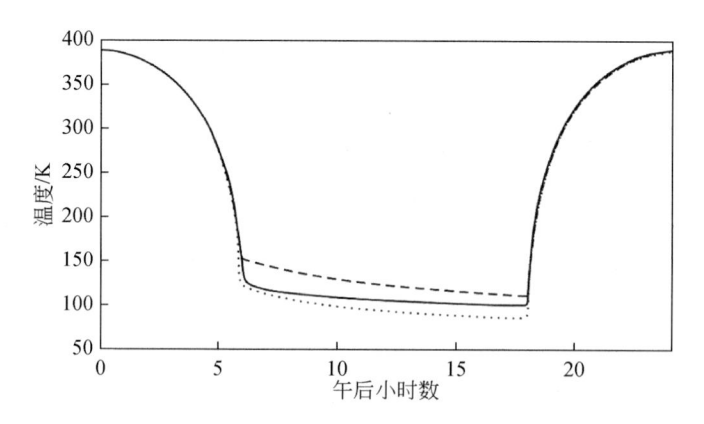

图 3.17　Vasavada 模型计算月球赤道地区温度（Vasavada et al., 1999）

$$\frac{\partial^2 \phi_{vis}(\tau,t)}{\partial t^2} = 4\gamma_{vis}^2 \phi_{vis}^2(\tau,t) - F(t)\frac{\omega_{vis}}{4\pi}e^{-\tau/u_0(t)} \quad (3.147)$$

式中，q 为辐射的热流量与传导的热流量之比；$\phi_{therm}(\tau,t)$ 为月壤粒子之间的辐射热流量，$\gamma_{therm} = (1-\omega_{therm})^{1/2}$，$\omega_{therm}$ 为月壤粒子的单项散射率；$\phi_{vis}(\tau,t)$ 为可见光的辐射热流量，$\gamma_{vis} = (1-\omega_{vis})^{1/2}$，$\omega_{vis}$ 为可见光的单项散射率；τ 为光学厚度，当太阳光照射时，

$F(t)=1$，否则 $F(t)=0$，$u_0(t)=\cos(i(t))$ 为太阳的入射能量，是随时间变化的天顶角函数。

假设月表的热惯性值（γ）为 $21\sim125\mathrm{Jm^{-2}s^{-1/2}K^{-1}}$，电导率比率（kET）为 $1.0\sim1000\mathrm{Jm^{-2}s^{-1}K^{-1}}$，则 Hale 和 Hapke 模型计算的月表温度如图 3.18 所示。

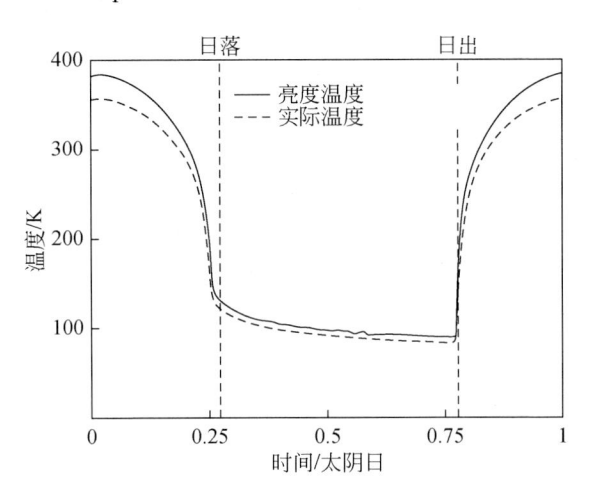

图 3.18 Hale 和 Hapke 模型计算月表温度结果

3.2.2 发射光谱模型

发射光谱模型是描述矿物及岩石光谱形成和变异的物理模型，主要用于定量研究矿物光谱的变异规律（Salisbury and Wald，1992；Moersch and Christensen，1995；Wald and Salisbury，1995；Pitman et al.，2005）。其中，应用较广泛的是 Hapke 发射光谱模型。

1. Hapke 发射光谱模型

Hapke 辐射传输模型综合考虑了传感器视场内矿物颗粒光散射对传感器接收辐射亮度值的贡献，包括单次和多次散射两部分（Hapke，1993）。传感器接收的辐射亮度值为

$$I(\mu_0,\mu,g)=j\frac{w}{4\pi}\frac{\mu_0}{\mu_0+\mu}\left[p(g)\left(1+\frac{b_0}{1+(1/k)\tan(g/2)}+H(w,\mu)H(w,\mu_0)-1\right)\right]+\left[\frac{B_0}{\pi}\gamma H(w,\mu)+\frac{B_1}{\pi}\frac{L}{L+\mu}\gamma^2 H(w,L)H(w,\mu)\right] \tag{3.148}$$

式中，$w=\dfrac{Q_{\mathrm{ext}}}{Q_{\mathrm{sca}}}$ 为单次散射反照率，Q_{ext} 为粒子的消光效率，Q_{sca} 为粒子的散射效率；$\gamma=\sqrt{1-w}$，为反照率因子；$\mu_0=\cos i$，i 为入射光天顶角；$H(w,x)=\dfrac{1+2x}{1+2\gamma x}$；$b_0$ 为后向散射因子；$p(g)$ 为光散射相函数。

其中，前半部分为反射能量，后半部分为发射能量。

Hapke 辐射传输模型考虑到了从微粒表面向外扩散的所有光的强度，包括反射和发

射。在 Hapke 和 Wells（1981）与 Hapke（1984，1986）最初反射理论中，只考虑了反射能量，忽略了发射能量，认为辐射传输模型是表面入射能量的辐射强度 j 与反射能量之间的关系，进而认为发射能量的计算遵循基尔霍夫定量（$\varepsilon = 1-R$）：

$$\varepsilon = 1 - \frac{w}{4\pi} \frac{\mu_0}{\mu_0 + \mu} \{[1+B(g)]P(g) + H(\mu_0)H(\mu) - 1\} \quad (3.149)$$

在 Hapke 发射模型提出之前，对于 Hapke 结构散射粒子的发射率运算，式（3.149）是表面发射率计算的最好方法。但是，由于这一理论是基于反射原理，许多参数的选择就存在瑕疵，如入射角的余弦和相位角，这些参数对于发射模型不存在意义。

一个比较满意的发射模型由 Hapke 在 1993 年建立。对于类地行星表面，在中红外波段，式（3.149）中的发射能量超过反射能量。Moersch 和 Christensen（1995）试图利用表面辐射能量与相同温度的普朗克黑体辐射能量的比值建立中红外辐射模型。在忽视反射能量后，Hapke 辐射传输模型化简为直接发射率的描述，即

$$\varepsilon_d(e) = \gamma H(w, \mu) \quad (3.150)$$

式中，e 为发射角。

实验室或者航天器的发射率是通过一定视场范围内的探头获得的。因此，发射率的真值可表示为

$$\varepsilon = \int_\omega \gamma H(w, \mu) \mathrm{d}\omega \quad (3.151)$$

式中，ω 为探测器的视场角。

为了计算颗粒的单次反照率，需要详细研究颗粒中光的单次折射。但是，Hapke 模型仅仅考虑几何光学，是一个射线模型，没有考虑衍射的影响。对于一个粒子，存在两种散射源，外部（粒子表面）和内部，分别定义为 S_E 和 S_I，分别代表外部和内部的表面散射系数。

在几何模型中，在颗粒表面的半球方向内任何入射和发射角度上，S_E 是菲涅尔反射系数的平均值。van de Hulst（1975）认为，对于任意朝向的表面或者不规则凸出颗粒体，S_E 等价于球体的一侧表面的菲涅尔反射系数。整体的积分（Kerker，1969）为

$$S_E = \int_0^{\pi/2} [f'(\theta) + f''(\theta)] \sin\theta \cos\theta \mathrm{d}\theta \quad (3.152)$$

其中，

$$\begin{aligned} f'(\vartheta) &= |\sin(\vartheta-\vartheta')/\sin(\vartheta+\vartheta')|^2 \\ f''(\vartheta) &= |\tan(\vartheta-\vartheta')/\tan(\vartheta+\vartheta')|^2 \\ \vartheta &= \theta/2 \sin\vartheta = \hat{n}\sin\vartheta' \end{aligned} \quad (3.153)$$

式中，$\hat{n} = n - ik$ 为折射率的复合指数，θ 为入射角的变量。

颗粒内部的散射主要是由折光差引起的，光的通量大致为各向同性。因此，内部散射系数 S_I 可以将 $\hat{n}$ 替换为 $\hat{n}^{-1}$，并通过式（3.153）计算获得。

利用 S_E 和 S_I，Hapke 推导出除式来近似获得直径为 D 的颗粒的散射系数 Q_S，即

$$Q_S = S_E + \frac{(1-S_E)(1-S_I)\{\gamma_1 + \exp[-2(k_{\mathrm{abs}}(k_{\mathrm{abs}}+s))^{1/2}D/3]\}}{1 - \gamma_1 S_I + (\gamma_1 - S_I)\exp\{-2[k_{\mathrm{abs}}(k_{\mathrm{abs}}+s)]^{1/2}D/3\}} \quad (3.154)$$

其中，

$$\gamma_1 = \frac{1-[k_{abs}(k_{abs}+s)]^{1/2}}{1+[k_{abs}(k_{abs}+s)]^{1/2}} \tag{3.155}$$

式中，$k_{abs}=4\pi k/\lambda$，为波长 λ 除的内体吸收系数；s 为颗粒内部的体散射系数。

朗伯体的单散射反照率被定义为散射系数与消光系数的比值。对于大于波长或者颗粒间距离的颗粒体，总的消光系数近似统一，表示为

$$\omega = Q_S \tag{3.156}$$

因此，Hapke 方向发射率（directional emissivity）为

$$\varepsilon_d(e) = \gamma\frac{1+2\mu}{1+2\gamma\mu} \tag{3.157}$$

半球发射率（hemispherical emissivity）为

$$\varepsilon_h = \gamma\frac{2\mu}{1+\gamma} \tag{3.158}$$

2. Mie 发射率模型

在 Hapke 模型计算发射率光谱过程中，需要计算单颗粒矿物单次散射反照率与单次散射函数两个参数。这两个参数最常用的计算模型为 Mie 散射模型。Mie 模型应用麦克斯韦方程的精确数学解，是描述平面电磁波与任意大小的球形颗粒散射特性的理论。但是，Mie 模型主要是应用于分散、球形颗粒散射特性的数学模型，仅能计算球形颗粒物质的单次散射反照率和单次散射相函数。Conel（1969）、Moersch 和 Christensen（1995）已经成功将 Mie 模型应用于非球形密集颗粒。因此，Mie 模型同样适用于矿物这种非球形散射粒子单次散射特性的计算，Hansen 和 Travis（1974）研究发现，对于群粒子组成的散射体，当粒子群的取向分布为随机分布时，散射特性可用等效球形粒子群来近似。

依据 Mie 理论，光强为 I_0 的自然光照射到各向同性的球形颗粒时，在散射角为 g、距离散射体 r 处的散射光强为（Hunt and Logan, 1972）：

$$I = \frac{\lambda^2}{8\pi^2}\frac{i_1+i_2}{r^2}I_0 \tag{3.159}$$

垂直和平行于散射面的分量光强分别为

$$I = \frac{\lambda^2}{8\pi^2}\frac{i_1}{r^2}I_0 \tag{3.160}$$

和

$$I = \frac{\lambda^2}{8\pi^2}\frac{i_2}{r^2}I_0 \tag{3.161}$$

式中，i_1 和 i_2 分别为垂直和平行散射平面散射光的强度函数，是散射角、散射体光学常数、和尺度参数的函数，即

$$i_1 = S_1(m,\theta,a)\cdot S_1^*(m,\theta,a) \tag{3.162}$$

$$i_2 = S_2(m,\theta,a)\cdot S_2^*(m,\theta,a) \tag{3.163}$$

式中，S_1 和 S_2 为散射光的振幅函数，S_1^* 和 S_2^* 为 S_1 和 S_2 的共轭复数，其中，S_1 和 S_2 表示为无穷级数，即

$$S_1 = \sum_{n=1}^{\infty} \frac{2n+1}{n(n+1)} (a_n \pi_n + b_n \tau_n) \tag{3.164}$$

$$S_2 = \sum_{n=1}^{\infty} \frac{2n+1}{n(n+1)} (a_n \pi_n + b_n \tau_n) \tag{3.165}$$

式中，a_n 和 b_n 分别为 Mie 散射系数；π_n 为迭代系数。

$$a_n = \frac{\psi_n(a)\psi_n'(ma) - m\psi_n'(a)\psi_n(ma)}{\xi_n(a)\psi_n'(ma) - m\xi_n'(a)\psi_n(ma)} \tag{3.166}$$

$$b_n = \frac{m\psi_n(a)\psi_n'(ma) - \psi_n'(a)\psi_n(ma)}{m\xi_n(a)\psi_n'(ma) - \xi_n'(a)\psi_n(ma)} \tag{3.167}$$

式中，$m = m_1 + m_2 i$ 为光学常数，$\psi_n(Z)$ 和 $\xi_n(Z)$ 分别为

$$\psi_n(Z) = \left(\frac{Z\pi}{2}\right)^{1/2} J_{n+1/2}(Z) \tag{3.168}$$

$$\xi_n(Z) = \left(\frac{Z\pi}{2}\right)^{1/2} H_{n+1/2}^2(Z) \tag{3.169}$$

式中，$J_{n+1/2}(Z)$ 和 $H_{n+1/2}^2(Z)$ 分别为半奇阶的第一类贝塞尔函数和第二类汉克尔函数；式（3.166）和式（3.167）中 $\psi_n'(Z)$ 和 $\xi_n'(Z)$ 分别为 $\psi_n(Z)$ 和 $\xi_n(Z)$ 的微分。

贝塞尔函数和汉克尔函数的递推公式为

$$Y_{n+1}(Z) = \frac{2n}{Z} Y_n(Z) - Y_{n-1}(Z) \tag{3.170}$$

$$Y_n'(Z) = \frac{1}{2}[Y_{n-1}(Z) - Y_{n+1}(Z)] \tag{3.171}$$

则

$$\psi_n(Z) = \frac{2n-1}{Z} \psi_{n-1}(Z) - \psi_{n-2}(Z) \tag{3.172}$$

$$\xi_n(Z) = \frac{2n-1}{Z} \xi_{n-1}(Z) - \xi_{n-2}(Z) \tag{3.173}$$

$$\psi_n'(Z) = \psi_{n-1}(Z) - \frac{n}{2} \psi_n(Z) \tag{3.174}$$

$$\xi_n'(Z) = \xi_{n-1}(Z) - \frac{n}{Z} \xi_n(Z) \tag{3.175}$$

结合初始条件，则有

$$\psi_0(Z) = \sin Z \tag{3.176}$$

$$\psi_1(Z) = \frac{1}{Z}\sin Z - \cos Z \tag{3.177}$$

$$\xi_0(Z) = \sin Z + i\cos Z \tag{3.178}$$

$$\xi_1(Z) = \psi_1(Z) + i\left(\frac{\cos Z}{Z} + \sin Z\right) \tag{3.179}$$

则，a_n 和 b_n 可通过 $\psi_n(a)$、$\psi_n'(a)$、$\psi_n(ma)$、$\xi_n(a)$ 和 $\xi_n'(a)$ 计算获得。

其中，π_n 和 τ_n 定义为

$$\pi_n = \frac{2n-1}{n-1} \xi \pi_{n-1} - \frac{n}{n-1} \pi_{n-2} \tag{3.180}$$

$$\tau_n = n\xi\pi_n - (n+1)\pi_{n-1} \tag{3.181}$$

迭代初始条件为

$$\pi_0 = 0$$
$$\pi_1 = 1$$

因此,反射率为

$$R_e = \frac{\int_0^{2\pi} \mathrm{d}\varphi \int_0^{\frac{\pi}{2}} \frac{1}{2} \left[\frac{\sin^2(\theta - \psi)}{\sin^2(\theta + \psi)} + \frac{\tan^2(\theta - \psi)}{\tan^2(\theta + \psi)} \right] \sin\theta\cos\theta \mathrm{d}\theta}{\int_0^{2\pi} \mathrm{d}\varphi \int_0^{\frac{\pi}{2}} \sin\theta\cos\theta \mathrm{d}\theta} \tag{3.182}$$

式中,θ 为入射角;φ 为方位角;ψ 为折射角。

发射率表示为

$$R_i = \frac{1-R_e}{m^2} \tag{3.183}$$

3.2.3 月球发射光谱

月球表面是由不同年龄和类型的岩石混合形成的,这些岩石以硅酸盐为主。因此,月球表面物质的发射率光谱特征主要是硅酸盐矿物的光谱特征,主要包括克里斯琴森特征、余辉带特征和透射特征三个特征。

在硅酸盐矿物中,晶体是以四个氧原子包围一个硅原子构成的,并且以这种晶体结构为单元,独立或者相互连结,形成了多种类型的络阴离子,主要有岛、环、链、层和架等五种结构。Si-O 键基频振动模式包括伸展和弯曲两种模式,在 8.5~12.0μm 范围表现为伸缩振动模式,在 16.5~25μm 范围表现为弯曲振动模式。Si-O 键两种震动模式引起了硅酸盐光谱的一个光谱特征,余辉带(reststrahlen bands,RB)特征。Conel(1969)在研究 RB 特征时,发现了一个样品的辅助光谱特征,这个特征不受测量样品颗粒的影响,可被用来定义样品成分,出现的位置在克里斯琴森频率附近,但是位置不会在克里斯琴森频率重合。相对于分子基频振动位置,这一特征发生的位置略微靠近短波处,分子吸收的能量相对较低。由于后向散射和吸收,红外辐射能够表现为反射率最小,发射率最大,习惯上称为克里斯琴森(christiansen feature,CF)特征。

此外,Si-O 伸缩振动引起了红外光谱在 8.5~12.0μm 范围的明显吸收带,Si-O-Si 键的弯曲振动同样引起了红外光谱在 16.5~25μm 范围轻微吸收带。在这两个吸收带之间,粒子处于体散射,导致了发射率光谱产生一个最小值,反射最大,习惯上称为透射(transparency feature,TF)特征。

1. 月球发射率波谱数据库

国际上已经建立的典型地物波谱数据库中,含有月球样品发射率光谱的包括 ASU 波谱库、RELAB 波谱库和 ASTER 波谱库。

1)ASU 波谱库

ASU(Arizona State University)波谱库中包含多种地质和少量月球样品的热红外光谱

数据，以及每种样品的物理和组成信息、样品质量。样品通过压碎、筛选和水洗，然后手工挑取最终纯正样品颗粒。样品包括碳酸盐、磷酸盐和硫酸盐，仅利用手工分离，样品粒径多数在 710~1000μm。发射光谱利用 Nicolet Nexus 670 干涉分光仪测量的，分光仪配有 CsI 分束器和未冷却（DTGS）探测器。仪器的光谱范围是 2000~220cm^{-1}（5~45μm）。在样品测量过程中，分光仪和试样室中连续不断的注入氮气，以便减少水和二氧化碳的含量，消除二者对光谱的影响。样品被加热到 80℃，以便减少光谱分析过程中的信号噪声比。仪器波数分辨率为 2cm^{-1}，7min 扫描时间 270 次，然后取平均值作为最后数据。

2）RELAB 波谱库

布朗大学 RELAB 波谱库是由美国航空航天局项目资助的多用户光谱设施。RELAB 包括两台可协同操作的光谱仪：紫外-可见光-近红外二向光谱仪和 Nicolet 870 Nexus 傅里叶红外光谱仪。RELAB 波谱库中，光谱包含可见光-近红外（0.3~2.5μm）和热红外（0.3~25μm）两个波段。其中，月球样品的热红外反射光谱是利用 Nicolet 870 Nexus FT-IR 分光仪，在入射角 30°、出射角 0°观测条件下获得的，仪器波长范围为 0.3~25μm，在 8μm 附近的波谱分辨率为 0.01μm。

3）ASTER 波谱库

ASTER 波谱库依存于 NASA 的 Terra 平台，被广泛应用于地质学和其他研究领域。ASTER 是一个多光谱成像器，包括 VNIR（0.4~1.0μm）、SWIR（1.0~2.4μm）和 TIR（8~12μm）范围的电磁波谱。ASTER 波谱数据库汇集了包含矿物、岩石、土壤、植被等近 2000 种自然地物和人工目标的波谱数据。其波谱数据主要来自 JPL 光谱数据库、USGS 光谱数据库和美国霍普金斯大学光谱数据库。数据库按照矿物、岩石、土壤、植被、冰雪水、陨石、气体、人工目标等分为 8 个子库，包括矿物 1348 种、岩石 244 种、月球 17 种、陨石 60 种、植被 4 类、土壤 55 种、水雪冰 9 类和人工材料 56 种。可见-近红外波谱采用 Beckman UV 5240 分光光度计进行采集，波谱数据误差小于 3%；2.08~15μm 波谱数据采用 Nicolet-FTIR 波谱仪，数据误差小于 1%。该库还具有陨石的发射率波谱数据。

2. 月球主要矿物与月壤发射率

1）辉石

辉石是一种晶体硅酸盐矿物，是地球火成岩与变质岩的主要组成矿物，含有两种金属氧化物，如 Mg、Fe、Ca、Na 或 Al，是月壳中含量最高的矿物。其红外发射光谱如图 3.19 所示。其中，8.5μm 附近存在一个最大发射峰（CF 特征）；9μm 附近存在一个最大余辉吸收谷；8.5~12.5μm 附近存在一个吸收带（余辉吸收带）。

2）斜长石

斜长石是含有钾、钠、钙及极少的钠的铝硅酸盐。月球上只含有极少量的斜长岩钠，与地球上的钙长石较为接近。不同颗粒斜长石的红外发射波谱形状大体一致，如图 3.20 所示。其中，在 8μm 附近存在一个最大发射峰；11μm 附近存在一个最大余辉吸收谷；8~12.5μm 附近存在一个吸收带。

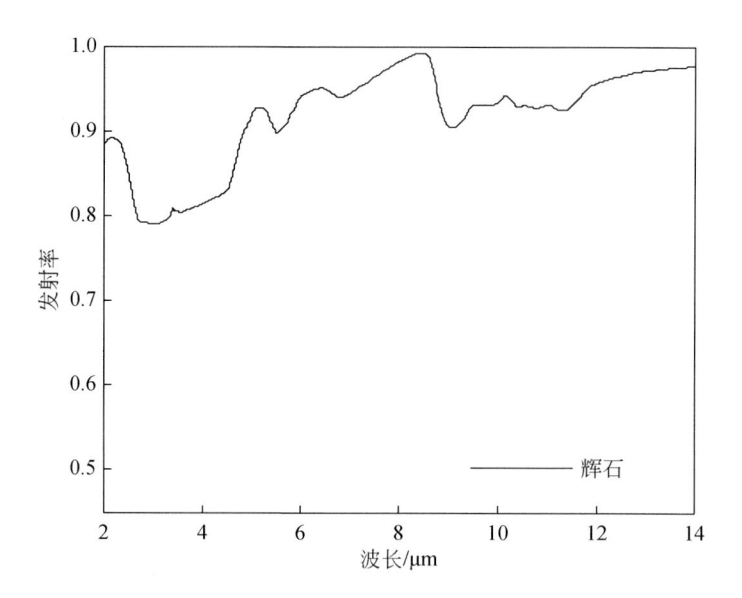

图 3.19　辉石红外发射光谱（Apollo 70017 样品）（Apollo 16 Preliminary Examination Team，1973）

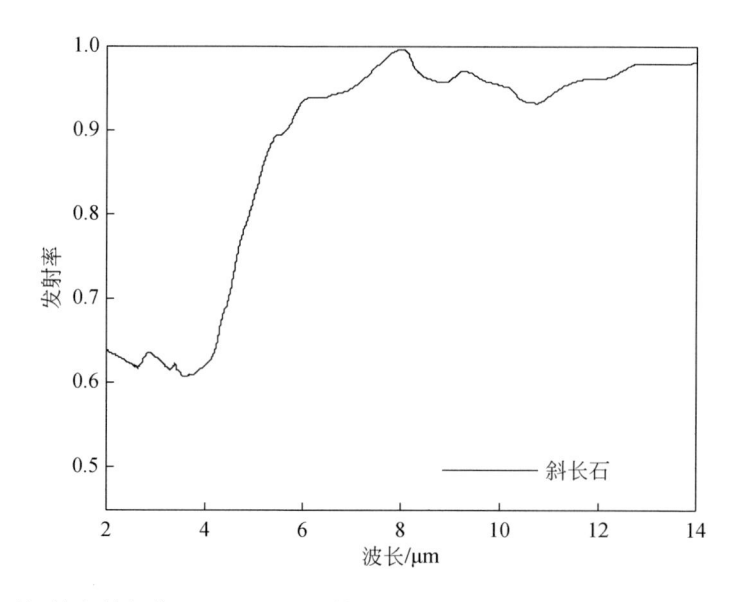

图 3.20　斜长石红外发射光谱（Apollo 70017 样品）（Apollo 16 Preliminary Examination Team，1973）

3）橄榄石

橄榄石是在月海中分布较广的一种硅酸盐矿物，大体上可分为镁橄榄石和铁橄榄石。其中，镁橄榄石含量为30%~80%，铁橄榄石的含量相对比镁橄榄石少30%左右，分布较少。在月球橄榄石中还混杂着钙、锰、铬和铝等一些杂质元素，其中铬含量较多（约0.6%）。其红外发射光谱如图3.21所示。橄榄石没有辉石和斜长石那样强的波谱规律性。其中，9μm附近存在一个最大发射峰；11μm附近存在一个最大余辉吸收谷；9~12μm附近存在一个吸收带。

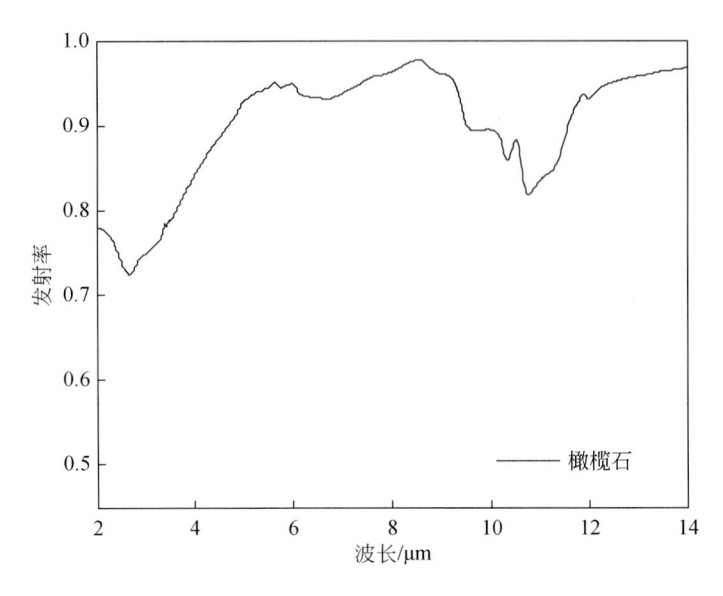

图 3.21　橄榄石红外发射光谱（Apollo 15555 样品）（Apollo 16 Preliminary Examination Team，1973）

4）钛铁矿

钛铁矿是典型的不透明矿物，在红外发射光谱区几乎没有光谱特征。钛铁矿的分子是 $Fe^{2+}Ti^{4+}O_3$，而不是 $Fe^{3+}Ti^{3+}O_3$。从各种粒径样品的相对反射率特征可以反映出不透明矿物的典型特点。其红外发射光谱如图 3.22 所示，可见钛铁矿光谱基本没有月表硅酸盐矿物红外发射光谱特性，即 8μm 附近没有 CF 值，8~12.5μm 范围没有吸收带。

5）月壤

月壤作为月球表面覆盖着的一层颗粒状粉末物质，其发射率光谱主要表现为多种岩石和矿物的混合物光谱。根据采样点的不同，其光谱特征主要表现为主要成分的光谱特征，如图 3.23 所示。四个月壤样品的波谱在 8μm 附近有一个最大发射峰（CF 特性），在 8~12.5μm 附近主要表现的是 Reststrahlen 吸收带特性，但光谱特征没有单一矿物或者岩石明显。

3. 月球主要岩石发射率

月球岩石主要分为月海玄武岩和高地岩石。岩石的红外发射光谱是矿物的混合物光谱。在可见光及短波红外光谱区，混合物的反射光谱要通过复杂的理论模型来分解，但在红外发射光谱区，岩石的红外光谱与矿物组分的丰度成正比，是矿物组分光谱的简单线性组合。然而，CF 特征的位置不再与某个光学常数相关联。当物质组成从长英质向超基性过渡时，CF 特征右移。研究表明 CF 特征与总体化学组成高度相关。

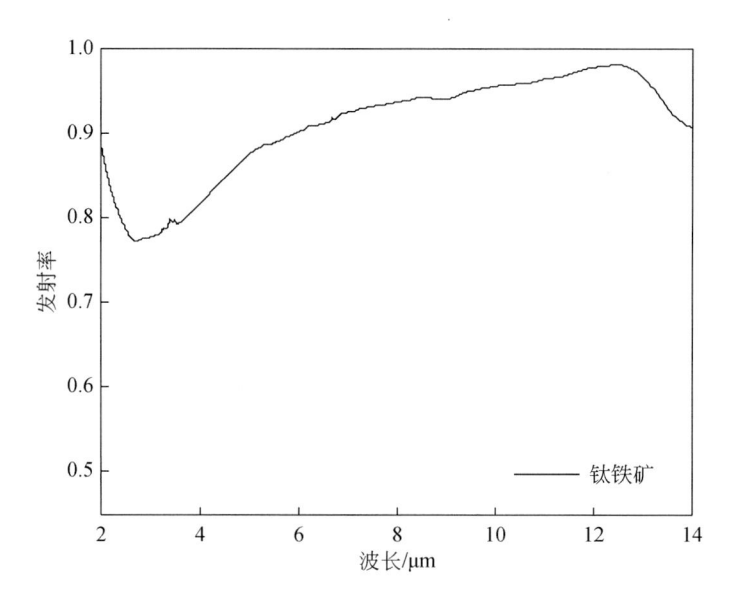

图 3.22　钛铁矿红外发射光谱（Apollo 70017 样品）（Apollo 16 Preliminary Examination Team, 1973）

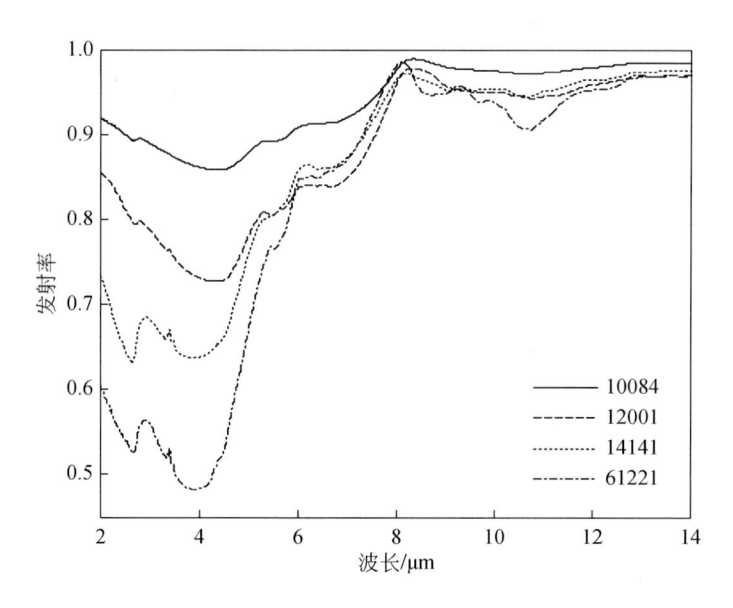

图 3.23　月壤样品红外发射光谱（Apollo 16 Preliminary Examination Team, 1973）

1）月海玄武岩

月海玄武岩分布在月海中，由斜长石、辉石和橄榄石组成，较地球玄武岩富铁而贫钠和钾。其红外发射光谱如图 3.24 所示，由不同 Apollo 探测器在不同地点采集的样品测得的。由光谱可知玄武岩在不同地点依然具有相似性，在 $8.2\mu m$ 附近出现 CF 特性，在 $8.5 \sim 12\mu m$ 附近主要表现的是 Reststrahlen 吸收带特性。

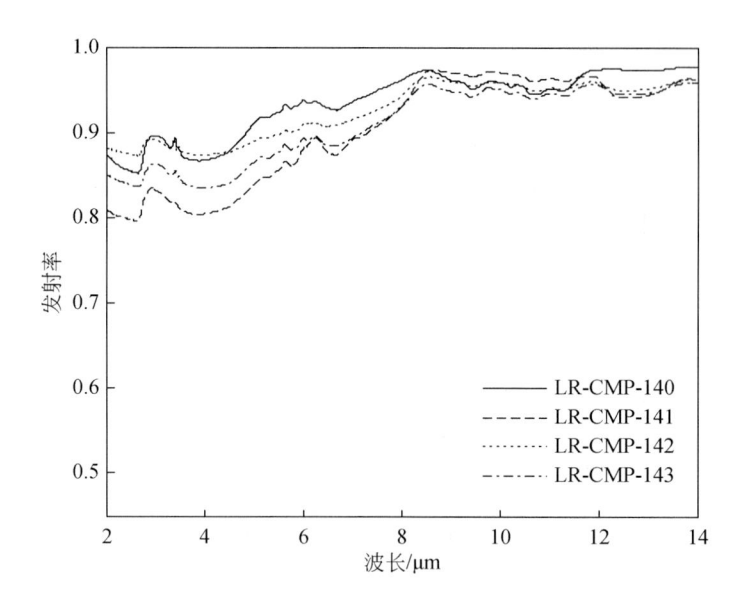

图 3.24 月海玄武岩红外发射光谱（RELAB 波谱数据库）

2) 高地斜长石

月球高地岩石红外发射光谱如图 3.25 所示，样品是由 Apollo 不同飞行器带回的高地岩石样品测得的发射率光谱。在 8μm 附近出现 CF 特性，在 8~12μm 附近主要表现的是 Reststrahlen 吸收带特性。

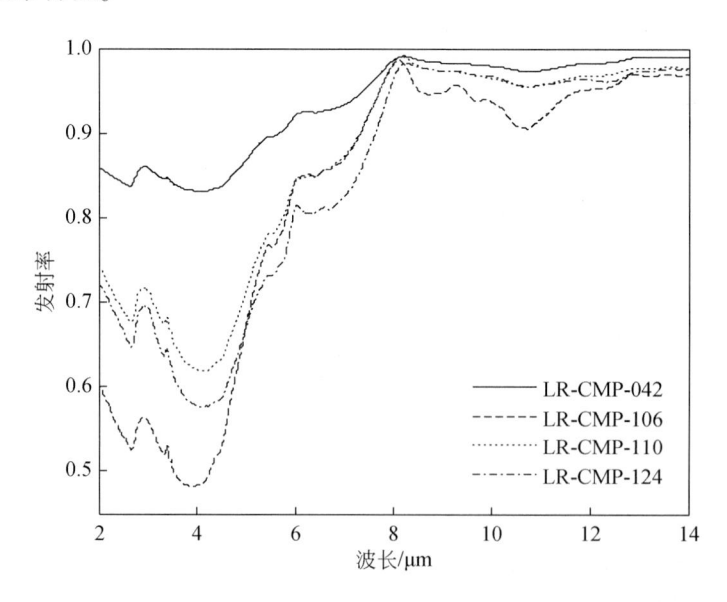

图 3.25 月球高地岩石红外发射光谱（RELAB 波谱数据库）

3) 其他岩石

图 3.26 为 67627 和 69935 两个岩石样品的红外发射波谱。两个样品的红外发射波谱与

辉石、斜长石的波谱形状大致相似，这可能是两种矿物在样品中的含量较高的原因。两个样品的波谱在 8μm 附近有一个最大发射峰（CF 特性）；在 8~12.5μm 附近存在一个吸收带；在 12.5μm 附近有一个最大 Reststrahlen 吸收谷。

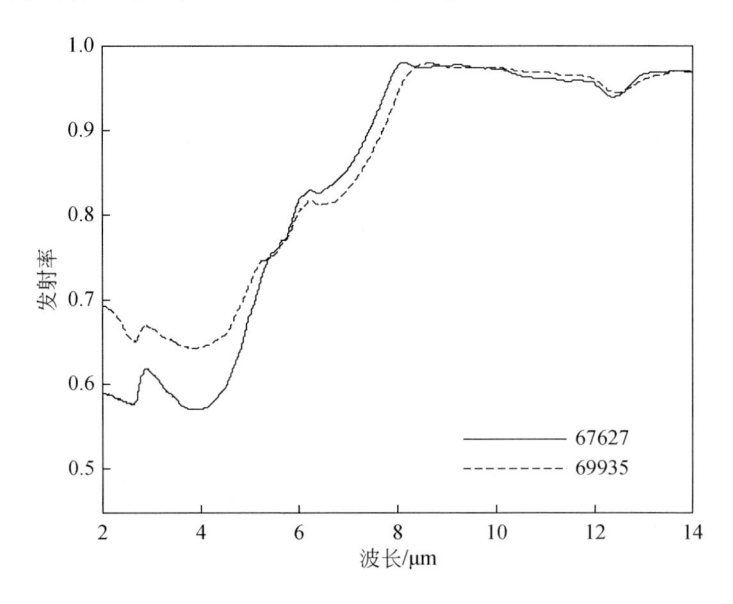

图 3.26　67627 和 69935 样品岩石红外发射光谱（Apollo 16 Preliminary Examination Team，1973）

3.3　月球微波辐射

3.3.1　雷达波传输模型

雷达波是矢量波，也就是说要完整描述一个电磁波，除了指明它的振幅、相位和频率外，还需要指定它的矢量方向。通常采用极化（或偏振）描述电磁波的矢量方向。极化描述电磁波电场强度的方向和幅值随着时间变化的性质。图 3.27 给出了一束平面波在介质中传播的情况。该平面波可以由正交的电场矢量 $\vec{E}$ 和磁场矢量 $\vec{H}$ 来确定。

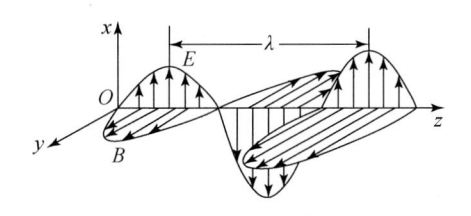

图 3.27　电磁波的横波特性

将电场矢量 $\vec{E}$ 分解为两个互相垂直的分量 $\vec{E}_v$ 和 $\vec{E}_h$。空间中任意一点的电磁波的偏振态由一个随时间变化的电场矢量 $\vec{E}$ 来描述。电场矢量 $\vec{E}$ 的末端随着时间变化的运动轨迹位于与传播方向垂直的平面内。以 $\vec{E}_v$、$\vec{E}_h$ 和 $\vec{E}_v \times \vec{E}_h$ 为坐标轴建立笛卡尔坐标系，$\vec{E}$ 在坐标轴上分解的数值为

$$E_v = a_v \exp[-i(\xi + \delta_v)] \tag{3.184}$$

$$E_h = a_h \exp[-i(\xi + \delta_h)] \tag{3.185}$$

式中，a_v、a_h 为电矢量振幅；δ_v、δ_h 为相位；$\xi = kz - \omega t$，k ($k = 2\pi/\lambda$)，为波长 λ 下的传播常数（又叫波数），ω ($\omega = kc_0$) 为角频率。

这样电矢量端点的轨迹方程表示为一个椭圆，定义椭圆率为 β，其中椭圆半长轴和半短轴分别为 b 和 c，即

$$\tan\beta = \frac{c}{b} \tag{3.186}$$

但仅凭借辐射强度不足以完全反映辐射能量的性质，因为电磁波的振动会随着时间和空间的推移而发生变化。1852 年，斯托克斯提出了使用 4 个参量来描述光波的强度和偏振态，这种描述方法适用于完全偏振光、部分偏振光和完全非偏振光，也适用于单色光或者非单色光。对于一个椭圆极化单色电磁波 $\bar{E} = \hat{v}E_v + \hat{h}E_h$，4 个斯托克斯矢量被定义为 (Tsang et al., 1985, Jin, 1994)

$$\bar{I} = \begin{bmatrix} I_v \\ I_h \\ U \\ V \end{bmatrix} = \begin{bmatrix} \dfrac{1}{\eta}\langle |E_v|^2 \rangle \\ \dfrac{1}{\eta}\langle |E_h|^2 \rangle \\ \dfrac{2}{\eta}\mathrm{Re}\langle E_v E_h^* \rangle \\ \dfrac{2}{\eta}\mathrm{Im}\langle E_v E_h^* \rangle \end{bmatrix} \tag{3.187}$$

式中，角括号的 $\langle * \rangle$ 为在频率相关的间隔内取时间平均；上标 $*$ 为共轭复数；I_v 为辐射强度；I_h 为极化程度；v 为偏振光的水平优先度，U 为偏振光中线偏振的比例；V 为偏振光中圆偏振的比例；$\eta = \sqrt{\mu/\varepsilon}$ 为电磁波所传播介质的波阻抗；μ 和 ε 分别为介质的磁导率和介电常数。

考虑一层随机疏松分布的散射粒子，介电常数为 ε_s，处在介电常数为 ε_1 的背景介质中。下垫区域 2 为均匀介质，介电常数为 ε_2（图 3.28）。一入射波从区域 0 入射到月表，则区域 1 中矢量辐射传输方程可写为 (Tsang et al., 1985, Jin, 1994)：

$$\cos\theta \frac{\mathrm{d}}{\mathrm{d}z}\bar{I}(\theta,\phi,z) = -\overline{\overline{Ke}}(\theta,\phi,z) \cdot \bar{I}(\theta,\phi,z) + \int_0^\pi \mathrm{d}\theta' \sin\theta'$$

$$\cdot \int_0^{2\pi} \mathrm{d}\phi' \overline{\overline{P}}(\theta,\phi;\theta',\phi',z) \cdot \bar{I}(\theta',\phi',z) \tag{3.188}$$

式中，斯托克斯矢量 $\bar{I}(\theta,\phi,z)$ 代表穿透月表雷达波的强度和偏振状态，θ 为入射角，ϕ 为方位角，P 为相矩阵，z 为沿着辐射方向的路径坐标。矩阵 $\overline{\overline{Ke}}$ 的表达式为

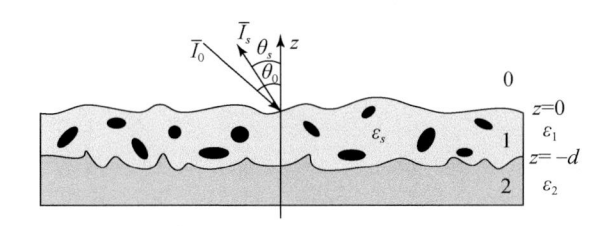

图 3.28 包含月壤、嵌入岩石和下层基岩的月表示意图

I_0-入射 Stokes 矢量；I_s-出射的散射强度（Stokes 矢量）；θ_0-入射角；θ_s-出射角；d 为薄层（粒子层、介质层）厚度；z-光在传播方向上的空间位置

$$\overline{\overline{\mathrm{Ke}}}(\theta,\phi)=\frac{2\pi}{k}n\begin{bmatrix} 2\mathrm{Im}\langle f_{vv}^0\rangle & 0 & \mathrm{Im}\langle f_{vh}^0\rangle & -\mathrm{Re}\langle f_{vh}^0\rangle \\ 0 & 2\mathrm{Im}\langle f_{hh}^0\rangle & \mathrm{Im}\langle f_{hv}^0\rangle & \mathrm{Re}\langle f_{hv}^0\rangle \\ 2\mathrm{Im}\langle f_{hv}^0\rangle & 2\mathrm{Im}\langle f_{vh}^0\rangle & \mathrm{Im}\langle f_{vv}^0+f_{hh}^0\rangle & \mathrm{Re}\langle f_{vv}^0-f_{hh}^0\rangle \\ 2\mathrm{Re}\langle f_{hv}^0\rangle & -2\mathrm{Re}\langle f_{vh}^0\rangle & \mathrm{Re}\langle f_{hh}^0-f_{vv}^0\rangle & \mathrm{Im}\langle f_{vv}^0+f_{hh}^0\rangle \end{bmatrix} \quad (3.189)$$

式中，k 为波数，f_{vv}^0 为散射元的前向散射振幅函数，角括号 $\langle\ \rangle$ 为关于散射元空间取向分布的平均。

相矩阵 $\bar{\bar{P}}$ 的表达式为

$$\bar{\bar{P}}(\theta_s,\phi_s;\theta_i,\phi_i)=n\begin{bmatrix} \langle|f_{vv}|^2\rangle & \langle|f_{vh}|^2\rangle & \mathrm{Re}\langle f_{vv}f_{vh}^*\rangle & -\mathrm{Im}\langle f_{vv}f_{vh}^*\rangle \\ \langle|f_{hv}|^2\rangle & \langle|f_{hh}|^2\rangle & \mathrm{Re}\langle f_{hv}f_{hh}^*\rangle & -\mathrm{Im}\langle f_{hv}f_{hh}^*\rangle \\ 2\mathrm{Re}\langle f_{vv}f_{hv}^*\rangle & 2\mathrm{Re}\langle f_{vh}f_{hh}^*\rangle & \mathrm{Re}\langle f_{vv}f_{hh}^*+f_{vh}f_{hv}^*\rangle & -\mathrm{Im}\langle f_{vv}f_{hh}^*-f_{vh}f_{hv}^*\rangle \\ 2\mathrm{Im}\langle f_{vv}f_{hv}^*\rangle & 2\mathrm{Im}\langle f_{vh}f_{hh}^*\rangle & \mathrm{Im}\langle f_{vv}f_{hh}^*+f_{vh}f_{hv}^*\rangle & \mathrm{Re}\langle f_{vv}f_{hh}^*-f_{vh}f_{hv}^*\rangle \end{bmatrix}$$

(3.190)

式中，n 为单位体积内嵌入岩石的数量；$f_{pq}(\theta_s,\phi_s;\theta_i,\phi_i)$（$p,q=v,h$，其中 v 是垂直极化，h 是水平极化）是单一散射体的散射振幅函数；i 和 s 分别为入射和散射的方向。散射振幅函数依赖于散射体的尺寸、形状和方向以及雷达波的频率。

矢量辐射传输方程在 $z=0$ 和 $z=-d$ 处的边界条件为

$$\bar{I}(\pi-\theta,\phi,z=0)=\int_0^{2\pi}\mathrm{d}\phi'\int_0^{\pi/2}\mathrm{d}\theta'\sin\theta'\,\overline{\overline{R}}10(\theta,\phi;\theta',\phi')\cdot\bar{I}(\theta',\phi',z=0)$$
$$+\int_0^{2\pi}\mathrm{d}\phi'\int_0^{\pi/2}\mathrm{d}\theta'\sin\theta'\,\overline{\overline{T}}01(\theta,\phi;\theta',\phi')\cdot\bar{I}_i(\pi-\theta',\phi',z=0)$$

(3.191)

$$\bar{I}(\theta,\phi,z=-d)=\int_0^{2\pi}\mathrm{d}\phi'\int_0^{\pi/2}\mathrm{d}\theta'\sin\theta'\,\overline{\overline{R}}12(\theta,\phi;\theta',\phi')\cdot\bar{I}(\pi-\theta',\phi',z=-d)$$

(3.192)

接收到的斯托克斯矢量（在区域 0 处）为

$$\bar{I}(\theta,\phi,z=0) = \int_0^{2\pi} d\phi' \int_0^{\pi/2} d\theta' \sin\theta' \, \bar{\bar{T}}10(\theta,\phi;\theta',\phi') \cdot \bar{I}(\theta',\phi',z=0)$$
$$+ \int_0^{2\pi} d\phi' \int_0^{\pi/2} d\theta' \sin\theta' \, \bar{\bar{R}}01(\theta,\phi;\theta',\phi') \cdot \bar{I}_i(\pi-\theta',\phi',z=0) \quad (3.193)$$

式 (3.191) 为下行的斯托克斯矢量，式 (3.192) 为上行的斯托克斯矢量。在式 (3.191) 和式 (3.192) 中，$\bar{\bar{R}}ij$ 和 $\bar{\bar{T}}ij$ 是散射和透射矩阵（从 i 层到 j 层）。在式 (3.193) 中，$\bar{I}_i(\pi-\theta,\phi,z=0) = \bar{I}_i \delta(\cos\theta - \cos\theta_i) \delta(\phi - \phi_i)$，是入射的斯托克斯矢量，$\theta_i$ 和 ϕ_i 分别为入射雷达波的入射角和方位角。

用迭代法解式 (3.191) 和式 (3.192) 所描述的边界条件的矢量辐射传输式 (3.188)。月表上方（区域 0）的散射斯托克斯矢量为

$$\bar{I}_s(\theta,\phi,z=0) = \bar{I}_{\text{sur}}(\theta,\phi,z=0) + \bar{I}_{\text{bedrock}}(\theta,\phi,z=0) + \bar{I}_{\text{vol}}(\theta,\phi,z=0)$$
$$+ \bar{I}_{\text{bedrock\_vol}}(\theta,\phi,z=0) + \bar{I}_{\text{vol\_bedrock}}(\theta,\phi,z=0) \quad (3.194)$$

式中，下标表示月壤雷达波的散射机制，如图 3.29 所示。$\bar{I}_{\text{sur}}$ 为来自粗糙表面的漫散射；$\bar{I}_{\text{bedrock}}$ 为来自下层基岩的散射；$\bar{I}_{\text{vol}}$ 为来自嵌入岩石的散射；$\bar{I}_{\text{bedrock\_vol}}$ 为入射到下层基岩的雷达波又反射到嵌入岩石的散射；$\bar{I}_{\text{vol\_bedrock}}$ 为入射到嵌入岩石的雷达波又反射到下层基岩的散射。

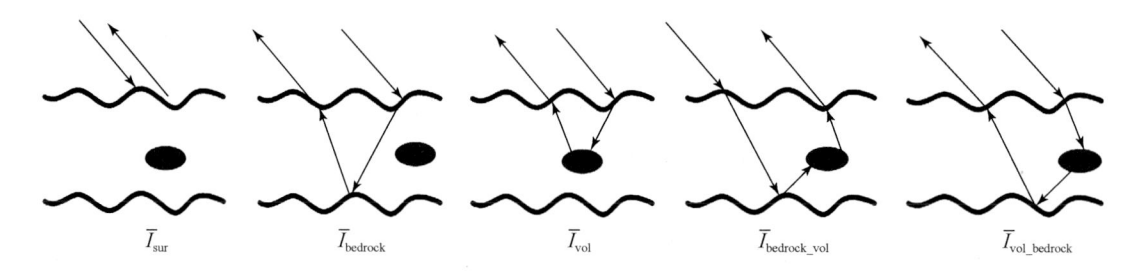

图 3.29 月壤的五种雷达波散射机制

式 (3.194) 中五种散射机制的表达式为

$$\bar{I}_{\text{sur}}(\theta,\phi,z=0) = \bar{\bar{R}}01(\theta,\phi;\theta_i,\phi_i) \cdot \bar{I}_i \quad (3.195)$$

$$\bar{I}_{\text{bedrock}}(\theta,\phi,z=0) = \int_0^{2\pi} d\phi' \int_0^{\pi/2} d\theta' \sin\theta' \, \bar{\bar{T}}10(\theta,\phi;\theta',\phi')$$
$$\cdot \bar{\bar{E}}(\theta',\phi') \, \bar{\bar{D}}[-\beta(\theta',\phi')d\sec\theta'] \cdot \bar{\bar{E}}^{-1}(\theta',\phi') \int_0^{2\pi} d\phi'' \int_0^{\pi/2} d\theta''$$
$$\cdot \sin\theta'' \, \bar{\bar{R}}12(\theta',\phi';\theta'',\phi'') \, \bar{\bar{E}}(\pi-\theta'',\phi'') \quad (3.196)$$
$$\cdot \bar{\bar{D}}[-\beta(\pi-\theta'',\phi'')d\sec\theta''] \cdot \bar{\bar{E}}^{-1}(\pi-\theta'',\phi'') \, \bar{\bar{T}}01(\theta'',\phi'';\theta_i,\phi_i) \bar{I}_i$$

$$\bar{I}_{\text{vol}}(\theta,\phi,z=0) = \int_0^{2\pi} d\phi' \int_0^{\pi/2} d\theta' \sin\theta' \, \bar{\bar{T}}10(\theta,\phi;\theta',\phi')$$
$$\cdot \sec\theta' \int_{-d}^{0} dz' \, \bar{\bar{E}}(\theta',\phi')$$

$$\cdot \overline{\overline{D}}[\beta(\theta',\phi')z'\sec\theta']\ \overline{\overline{E}}^{-1}(\theta',\phi')$$

$$\cdot \int_0^{2\pi}\mathrm{d}\phi''\int_0^{\pi/2}\mathrm{d}\theta''\sin\theta''\ \overline{\overline{P}}(\theta',\phi';\pi-\theta'',\phi'')$$

$$\cdot \overline{\overline{E}}(\pi-\theta'',\phi'')\ \overline{\overline{D}}[\beta(\pi-\theta'',\phi'')z'\sec\theta'']$$

$$\cdot \overline{\overline{E}}^{-1}(\pi-\theta'',\phi'')\ \overline{\overline{T}}01(\theta'',\phi'';\theta_i,\phi_i)\bar{I}_i \tag{3.197}$$

$$\bar{I}_{\text{bedrock\_vol}}(\theta,\phi,z=0)=\int_0^{2\pi}\mathrm{d}\phi'\int_0^{\pi/2}\mathrm{d}\theta'\sin\theta'\ \overline{\overline{T}}10(\theta,\phi;\theta',\phi')$$

$$\cdot \sec\theta'\int_{-d}^0 \mathrm{d}z'\ \overline{\overline{E}}(\theta',\phi')$$

$$\cdot \overline{\overline{D}}[\beta(\theta',\phi')z'\sec\theta']\ \overline{\overline{E}}^{-1}(\theta',\phi')$$

$$\cdot \int_0^{2\pi}\mathrm{d}\phi''\int_0^{\pi/2}\mathrm{d}\theta''\sin\theta''\ \overline{\overline{P}}(\theta',\phi';\theta'',\phi'')$$

$$\cdot \overline{\overline{E}}(\theta'',\phi'')\ \overline{\overline{D}}[-\beta(\theta'',\phi'')(z'+d)\sec\theta'']$$

$$\cdot \overline{\overline{E}}^{-1}(\theta'',\phi'')\int_0^{2\pi}\mathrm{d}\phi'''\int_0^{\pi/2}\mathrm{d}\theta'''\sin\theta'''$$

$$\cdot \overline{\overline{R}}12(\theta'',\phi'';\theta''',\phi''')\ \overline{\overline{E}}(\pi-\theta''',\phi''')$$

$$\cdot \overline{\overline{D}}[-\beta(\pi-\theta''',\phi''')d\sec\theta''']$$

$$\cdot \overline{\overline{E}}^{-1}(\pi-\theta''',\phi''')\ \overline{\overline{T}}01(\theta''',\phi''';\theta_i,\phi_i)\bar{I}_i \tag{3.198}$$

$$\bar{I}_{\text{vol\_bedrock}}(\theta,\phi,z=0)=\int_0^{2\pi}\mathrm{d}\phi'\int_0^{\pi/2}\mathrm{d}\theta'\sin\theta'\ \overline{\overline{T}}10(\theta,\phi;\theta',\phi')$$

$$\cdot \overline{\overline{E}}(\theta',\phi')\ \overline{\overline{D}}[-\beta(\theta',\phi')d\sec\theta']$$

$$\cdot \overline{\overline{E}}^{-1}(\theta',\phi')\int_0^{2\pi}\mathrm{d}\phi''\int_0^{\pi/2}\mathrm{d}\theta''\sin\theta''$$

$$\cdot \overline{\overline{R}}12(\theta',\phi';\theta'',\phi'')\sec\theta''\int_{-d}^0 \mathrm{d}z'\ \overline{\overline{E}}(\pi-\theta'',\phi'')$$

$$\cdot \overline{\overline{D}}[-\beta(\pi-\theta'',\phi'')(z'+d)\sec\theta'']$$

$$\cdot \overline{\overline{E}}^{-1}(\pi-\theta'',\phi'')\int_0^{2\pi}\mathrm{d}\phi'''\int_0^{\pi/2}\mathrm{d}\theta'''\sin\theta'''$$

$$\cdot \overline{\overline{P}}(\pi-\theta'',\phi'';\pi-\theta''',\phi''')\ \overline{\overline{E}}(\pi-\theta''',\phi''')$$

$$\cdot \overline{\overline{D}}[\beta(\pi-\theta''',\phi''')z'\sec\theta''']$$

$$\cdot \overline{\overline{E}}^{-1}(\pi-\theta''',\phi''')\ \overline{\overline{T}}01(\theta''',\phi''';\theta_i,\phi_i)\bar{I}_i \tag{3.199}$$

式中，$\overline{\overline{D}}[\beta(\theta,\phi)z\sec\theta]$ 为 4×4 的对角矩阵，$\overline{\overline{E}}$ 和 $\beta_i(\theta,\phi)$ ($i=1,2,3,4$) 分别为特征向量矩阵和矩阵 $\overline{\overline{K}}e$ 的特征值。粗糙表面的散射和透射能够被分解为相干和不相干部分，反射和透射矩阵 $\overline{\overline{R}}12$、$\overline{\overline{T}}01$、$\overline{\overline{T}}10$ 能够被写为（Fung，1994）：

$$\overline{\overline{R}}(\theta,\phi;\theta_i,\phi_i)=\overline{\overline{R}}^n(\theta,\phi;\theta_i,\phi_i)+\overline{\overline{R}}^c(\theta,\phi;\theta_i,\phi_i)\cdot\delta(\cos\theta-\cos\theta_i)\delta(\phi-\phi_i) \tag{3.200}$$

$$\overline{\overline{T}}(\theta,\phi;\theta_i,\phi_i)=\overline{\overline{T}}^n(\theta,\phi;\theta_i,\phi_i)+\overline{\overline{T}}^c(\theta,\phi;\theta_i,\phi_i)\cdot\delta(\cos\theta-\cos\theta_i^+)\delta(\phi-\phi_i^+) \tag{3.201}$$

式中，克罗内克脉冲函数 $\delta(\cos\theta-\cos\theta_i)\delta(\phi-\phi_i)$ 和 $\delta(\cos\theta-\cos\theta_i^+)\delta(\varphi-\varphi_i^+)$ 分别为在镜面或衍射方向的相干散射和透射；(θ_i^+,ϕ_i^+) 为入射波的散射角；上标 c 和 n 分别为相干和不相干组分。

由于月球表面在大尺度范围内是相对平坦的（在分米到米的尺度内，雨海地区的均方根坡度为 2°~4°，高地地区的均方根坡度为 6°~8°）和月壤的介电常数比较小（$\varepsilon_1'\sim 3$），来自于月表的非相干散射和相干散射相比，是可以忽略的。将式（3.200）和式（3.201）代入式（3.194）中，并且忽略多于一种非相干散射的散射机制，则接收雷达波的斯托克斯矢量 $\bar{I}_s(\theta,\phi,z=0)$ 表达式为

$$\bar{I}_s(\theta,\phi,z=0) = \bar{\bar{M}}(\theta,\phi;\pi-\theta_i,\phi_i) \cdot \bar{I}_i(\pi-\theta_i,\phi_i) \tag{3.202}$$

穆勒矩阵 $\bar{\bar{M}}(\theta,\phi;\pi-\theta_i,\phi_i)$ 为

$$\begin{aligned}\bar{\bar{M}}(\theta,\phi;\pi-\theta_i,\phi_i) &= \bar{\bar{M}}\text{sur}(\theta,\phi;\pi-\theta_i,\phi_i)\\ &+\bar{\bar{M}}\text{bedrock}(\theta,\phi;\pi-\theta_i,\phi_i)\\ &+\bar{\bar{M}}\text{vol}(\theta,\phi;\pi-\theta_i,\phi_i)\\ &+\bar{\bar{M}}\text{bedrock\_vol}(\theta,\phi;\pi-\theta_i,\phi_i)\\ &+\bar{\bar{M}}\text{vol\_bedrock}(\theta,\phi;\pi-\theta_i,\phi_i)\end{aligned} \tag{3.203}$$

式中，$\bar{\bar{M}}\text{sur}$、$\bar{\bar{M}}\text{bedrock}$、$\bar{\bar{M}}\text{vol}$、$\bar{\bar{M}}\text{bedrock\_vol}$ 和 $\bar{\bar{M}}\text{vol\_bedrock}$ 分别为表面散射、次表面散射、体散射、入射到下层基岩的雷达波又反射到嵌入岩石的散射和入射到嵌入岩石的雷达波又反射到下层基岩散射的穆勒矩阵。

3.3.2 微波热辐射模型

月表亮温与月壤参数的关系通过辐射传输模拟来构建。辐射传输方程由 Schuster 于 1905 年提出，目的是解释恒星谱中吸收和发射谱线，从能量守恒在散射介质中的传输方程出发，包括了源的贡献和传输过程中介质的散射、吸收，考虑强度的迭加而非场的叠加。

当致密介质的粒度是随机分布，且为离散随机散射时，亮度温度与致密介质参数之间的关系往往是非线性的。在这种情况下，采用辐射传输方程方法来估算致密介质厚度是一个比较好的选择。

致密介质参数控制着介质中电磁辐射的传播，地表亮度温度则是致密介质参数信息的综合反映，利用辐射传输方程模拟反演就能够得到这些特性参数。

辐射传输方程的微分形式是

$$\frac{\mathrm{d}B}{\mathrm{d}\tau}+B=J \tag{3.204}$$

式中，B 为亮度。τ 为光学厚度，$\mathrm{d}\tau=k_e\mathrm{d}r$，从源点到目标点之间的光学厚度定义为

$$\tau(r_1,r_2) = \int_{r_1}^{r_2} k_e \mathrm{d}r \tag{3.205}$$

式中，k_e 为介质的消光系数，由介质的吸收系数 k_α 和散射系数 k_s 组成，$k_e = k_\alpha + k_s$。J 为总有效源函数：

$$J = [(1-\alpha)J_\alpha + \alpha J_s] \tag{3.206}$$

式中，J_α 和 J_s 分别为吸收源函数和散射源函数；α 为反照率，是散射系数与消光系数之比，可得式（3.178）的形式解为

$$B(r) = B(0)e^{-\tau(0,r)} + \int_0^r k_e(r')[(1-\alpha)J_\alpha(r') + \alpha J_s(r')]e^{-\tau(r',r)}dr' \tag{3.207}$$

式（3.207）表明，任意点 r 沿 r' 方向传播的亮度，任意点 r 的亮度 $B(r)$ 包括两部分：一是 $B(0)$ 沿 $\hat{r}$ 方向传播衰减后的值，二是传播路径的某个位置 r' 处厚度为 dr' 的介质层发射的亮温经衰减后对目标点的贡献（图3.30）。

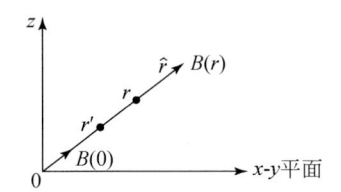

图 3.30 传输方程的几何示意图

在微波范围内，可用亮度温度 T_B 代替像元的亮度值 B，用不同深度处 z 的温度 $T(z)$ 代替总有效源函数 J，解方程可得介质表面的微波辐射亮温 T_B 与致密介质参数的关系：

$$T_B(r) = T_B(0)e^{-\tau(0,r)} + \int_0^l k_e(r')[(1-\alpha)T(r') + \alpha T_{SC}(r')]e^{-\tau(r',r)}dr' \tag{3.208}$$

式中，$T_B(r)$ 为深度 r 处介质的微波辐射亮温；$T_B(0)$ 为深度 0 处介质的微波辐射亮温；$T(r')$ 为深度 r' 处介质的物理温度；$T_SC(r')$ 为深度 r' 处的散射温度；$k_e(r')$ 为深度 r' 处介质的消光系数，包括介质的吸收系数和散射系数。

在被动微波遥感技术中，探测器获取的能量来自目标内部的发射，没有源点 $T_B(0)$ 的贡献。若再忽略介质内部的散射，则式（3.208）可简化为

$$T_B(r) = \int_0^l k_\alpha(r')T(r')e^{-\tau(r',r)}dr' \tag{3.209}$$

这就是被动微波热辐射传输方程。

3.3.3 月球矿物与月壤介电特性

月表物质是典型的硅酸盐介质，用来衡量介质特性的参数是两个复数，即复介电常数（ε^*）和复磁导率（μ^*）。

$$\varepsilon^* = \varepsilon_o \varepsilon_r = \varepsilon_o(\varepsilon' - j\varepsilon'') \tag{3.210}$$

$$\mu^* = \mu_o \mu_r = \mu_o(\mu' - j\mu'') \tag{3.211}$$

式中，ε_o 为自由空间的介电常数，$\varepsilon_o = 8.857 \times 10^{-12}$ F/m；μ_o 为自由空间的磁导率，$\mu_o = 4\pi \times 10^{-7}$ H/m；ε_r 和 μ_r 分别为介质的复相对介电常数和复相对磁导率，表示为

$$\varepsilon_r = \varepsilon' - j\varepsilon'' \tag{3.212}$$

$$\mu_r = \mu' - j\mu'' \tag{3.213}$$

当 δ_ε 和 δ_μ 分别为介质材料的电损耗角和磁损耗角，则有

$$\tan\delta_\varepsilon = \frac{\varepsilon''}{\varepsilon'} \tag{3.214}$$

$$\tan\delta_\mu = \frac{\mu''}{\mu'} \tag{3.215}$$

式中，ε' 为复介电常数的实部，常简称介电常数，又称电容率，是综合反映介质极化行为的一个主要的宏观物理量，反映了物质储存电磁能的能力；ε'' 为复介电常数的虚部，与电导率有关，即

$$\varepsilon'' = \frac{\sigma}{\omega\varepsilon_0} \tag{3.216}$$

式中，σ 为电导率；ω 为电磁波的角频率。

复介电常数是量度物质保持电荷间距离的能力（即电荷极化）的物理量。非金属矿物的介电常数（ε'）几乎都为 4~13，金属矿物多为 17~74，也有更高的，金属矿物的介电损耗远高于非金属矿物。对于绝对无水的月岩，其电阻率和复介电常数通常是由其矿物组成、结构和构造来决定的。对于结构松散的月壤，复介电常数通常是由测试频率、样品密度、测试温度、化学成分来决定的。

表 3.1 为月表电磁测深实验推测的月球表面乃至一定深度的复介电常数；这些数据与由月球样品实际测量得到的复介电常数符合（表 3.2）。

表 3.1 月表电磁测深实验结果（Heiken et al.，1991）

任务	λ/m	ε'	$\tan\delta$	参考文献
Surveyor				
Surveyor1	0.023	2.40±0.50	—	Muhleman 等（1969）
Surveyor3	0.023	2.07±0.11	—	Muhleman 等（1969）
Surveyor5	0.023	2.00±0.16	—	Muhleman 等（1969）
Surveyor7	0.023	3.28±0.40	—	Muhleman 等（1969）
Surveyor3	0.023	3.7±0.5~1.0	(0.0257±0.005)ρ	Brown 等（1967）
Apollo 17 SEP				
月表 7±1m 深处		3.8±0.2	0.08±0.04	Strangway 等（1975）
月表 100±10m 深处		7.5±0.5	0.035±0.025	Strangway 等（1975）
Remainder		9	—	Strangway 等（1975）
Luan 9	0.17	2.7±0.9	—	Kroupenio（1973）
Luan 11		2.85±0.15	—	Kroupenio（1973）
Luan 13		4.4±2.1	—	Kroupenio（1973）
Luan 14	0.17	2.9±0.1	—	Kroupenio（1973）
Luan 16	0.031	2.15±0.35	—	Kroupenio（1973）
Luan 17	0.031	2.3±0.4	—	Kroupenio（1973）

续表

任务	λ/m	ε'	$\tan\delta$	参考文献
Luan 19		2.35±0.65	—	Kroupenio 等（1975）
Luan 19		3.2±0.2	—	Kroupenio 等（1975）
Luan 20		1.7±0.2	—	Kroupenio 等（1975）

注：ρ 为密度，g/cm^3。

表 3.2　月球样品的复介电常数测量结果（Heiken et al.，1991）

样品编号	$\rho/(g/cm^3)$	f/MHz	测试条件	ε'	$\tan\delta$	TiO/%	FeO/%
10017	3.1	1	N	8.8	0.075	11.74	19.82
10020	3.18	1	AN	10	0.13	10.72	19.35
10022	3.1	450	A	4.17	0.139	12.2	18.9
10046	2.21	1	AN	9	0.05	10.35	19.22
10048	0	1	AN	3.85	0.12	未测	未测
10057	2.88	1	AN	11	0.1	11.44	19.35
10059	2.2	450	A	5.86	0.11	7.63	16.16
10065	2.45	10	A	7.3	0.019	7.35	15.79
10084	1.94	1	N	3.8	0.017 5	7.56	15.94
10084	1.01	450	A	1.8	0.013	7.56	15.94
10084	1.25	450	A	2.06	0.017	7.56	15.94
10084	1.57	450	A	2.45	0.02	7.56	15.94
12002	3.3	1	AN	9	0.05	2.76	19.38
12002	3.1	1	N	8.3	0.051	2.76	19.38
12002	3.04	1	N	7.8	0.056	2.76	19.38
12002	3.04	1	V	8	0.065	2.76	19.38
12022	3.32	1	AN	11	0.18	4.9	21.7
12033	1.19	450	A	1.79	0.01	2.48	14.2
12033	1.4	450	A	2.08	0.012	2.48	14.2
12033	1.72	450	A	2.52	0.013	2.48	14.2
12063	2.9	450	A	6.87	0.08	5	21.26
12065	2.9	450	A	7.26	0.21	3.8	22
12070	1.74	1	N	3	0.025	2.81	16.4
12070	1.17	450	A	1.85	0.008 8	2.81	16.4
12070	1.24	450	A	2.02	0.012 5	2.81	16.4
12070	1.32	450	A	2.12	0.012 1	2.81	16.4
12070	1.4	450	A	2.15	0.014 4	2.81	16.4
12070	1.51	450	A	2.32	0.014 1	2.81	16.4
12070	1.8	450	A	2.98	0.015 8	2.81	16.4

续表

样品编号	ρ/(g/cm³)	f/MHz	测试条件	ε'	$\tan\delta$	TiO/%	FeO/%
14003	1.16	450	A	2.01	0.004 2	1.77	10.45
14003	1.55	450	A	2.6	0.005 6	1.77	10.45
14163	1.44	450	A	2.57	0.005 1	1.77	10.41
14163	1.8	450	A	3.28	0.006	1.77	10.41
14163	1.2	1	V	2.3	0.000 6	1.79	10.35
14163	1.71	9 375	AN	3.59	0.015	1.79	10.35
14163	2.06	9 375	AN	4.45	0.015	1.79	10.35
14301	2.3	1	AN	4.8	0.05	1.7	9.8
14301	2.17	1	AN	4.8	0.05	1.7	9.8
14310	2.86	1	AN	6	0.02	1.3	7.7
14310	2.81	9 375	AN	6.46	0.007 5	1.3	7.7
14310	3.3	1	AN	6.4	0.02	1.3	7.7
14310	3.3	1	AN	7	0.012	1.3	7.7
14310	2.76	450	A	6.58	0.004 4	1.3	7.7
14318	2.3	1	AN	5.97	0.008 2	1.46	9.5
14321	2.4	1	AN	5.28	0.012 3	2.4	13
14321	2.35	1	AN	5.9	0.01	2	13
15001	1.75	450	A	2.73	0.004 4	2	20
15001	1.88	450	A	2.82	0.005 1	2	20
15003	1.33	450	A	2.19	0.004 7	2	20
15003	1.16	450	A	1.96	0.004 3	2	20
15021	1.3	450	A	2.13	0.004 18	1.8	15
15041	1.45	450	A	2.42	0.004 86	1.7	14.2
15065	2.86	1	N	6.7	0.01	1.48	19.18
15081	1.75	450	A	3.01	0.005 36	1.58	15.28
15211	1.36	450	A	2.34	0.003 89	1.34	11.66
15221	1.53	450	A	2.57	0.002 74	1.27	11.32
15301	1.47	1	V	3.2	0.000 8	1.17	14.05
15301	1.6	0.1	V	3.42	0.012 2	1.17	14.05
15301	1.62	0.1	V	3.49	0.012 4	1.17	14.05
15301	1.64	0.1	V	3.53	0.012 5	1.17	14.05
15301	1.68	0.1	V	3.58	0.012 2	1.17	14.05
15301	1.8	0.1	V	3.89	0.012 5	1.17	14.05
15301	1.83	0.1	V	3.98	0.012 2	1.17	14.05
15301	1.58	450	A	2.75	0.004 38	1.17	14.05

续表

样品编号	$\rho/(\text{g/cm}^3)$	f/MHz	测试条件	ε'	$\tan\delta$	TiO/%	FeO/%
15401	1.82	450	A	3.16	0.004 71	0.42	19.66
15415	2.7	1	N	4.2	0.001	0.02	0.23
15459	2.76	1	N	6.62	0.005	0.91	9.4
15498	2.4	450	A	5.38	0.008 1	1.6	17.3
15555	3.1	1	N	6.15	0.025 2	2.26	22.47
15597	2.84	450	A	6.16	0.002 3	1.87	20.17
15601	1.95	450	A	3.22	0.002 51	1.98	19.79
60002	1.21	450	A	2.05	0.003 9	0.56	6.66
60002	1.04	450	A	1.83	0.003 3	0.56	6.66
60005	1.12	450	A	1.96	0.002 9	0.56	6.66
60015	2.76	1	N	6.6	2	0.06	0.35
60017	2.32	450	A	5.64	0.002 5	0.3	2.97
60025	2.1	450	A	4.69	0.001 5	0.02	0.67
60025	2.1	1	N	5	0.004	0.02	0.67
60501	1.26	450	A	2.14	0.003 5	0.61	0
60501	1.1	450	A	2.03	0.003 2	0.61	0
61016	2.79	1	N	7.82	0.016	0.69	4.97
61500	1.14	450	A	2	0.002 77	0.56	5.31
61500	1.49	450	A	2.58	0.003 47	0.56	5.31
61500	1.91	450	A	3.55	0.005 03	0.56	5.31
62235	2.78	1	N	6.52	0.006 6	1.21	9.45
62240	1.38	450	A	2.41	0.003 64	0.56	5.49
62240	1.71	450	A	3.11	0.004 16	0.56	5.49
62240	1.92	450	A	3.3	0.004 82	0.56	5.49
62241	1.34	1	V	2.4	0.001	0.56	5.49
62295	2.83	1	N	6.2	0.012	0.7	6.4
63501	1.01	450	A	1.69	0.001 61	0.53	4.72
63501	1.42	450	A	2.38	0.002 53	0.53	4.72
63501	1.79	450	A	3.22	0.003 41	0.53	4.72
65015	2.7	1	V	7	0.008	1.26	8.59
65015	2.7	1	V	7.7	0.008	1.26	8.59
66041	1.5	1	N	2.7	0.002	0.63	5.8
66041	0.93	450	A	1.66	0.002 25	0.63	5.8
66041	1.28	450	A	2.25	0.003	0.63	5.8
66041	1.53	450	A	2.7	0.003 88	0.63	5.8

续表

样品编号	$\rho/(g/cm^3)$	f/MHz	测试条件	ε'	$\tan\delta$	TiO/%	FeO/%
66055	0	1	N	3.7	0.01	1.12	7.45
66081	1.49	1	V	2.8	0.001	0.67	5.85
67601	1.15	450	A	1.94	0.002 16	0.42	4.09
67601	1.43	450	A	2.43	0.002 58	0.42	4.09
67601	1.68	450	A	2.94	0.002 9	0.42	4.09
68121	1.01	450	A	1.74	0.002 34	0.6	5.2
68121	1.41	450	A	2.31	0.003 12	0.6	5.2
68121	1.9	450	A	3.24	0.004 45	0.6	5.2
70051	1.6	500	V	3.41	0.006	5	12
70215	3.27	0.1	V	7.5	0.123	12.48	19.4
72441	1.56	0.1	V	3.04	0.004	1.53	8.68
72441	1.63	0.1	V	3.11	0.004	1.53	8.68
72441	1.65	0.1	V	3.13	0.004	1.53	8.68
72441	1.68	0.1	V	3.15	0.005	1.53	8.68
72441	1.8	0.1	V	3.27	0.006	1.53	8.68
72441	1.87	0.1	V	3.35	0.005	1.53	8.68
73241	1.3	450	A	1.95	0.002 9	1.73	8.45
73241	1.75	450	A	2.79	0.004 1	1.73	8.45
74220	1.37	1	V	2.6	0.019	8.81	22.04
74220	1.44	450	A	2.1	0.006 6	8.81	22.04
74241	1.38	0.1	V	2.2	0.01	8.61	15.84
74241	1,61	0.1	V	2.38	0.01	8.61	15.84
75061	2.16	450	A	3.95	0.023 6	10.31	18.19
75061	1.54	450	A	2.47	0.012 3	10.31	18.19
75081	1.9	1	N	3.5	0.01	9.52	17.41
75081	2.08	1	V	2.4	0.018	9.52	17.41
76315	2.49	450	A	5.92	0.003 5	0.36	5.29
76501	1.08	450	A	1.73	0.004 1	3.15	10.32
79135	2.4	450	A	6.23	0.017 3	5.15	14.01
Luna 16	1.8	1	V	3.31	0.012 4		
Luna 20	1	1	V	2.07	0.003 6		
Luna 20	1.6	1	V	3.2	0.003 5		
Luna 20	1.8	1	V	3.46	0.009		

注：A 表示在空气中测定；N 表示在氮气中测定；V 表示在真空中测定；AN 表示在氮气中测定，但测定之前已经在空气中暴露过了。

参 考 文 献

郑永春，欧阳自远，王世杰，等．2005．模拟月壤研制的初步设想［J］．空间科学学报，25（1）：14-19.

Apollo 16 preliminary examination team. 1973. The Apollo 16 Lunar samples: Petrographic and chemical description [J]. Science, 179 (4068): 23-34.

Brown W E Jr. 1967. Lunar surface Surveyor radar response [J]. Journal of Geophysical Research, 72: 791-799.

Chandrasekhar S. 1960. Radioactive transfer [M]. New York: Dover.

Christensen P R, Bandfield J L, Hamilton V E, et al. 2000. A thermal emission spectral library of rock-forming minerals [J]. Journal of Geophysical Research, 105 (E4): 9735-9739.

Conel J E. 1969. Infrared emissivities of silicates: Experimental results and a cloudy atmosphere model of spectral emission from condensed particulate mediums [J]. Journal of Geophysical Research, 74 (6): 1614-1634.

Cooper B L, Salisbury J W, Killen R M, et al. 2002. Midinfrared spectral features of rocks and their powders [J]. Journal of Geophysical Research: Planets, 107 (E4): 1-17.

David L, Mitchell, Imke de Pater. 1994. Microwave imaging of mercury's thermal emission at wavelengths from 0.3 to 20.5cm. ICARUS, 110: 2-32.

Douté S, Schmitt B. 1998. A multilayer bidirectional reflectance model for the analysis of planetary surface hyperspectral images at visible and near-infrared wavelengths [J]. Journal of Geophysical Research: Planets (1991-2012), 103 (E13): 31367-31389.

Elfenstein P, Veverka J, Hillier J. 1997. The Lunar opposition effect: A test of alternative models [J]. Icarus, 128: 2-14.

Fung A K. 1994. Microwave scattering and emission models and their applications [M]. Boston: Artech House.

Hale A S, Hapke B. 2002. A time-dependent model of radiative and conductive thermal energy transport in planetary regoliths with applications to the Moon and Mercury [J]. Icarus, 156: 318-334.

Hamilton V E. 2000. Thermal infrared emission spectroscopy of the pyroxene mineral series [J]. Journal of Geophysical Research: Planets, 105 (E4): 9701-9716.

Hansen J E, Travis L D. 1974. Light scattering in planetary atmospheres [J]. Space Science Reviews, 16 (4): 527-610.

Hapke B. 1963. A theoretical photometric function for the Lunar surface [J]. Journal of Geophysical Research, 68: 4571-4586.

Hapke B. 1966. An improved theoretical Lunar photometric function [J]. The Astronomic Journal. 71: 333-339.

Hapke B. 1977. Interpretations of optical observations of Mercury and the Moon [J]. Phys. Earth Planet. Inter, 15: 264-274.

Hapke B. 1984. Bidirectional reflectance spectroscopy 3. correction for macroscopic roughness [J]. Icarus, 59: 41-59.

Hapke B. 1986. Bidirectional reflectance spectroscopy 4. the extinction coefficient and the opposition effect [J]. Icarus, 67: 264-280.

Hapke B. 2002. Bidirectional reflectance spectroscopy 5. The coherent backscatter opposition effect and anisotropic scattering [J]. Icarus, 157: 523-534.

Hapke B. 2008. Bidirectional reflectance spectroscopy 6. Effects of porosity [J]. Icarus, 195: 918-926.

Hapke B. 2012. Theory of reflectance and emittance spectroscopy [D]. Cambridge: Cambridge University Press.

Hapke B, WELLS E. 1981. Bidirectional reflectance spectroscopy 2. experiments and observations [J]. Journal of Geophysical Research, 86 (B4): 3055-3060.

Heiken G, Vaniman D, French B M. 1991. Lunar Sourcebook: A user's guide to the Moon [M]. New York: Cambridge University Press.

Hunt G R, Logan L M. 1972. Variation of single particle mid-infrared emission spectrum with particle size [J]. Applied Optics, 11 (1): 142-147.

Jaeger J C. 1953. The surface temperature of the Moon [J]. Australian Journal of Physics, 6: 10-21.

Jin Y Q. 1994. Electromagnetic scattering modelling for quantitative remote sensing [M]. Singapore: World Scientific.

Jones W P, Watkins J R, Calvert T A. 1975. Temperatures and thermophysical properties of the Lunar outermost layer [J]. The Moon, 13: 475-494.

Kerker M. 1969. The scattering of light and other electromagnetic radiation [M]. New York: Academic Press.

Kroupenio N N. 1973. Results of radar experiments performed on automatic stations Luna 16 and Luna 17 [C]. Berlin: Akademie-Verlag.

Kroupenio N N, Balo A G, Ruzskii E G, et al. 1975. Results of radar experiments performed aborad the Luna 19 and 20 automatic stations [C]. Berlin: COSPAR Space Research XV 615~620. Akademie-Verlag.

Kuga Y, Ishimaru A. 1984. Retro reflectance from a dense distribution of spherical particles [J]. Journal of the Optical Society of America, A1: 831-835.

Lane M D, Christensen P R. 1997. Thermal infrared emission spectroscopy of anhydrous carbonates [J]. Journal of Geophysical Research: Planets, 102 (E11): 25581-25592.

Minnaert M. 1941. The reciprocity principle in Lunar photometry [J]. The Astrophysical Journal, 93: 403-410.

Moersch J E, Christensen P R. 1995. Thermal emission from particulate surfaces: A comparison of scattering models with measured spectra [J]. Journal of Geophysical Research: Planets, 100 (E4): 7465-7477.

Muhleman D O, Brown W E, David L, et al. 1969. Lunar surface electromagnetic properties [J]. NASA Special Publication, 203-269.

Mullikin R W. 1962. A complete solution of the x-and y-equations of chandrasekhar [J]. Astrophysical Journal, 136: 627.

Pitman K M, Wolff M J, Clayton G C. 2005. Application of modern radiative transfer tools to model laboratory quartz emissivity [J]. Journal of Geophysical Research: Planets, 110 (E8): 1-16.

Racca G D. 1995. Moon surface thermal characteristics for moon orbiting spacecraft thermal analysis [J]. Planetary Space Science, 43: 835-842.

Salisbury J W, Wald A. 1992. The role of volume scattering in reducing spectral contrast of reststrahlen bands in spectra of powdered minerals [J]. Icarus, 96 (1): 121-128.

Shkuratov Y. 1988. A diffraction mechanism for the formation of the opposition effect of the brightness of surfaces having a complex structure [J]. Kine matika I Fizika Nebesnykh Tel, 4: 33-39.

Strangway D W, Pearce G W, Olhoeft G R. 1975. Magnetic and dielectric properties of Lunar samples [C]. In the Soviet-American Conference on Cosmochemistry of the Moon and Planets, 712-728, Reprinted by NASA SP-370, Nauka, Moscow.

Ted A, Calvert, George C. 1969. Themal and dielectric properties of a homogeneous moon based on microwave and infrared temperature observations. National Aeronautics and Space Asministration: Washington D. C.

Tsang L, Kong J A, Shin R T. 1985. Theory of microwave remote sensing [M]. Wiley Intersci, New York.

van de Hulst H C. 1957. Light scattering by small particles New York: John Wiley.

Vasavada A R, Paige D A, Wood S E. 1999. Near-Surface temperatures on mercury and the Moon and the stability of polar ice deposits [J]. Icarus, 141: 179-193.

Wald A E, Salisbury J W. 1995. Thermal infrared directional emissivity of powdered quartz [J]. Journal of Geophysical Research: Solid Earth, 100 (B12): 24665-24675.

Wesselink A J. 1948. Heat conductivity and nature of the Lunar surface material [J]. Bulletin of the Astronomical Institutes of the Netherlands, 10: 351-363.

第4章 月球地形地貌遥感

月球表面整体上分为月海和月陆（也称为高地）两大地貌单元。按照其天然形态，月球地貌分为撞击坑、穹窿、月溪等类型。地形相机和激光高度计是月球地形数据的主要遥感采集手段。

4.1 地形遥感方法

4.1.1 立体摄影测量

星载地形相机是月球表面地形地貌立体摄影测量的重要载荷之一。根据相机的工作原理，地形相机分为框幅式相机和推扫式 CCD 立体相机两种（图 4.1）。推扫式 CCD 立体相机又分为三线阵 CCD 立体相机和二线阵 CCD 立体相机。不同相机通过不同的成像方式和构像方程成像，获得的影像表征也不同。

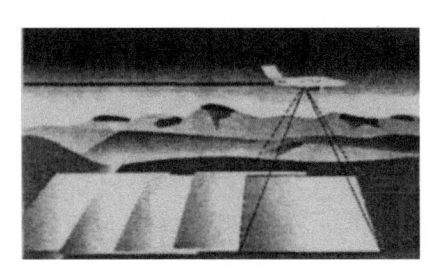

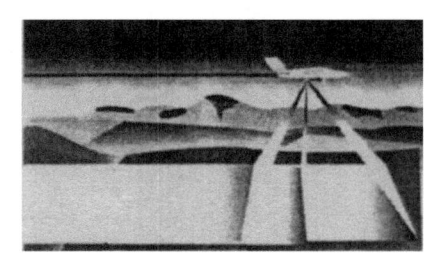

(a)框幅式相机　　　　　　　(b)推扫式CCD立体相机

图 4.1　框幅式相机和推扫式 CCD 立体相机成像示意图

框幅式相机是在飞行航线上的不同间隔点对地表物体的摄影，通常相机与地面保持垂直。为方便摄影测量操作，分别要求有一定的航向重叠度和旁向重叠度。航向重叠度不低于 53%，最佳条件在 60%~65%；旁向重叠度不低于 15%，最佳条件在 15%~30%。摄影测量选取控制点要求三度重叠。框幅式相机成像机理一般都是基于中心投影，影像上每点的投影中心都相同且每幅影像有且仅有一个投影中心，每幅影像都仅含有一组外方位成分。航拍影像上的点到像底点的间距越大，则像点在影像上相对应的像点位移占比就越大。

推扫式 CCD 立体相机是指三线阵或二线阵 CCD，平行摆放在光学镜片后的焦平面上，均垂直于航向。成像时，CCD 线阵分别在前方、后方及下方保持同时运动，形成持续性的二维影像。由此，其中两条影像可形成立体像对并产生立体视觉。每条带影像具有线中心投影，每条扫描行的投影中心相同，且每行都具有不同的外方位元素，每一行图像都含有中心投影特征。正射图像在飞行方向上有着微小或基本没有垂直地物倾斜。顺 CCD 线阵方位上，地面物体投影差和像点位移特征与框幅式相机相同。

因此，推扫式 CCD 立体相机从成像方式、影像特征和构像原理等角度出发，都比框幅式相机具有明显的优势。目前，探月卫星多搭载线阵式推扫 CCD 立体相机。

1. 三线阵 CCD 立体相机

三线阵 CCD 立体相机由三个线阵 CCD 传感器组成，相互平行排列，并与卫星的航线方向垂直。三个线阵列分别针对不同角度进行摄影成像，朝前方偏移的是前视传感器，与地平面垂直的是正视传感器，朝后方倾斜的是后视传感器。三线阵 CCD 传感器在同一地区获取三条彼此重叠，但具有不同拍摄角度的影像带，避免了图像盲点的出现和图像色调的差异。如图 4.2 中三个 CCD 阵列 A、B 和 C 分别代表前视、正视、后视传感器，通过扫描获得三幅图像 A_s、B_s、C_s。由于在成像过程中具有不同的视角，利用两幅或三幅图像可形成立体图像对和反求外方位元素。

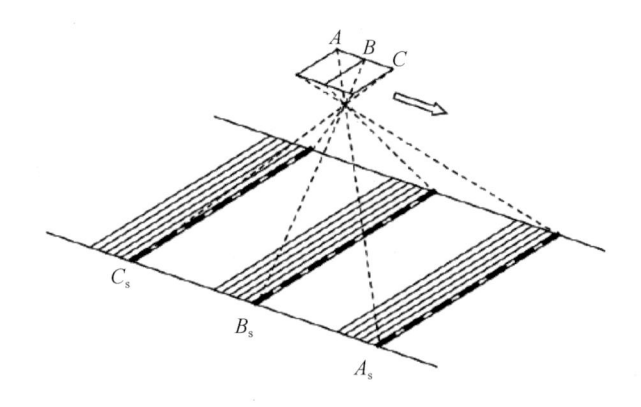

图 4.2 三线阵 CCD 相机摄影测量原理

根据三线阵 CCD 立体相机摄影测量原理，在 CCD 相机三个内方位元素即像主点坐标、相机间夹角和相机主距离均已知时拍摄。如果获得地面坐标系中图像中心的位置和姿态角，即在每个扫描时间（T）立体相机拍摄像的六个外方位元素（X_{ST}、Y_{ST}、Z_{ST}、ϕ_T、ω_T、κ_T），地面上任意一点 p_i（X_i，Y_i，Z_i）在三个不同时刻 N_A、N_B、N_C 所对应的像点坐标（X_A，Y_A）、（X_B，Y_B）、（X_C，Y_C）就可确定。反之，若能求出 p_i 所对应的三个像点坐标（X_A，Y_A）、（X_B，Y_B）、（X_C，Y_C），就能够求出 p_i 点的地面坐标（X_i，Y_i，Z_i）如图 4.3 所示。

中国"嫦娥一号"卫星三线阵 CCD 立体相机搭载了 1024×1024 的 CCD 面阵，每个影像第 11 条、512 条、1013 条影像分别作为前、正、后视影像，可通过连续扫描获得不同视角下月表连续二维影像。"嫦娥二号"卫星 CCD 立体相机分辨率从"嫦娥一号"的 120m 提高至 7m，为此"嫦娥二号"卫星轨道降落到距月球约 15km 的位置。针对"嫦娥三号"预选落地点虹湾地区地面测量的分辨率达到 1m。利用"嫦娥一号"卫星三线阵 CCD 相机获取的二维平面影像，可自动解算月表数字地形模型（DTM）（图 4.4）。

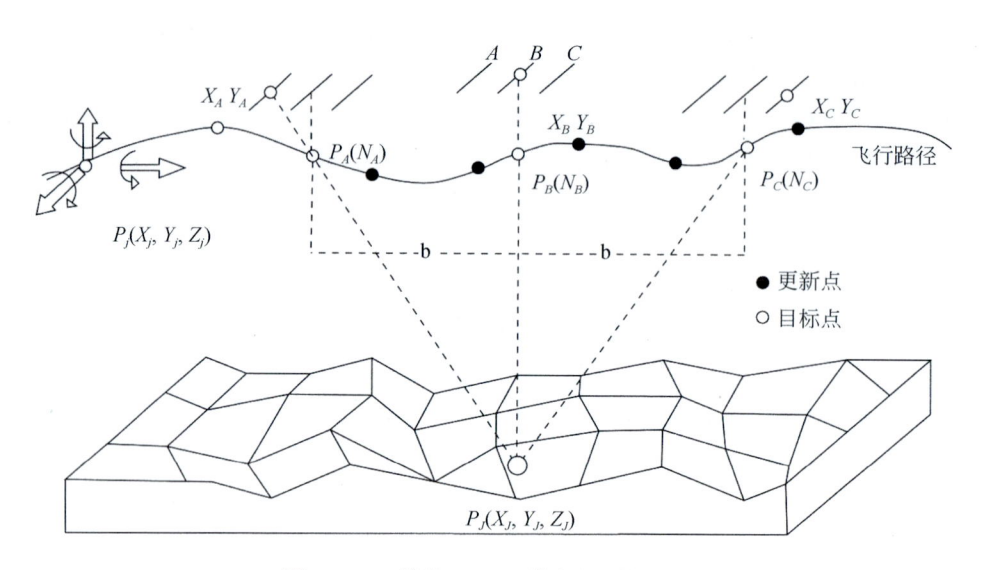

图 4.3　三线阵 CCD 立体相机测量原理
b-基线长度

　　印度"月船一号"卫星三线阵 CCD 立体相机（TMC）在 0.4~0.9μm 的全色光谱波段前向、正向和后向三个方向立体视图成像，B/H 值为 1，B 指摄像器背面，H 指摄像器正面。根据月球不同光照条件，相机设置四个增益。在极地地区照明条件差的情况下，为改善信噪比，会降低成像分辨率。相机单片覆盖 20km。三维立体地形图空间分辨率为 5m。印度"月船一号"三线阵影像数据处理获得的局部月表 DEM 如图 4.5 所示。

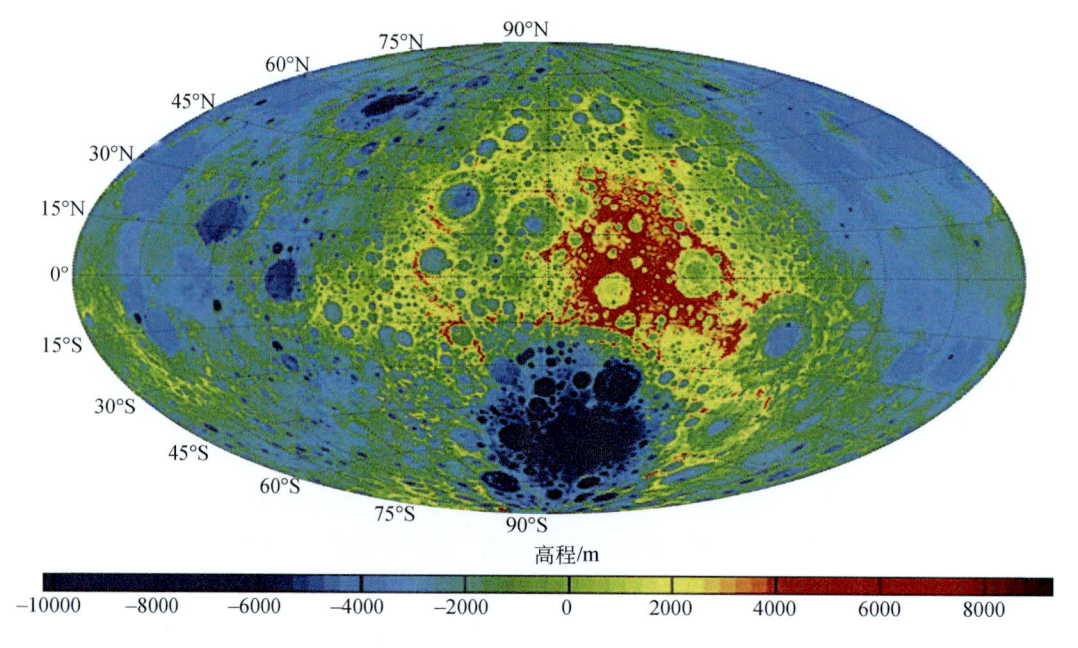

图 4.4　"嫦娥一号"CCD 数据制作的月表 0.0625°×0.0625°全月 DEM 图（单位：高程/m）

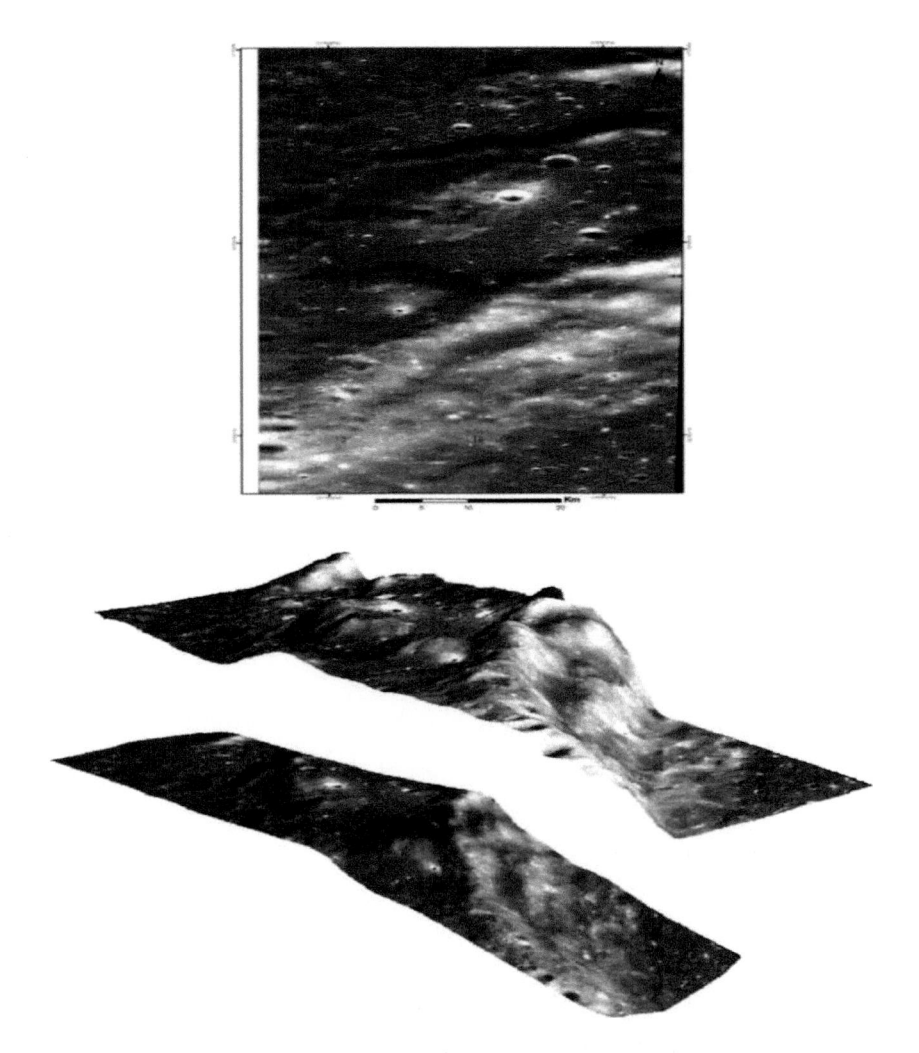

图 4.5　印度 TMC 拍摄的撞击坑影像及 DEM 效果图

2. 二线阵 CCD 立体相机

二线阵 CCD 立体相机影像空中三角测量，将 CCD 图像分段的外方位元素作为等效框幅相片（equivalent frame photo，EFP）时间分布的外方位元素进行规划，并假定在一个适当小的区间内。这样，线阵 CCD 影像外方位元素的变化是一个低阶多项式，如三次多项式。在航线图像中，将定向点和连接点按照合适的密度分布，测量其在前后视影像中的坐标，利用 EFP 时间作为参考，逆投影得到 EFP 时间的像点坐标。根据经典的空中三角形测量原则，采用前、后方向交叉的迭代法，求出 EFP 时间的外方位元素，并采用三次多项式进行拟合，得到 EFP 时间内任何时间点的外方位元素。

日本 Kaguya/Selene 探月卫星二线阵 CCD 立体相机为倾斜式二线阵地形相机（terrain camera，TC），以推扫式成像形式连续观测月球表面。在立体观测时，TC 的两个一维探测分别观测前向和后向。其工作原理示意图如图 4.6。通过利用 TC 数据，绘制全月 DEM 如

图 4.7 所示。

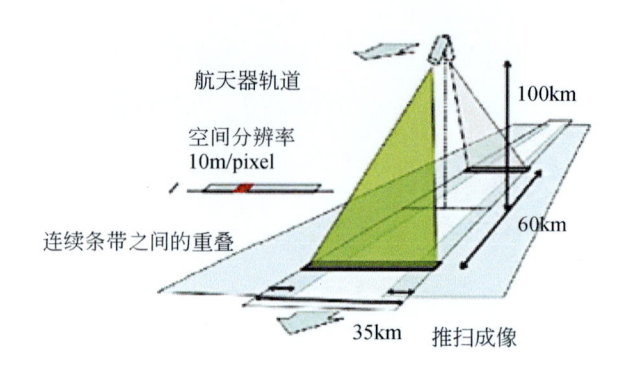

图 4.6 日本 Terrain Camera 工作原理示意图

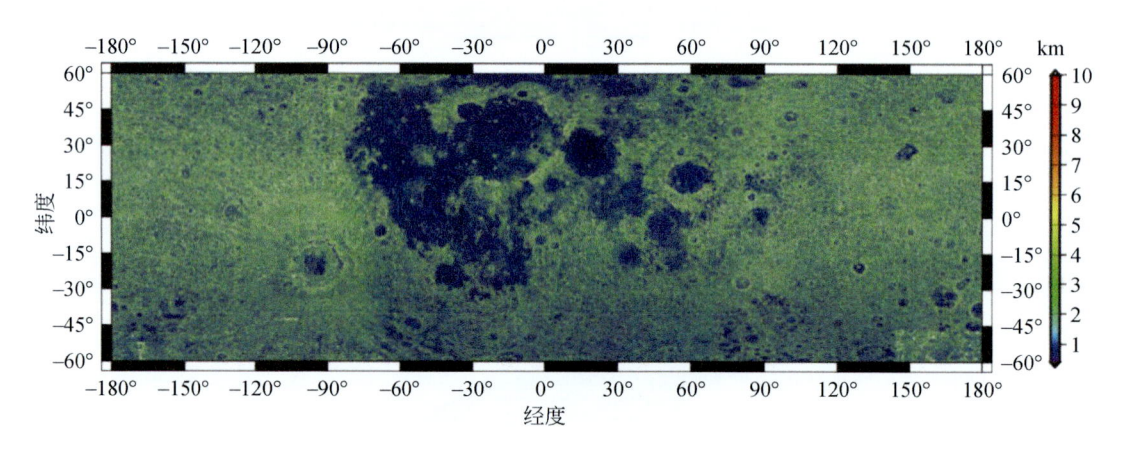

图 4.7 基于 Terrain Camera 数据的全月地形分布（Barker et al., 2016）

美国 Clementine 卫星高分辨率摄影机（HIRES）包含一个影像增强仪和一个帧传输 CCD 成像器。成像器是一个强化的汤普森 CCD，并有 6 个滤镜。滤镜包含一个 400～800nm 的宽波段滤镜和四个窄波段滤镜。窄波段滤镜的中央波长［和半峰全宽又称半高宽（full width at half maxima，FWHM）］分别为 415nm（40nm）、560nm（10nm）、650nm（10nm）和 750nm（20nm）。另外一个不透明滤镜用以保护影像增强器。视野是 0.3°× 0.4°，转换后探测器的影像标称高度 400km、宽度约 2km。影像大小是 288×384 像素（像素大小 23μm×23μm），像素分辨率依探测器高度在 7～20m 变化。透光口径 131mm，焦距 1250mm。标称成像速率是每秒拍摄 10 张影像，并且涵盖所有滤镜。无论是长而窄的全色长条影像或短距离四色影像，该仪器的高分辨率和窄视野使其只能拍摄指定区域。Clementine 卫星使用该相机获得了月球两极的地形分布情况如图 4.8 所示（Robinson et al., 2003）。

4.1.2 激光测高

激光高度计是目前运用最为广泛地获取月球地形分布的科学仪器，以快速和高精度而

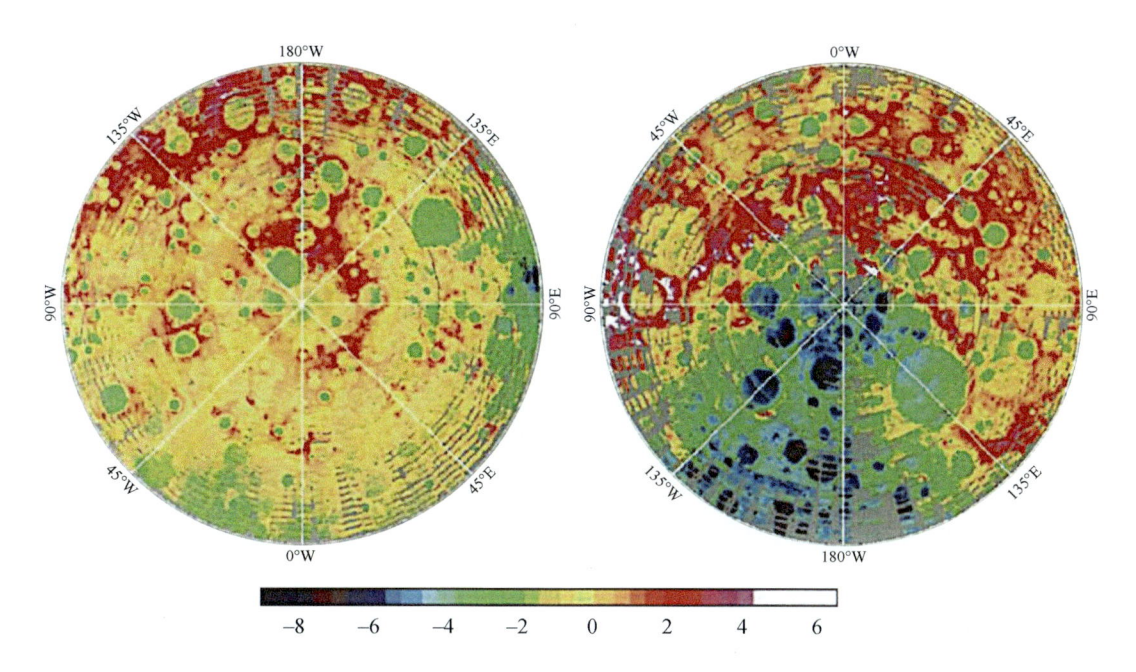

图 4.8　基于 Clementine 二线阵数据的月球两极地区地形分布（Robinson et al.，2003）

著称，包括美国的克莱门汀（Clementine）和月球勘测轨道飞行器（LRO）、我国的"嫦娥一号"（CE-1）及日本的 kaguya 在内的探月卫星都搭载了该仪器来获取月面点高程数据。

在月球探测卫星上，通过安装激光高度计来开展激光测高。激光高度计从卫星上发出一道大功率的窄脉冲激光，然后接收来自月球表面后向散射的激光信号，以此来测量信号回路的延迟时间，从而计算出与月面点之间的距离，工作原理见图 4.9。

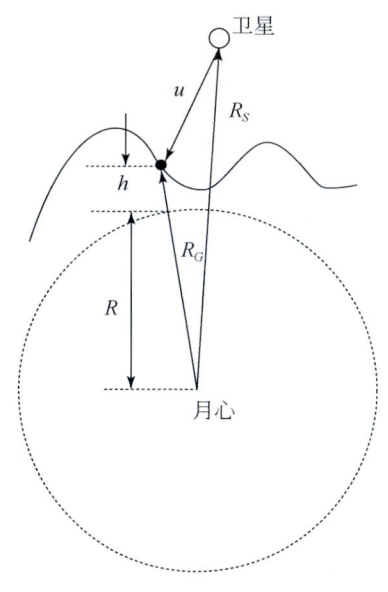

图 4.9　CE-1 激光高度计高程数据计算原理（平劲松等，2008）

其中，
$$u = 0.5 \cdot ct \tag{4.1}$$
式中，t 为激光信号从卫星到月表的往返时间；u 为被测距离；c 为光速。

激光测距仪的原始测量数据是测量同月面足印点之间的距离。根据任务规定，在进行地面数据处理时，需要将此距离值转化为对应月面足印点的月面高程值。为了计算出月面高程值，需要定义一个高程基准面。根据当前月球测绘的国际通用标准，以 1734.4km 半径的正球体作为参照的月球椭球体。以该球体表面为高程基准面，进行测距数据的处理。激光高度计的测距采用这个基准面。从图 4.9 看出，相对于这个月球基准面的探测单元对应的月面高程可计算为

$$h = |\vec{R}_G| - R \tag{4.2}$$

$$|\vec{R}_G| = |\vec{R}_S - \vec{u}| \tag{4.3}$$

式中，h 为月面足印点对应的月面高程；$\vec{R}_G$ 为该足印点在月心坐标系的位置矢量；$\vec{R}_S$ 为卫星在观测该足印点数据时刻在月心坐标系下的位置矢量；$\vec{u}$ 为该时刻激光高度计的观测矢量；R 为月球半径。

1. 我国"嫦娥一号"（CE-1）激光高度计

"嫦娥"一号激光高度计通过搭载在"嫦娥"一号卫星上开展月球测高。其的主要技术和性能指标如表 4.1 所示。

表 4.1　"嫦娥一号"激光高度计主要技术和性能指标

名称	指标
距离测量范围/km	200±25
月面光斑大小/m	<Φ200
激光波长/nm	1064
激光能量/mJ	150
脉冲宽度/ns	5~7
激光重复度/Hz	1
接收望远镜口径/mm	140
望远镜焦距/mm	538
距离分辨率/m	1
距离误差/m	5（仪器精度）
质量/kg	15.5
功耗/W	35
沿卫星飞行方向上月面光斑点距离/km	~1.4
垂直卫星飞行方向上月面光斑点距离/km	根据相邻卫星轨道间距来决定，一次全月球覆盖间距为30.3

2. Apollo 15、Apollo 16、Apollo 17 号探月卫星激光高度计

Apollo 15、Apollo 16、Apollo 17 号上搭载的激光高度计，在月球表面大约每 30km 进行一次测量，相邻测点之间的高度变化为 10m。数据分辨率为 1m，被用来制图和支持全景相机摄影，并为其他轨道实验提供高度数据，以便更好地定义月球地形地貌。月球表面的实验测量倾斜程度为 2m，测量幅度与地形相机的光轴平行。

激光高度计与制图相机平行被安装在科学实验模块（SIM）子系统（CSM）的顶层，与制图相机共享一个安装在 SIM 上的光学防护罩。当制图相机工作时，测量摄影机每曝光一帧胶卷时，高度计会自动发射一个与半帧范围相一致的激光脉冲；高度计还可在测量摄影机的解耦等模式下工作。当测量摄影机没有工作时，高度计以每 20s 进行独立范围的测量。宇航员可通过命令模块控制高度计。

图 4.10 中所示的水平实线的海拔是相对于虚线表示的月球平均半径 1738 千米而言的，月海地区，如雨海和澄海高程，通常低于周围高地数千米。月海地区高度曲线相对高地更加圆滑。远地面曲线比近地面曲线起伏更加明显。

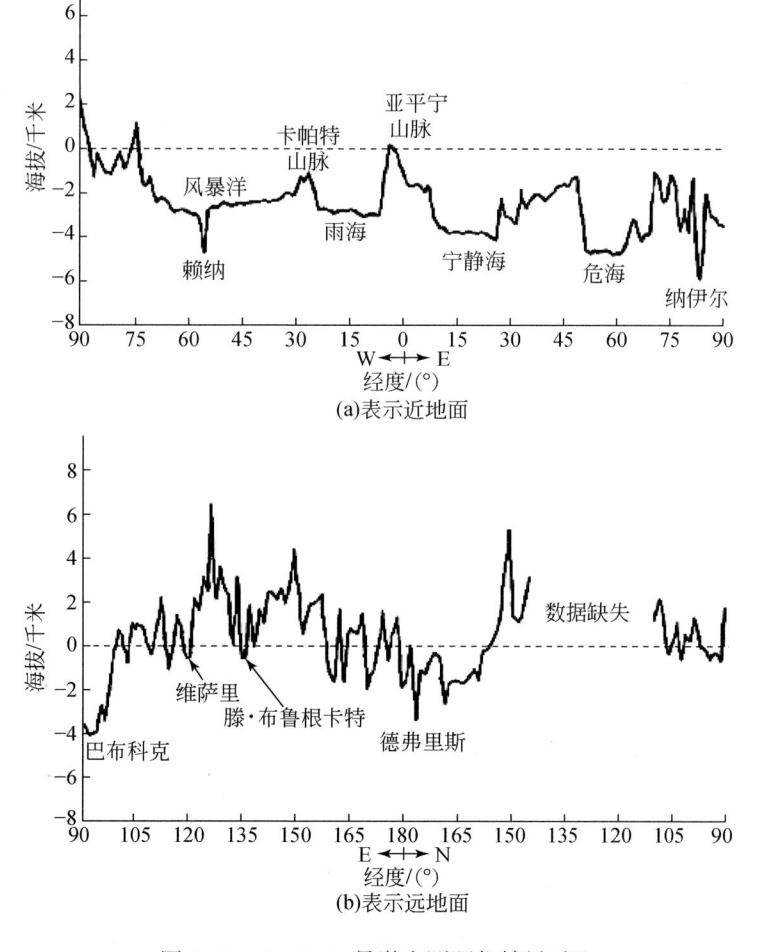

图 4.10 Apollo17 号激光测距仪结果对比

3. 美国克莱门汀（Clementine）激光高度计

1994年1月，美国发射了"克莱门汀"（Clementine）号月球探测器，Clementine号月球探测器搭载了激光高度计（LIDAR）。截至同年5月份，Clementine号月球探测器获取并返回了79°S~81°N 72000个激光高度计数据。由此，内插得到了南北纬79°之间分辨率为0.25°的月球全球数字地形模型。

4. 日本 KAGUYA/SELENE 激光高度计

2007年9月日本探月卫星（KAGUYA）/（SELENE）搭载地形相机（TC）和激光高度计（LALT）用来获得月球的地形数据。2008年4月，激光高度计已经获得包括两极在内的整个月球地形数据，并编绘了格网大小为1km的全月球高程分布图，分别包括全月球1°与0.0625°分辨率（图4.11和图4.12）、南北两极（80°~90°）之间纬向分辨率

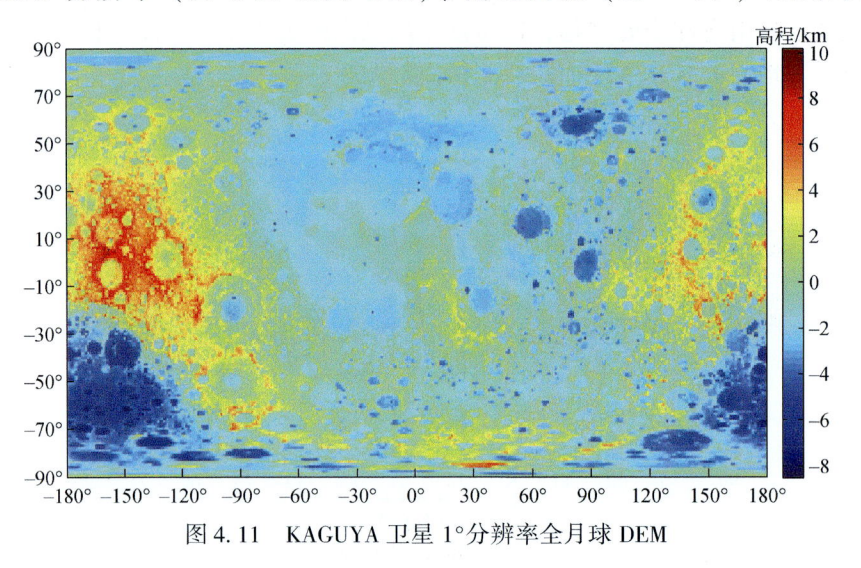

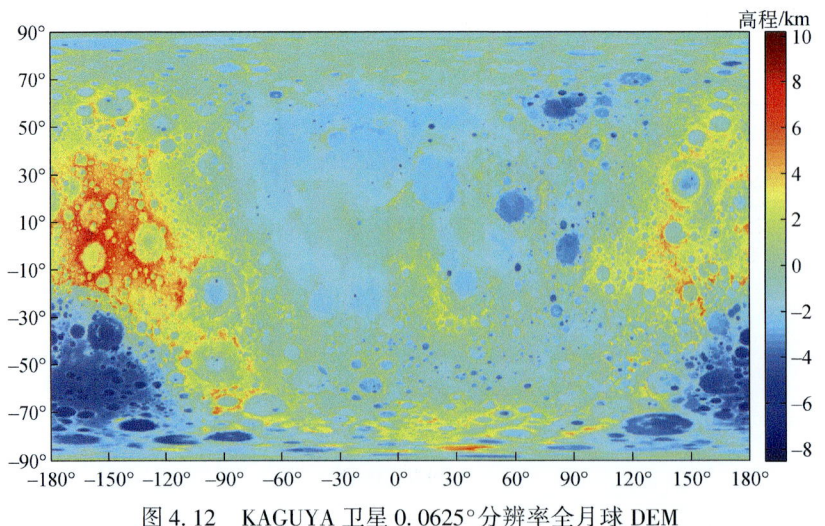

图4.11 KAGUYA卫星1°分辨率全月球DEM

图4.12 KAGUYA卫星0.0625°分辨率全月球DEM

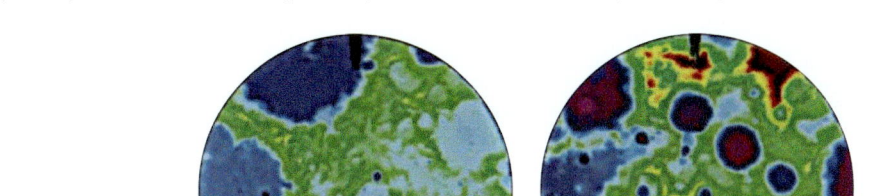

(1/32)°、经向分辨率 (1/128)°的数字地形模型（图4.13）。

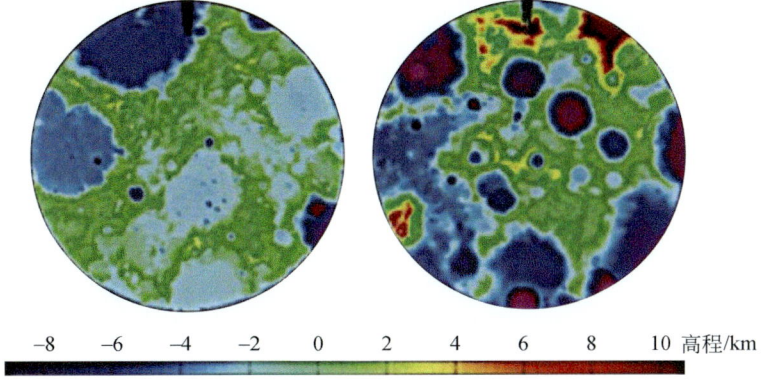

图 4.13 KAGUYA 高分辨率月球极区 DEM

5. 印度"月船"一号（Chandrayaan-1）激光高度计

印度的"月船一号"月球探测器搭载了一台激光测距仪（Lunar laser ranging instrument，LLRI），波长 1064nm。LLRI 将脉冲红外线激光照射到月球表面，对月球表面的高度进行测量。LLRI 每 10s 持续观测月球的正面和背面，提供月球两极和和赤道地区的地形数据，如图 4.14 为 Coulomb 撞击坑区域 DEM 数据。

6. 美国月球勘察轨道器（Lunar Reconnaissance Orbiter）激光高度计

月球轨道激光高度计（Lunar orbiter laser altimeter，LOLA）利用一个反射光学元件（DOE）对月球表面发射 5 个光束，再由 5 个独立的接收检测器接收反射的回波，并对其分别进行处理，从而计算出各波束的传输时间。与单一波束相比，多通道 LOLA 能得到更好的月球表面覆盖度、表面坡度、起伏等信息（图 4.15 和图 4.16）。LOLA 激光测高仪获取的数据被用于生成全球 DEM 产品，其中包含了月球表面的高度信息。这些产品提供了月球表面的高程数据，用于研究月球的地质结构、表面特征和地貌演化。LOLA 全球 DEM 产品为研究人员提供了全球尺度上的高程信息，帮助科学家更好地理解月球的形成和演化过程。此外，LOLA 还提供了针对月球极区的高分辨率 DEM 产品。极区 DEM 产品对于研究月球南北极地区的地形特征、冰层分布和极区的地质演化具有重要意义。这些产品为研究月球极地区的地质和天文学现象提供了详细的高程数据，有助于科学家对极区环境和过程进行深入研究。

LOLA 5 个激光光束的输出是通过一个专门设计的反射光学元件（DOE）来生成的，以相同的能量分别将输入的激光光束分开，从而在 500μrad 的中央波束中生成一个交叉模式的输出光束。LOLA 通过二维光斑来精确地计算出轨道方向和垂直方向的斜率（邓湘金等，2006）。

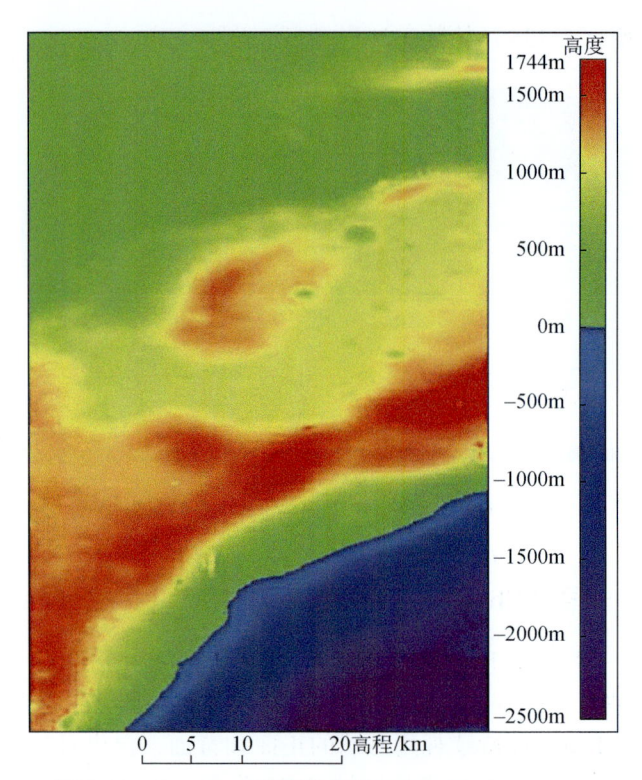

图 4.14 基于 Chandrayaan-1 激光数据的 DEM（Sivakumar et al., 2012）
天底-前部图像对的伪彩色 DEM。显示的是偏差校正值后的海拔值。红色代表最高海拔值（陨石坑边缘）
紫色代表最低海拔值（库仑陨石坑底部）

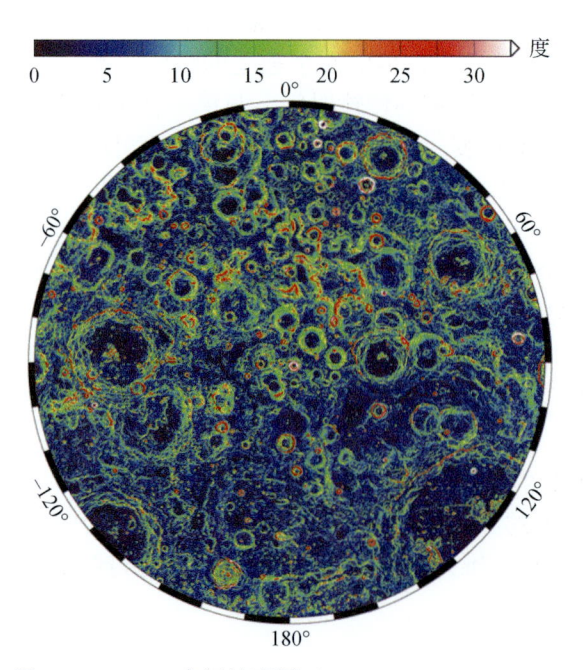

图 4.15 LOLA 南极坡度图（Rosenburg et al., 2011）

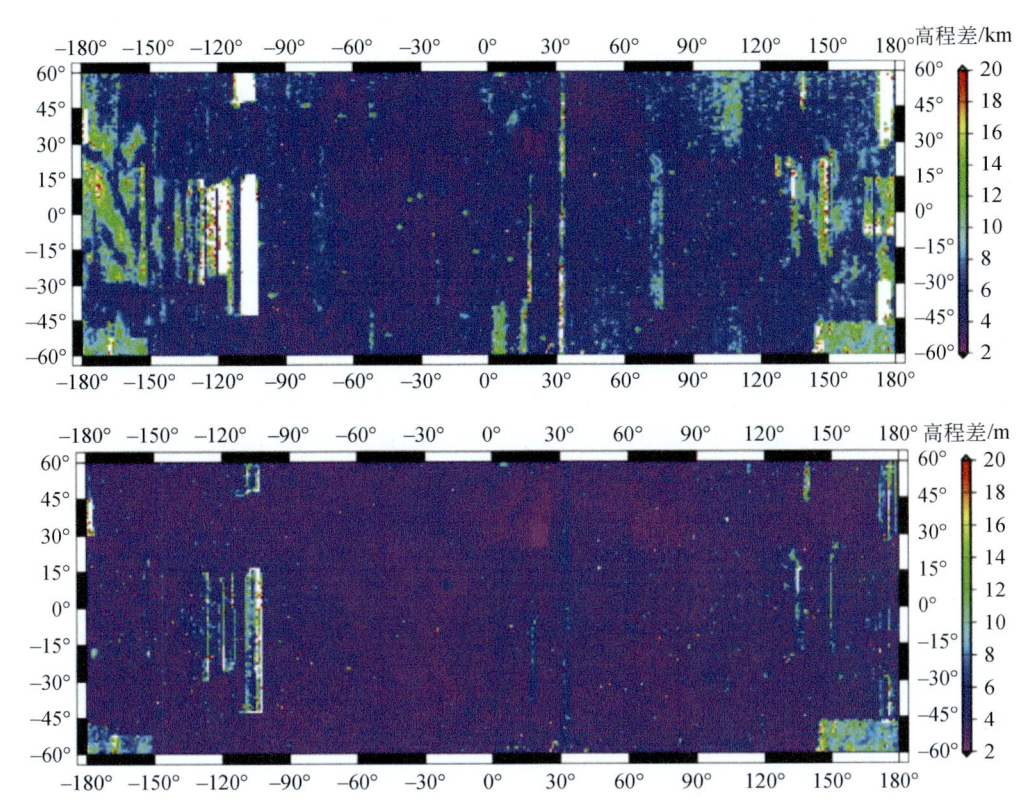

图 4.16 Kuguya DEM 和 LOLA DEM 配准融合前后的高程差值分布图（Barker et al.，2016）

4.2 数字地形模型

4.2.1 参考椭球与大地水准面模型

1. 参考椭球

在月球研究中，它的几何形状一般界定为一个标准的正球体，也就是平均半径、赤道半径、极半径都是 1737.41±1km，而实际椭球体的标准偏差是 2.5km。月球参考球面是指经线与纬线的原点与方向。因为月球的扁率极小，大约只有 0.0003，因此在科学研究中，月球被视为一个正圆。此外，由于月球上没有地表水，就没有海平面。因此，在月球测绘中，月球参照球面一般都是以月球的质心作为中心，半径为 1737400m 的月球球面。月球上的点的高程值是在月球上的点与基准球面的垂直距离。

2. 大地水准面模型

月球大地水准面作为描述重力场的一个重要表现形式，其全球变化反映了月球内部物质分布的不均匀性和各个界面的起伏变化。它提供月球参考框架基准，结合月震和激光测月等资料可确定月球主转动惯量和内部结构，更好地解释月球的起源与演化等科学问题。基准面是用来测量月球表面的参照面，定义了经线和纬线的原点和方向。一个基准面是由一个椭球体与月球的相对位置来定义的。有两种类型的基准面：月心基准面和本地基准面。月心基准面是以目前已知的月球质心为球心的正球体表面；本地基准面更靠近某一特定区域，以便它能更精确的反映月球表面的这一区域。有了基准面，在特定地区进行月球地图投影时，才能将球面坐标值转为平面坐标值。

3. 坐标系统

月球坐标系统涉及坐标系统的原点、尺度、方向及其随时间演变的一系列协议、算法和常数。月球自转轴与地球自转轴的方向基本一致，因此一般取与地球北极方向一致的方向作为北极。赤道定义为与月球自转轴正交的平面与月面的交线，纬度定义为月球的质心与月面点相连的矢量与赤道面的夹角。赤道以北为正（0°~90°），以南为负（0°~90°）。月球的经线与其赤道垂直，它的起始位置称为首子午线（0°或360°），通常首子午线定义为过月球自转轴与在月面赤道上朝向地球平均位置的平面与月面的交线，向东为正（0°~180°），向西为负（−180°~0°）。在常用的月球坐标系中，采用的月球参考椭球体选择半径为1737.4km的正球体，椭球体中心为月球质心，主要涉及的坐标系统有J2000.0地心赤道坐标系、卫星本体坐标系和卫星轨道坐标系。

1) J2000.0地心赤道坐标系

在航天测控领域，卫星状态矢量的描述通常基于J2000.0地心赤道坐标系，J2000.0为一个历元。1994年国际天文学联合会（International Astrohomical Union，IAU）的决议进一步明确新的标准历元为2000年1月15日地球时（terrestrial time，TT），记作J2000.0。

J2000.0地心赤道坐标系指的是以地球质心为原点，J2000.0平赤道面为基本平面，X轴指向J2000.0平春分点，Z轴垂直于基本平面指向北极的右手笛卡尔直角坐标系。J2000.0地心赤道坐标系是ICRF（The International Celestial Reference Frame）坐标框架中的一种常用实现，是用来表达行星历表最基本的坐标系统。

2) 卫星本体坐标系

卫星本体坐标系通常固连在卫星平台上，故又称为平台坐标系或导航坐标系。坐标系原点通常为卫星平台的质心，三轴分别取卫星平台的三个主惯量轴（图4.17）。

卫星本体坐标系是卫星上仪器设备安装的基准参考坐标系，如图4.17中的卫星轨道上的 O_p-$X_pY_pZ_p$ 坐标系，其坐标原点 O_p 是卫星平台的质心，X_p 轴沿着纵轴指向卫星飞行方向，Y_p 轴沿着平台横轴，Z_p 轴按照右手直角坐标系规则确定。卫星平台的姿态测量在该坐标系中进行，主要有三个参数来表达卫星平台的空间姿态，分别是俯仰角（Pitch）、侧滚角（Roll）和偏航角（Yaw）。X_p 轴为侧滚轴，绕其旋转的角度为侧滚角；Y_p 轴为俯仰轴，绕其旋转的角度称为俯仰角；Z_p 轴为偏航轴，绕其旋转的角度为偏航角。相对于摄影测量中的姿态角来说，俯仰角（Pitch）、侧滚角（Roll）和偏航角（Yaw）分别对应于 ω、ψ、κ。

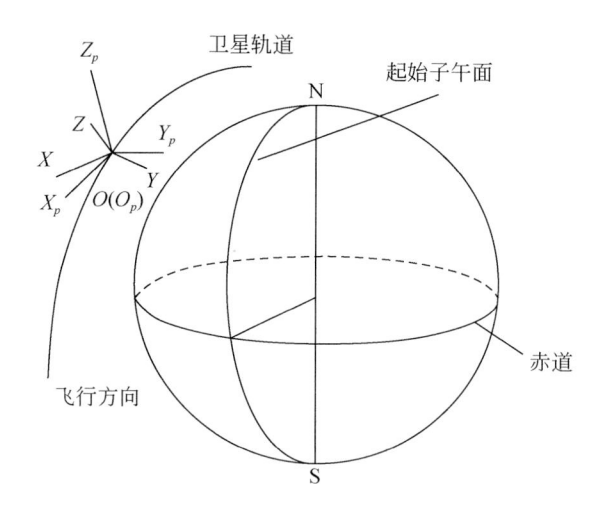

图 4.17 卫星本体坐标系和轨道坐标系

3)卫星轨道坐标系

轨道坐标系 O-XYZ 是用来描述卫星在其飞行轨道上空间姿态的坐标系,其坐标原点 O 与卫星本体坐标系的原点 O_p 重合,也是卫星平台的质心。Z 轴平行于卫星与月心连线方向向外,Y 轴垂直于由 Z 轴和卫星运行的瞬时速度矢量构成的轨道平面,X 轴位于轨道平面内,按右手直角坐标系规则确定,指向卫星运行方向,如图 4.17 中的卫星轨道上的 O-XYZ 坐标系所示。

4.2.2 经纬网与控制网

在月球地形图绘制过程中,另外一个关键问题是需要在整个月球上建立一个统一的坐标基准。控制网为研究月球形状和地表地貌提供了依据。月球控制网建立的主要方式是将月面上的立体图像、激光高度计、轨道星历等资料,以航空摄影技术为基础,形成一个完整的月面网络,一并进行平差计算。

1. 经纬网

月球不仅围绕着地球转动,而且还有自转。月球的自转轴线(也就是月轴)与月面的两个点交叉,就是月球的两极:北极和南极。与月轴垂直,穿过月心的平面称为月球赤道。在月球的赤道上,与其表面相交的巨大的圆形(交线)被称为"月球赤道"。与赤道平行的不同的圆圈叫做纬线,最大的纬圈是赤道。通过月轴垂直于赤道面的平面叫做经面或子午圈(meridian),所有的子午圈长度彼此都相等(图 4.18)。

1)纬度

设椭球面上有一点 P,通过 P 点作椭球面的垂线,称之为过 P 点的法线。法线与赤道面的交角,叫做 P 点的月球地理纬度(简称纬度),通常以字母 ϕ 表示。从赤道开始算起,赤道纬度是 0°,纬线越远离赤道,纬度越大,最大的纬度就是 90°。北纬是在赤道以

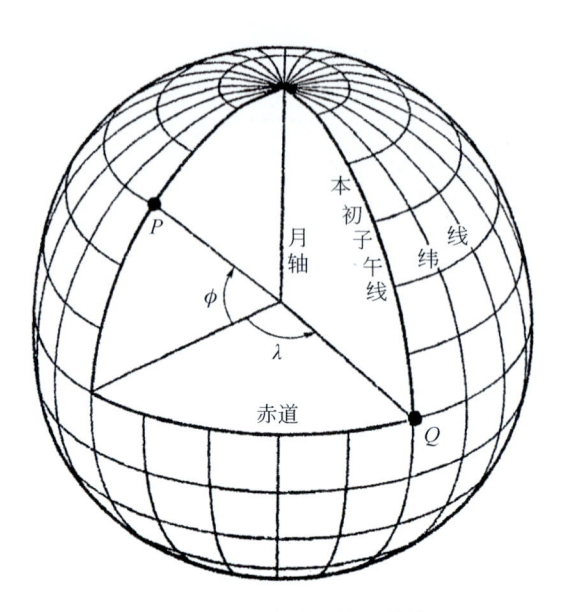

图 4.18 月球的经线和纬线

北,南纬是赤道以南。

2) 经度

过 P 点子午面与本初子午面夹的二面角,叫做 P 点的月球地理经度(简称经度),通常用字母 λ 表示。当在月球上看地球,月球总是以确定的半个球面(该半个球面的中点记为 Q)对着地球,地球总是位于月球表面 Q 点的正上方。以月球表面为参考系时,地球不移动(地球的中心不移动)。国际上目前通用的月球地理坐标系 "The Mean Earth/Polar Axis Coordinate System" 中定义月球表面经过 Q 的子午线为月球本初子午线,作为计算经度的起点,该线的经度为 0°,向东 0°~180°叫东经,向西 0°~180°叫西经(图 4.19)。

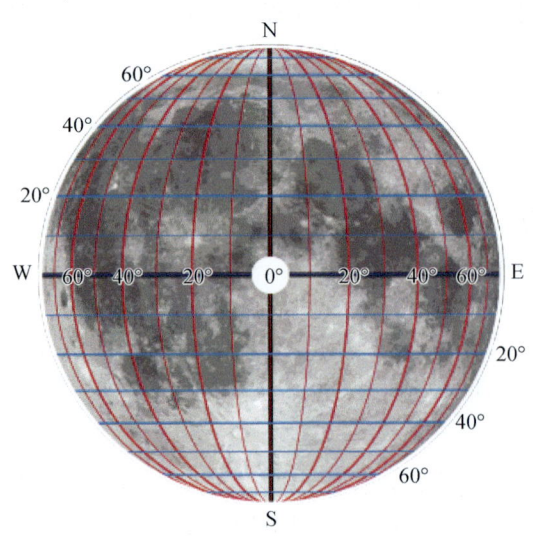

图 4.19 月球的经纬网

3) 地图投影的选择

月球地图投影的选择是否恰当，将直接影响到月球地图的精度和实用价值。选择月球地图投影时，主要考虑月球地图的内容和用途、制图区域的范围、形状和在月球表面的位置、月球地图数据库建立的数据框架、月球地图出版的方式、图面配置及其他一些特殊的要求。其中，制图区域的范围、形状和在月球表面的位置是主要因素。对全月进行制图，通常采用 UTM（横轴墨卡托投影）；对于月球半球进行制图，东、西半球图常选用横轴方位投影，南、北半球图常选用正轴方位投影。

中、小范围的投影，应根据其外形及在月球表面的位置来选择。等形变线应尽可能地符合制图区域的外形，以减小其变形。通常情况下，圆形区域适合使用方位投影；靠近极点的区域使用正轴方向投影，以赤道为中心的区域采用水平横轴方向，中纬度区域采用倾斜轴线方向投影；在中纬度和东西方向延伸的区域，通常使用的是正轴圆锥投影；在赤道两侧东西延伸地区，通常使用正轴圆柱投影；沿南北方向延伸的区域，通常采用横轴圆柱状投影等。

2. 控制网

目前已建立并被广泛接受的月球地形控制网，包括 RAND 公司建立的 ULCN1994（Unified Lunar Control Network 1994）、CLCN1997（Clementine Lunar Control Network 1997）以及美国地质调查局（United States Geological Survey，USGS）建立的最新的 ULCN2005（Unified Lunar Control Network 2005）控制网（表 4.2）。其中 ULCN2005 因其影像数据来源最广、控制点数目最多、数据精度最高而得到了最为广泛的应用。

表 4.2 月面控制网概况

名称	控制点数/个	控制点来源	平面精度	高程精度
ULCN1994	1478	Apollo、Galileo 数据 Marine10、地基观测照片	0.1~3km	数千米
CLCN1997	271634	Clementine UVVIS 750mm 波段相邻照片连接点	几千米，有些大于 15km	无高程信息
ULCN2005	272931	以上所有观测数据	100m 至几千米	约百米量级

1) 1994 年统一月球控制网

1994 年戴维斯等将以前一系列探月任务中获得的影像和控制网结合起来，形成了一个新的控制网，即统一月球控制网（Unified Lunar Control Network，ULCN）。这个稀疏的控制网共有 1478 个点，其中近月面有 1286 个点、远月面有 192 个点。对于近月面而言，相邻控制点距离为 100km 左右，控制点的水平定位精度为 0.1~3km。由于远月面的控制点个数太少，远月面控制网的精度较低。

2) 1997 年克莱门汀控制网

克莱门汀控制网（Clementine Lunar Control Network，CLCN）是根据环月飞行器克莱

门汀携带的 750nm 相机获取的 43871 幅影像制作的，包括了 271643 个点，是目前最大的行星控制网。建立 CLCN 的主要目的是确定克莱门汀全球影像图的几何特征，用来建立克莱门汀全月数字影像模型和全月近红外多波谱影像图。CLCN 能较好地定义月面位置的坐标系统。然而，由于模型连接点的限制和摄像机的方位角度等因素，导致误差约为 13km。

3）2004 年月球轨道器月球控制网

美国地质调查局对 Lunar Orbiter 获取的月球影像进行数字化和重建，并且利用这些影像制作全月球的数字影像图。从而，建立了一个独立的 Lunar Orbiter 控制网——月球轨道器月球控制网（Lunar Orbiter Lunar Control Network）。

4）2005 年统一月球控制网

为了解决 CLCN 中存在的问题，2005 年 USGS 将 ULCN 和 CLCN 结合起来，建立了新的统一控制网（ULCN 2005）。基于 CLCN，采用克莱门汀影像进行摄像机角度修正，克服了因数据资料来源不同而采用不同月球半径的问题，修正了水平控制的偏差，修正后的控制网精度可达数百米。由此，建立了基于 ULCN 2005 控制网的全月球 DEM（图 4.20）。

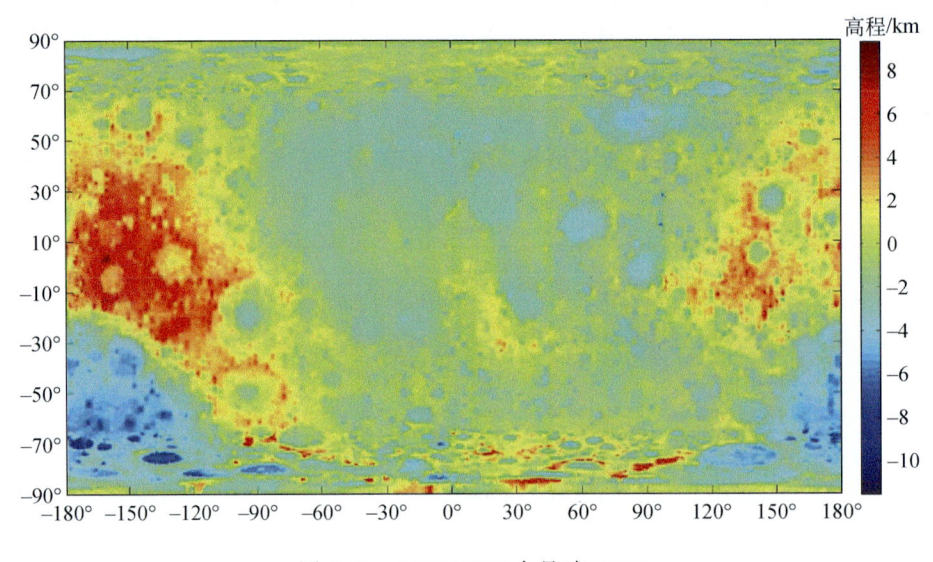

图 4.20 ULCN2005 全月球 DEM

4.2.3 典型数字地形模型

1971~1972 年，Apollo 15~Apollo 17 月球探测器搭载了激光雷达，开始了月球激光雷达地形图的测量。由于月球的自转和公转周期相当，早期的 Apollo 观测多局限于月球正面和赤道附近区域，得到的地形模型的绝对精度和空间分辨率均较差。

1. Clementine 数字地形模型

美国于 1994 年发射的 Clementine 月球探测卫星，使人类对于月亮的形态与地貌有了清晰的了解。Clementine 搭载了 LIDAR 的激光高度计，首次测量了整个月球的绝对高程，获得了 72548 个激光测距值（数据覆盖为 79°S～81°N）。第一个基于 Clementine 激光测高的全月球模型 GLTM2（Smith et al., 1997）为 72 阶次球谐函数展开模型。该模型绝对径向测量精度约为 130m，空间分辨率约为 2.5°（图 4.21）。GLTM2 模型选择赤道半径为 1738km、扁率为 1/3234.93 的椭球作为月球参考椭球。但由于探测器仅在轨道运行 2 个月，而且在两极轨道上的在轨高度很高，部分地区的数据覆盖不足。

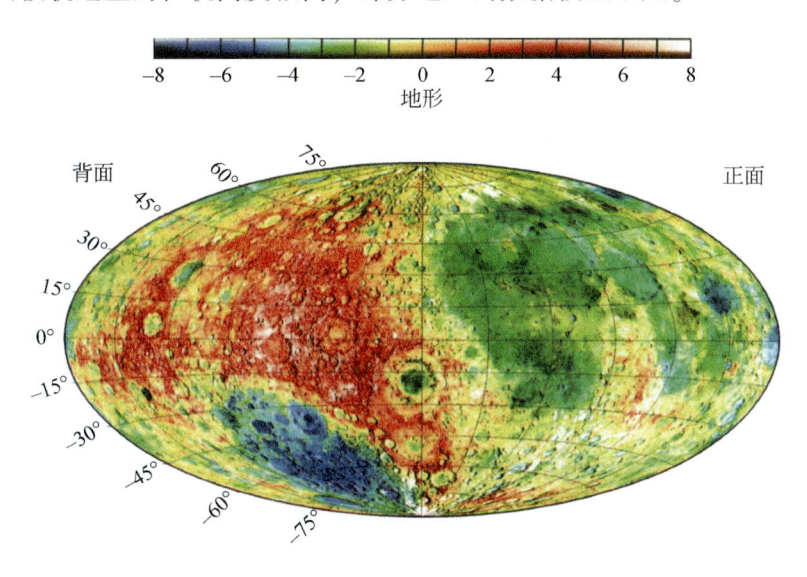

图 4.21 Clementine 激光雷达得到的月球地形图
地形图为等面积投影，中央投影经度为 270°E

2. "嫦娥一号" 数字地形模型

2007 年 10 月 24 日，中国首颗月球探测卫星 "嫦娥一号" 发射升空。其上搭载的激光高度计是实现获取月球表面三维影像目标的一个重要载荷。通过 "嫦娥一号" 2007 年 11 月 27 日～2008 年 1 月 22 日第一次正飞阶段约为 2 个月期间，获取了 321 万个有效激光测高数据点，中国科学院上海天文台成功建立了改进的 360 阶次球谐函数展开的月球全球地形模型（CLTM-s01），测量精度为 31m，空间分辨率沿纬度方向和沿经度方向分别为约 1.4km 和 7.5km（图 4.22）。从图 4.22 中看出，嫦娥卫星激光测高数据全球覆盖较好，大部分区域有多次覆盖，极少区域数据覆盖稍稀疏，但均能相当清晰地反映出月面地形情况（平劲松等，2008）。

3. LRO 数字地形模型

2009 年 6 月 18 日，美国月球勘测轨道飞行器（Lunar Reconnaissance Orbiter，LRO）

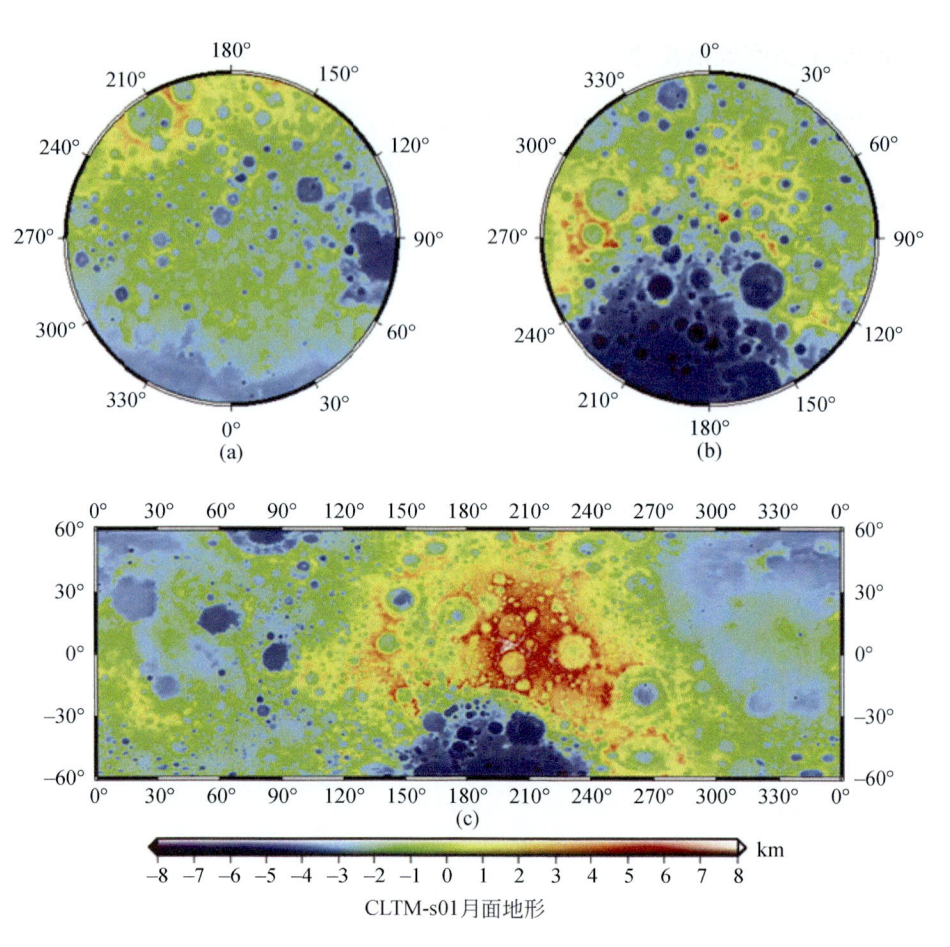

图 4.22　"嫦娥一号"激光高度计得到的月球全球地形图 CLTM-s01

参考月球半径 1738km，(a) 为北半球，纬度 55°N~90°N；(b) 为南半球，纬度 55°S~90°S，为立体照相等方位角投影；(c) 为月球 60°S~60°N 等圆柱投影，中央投影经度为 180°E

与月球坑观测和传感卫星（LCROSS）搭载的月球轨道飞行器激光测高仪（Lunar Orbiter Laster Altimeter，LOLA）得到了更多的月球表面数据，由此获得了一个更准确的月表地形三维模型。根据其测高数据得到的 720 阶地形模型 LRO_LTM02（Smith et al.，2010），是当时分辨率最高的，水平分辨率可达 20m，高度分辨率为 0.5m（图 4.23）。

4. 日本 KAGUYA/Selene 数字地形模型

KAGUYA/Selene 是日本的探月工程的第一部分，于 2007 年 9 月 14 日成功发射。该卫星搭载的激光高度计主要用于月球形状参数、内部构造和地表成因、月球两极以及月球掩星数据的研究。日本国立天文台利用 KAGUYA/Selene 从 2007 年 12 月 30 日到 2008 年 11 月 30 日期间所获取的有效激光测高数据点，建立了一个包含 359 阶次球谐函数展开的月球全球地形模型（STM359 grid02）（郝卫峰等，2010）。

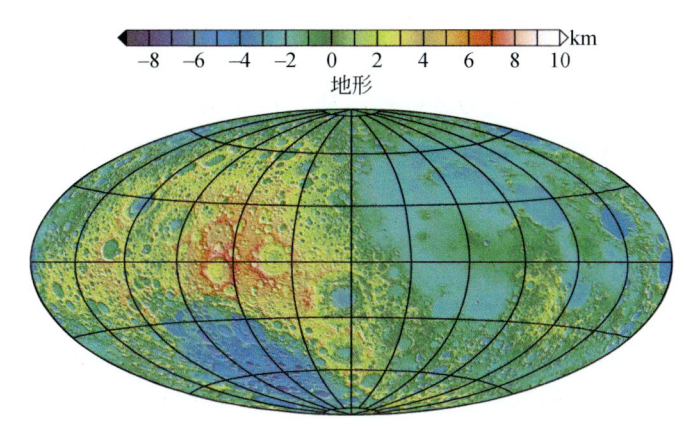

图 4.23　LOLA 测高数据得到的月球地形图

4.3　月球地貌

4.3.1　典型地貌特征

月球的地表像一片连绵起伏的山脉，地貌类型繁多。月球地貌是指月球表面高地起伏的状态。月球中有月海盆地、撞击坑、山脉、月谷、月溪、地堑、断裂等主要地貌类型，分布在月海、高原，或横跨月海和高原两大地理单元。

1. 月海与高地

从整体上看，月球地表被划分成两个主要的地貌单元，即月海和高地。通常情况下，平时人们所看到月球正面上的暗黑色斑点，都被称之为"月海"。月海是月球表面上一片广阔的平原，占据了月球表面 17% 的面积。目前已知月海 22 个，绝大部分都在月球的正面，主要有东海、莫斯科海、智海（中国科学院贵阳地球化学研究所，1977）。最大的风暴洋是在月球正面北半球的西部，面积大约为 500 万 km^2。风暴洋东为雨海，面积达 88.7 万 km^2。静海位于月球的正面中心偏东北方向，面积达 26 万 km^2。冷海是月球最北端的一部分，类似于一种带状分布，从东到西，绵延 1600km。此外，位于月球正面且面积较大的月海还包括澄海、丰富海、酒海、危海、云海、湿海、知海、界海、史密斯海和南海，月海的面积大多在 7 万~28 万 km^2。月球正面的小型月海，主要有正面中央的气海、最东北部的洪堡德海、危海东北角的蛇海和丰富海东北角的泡海、浪海等。这些月海的面积在 1 万~5 万 km^2（中国科学院贵阳地球化学研，1977）。大部分的月海都被群山所包围，就像风暴洋东边的雨海一样，被亚平宁、高加索、阿尔卑斯和卡尔巴阡山脉所包围。虽然这些山脉并不相连，但是它们都是围绕着雨海的环形外壁而存在的。

月海盆地上遍布着玄武质熔岩，地形比月球高地低得多，比如澄海、静海，都比月球的平均水平面低 1700m 左右。湿海要低 5200m，最低的是雨海东南部。因而，澄海与雨海的海面高差很大，致使亚平宁山脉与高加索山脉之间联络这两个月海的过渡地带，明显呈一斜面。

月球表面大面积高于月海的区域统称作高地。月球正面，整个高地的面积几乎和整个月海的面积一样；月球背面，高地的面积要大得多（Rodionova，1993）。高地通常比月海高 2~3km。高地主要由浅色的斜长石构成，因此其反射率相对比较高。根据高地上撞击坑的密度计算获知，在形成时代上高地比月海老（Martin et al. 1997）。高地斜长岩的同位素年龄测定结果（46 亿~40 亿年），也说明高地的形成时代比月海要早很多。月球高地上也有有一些直径为500km左右的巨大圆形凹地，大小和形貌类似月海盆地。但其盆地底部比较少见暗黑色玄武质熔岩。例如，东海盆地是一个直径达 1000km 的巨大环形月海，位于月球背面15°S89°W。东海盆地的中央平原直径只有 250km。其西半部被三层同心环状构造所包围（图 4.24）。

图 4.24 月球大型盆地地貌图（图片来自 NASA）

2. 撞击坑与穹窿

所谓的撞击坑，就是月球表面遍布着的一个个大小不一的圆形坑洞。目前已识别直径大于 1km 的撞击坑达 130 多万个（Robbins，2019），而且随着撞击坑直径的减少，坑数量会呈指数升高。这些撞击坑的直径分布范围很宽，小的只有数十厘米或更小，大的有直径数千米的。直径大于 1km 的撞击坑总面积约占整个月球表面积的 7%~10%。

一般来说，越是年代久远的月表，越是容易受到陨石的冲击，撞击坑的密度也就越大。撞击坑密度最高的区域在月球表面的中南部，撞击坑的密度由此处向北、西、东方向递减。月海平原上的撞击坑密度比较低，雨海、澄海及两者之间的亚平宁和高加索山脉是最少的。月球近地面撞击坑如图 4.25 所示，月球近地面主要撞击坑的统计见表 4.3。

撞击坑中间的熔融物质，由撞击角砾岩向外侧逐步过渡，表现出强烈的撞击变质作用。遥感影像显示，月球撞击坑内部斜坡普遍比较陡，坑道直径越小，坡度越大，坑壁呈同心圆阶梯状断丘。外侧坡度相对平缓，坡度不超过 10°，通常为 5°。撞击坑底面平坦，中央有穹状隆起，但遭后期改造后很难保留下来。新鲜的撞击坑周围有辐射线，沉积物具有高反照率，往往以新鲜撞击坑为中心，呈现射线或次射线状向外展布。辐射线的形态窄而长，经常可延伸多个撞击坑直径远的距离。

图 4.25 月球正面撞击坑（图片来自 NASA）

表 4.3 月球正面主要撞击坑坐标、直径和深度统计

撞击坑名称	坐标 纬度	坐标 经度	直径/km	深度/km
Albategnius	11.2°S	4.1°E	129	4.4
Aristarchus	23.7°N	47.4°W	40	3.7
Aristoteles	50.2°N	17.4°E	87	3.3
Bailly	66.8°S	69.4°W	303	4.3
Clavius	58.4°S	14.4°W	225	3.5
Copernicus	9.7°N	20.0°W	93	3.8
Fra Mauro	6.0°S	17.0°W	95	—
Humboldt	27.2°S	80.9°E	207	—
Janssen	44.9°S	41.5°E	190	2.9
Langrenus	8.9°S	60.9°W	132	2.7
Longomontanus	49.5°S	21.7°W	145	4.5
Maginus	50.0°S	6.2°W	194	4.3
Metius	40.3°S	43.3°E	88	3.0
Moretus	70.6°S	5.5°W	114	5.0
Petavius	25.3°S	60.4°E	177	3.4
Picard	14.6°N	54.7°E	23	2.4
Piccolomini	29.7°S	32.3°E	88	4.5

续表

撞击坑名称	坐标 纬度	坐标 经度	直径/km	深度/km
Pitatus	29.8°S	13.5°W	97	0.9
Plinius	15.4°N	23.7°E	43	4.3
Rheita	37.1°S	47.2°E	70	4.3
Russell	26.5°N	75.4°W	103	—
Schickard	44.4°S	54.6°W	227	1.5
Seleucus	21.0°N	66.6°W	61	3.0
Stadius	10.5°N	13.7°W	69	—
Stöfler	41.1°S	6.0°E	126	2.8
Thebit	22.0°S	4.0°W	57	3.3
Theophilus	11.4°S	26.4°E	100	3.2
Tycho	43.3°S	11.2°W	85	4.8
Vendelinus	16.3°S	61.8°E	147	2.6
Wargentin	49.6°S	60.2°W	84	—

大部分撞击坑周围都是环形山脉，这些山脉都是由连绵的岩壁构成。时间久远的撞击坑山脉则被侵蚀和掩埋。撞击坑的底部通常是平整的，但是它们之间的深度差异更大，从数十至数千米不等。在较大的撞击坑中心，常有一个中央峰。中央峰通常低于环形山脉，而一些撞击坑的中央峰高度则与周边岩壁相近。有些撞击坑的底部，和月海一样，也是由月海玄武岩构成。

撞击坑类型可分为简单撞击坑和复杂撞击坑，分别如图4.26和图4.27所示。两种撞击坑的比较如表4.4所示。

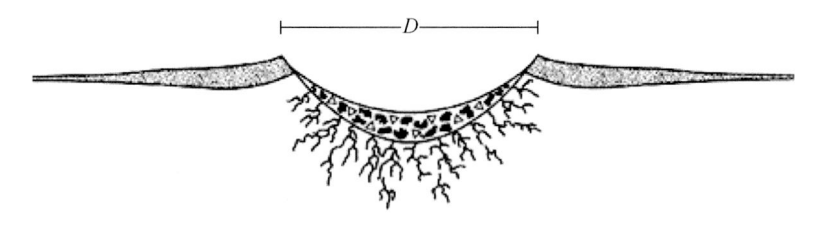

图4.26 简单撞击坑

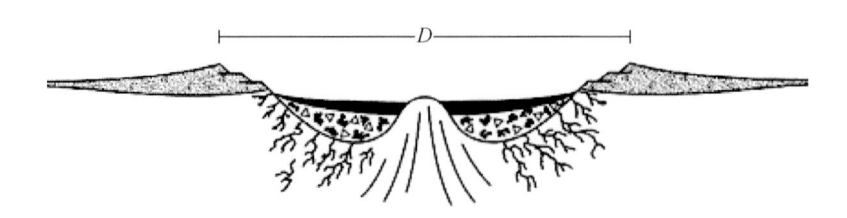

图4.27 复杂撞击坑

表 4.4 根据大小划分的撞击坑类型

撞击坑类型	直径/km	特征
简单撞击坑	<15	一般为碗型，边界完好
复杂撞击坑	20~175	有中央峰
	175~300	有环形的中央凸起
	>300	被称为撞击盆地，一般会影响区域的地质特性

月海穹窿多是一种侵入岩形成的环形构造，即岩浆上侵过程中由于温度的降低而结晶，形成浅侵入岩。有时少量岩浆通过很小的火山口喷出，在周围堆积形成坡度平缓的正地形，中间或具有小的火山口（Strom，1971）。因此，月海穹窿的存在一般代表了该地区月壳较为薄弱，内部岩浆容易溢流而产生。在遥感影像上月海穹窿一般表现为圆形，色调与周围的地物有微弱差异（图 4.28）。一般的穹窿构造因为坡度极小，只能在太阳低角度入射时才可以被观察到。

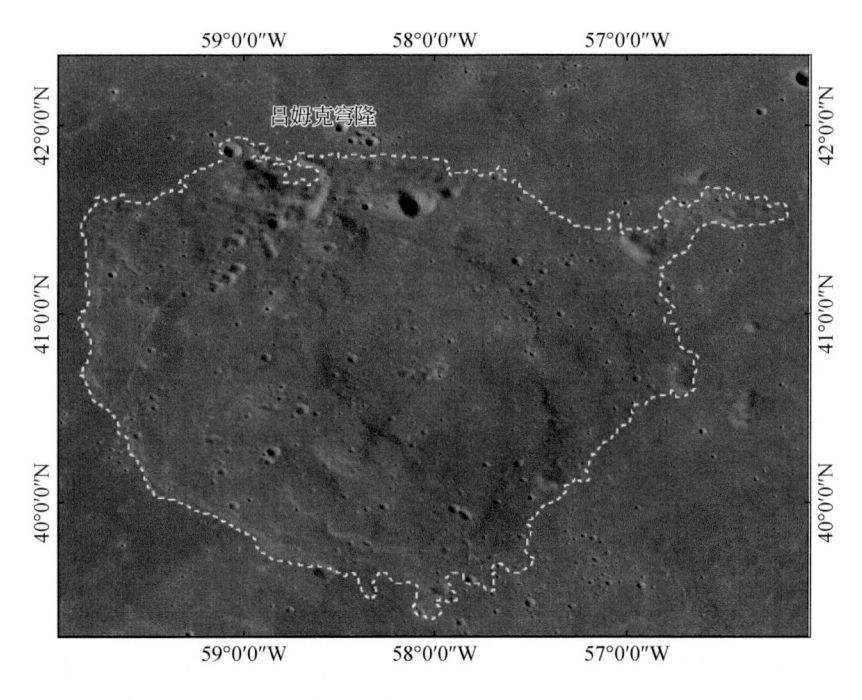

图 4.28 月球吕姆克穹窿

3. 山脉与峭壁

在月球表面上，存在着被称为"山脉"（或"山系"）的连续陡峭的峰群。山脉数量较少，且有 7~8km 的高度。大部分山脉都是以地球上的山脉而命名的，如雨海周围的高加索山脉、亚平宁山脉、阿尔卑斯山脉、朱拉山脉、喀尔巴阡山脉（图 4.29），以及酒海周围的阿尔泰峭壁、比利牛斯山脉，东海附近的科迪勒拉山脉、卢克山脉，澄海以南的海码斯山脉等（Heiken et al.，1991）。亚平宁山脉是月球上最大的山脉，绵延 1000km，高出月海 3~4km。月球表面山脉朝向海的一面，地势陡峭，呈现出一种陡峭的悬崖状；而在朝向陆地的另一端，却是一片平缓的斜坡。据统计，月球上有 6 个山峰达 6km 以上，20 个山峰高达 5km，约有 80 个山峰高达 4km，还有近 200 个山峰高达 1km。

图 4.29　月球雨海周围山脉（LROC）

除了山脉之外，月球表面还耸立着 4 道长达数百千米的悬崖峭壁，而阿尔泰崖最大，形成了酒海的外层环状峭壁。其他 3 座峭壁则突出在月海中，包括静海中的科希峭壁、云海中的直壁，以及湿海西部边缘的利比克峭壁。

4. 月谷与月溪

月球表面分布有巨大的黑色裂缝，蜿蜒数百千米，宽度从数千米到数十千米，看上去像是地球上的沟谷。这些裂缝中较宽的峡谷称之为"月谷"（valleys），而较细长的小谷称之为"月溪（rills）"。月谷多出现在高原较平坦区域，而月溪在月陆和月海中均有发现，如连通雨海与冷海的阿尔卑斯月谷（Alpine Valley）、汽海与中央湾之间的希金努斯月溪（Hyginus Rills）（图 4.30 和图 4.31）。月面上主要月谷和月溪概况如表 4.5 所示。

5. 月岭与断裂

月岭一般分布在月海玄武岩中，由盆地充填形成的挤压力、全球热能的收缩和潮汐力影响等形成。月岭多呈纹状、断线式分布，形态呈断续的绳状或辫状，整体上来看相互交汇、重叠或呈环形分布。从 DEM 剖面上看，其底部是宽广的弧形隆起，顶部是尖峭的山脊（图 4.32）。

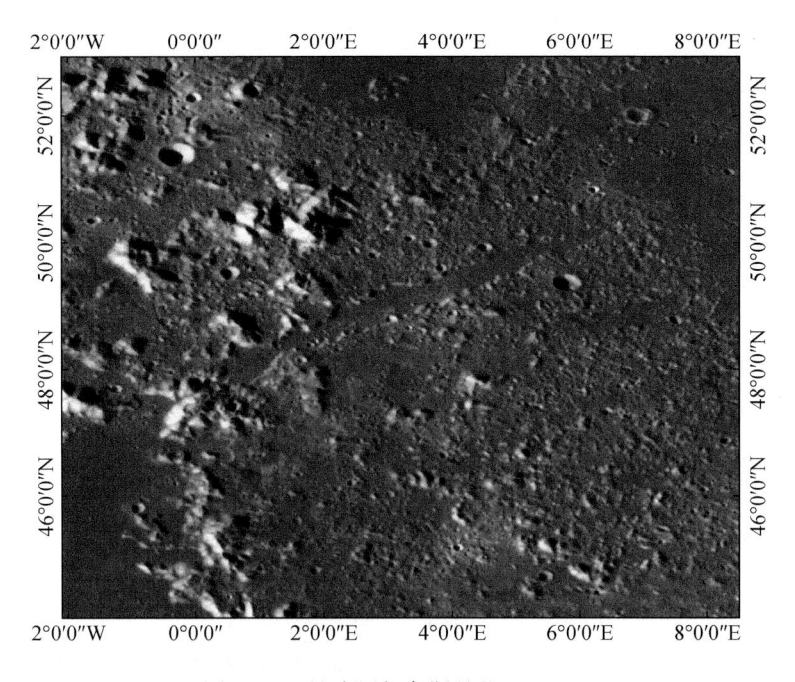

图 4.30　月球阿尔卑斯月谷（LROC）

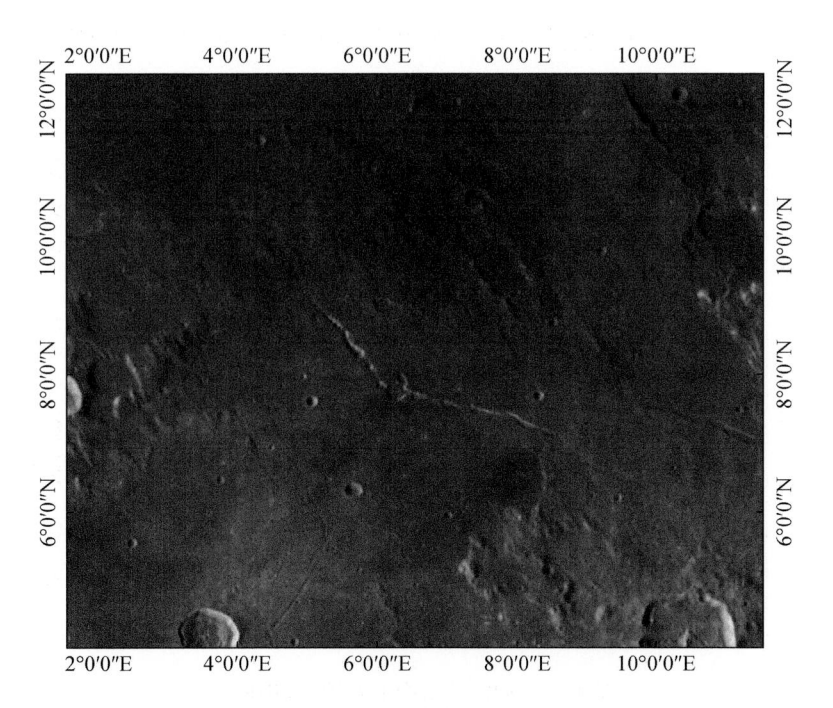

图 4.31　月球希金努斯月溪（LROC）

表 4.5　月面上主要月谷与月溪概况

	名称	长度/km	宽度/km	位置
月谷	阿尔卑斯（Alpine）	130	10～20	为联结雨海与冷海的峡谷
	巴德（Baade）	210	20～30	东海盆地南边高地上
	英希拉米（Inghirami）	200	40～55	东海盆地南边，离巴德月谷不远
	勒伊塔（Rheita）	500	20～30	南海东北边的高地上
	施罗特里（Schröteri）	150	5～10	风暴洋北部岛上，阿里斯塔克撞击坑附近
月溪	阿里亚代斯（Ariadaeus）	230	~5	为联结雨海与风暴洋海湾的月溪
	赫西奥杜斯（Hesiodus）	280	~5	云海南部"海面"
	伊巴勒（Ibarle）	200	~5	云海与湿海之间，呈南北向延伸
	希金努斯（Hyginus）	200	~5	汽海与中央湾之间的"海面"上
	海帕踏（Hypatos）	较短	较细	静海南部，海帕踏撞击坑附近
	普朗克（Planck）	350	10～20	月球背面南部普朗克撞击坑边上，呈南北向延伸
	施罗丁格尔（Schrodinger）	280	10～50	月球背面南部施罗丁格尔撞击坑附近
	雪萨利斯（Sirsalis）	450	~5	风暴洋东南面高地上
	哈德利（Hadley）	100	~1.5	腐沼东部的"海面"上，Apollo 15 着陆点附近

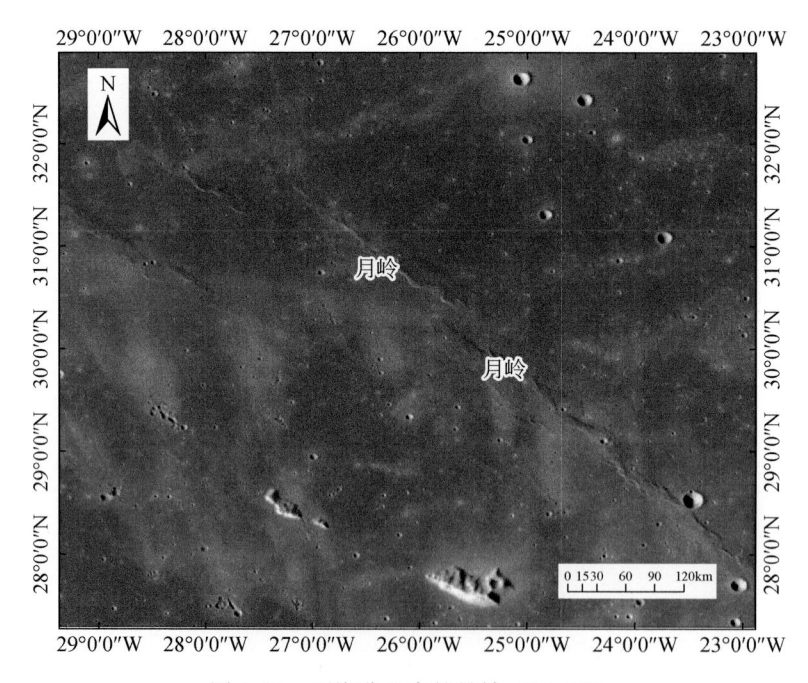

图 4.32　雨海盆地中的月岭（LROC）

月球表面的断裂构造，有延伸达数百千米的直线状深大断裂，有数十至几百千米长的弧形断裂，有长度不等的各种裂隙。每一种断裂在月面构造中的位置也是不确定的，如最大的直线断裂，绝大多数位于月面主要构造单元的接合处，使月海盆地与月陆分割开来。

还有一些较小的直线状断裂广泛发育在月陆上，通常由北西和北东两组断裂构成网格。

规模不大的裂隙大多为不规则的，多位于中等尺寸撞击坑底部。由陨石撞击形成的裂隙，与地形隆起有关，如阿特拉斯撞击坑坑底的断裂构造（图4.33）。

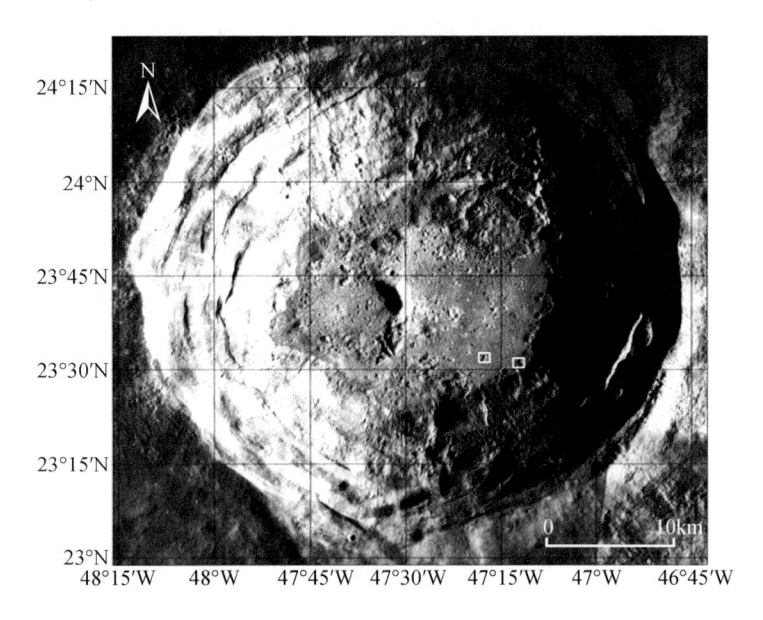

图4.33 阿特拉斯撞击坑坑底断裂（LROC）

4.3.2 撞击坑大小-频率分布

月球遥感图像上最直观的特征是分布着大小不同的撞击坑。基于不同分辨率的遥感图像，通过撞击坑的识别，可得到月表不同区域撞击坑规模-频率分布，建立撞击坑大小-频率分布（size-frequency distribution，SFD）函数。月表SFD函数是月表统计定年的基础，实现了月表不同区域地质单位年代测定，对研究月球的历史和地质学有着非常重要的作用。

1. 撞击坑大小-频率分布函数

月球撞击坑规模-频率分布有两种独立的统计计算方法。依据主要倡导者的名字，分为哈特曼（Hartmann）法和诺伊康（Neukum）方法。

1）Hartmann 法

Hartmann 为了表示某个特定时间撞击坑规模-频率分布，如月海的平均形成时间，而选择的一套数据集（表格）作为撞击坑规模-频率分布函数，即哈特曼撞击坑产率函数（HPF）。该函数是对不同区间的单个撞击坑数作平均而得到的，认为可构建幂函数的相对可靠模型，利用了具标准直径区间值的对数增量 SFD 表达式。每平方千米的撞击坑数（N_H），是针对直径区间 $D_{LFT}<D<D_{RGT}$ 内的撞击坑计算的。D_{LFT} 和 D_{RGT} 分别是区间的左和右

边界值，标准区间右侧的直径大小为 $D_{RGT}=2^{1/2}D_{LFT}$。Hartmann 等（1999）把表格式的 HPF 近似地表示成分段幂函数形式，即

$$\lg N_H = -2.616 - 3.82\lg D_{LFT}; D_{LFT} < 1.41 \text{km}$$
$$\lg N_H = -2.920 - 1.80\lg D_{LFT}; 1.41 \text{km} < D_{LFT} < 64 \text{km}$$
$$\lg N_H = -2.198 - 2.201\lg D_{LFT}; D_{LFT} > 64 \text{km} \tag{4.4}$$

Hartmann 于 20 世纪 60 年代开始这个分段幂函数时，只确立了部分方程：$1.41\text{km} < D_{LFT} < 64\text{km}$。一般认为这类幂律是针对小行星和陨石的，而 Hartmann 则试图将它与月球撞击坑联系起来。

2）Neukum 法

Neukum 提出一种描述撞击坑规模-频率分布的解析函数（Neukum，1983；Neukum and Inanov，1994），即诺伊康产率函数（NPF）。Neukum 证明，撞击坑大小-频率分布的斜率或形状在不同地质单元内近似恒定，其绝对大小与地质年龄相关。整个撞击坑规模谱是已知的。与哈特曼产率函数不同，Neukum 计算的是与每平方千米内直径大于给定值 D 的月坑累积数 N 相匹配的多项式。针对 10 亿年的时间段，$N(D)$ 可表达为（Neukum，1983）：

$$\lg N = a_0 + \sum_{n=1}^{11} a_n [\lg(D)]^n \tag{4.5}$$

式中，D 单位为 km；N 为每平方千米、每 10 亿年内直径大于 D 的撞击坑数；a_n 为系数，由表 4.6 给出。式（4.5）中 $0.01\text{km} < D < 300\text{km}$。

近来，通过在此规模范围的反复测量，诺伊康产率函数在最大的撞击坑作了改进（Ivanov et al.，1999，2001；Neukum et al.，2001）。a_0 控制撞击体的绝对数量，不影响撞击体的相对大小-频率分布。这里为了给出撞击坑的相对大小-频率分布，因此将 a_0 取 0。

2. 撞击坑统计定年法

撞击坑统计定年法是将月面某一特定区域单元内统计所得的撞击坑密度分布和相应的同位素年龄进行拟合，由此建立的拟合系数可用来计算未知区域的年龄。目前，撞击坑密度统计方法是获取行星表面遭受撞击的单元年龄最常用的方法。撞击坑密度统计计算方法主要有相对分布法和累积分布法（李艳秋等，2014）。

相对分布法表示了撞击坑的直径与一定范围内撞击坑数量的关系。假设统计区的面积为 S，收集该区域内所有撞击坑的直径并将其按大小顺序排列。按照一定的递增步长 I（通常情况下为 $\sqrt{2}$）归类直径数据。相对分布法统计每个直径分类区间内撞击坑的数量，即区域 S 内直径位于 D 到 $\sqrt{2}D$ 之间的撞击坑数量，设为 n。该区间上的撞击坑相对密度（R 值）是关于直径上下限（D，$\sqrt{2}D$）、撞击坑数量（n）统计区面积（S）的函数，即

$$T = (\pi D_a I^{1/2}/4)[R(D_a) - R(D_b)] \tag{4.6}$$

式中，T 为地质单元的年龄；I 为步长；$R = (\bar{D})^3 n/S(ID-D)$；$\bar{D}$ 为 D 与 ID 的算术平方根。

表 4.6 NPF 的系数

a_n	"老"$N(D)$ (Neukum, 1983)	"新"$N(D)$ (Neukum et al., 2001)	"新"$N(D)$ 灵敏度/%	撞击体 $R(D_p)$ (Werher et al., 2000)
a_0	-3.0768	-3.0876	—	
a_1	-3.6269	-3.557528	±3.8	+1.375
a_2	0.4366	0.781027	±3.9	+0.1272
a_3	0.7935	1.021521	±2.5	-1.2821
a_4	0.0865	-0.156012	±1.6	-0.3075
a_5	-0.2649	-0.444058	±0.88	+0.4149
a_6	-0.0664	0.019977	±1.3	+0.1911
a_7	0.0379	0.08685	±0.78	-0.04261
a_8	0.0106	-0.005874	±1.8	-0.03976
a_9	-0.0022	-0.006809	±1.8	-3.1802×10^{-3}
a_{10}	-55.81	78.5	±5.6	$+2.799\times10^{-3}$
a_{11}	34.71	50.4	±24.1	$+6.892\times10^{-3}$
a_{12}				$+2.614\times10^{-3}$
a_{13}				-1.416×10^{-3}
a_{14}				-1.191×10^{-3}

注：撞击坑或撞击体的相对数被定义为 $R=D_x^{-3}(dN/dD)$（Hartmann et al., 1981），式中是规模大于 D_x（分别对应撞击坑直径 D，或撞击体直径 D_p）的客体累积数。灵敏度是能使 $R(D)$ 值变得高或低 2 倍的系数变异。

撞击坑的累积大小-频率分布（cumulative size-frequency distribution, CSFD）法表示了撞击坑的直径与累积数量的关系。该方法的操作与相对分布法的前期处理一致，假设统计区的面积为 S，统计每个直径范围上大于其上限值的撞击坑数量。例如，直径小于 D 的撞击坑累积数量为 n，区域面积为 S，那么该直径区间上的撞击坑累积频率 f 为

$$f=\frac{n}{S} \tag{4.7}$$

在已知撞击坑直径范围的基础上，主要有 Melosh 和 Vickery 法和 Neukum 法等方法。

1) Melosh 和 Vickery 法

早期撞击坑直径范围在 4~100km 统计，被广泛应用于月表年龄的计算。1989 年，Melosh 和 Vickery 根据撞击坑的累计密度和 Apollo 采样样品的同位素方法总结出撞击坑密度与年代的关系式为

$$N(4)=2.68\cdot10^{-5}[T+4.57\cdot10^{-7}\exp(4.53T)-1] \tag{4.8}$$

式中，$N(4)$ 为直径大于 4km 的撞击坑累计密度；T 为地质年代。

撞击坑累计密度图如图 4.34 所示。

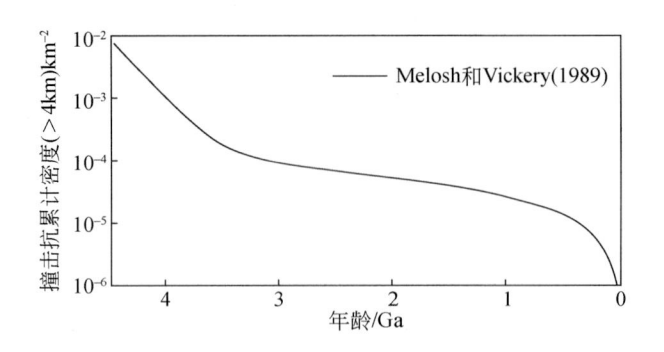

图 4.34 Melosh and Vickery 撞击坑累计密度分布图

2）Neukum 法

1983 年，Neukum 提出的撞击坑大小-频率分布方法（CSFD），是统计直径大于 1km 上的撞击坑累积数量，并且 Neukum 等在 2001 年对生产函数进行改进，应用于不同区域单元年龄的计算。Neukum 在 1983 年提出了直径 1km 上撞击坑密度表示函数关系式，即

$$N(1) = 5.44 \cdot 10^{-14}[\exp(6.93T)-1]+8.38 \cdot 10^{-4}T \tag{4.9}$$

式中，$N(1)$ 为直径 1km 以上的撞击坑累计密度；T 为地质年代。

撞击坑直径大于 1km 的累计密度图如图 4.35。

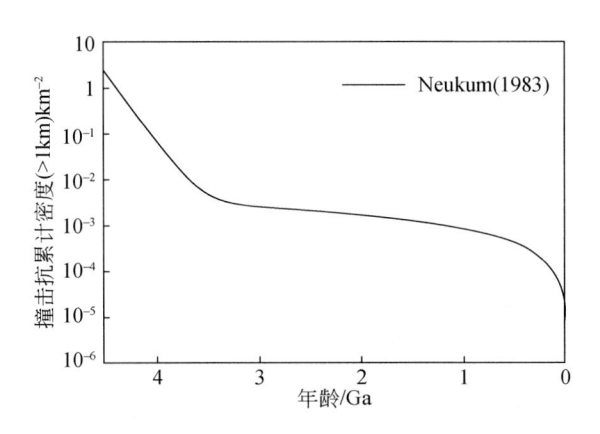

图 4.35 Neukum 撞击坑累计密度分布图

由于已有撞击坑统计定年模型，都采用了 Apollo 和 Luna 任务采集样品的同位素年龄。但是现有样品中缺乏 30 亿~10 亿年的年龄数据，这一年龄空白区几乎占据月球地质历史的一半时间，因此急需 20 亿年左右的月球样品。中国"嫦娥五号"任务获取的样品年龄为 20.3 亿年，恰好填补了这个年龄空白区。Yue 等（2022）为验证和改进已有月球年代函数，结合产率函数得到"嫦娥五号"采样区域的 $N(1)$ 值，并补充采样样品的同位素年龄数据，通过非线性最小二乘拟合更新了月球年代函数。如图 4.36 为新旧年代函数的结果对比，可以看出最大年龄差约为 2 亿年。

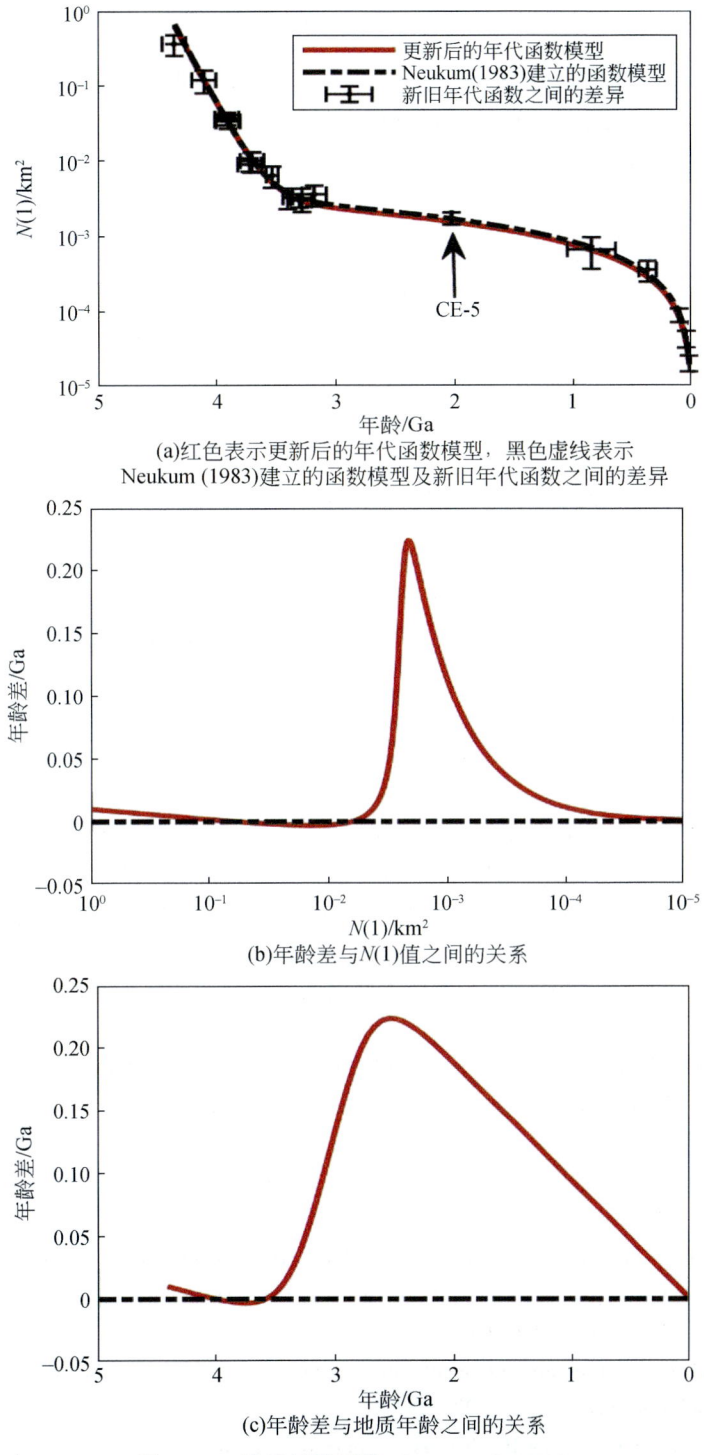

(a)红色表示更新后的年代函数模型，黑色虚线表示
Neukum(1983)建立的函数模型及新旧年代函数之间的差异

(b)年龄差与N(1)值之间的关系

(c)年龄差与地质年龄之间的关系

图 4.36　月球年代函数（Yue et al. 2022）

参 考 文 献

蔡占川, 郑才目, 唐泽圣, 等. 2010. 基于嫦娥一号卫星激光测高数据的月球 DEM 及高程分布特征模型 [J]. 中国科学: 技术科学, 25 (11): 1300-1311.
邓湘金, 张熇, 彭兢. 2006. 解读"月球勘察轨道器 (LRO)" [C]. 北京: 中国空间科学学会空间探测专业委员会第十九次学术会议论文集 (上册).
郝卫峰, 李斐, 鄢建国. 2010. 基于新近数据的月球地形、重力场及内部构造研究进展 [J]. 地球物理学进展, 25 (6): 1926-1934.
贾瑛卓, 代树武, 吴季, 等. 2004. 嫦娥三号着陆器有效载荷 [J]. 空间科学学报 ISTIC PKU, (34): 2.
姜挺, 龚志辉, 江刚武, 等. 2004. 基于三线阵航天遥感影像的 DEM 自动生成 [J]. 测绘科学技术学报, 21 (3): 178-180.
金丽华, 金晟业, 陈圣波, 等. 2009. "嫦娥一号"第一幅月面遥感影像撞击坑特征 [J]. 吉林大学学报 (地球科学版), 39 (5): 942-946.
李春来, 任鑫, 刘建军, 等. 2010. 嫦娥一号激光测距数据及全月球 DEM 模型 [J]. 中国科学: 地球科学, 40 (3): 281-293.
李坤, 刘建军, 牟伶俐, 等. 2012. 利用小型撞击坑测算月球地质单元撞击年龄 [J]. 吉林大学学报 (地球科学版), 42 (S2): 452-459.
李艳秋, 陈圣波, 郭鹏举, 等. 2014. 月陆地区次级撞击坑特征及年龄统计方法 [J]. 地学前缘, 21 (6): 38-44.
欧阳自远. 2005. 月球科学概论 [M]. 北京: 中国宇航出版社.
平劲松, 黄倩, 鄢建国, 等. 2008. 基于嫦娥一号卫星激光测高观测的月球地形模型 CLTM-s01 [J]. 中国科学 (G), 38 (11): 1601-1612.
王任享. 2008. 月球卫星三线阵 CCD 影像 EFP 光束法空中三角测量 [J]. 测绘科学, 33 (4): 5-7.
王任享. 2016. 三线阵 CCD 影像卫星摄影测量原理 [M]. 北京: 测绘出版社.
王新义, 杨俊峰, 王建荣, 等. 2005. 三线阵 CCD 影像短航线空中三角测量的模拟实验研究 [J]. 测绘科学, 30 (4): 33-36.
岳宗玉, 吴淦国, 刘建忠, 等. 2006. 地月系统不同成因环形构造及其影像特征 [J]. 矿物学报, 26 (4): 441-447.
中国科学院贵阳地球化学研究所. 1977. 月质学研究进展 [M]. 北京: 科学出版社.
Barker M K, Mazarico E, Neumann G A, et al. 2016. A new Lunar digital elevation model from the Lunar orbiter laser altimeter and SELENE terrain camera [J]. Icarus, 273: 346-355.
Belton M J, Klaasen K P, Clary M C, et al. 1992. The galileo solid-state imaging experiment [J]. Space science reviews, 60 (1-4): 413-455.
Futamura N, Takaku J, Suzuki H, et al. 2002. High resolution DEM generation from ALOS PRISM data-algorithm development and evaluation [C]. Toronto: Geoscience and Remote Sensing Symposium, IGARSS'02. 2002 IEEE International. IEEE, (1): 405-407.
Gault D E. 1970. Saturation and equilibrium conditions for impact cratering on the Lunar surface. Criteria and implications [J]. Radio Science, 5 (2): 273-291.
Hartmann W K. 1971. Martian cratering III: Theory of crater obliteration [J]. Icarus, 15: 410-428.
Hartmann W K, Strom R G, Weidenschilling S J, et al. 1981. Chronology of planetary volcanism by comparative studies of planetary craters. Basaltic Volcanism on the Terrestrial Planets [M]. Elmsford, New York: Pergamon Press.

Hartmann W K. 1999. Martian Cratering VI: Crater Count Isochrons and Evidence for Recent Volcanism from Mars Global Surveyor [J]. Meteoritics & Planetary Science, 34 (2): 167-177.

Heiken G H, Vaniman D T, French B M, et al. 1991. Lunar Sourcebook: A user's guide to the Moon [M]. London: Cambridge University Press.

Hofmann O, Nave P. 1984. DPS-A digital photogrammetric system for producing digital elevation models and orthophotos by means of linear array scanner imagery [J]. Photogrammetric Engineering and Remote Sensing. 50 (8): 1135-1142.

Ivanov B A, Neukum G, Wagner R. 1999. Impact craters, NEA, and Main Belt asteroids: Size-frequency distribution [J]. Lunar and Planetary Science Conference, 1583: 1-2.

Ivanov B A, Neukum G, Wagner R. 2001. Size-frequency distributions of planetary impact craters and asteroids. Collisional processes in the solar system [J]. Dordrecht: Springer Netherlands, 261: 1-34.

Liu J J, Ren X, Mou L L, et al. 2009. Automatic DEM generation from CE-1's CCD stereo camera images [C]. Woodlands: 40th Lunar and Planetary Science Conference.

Martin P D, Pinet P C, Chevrel S D, et al. 1997. On the Highland crust diversity and mare-high-land transitions in the mare humorum region of the Moon [J]. Bulletin of the American Astronomical Society, 29: 986.

Mazarico E, Watter W A, Barmoui O S, et al. Depth-Diameter ratios of small craters from LOLA Multi-Beam laser altimeter data [C]. Woodlands: 41st LPSC, Abstract.

Neukum G. 1983. Meteoriten bombardement und datierung planetarer oberflachen, habilitation diss [J]. University of Munich, Munich, Germany. 186.

Neukum G, Ivanov B A. 1994. Crater size distributions and impact probabilities on Earth from lunar, terrestrial-planet, and asteroid cratering data [J]. Hazards due to Comets and Asteroids, 359 (1): 359-416.

Neukum G, Ivanov B A, Hartmann W K. 2001. Cratering records in the inner solar system in relation to the Lunar reference system [J]. Space Science Reviews, 96 (1): 55-86.

Neukum G, Konig B. 1974. A study of Lunar impact crater size-distrubutions [J]. The Moon, 12: 201-209.

Robbins S J. 2019. A new global database of lunar impact craters > 1 − 2km: 1. Crater locations and sizes, comparisons with published databases, and global analysis [J]. Journal of Geophysical Research: Planets, 124 (4): 871-892.

Robinson M S, Malaret E, White T. 2003. A radiometric calibration for the Clementine HIRES camera [J]. Journal of Geophysical Research. 108 (E4), 5028: 1-19.

Rodionova J F. 1993. The morphology of the Lunar surface [J]. Parts in the Region of Work of the Mobile Geological Laboratory Vehicle in Mare Imbrium. 1: 161-165.

Rosenburg M A, Aharonson O, Head J W, et al. 2011. Global surface slopes and roughness of the Moon from the Lunar orbiter laser altimeter [J]. Journal of Geophysical Research, 116 (E2): E02001.

Sawabe Y, Matsunaga T, Rokugawa S. 2006. Automated detection and classification of Lunar craters using multiple approaches [J]. Advances in Space Research, 37 (1): 27.

Sivakumar V, Kumar B, Srivastava S K, et al. 2012. DEM generation for Lunar surface using chandrayaan-1 TMC triplet data [J]. Journal of the Indian Society of Remote Sensing, 40 (4): 551-564.

Smith D E, Zuber M T, Neumann G A, et al. 1997. Topography of the Moon from the Clementine lidar [J]. Journal of Geophysical Research, 102 (E1): 1591-1611.

Smith D E, Zuber M T, Neumann G A, et al. 2010. Initial observations from the Lunar orbiter laser altimeter (LOLA) [J]. Geophysical Research Letters, 37 (18): L1804, 1-6.

Spiegal M. 2007. Improvement of interior and exterior orientation of the three line camera HRSC with a simultaneous adjustment [C]. Germany: PIA07-Photogrammetric Image Analysis, Munich,

Strom R G. 1971. Lunar mare ridges. Rings and volcanic ring complexes [J]. Modern Geology, 2: 133-57.

Stöffler D G, Ryder. 2001. Stratigraphy and isotope ages of Lunar geologic units: Chronological standard for the inner solar system [J]. Space Science Reviews, 96 (1): 9-54.

Tadono T, Shimada M, Murakami H, et al. 2009. Calibration of PRISM and AVNIR-2 onboard ALOS "Daichi" [J]. IEEE Transactions on Geoscience & Remote Sensing, 47 (12): 4042-4050.

Takaku J, Tadono T. 2009. PRISM on-orbit geometric calibration and DSM performance [J]. IEEE Transactions on Geoscience & Remote Sensing, 47 (12): 4060-4073.

Yue Z, Yang M, Jia M, et al. 2020. Refined model age for orientale basin derived from zonal crater dating of its ejecta [J]. Icarus, 346: 113804.

Zongyu Yue, Kaichang Di*, Wenhui Wan, et al. 2022. Updated Lunar cratering chronology model with the radiometric age of Chang'e-5 samples [J]. Nature Astronomy, 6 (5): 1-5.

Zuber M T, Smith D E, Lemoine F G, et al. 1994. The shape and internal structure of the Moon from the clementine mission [J]. Science, 266 (5192): 1839-1843.

第5章 月球表面成分遥感

月球表面成分研究是探讨月球起源和演化历史的基础，是了解月球物质成分分布和月球矿产资源开发利用的依据。月球表面由月球岩石、矿物和元素组成。其中，岩石主要分为非月海原岩、月海火山岩和角砾岩，组成岩石的矿物主要分为硅酸盐类和氧化物类矿物，月壤和月岩中则包含多种元素。

5.1 月球元素遥感

月球表面元素种类与地球相同，但元素间比例不同。月球含有更多的 Ca、Al、Ti 以及大量高熔点的稀有元素 Hf、Zr 等，而像钠、钾等低熔点元素则很少。月表元素的含量随地点不同而有所变化，浅色的高地部分富含钙和铝，而暗色的月海区则富含钛、铁、锰（欧阳自远，2005）。

月表元素遥感可利用中子、γ射线或 X 射线，通过月表物质与能量的变化，识别月表 O、Si、Ti、Al、Fe、Mg、Ca、U、K、Th、Sm 及 H 等元素的含量分布。而利用光学反射数据可探测月表 FeO 和 TiO_2 的含量分布。不同探测仪器以及主要的探测元素如表 5.1 所示。

表 5.1 月球探测仪器及主要探测元素

探测器	仪器	主要探测元素
Apollo 15	X 射线荧光光谱仪（XFS）	Al/Si、Mg/Si
	γ射线谱仪（GRS）	Fe、Th、Ti
Apollo 16	X 射线荧光光谱仪（XFS）	Al/Si、Mg/Si
	γ射线谱仪（GRS）	Fe、Th、Ti
Clementine	紫外-近红外相机	Fe、Ti
LP	γ射线谱仪（GRS）	Th、K、Si、Al、Ca、Fe、O、Ti、Mg
CE-1	X 射线谱仪（XRS）	Si、Al、Mg、Ca、Fe、Ti
	γ射线谱仪（GRS）	Th、K、Si、Al、U、Ca、Fe、O、Ti、Mg、Na、Mn、Cr、REE（Gd）
KAGUYA	X 射线谱仪（XRS）	Si、Al、Mg、Ca、Fe、Ti
	γ射线谱仪（GRS）	K、U、Th、O、Mg、Al、Si、Ti、Fe、Ca、H

5.1.1 X 射线谱法

行星 X 射线荧光（X-ray fluorescence，XRF）光谱技术能够测量无大气行星体的化学组成，是测量行星表面被太阳 X 射线激发出的特征 X 射线发射谱线。为了记录太阳 X 射线的强度，欧空局的 SMART-1（2006 年 9 月 3 日发射）、日本的 SELENE（2007 年 9 月 14 日发射）、中国的"嫦娥一号"（2007 年 10 月 24 日发射）和印度的 Chandrayaan-1（2008 年 10 月 22 日发射）除搭载了 X 射线荧光谱仪以外，还搭载了 X 射线太阳监视器。

1. 探测原理

当有初级 X 射线射到样品上时，X 射线被样品中的原子吸收，或者被散射出去。被某个原子吸收的 X 射线会将其全部能量转移给内层的一个电子。如果该初级 X 射线有足够高的能量，那么这个电子就会从内壳层迁移，产生空穴，从而造成该原子不稳定。当外壳层的电子迁移到内壳层时，原子又会回到稳定状态。在这一过程中会有特征 X 射线放出。由于每种特定元素原子中的电子都具有一组特定的能级，因此每种元素产生的 X 射线也具有特定的能量。特征 X 射线的放射过程被称为 X 射线荧光。太阳是 X 射线的天然来源，其 X 射线会轰击月面。因此，通过探测特征 X 射线，就可推断出月面的化学成分（光波，2009）。

2. 元素反演方法

月球本身不反射 X 射线，月表元素发出的 X 射线主要是由太阳 X 射线激发而产生的。在太阳宁静期，太阳 X 射线通量的光谱形态和强度，仅限于能对在月球物理学上重要的元素进行测量，如 Mg、Al 和 Si。在太阳活动增强期，才有可能测量由 Ca 和 Fe 发射能量较高的 X 射线。现阶段，多种探测仪器携带的太阳检测器指向太阳，监测太阳 X 射线辐射状况，用以配合月表 X 射线观测，进而获得元素的绝对丰度分布（王焕玉等，2007）。基于 X 射线荧光光谱仪探测月表元素的基本流程包括背景能谱扣除以及数据拟合、太阳 X 射线强度分析和元素反演方法。

1）背景能谱扣除与数据拟合

在 X 射线荧光仪绕月期间，会探测一个连续的背景能谱。它主要由仪器运行期间产生的电子学噪声，以及空间环境中存在的高能粒子和月球的 X 射线散射等，在探测器上产生能量沉积，从而形成 X 射线荧光计数，即背景能谱。如图 5.1 为"嫦娥二号"携带的 X 射线谱仪（XRS）在太阳 M 级爆发期间获得的月表光照区 X 射线荧光能谱和背景光谱的对比。其中，背景光谱定义为处于月表阴暗区时 XRS 得到的背景能谱。在计算元素峰面积时需要对背景能谱进行扣除。

采用高斯函数对背景能谱扣除后的元素特征峰进行拟合，根据太阳能谱计算散射连续谱部分。然后根据探测器的探测效率，对拟合结果进行修正。

2）太阳 X 射线强度分析

月球表面的 X 射线荧光是由太阳 X 射线激发的。X 射线荧光仪接收到的能量是月表元素 X 射线荧光能谱强度与入射的太阳 X 射线强度之和，与月表元素丰度成正比。月表元素丰度是由入射的太阳 X 射线强度和月表元素 X 射线荧光能谱强度共同确定的，因此反演月表元素丰度就必须得到两者的强度。

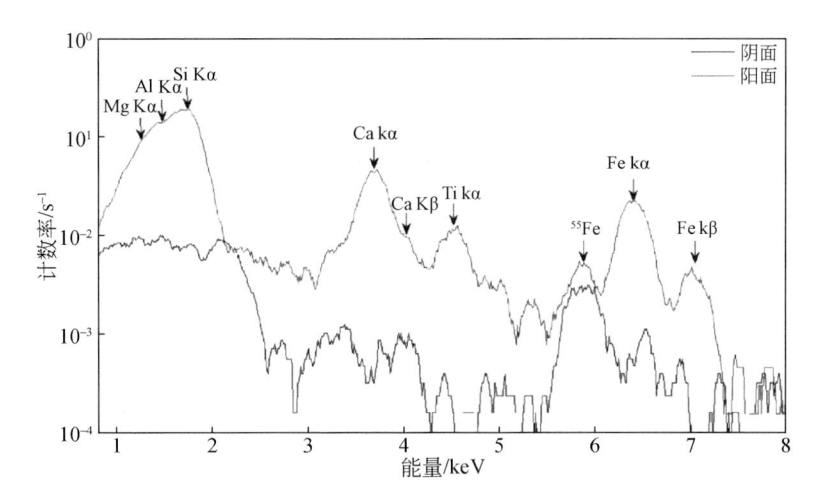

图 5.1 月表光照区 X 射线荧光能谱和背景光谱（班超等，2014）

太阳 X 射线的强度是通过拟合每个时间段太阳 X 监测器数据得到。太阳爆发时耀斑区 Fe 的 X 射线荧光在太阳 X 监测器的 6.7keV 能量处形成特征峰，同时由于探测期间，仪器温度升高会造成能道漂移。因此利用该发射线对太阳 X 监测器的能道关系进行在轨定标。定标完成后，使用单温模型对能谱进行拟合得到每个时间段太阳 X 射线强度。

3）元素反演方法

在地球实验室中，任意样本的元素荧光强度计算方法已经得到广泛应用。但对行星荧光观测时，往往缺少同步的入射 X 射线能谱，而不直接使用此方法。通常会利用观测的元素荧光强度与某一样本理论计算的元素荧光强度比值，来得到元素丰度。在已知入射 X 射线强度的情况下，任意已知元素丰度样本产生的元素荧光强度理论计算公式已有推导（Sherman，1956；Clark and Trombka，1997）。元素的二次荧光会产生明显的增强效应，而三次荧光的影响就很小（Shiraiwa and Fujino，1966；吉昂和卓尚军，2001）。

Apollo 15 号和 Apollo 16 号探测器使用 Solrad-10 卫星的太阳 X 射线流数据建立了双温模型，即用太阳日冕活动区黑子和宁静期电子温度的辐射标度比来描述太阳 X 射线的变化。通过某一辐射标度比情况下得到的元素荧光强度比与元素丰度比的关系，得出元素的丰度比（Adler et al.，1972）。

样本中的原子除了与入射光作用产生 X 射线荧光，还会产生 Rayleigh 散射和 Compton 散射。这两种散射的总强度很弱，可忽略不计（Narendranath et al.，2011）。因此，考虑一次和二次荧光时，某种元素 i 激发下 X 射线荧光光子数量的计算公式为

$$S_j = \int_{E_{\min}}^{E_{\max}} P_j (1 + \sum_k e_{jk} C_k) \mathrm{d}E \tag{5.1}$$

式中，S_j 是元素 j 的总荧光强度；P_j 是元素 j 一次荧光强度；$\sum_k e_{jk} C_k$ 是元素 j 二次荧光强度系数。元素 j 一次荧光强度的计算公式为

$$P_j = \frac{I_{\text{sun}}\varepsilon_j}{4\pi} \frac{C_j\mu_j(E)}{\sum_i C_i[\mu_i(E)\sec\alpha + \mu_i(E_i)\sec\beta]} \quad (5.2)$$

式中，I_{sun} 为太阳入射光强度；C_j 为元素 j 的元素丰度；$\mu_j(E)$ 为 j 元素对能量 E 的入射光的质量吸收系数；α 为入射角；β 为出射角；$\varepsilon_j = J_j f_j \omega_j$ 为元素 j 的激发因子；J_j 为元素 j 跃迁因子；f_j 为元素 j 谱线分数；ω_j 为元素 j 荧光产额。

对于已知任何一组元素丰度的组合，通过理论公式都可求解出元素的荧光强度。但由于计算的复杂性，对于已知荧光强度，通过反解理论公式得出元素丰度是非常困难的。因此，通过计算一组初始元素丰度的组合，即 Apollo 返回样本中各元素丰度的平均值，得到理论计算的每一个元素荧光强度百分比，即每一个元素荧光强度与所有元素荧光强度之和的比值，将其与观测的元素荧光强度百分比对比，对初始元素丰度的组合进行调整。通过反复迭代，使用最小二乘法得到最佳的元素丰度组合。这样就可通过观测得到的元素 X 射线荧光特征峰和太阳 X 射线强度反演得到元素丰度。

3. X 射线荧光探测结果

1971 年和 1972 年发射的 Apollo 15 和 Apollo 16 号首次进行了在环月轨道上的月表 X 射线荧光能谱探测。通过这两次任务，X 射线谱仪测量了近地端月表赤道区域 10% 的 Mg、Al、Si 特征 X 射线荧光强度，并得到了 Al/Si 和 Mg/Si 的荧光强度比、丰度比及其分布情况（Adler et al., 1973a, 1973b）。

2003 年欧洲发射的 SMART-1 搭载了先进的 D-CIXS 探测器，用于测量月表 Mg、Al、Si、Ca、Ti 和 Fe 等元素的 X 射线荧光，可得到元素绝对丰度分布。但是由于卫星运行过程中受到大量的辐射损伤，导致结果的准确度严重失真（Narendranath et al., 2011）。

2007 年日本发射的 Kaguya 号卫星携带的 X 射线传感器同样受到了辐射损伤导致光谱退化（Okada et al., 2009），迄今无元素反演结果发表。同年，我国"嫦娥一号"搭载一台 X 射线进入月球轨道，可获得 Mg、Al、Si 等元素的绝对丰度分布。但在运行期间太阳处于平静期，只得到月球一小区域的 Mg、Al、Si 元素的分布，结果见表 5.2。

表 5.2 Okada 等反演的月表典型元素含量（Okada et al., 2009）

时间	纬度、经度	范围	Mg	Al	Si	Ca	Fe	MgO/(MgO+FeO)×100
07:12:50-07:13:22	-31.83, 8.48	2-15	5^{+1}_{-1}	17^{+1}_{-1}	20^{+1}_{-1}	8^{+1}_{-1}	6^{+1}_{-1}	45^{+1}_{-1}
07:13:23-07:13:55	-30.30, 8.49	5-25	6^{+1}_{-1}	17^{+1}_{-1}	19^{+1}_{-1}	8^{+1}_{-1}	6^{+1}_{-1}	50^{+1}_{-1}
07:13:55-07:14:27	-28.78, 8.50	15-25	6^{+1}_{-1}	16^{+1}_{-1}	21^{+1}_{-1}	8^{+1}_{-1}	5^{+1}_{-1}	54^{+1}_{-1}
07:14:27-07:15:00	-27.25, 8.52	4-15	6^{+1}_{-1}	15^{+1}_{-1}	20^{+1}_{-1}	9^{+1}_{-1}	6^{+1}_{-1}	50^{+1}_{-1}
07:15:00-07:13:22	-25.74, 8.53	2-12	4^{+1}_{-1}	18^{+1}_{-1}	17^{+1}_{-1}	6^{+1}_{-1}	11^{+1}_{-1}	27^{+1}_{-1}
长石陨石的平均成分组成			3.26	14.92	20.89	11.65	3.42	55
L20（月壤平均值）	3.5, 56.5 (landing)		5.84	12.04	21.13	10.51	5.8	56

续表

时间	纬度、经度	范围	Mg	Al	Si	Ca	Fe	MgO/(Mgo+FeO)×100
A16（月壤平均值）	−9, 15.5 (landing)		3.62	14.41	20.98	10.41	−3.87	55
LP	−31.8to−25.7, ~8.5		5.4	14.3−10.8	20.6	11.6	4.7−5.5	56−59

2008 年搭载于印度 Chandrayaan-1 飞船的 X 射线光谱仪（C1XS）为月球风化层的全月表元素准确探测提供了较好平台，得到 Mg、Al、Si、Ca、Ti 和 Fe 等元素的绝对丰度分布。C1XS 的能量分辨率较高，可将 Mg、Al 和 Si 元素的反射线分开。但其在轨期间遇到"嫦娥一号"同样的问题，太阳鲜有爆发，只反演出月球一小区域的 Mg、Al、Si、Ca、Ti 和 Fe 元素的丰度分布。

2010 年，我国探月工程"嫦娥二号"搭载了一台 X 射线谱仪，获得了丰富的观测数据。在观测期间发生过多次太阳爆发。班超等（2014）利用 2011 年 2 月 16 日 9 时一次太阳 M 级爆发事件时 X 射线谱仪的观测数据，建立了元素丰度的定量反演方法，获得了月球正面风暴洋地区 Mg、Al、Si、Ca 和 Fe 的含量，如表 5.3 所示。"嫦娥二号" XPS 元素反演对应的月表区域如图 5.2 所示。

图 5.2 "嫦娥二号" X 射线荧光元素反演对应的月表区域（班超等，2014）

X 射线荧光技术能够测定其他技术难以测定的 Mg、Al、Si 等元素比值和绝对元素丰度，并不受该元素所处的分子状态或矿物状态的影响。经适当数据处理的 X 射线荧光光谱测量的空间分辨率，优于在月面以上类似高度取得的未经处理的 γ 射线数据和中子数据分

表 5.3 太阳 M 级爆发时，基于"嫦娥二号"反演的元素质量分数及 2σ 误差（班超等，2014）

区域	纬度/(°)	经度/(°)	Mg K_α 峰面积	Mg 丰度初值	Mg 丰度修正值	Al K_α 峰面积	Al 丰度初值	Al 丰度修正值	Si K_α 峰面积	Si 丰度初值	Si 丰度修正值	Ca K_α 峰面积	Ca 丰度初值	Ca 丰度修正值	Fe K_α 峰面积	Fe 丰度初值	Fe 丰度修正值
I	12.8	-48.6	160.6±30.8	$8.5^{+2.0}_{-2.0}$	$8.0^{+1.9}_{-1.9}$	189.3±38.7	$9.9^{+1.9}_{-2.0}$	$9.2^{+1.8}_{-1.9}$	296.4±26.4	$15.0^{+1.9}_{-1.9}$	$13.9^{+1.8}_{-1.8}$	97.45±15.45	$6.8^{+1.9}_{-1.9}$	$6.2^{+1.8}_{-1.8}$	36.22±5.11	$19.8^{+2.2}_{-2.7}$	$19.4^{+2.1}_{-2.5}$
II	17.9	-48.8	133.4±37.1	$7.3^{+1.6}_{-1.6}$	$6.8^{+1.5}_{-1.5}$	158.5±34.8	$8.4^{+1.5}_{-1.6}$	$7.8^{+1.0}_{-1.5}$	325.3±29.8	$16.8^{+1.5}_{-1.5}$	$15.4^{+1.4}_{-1.4}$	73.48±11.16	$5.2^{+1.5}_{-1.5}$	$4.8^{+1.4}_{-1.4}$	38.00±2.91	$22.4^{+1.7}_{-2.0}$	$21.9^{+1.6}_{-1.9}$
III	23.0	-49.1	204.4±52.9	$7.8^{+1.6}_{-1.7}$	$7.4^{+1.5}_{-1.6}$	252.1±38.3	$9.5^{+1.5}_{-1.6}$	$8.9^{+1.5}_{-1.5}$	464.1±43.7	$17.1^{+1.5}_{-1.5}$	$15.8^{+1.5}_{-1.5}$	94.92±17.28	$6.5^{+1.5}_{-1.5}$	$6.0^{+1.5}_{-1.5}$	55.72±15.75	$18.1^{+1.8}_{-2.1}$	$17.8^{+1.7}_{-1.9}$
IV	28.1	-49.3	240.4±32.1	$8.6^{+1.4}_{-1.5}$	$8.2^{+1.3}_{-1.4}$	256.1±38.5	$9.2^{+1.4}_{-1.4}$	$8.6^{+1.3}_{-1.3}$	493.1±30.2	$17.2^{+1.4}_{-1.4}$	$15.9^{+1.3}_{-1.3}$	117.1±18.6	$5.6^{+1.4}_{-1.4}$	$5.2^{+1.3}_{-1.3}$	53.1±4.72	$18.3^{+1.6}_{-1.8}$	$18.0^{+1.5}_{-1.7}$
V	33.1	-49.7	170.8±37.7	$7.0^{+2.0}_{-2.0}$	$6.6^{+1.9}_{-1.9}$	216.3±34.7	$8.9^{+2.0}_{-2.0}$	$8.4^{+1.9}_{-1.9}$	441.6±39.8	$18.3^{+1.9}_{-1.9}$	$16.8^{+1.8}_{-1.8}$	106.0±16.35	$7.0^{+1.9}_{-1.9}$	$6.5^{+1.8}_{-1.8}$	33.41±12.17	$17.5^{+2.3}_{-2.8}$	$17.2^{+2.2}_{-2.7}$
VI	38.2	-49.9	154.1±47.2	$7.0^{+1.9}_{-2.0}$	$6.6^{+1.8}_{-1.8}$	175.2±29.5	$8.2^{+1.9}_{-2.0}$	$7.7^{+1.8}_{-1.8}$	382.6±19.4	$18.5^{+1.9}_{-1.9}$	$17.1^{+1.8}_{-1.7}$	78.21±9.27	$7.8^{+1.8}_{-1.9}$	$7.2^{+1.7}_{-1.7}$	16.97±7.18	$17.4^{+2.3}_{-2.8}$	$17.1^{+2.2}_{-2.5}$
平均丰度				7.7	7.3		9.0	8.4		17.15	15.8		6.5	6.0		18.9	18.6

注：探测区域编号对应在月球上的位置见图 2；经纬度坐标为"嫦娥二号"星下点坐标；K_α 峰面积：元素 K_α 发射线的强度；丰度初值：未考虑 TiO_2 含量反演得到的元素质量分数（%）；丰度修正值：进行 TiO_2 修正后反演得到的元素质量分数（%），假设探测区域 TiO_2 平均含量为 6%。

辨率。X射线荧光技术探测月壤的深度灵敏度，约为数十微米。因此，可用X射线荧光技术来鉴别任何薄层撞掘沉积物，由于其深度灵敏度浅，对可探测月壤中半米深处成分的γ射线和中子技术来说，X射线荧光技术是一种补充。

另外，太阳活动的能量强度，直接决定了X射线谱仪探测月球表面元素含量的能力。太阳活动强度根据能量强弱分为X、M、C、B、A级，当太阳活动越强烈，激发的X射线荧光特征谱越多，并使Mg、Al、Si、Ca、Ti和Fe的X射线荧光特征谱越多。因此，必须选择太阳活动强度达到C级以上的探测数据。除放射性元素外，其他元素的X射线荧光是由太阳X射线激发的，因此应该选择观测点太阳X射线入射角小于90°时的观测数据，观测目标应处于太阳光照区。月海地区Ti和Fe含量比月陆高很多，荧光特征谱更明显。因此，最好选择月海地区的探测数据进行元素丰度反演。

5.1.2 γ射线能谱法

月表物质与宇宙射线的相互作用，以及月表天然放射性元素的衰变，都会产生γ射线。这些γ射线产生于月表以下平均深度30cm处。由于月球大气层稀薄，γ射线谱仪能够从环月轨道上探测到月表发出的γ射线。根据所观测到的γ射线的能量及其光子注重率，进而确定月表元素的种类和丰度。通过伽马射线谱仪探测得到月表元素分布特征，能够为月球地质解译提供依据。

1. 月表γ射线产生机理

月表γ射线产生于原子核裂变反应或放射性衰变反应。原子核裂变反应始于银河系的高能宇宙射线不断地撞击月球表面。在这个过程中有两种原子核裂变反应占主导地位，即中子非弹性散射和热中子俘获反应。因此，月表产生伽马射线的主要来源分别是天然放射性元素衰变、中子非弹性散射反应和热中子俘获反应。如图5.3为月表γ射线产生示意图。

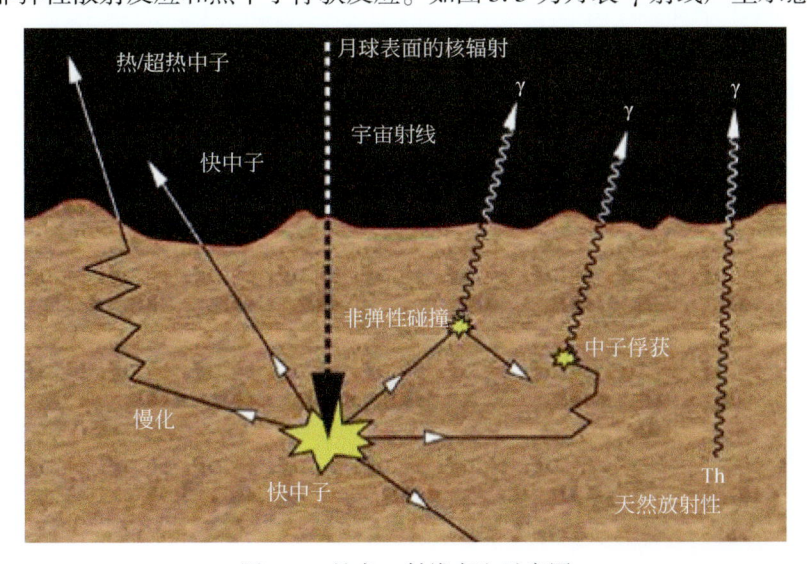

图5.3 月表γ射线产生示意图

1) 天然放射性元素衰变

在月球上同样存在着天然放射性元素，分别来自于三个放射性系列，即铀（^{238}U）系列、钍（^{232}Th）系列和锕（^{235}U）系列，以及不成系列的天然放射性核素，如钾（^{40}K）。这些天然放射性核素在衰变过程中，会放出不同能量的特征伽马射线。

2) 中子非弹性散射反应

在高能宇宙射线不断地撞击月球表面的过程中，由裂变反应产生的高能中子与月表元素发生非弹性散射反应，中子将动能的一部分传给原子核作为核的激发能，激发的核通过放出特征伽马射线而回到基态。另外，除了 H、He 等较轻元素外，几乎所有的元素通过中子反应都可产生非弹性散射伽马射线。

3) 热中子俘获反应

元素在吸收低能中子的同时，会释放一种或多种 γ 射线。月表中的钛，可发生 48Ti（n，γ）49Ti 反应，产生 6.418MeV 和 6.760MeV 的 γ 射线特征能谱。

受非弹性散射产生的 γ 射线和元素捕获中子释放 γ 射线的影响，月球上的核素能比在地球上释放更多特征能量的 γ 射线。

2. 月表主要 γ 射线及辐射能谱序列图

在月表平均组成成分条件下，Reedy（1978）模拟出了月表发出伽马射线的能量值及其光子注量率。月表主要伽马射线源（O、Mg、Al、Si、K、Ca、Ti、Fe、Th 和 U）、其他 22 种元素以及在行星、彗星或宇宙飞船中，可能产生伽马射线的任何一种元素所发出能量大于 0.2MeV 的伽马射线能量值。这些伽马射线未经任何相互作用而从月表逃逸出来的光子注量率。如图 5.4 所示的是在月表平均组成成分条件下，模拟月表发生的 γ 射线辐射能谱序列图。

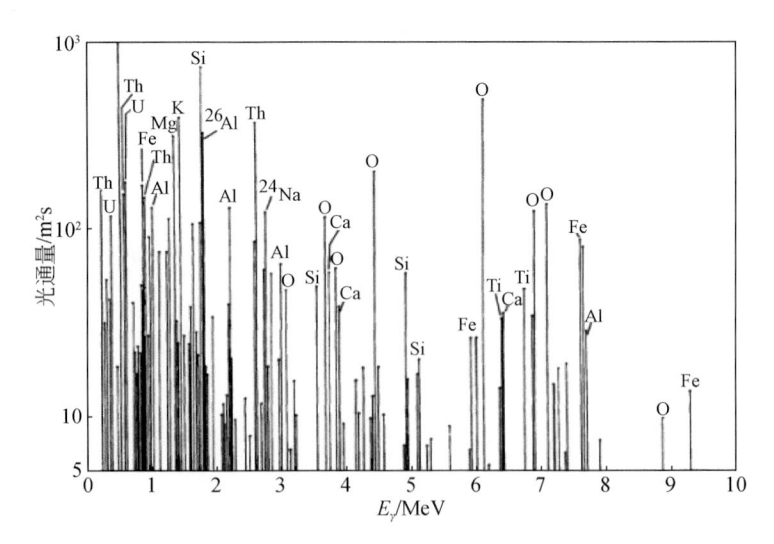

图 5.4 月表 γ 射线的辐射能谱序列图（Jolliff et al.，2006）

3. 月球伽马仪器定性定量分析方法

在月球轨道运行的 γ 谱仪主要有美国 Apollo15、16 卫星的 AGRS 谱仪、美国月球探测者 Lunar Prospector（LP）卫星的 GRS 谱仪、日本 SELENE 卫星的 GRS 谱仪和中国"嫦娥一号"卫星的 GRS 谱仪。分析 γ 射线谱仪获取的数据，获取月表放射性元素含量一般需要数据预处理、能谱本底分析及谱线降噪、谱线拟合及求解元素净峰面积和月表天然放射性元素含量反演四个阶段。

1）数据预处理

γ 能谱数据预处理主要包括数据筛选、宇宙射线通量校正、谱线平滑和能谱累积。数据筛选主要涉及零值异常数据和空间环境影响造成的计数高值异常。其中，零值谱线数据是由于探测过程中伽马谱仪的开关运行状态产生的，谱线计数值高值异常是由空间环境 GCR 粒子通量的变化造成。这些无效数据以及异常能谱数据主要依靠算法挑选后剔除。

在绕月探测过程中，同一区域不同时刻，宇宙空间射线的通量和强度是不同的，月表单位元素所产生的伽马射线计数也不同，因此需要对宇宙射线的变化进行宇宙射线通量校正。通常校正方法以第一轨谱线 $8\sim8.75\text{MeV}$ 能量段计数均值为基准，其余轨谱线通过比例关系乘以缩放比例系数进行校正。

原始谱线由于统计涨落具有很大噪声，谱数据的统计涨落将会使谱线处理结果产生误差，因此需要对谱线进行平滑处理。平滑方法主要有最小二乘移动平滑和小波阈值分析。

单条谱线计数值比较低，谱线特征峰的形状不显著，因此需要选择经纬度区域并累加多条谱线之后再进行处理分析。一般按照月面经纬度范围对整个月面进行格网划分，并将宇宙射线校正后的有效能谱数据逐格网进行能谱累积。

γ 射线能谱法可测量月表以下平均 30cm 的元素丰度，测量的是元素的绝对丰度，测量值是不受地面真值数据影响的最佳丰度值（Lawrence et al., 1999, 2002, 2000；熊盛青, 2009）。目前采用的方法主要有谱线线性分解与元素全能峰面积两种。谱线线性分解获取的 γ 谱线是各种元素谱线的线性混合结果，谱线分解时，各元素的谱线可利用蒙特卡洛数值模拟方法计算；元素全能峰面积是基于探测到的元素全能峰面积的计算值与元素丰度定量解析公式反演元素的丰度。

2）能谱本底分析及谱线降噪

相对常规地球伽马能谱探测，绕月探测中谱线的本底构成更为复杂，需要对谱线本底进行去除。同时，卫星轨道运行期间伽马能谱仪未能有效的获取空间本底信息，因此后期的本底处理是数据分析的重点和难点。本底扣除方法有两种，即全谱本底扣除法和峰区本底扣除法。

使用全谱本底扣除法必须先求出在整个谱的范围内各道的本底值，然后从整个谱数据中逐道减去本底在该道的计数，得到不包含本底的谱数据。峰区本底扣除法就是选择包含要拟合重叠峰在内一个很窄的谱段，然后根据实际情况选择是阶梯本底分布还是直线本底分布，或者其他本底。根据具体的分布计算出每道的本底，然后用各道的计数减去相应的本底值就可得到净计数。

在扣除本底之后，为了消除统计涨落的影响，要进行谱线降噪。除去传统的最小二乘法拟合降噪外，还可用奇异值分解方法（NASVD）进行降噪处理（杨佳等，2010）。

3) 谱线拟合及求解元素净峰面积

实际探测谱线会拓宽，因此要进行谱线拟合，并分别对处理后的各区域平均谱线进行能量刻度校正，然后按校正后的能量道址关系对谱线中的相应峰区进行分析（Hendriks et al.，2001）。由于谱线拟合后峰的分辨率大大提高，面积计算可采用累加的方法，即把该峰各能道上的计数相加得到该峰的净面积。

4) 月表天然放射性元素含量反演

利用特征峰计数和月表天然放射性反演公式，计算月表各区域的 U、Th、K 等元素含量：

$$C = A\alpha t\varepsilon F_\gamma \tag{5.3}$$

式中，C 为探测到的元素全能峰面积计数值；A 为元素的绝对丰度，$\mu g/g$；α 为探测器的有效探测面积；t 为探测时间；ε 为在元素全能峰区探测器的探测效率；F_γ 为月表每 $\mu g/g$ 元素在卫星高度处 γ 射线的光子注重率期望值。

4. 月球 γ 能谱探测结果

利用 Lunar Prospector、SELENE-GRS 和中国嫦娥卫星的 CE1-GRS 谱仪，反演了全月的 Th、U、K 等元素的含量。总体上看，以雨海为中心的周边区域都具有高 U、高 Th 和高 K 的特征，而雨海中心地区则相对较低，与高钛、高铁区有着完全不同的特征。

利用"月球探测者号"（Lunar Prospector）装载的 γ 射线光谱仪探测的月表 U 元素含量分布，U 含量在 118μg/g 以上主要集中于两个区域，分别位于雨海南北侧，而在风暴洋、雨海中心地带铀含量均低于 118μg/g，其他月海或盆地也大多如此（图 5.5）。高铀区基本对应这个高值区域内的"高地"或山脉（Lawrence et al.，1998）。

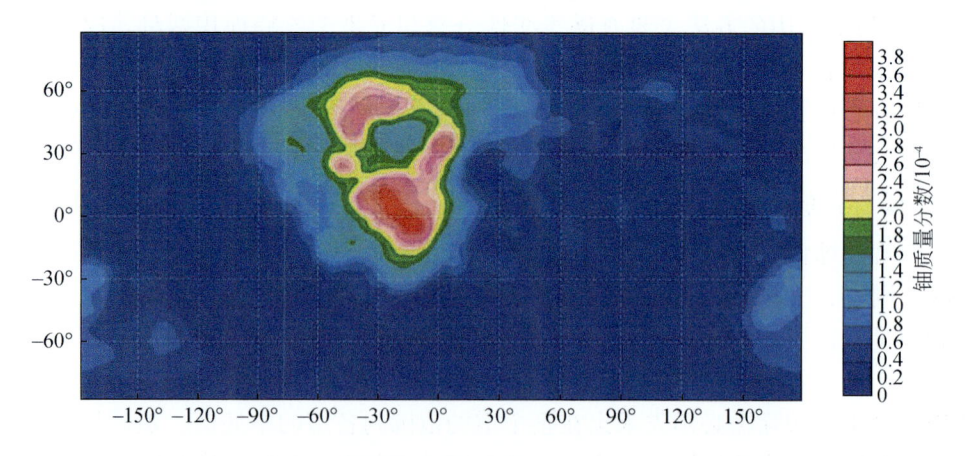

图 5.5　月球表面铀元素含量分布图（Lunar Prospector）（张明皓等，2007）

Th 元素的分布与 U 元素相似，高值区也主要集中于月球表面的两个区域，含量在 5μg/g 以上，并且同样在雨海中心地带有一个低值区。月球勘测者号（Lunar Prospector）

上携带的 γ 射线谱仪（GRS）探测月球上包括 Th 在内的数十种元素含量及其分布特征（Lawrence et al.，1998）。如图 5.6 为 Lunar Prospector 探测得到的 Th 元素含量结果图。

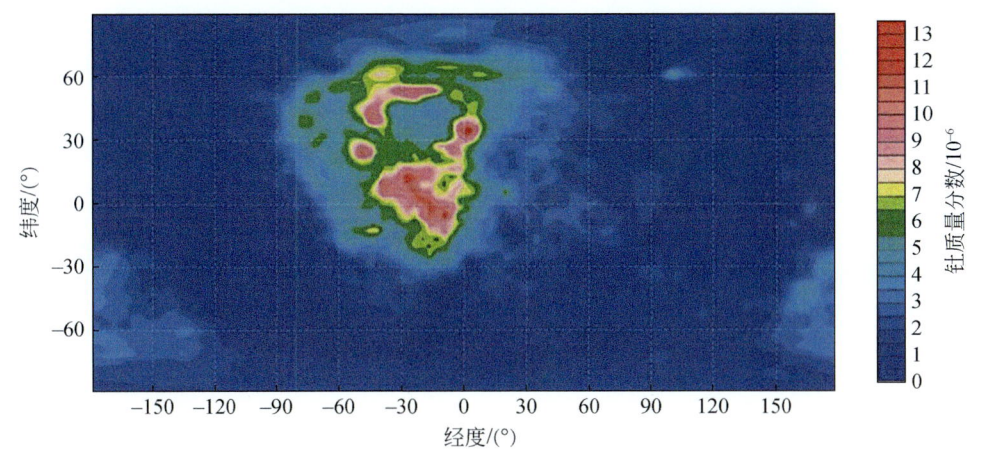

图 5.6　Lunar Prospector 探测 Th 含量结果图（张明皓等，2007）

K 含量在 2000μg/g 以上，其分布特征与 U、Th 元素大同小异。三种元素的高值区都基本在月球正面经度为 85°W～60°E 和纬度为 30°S～60°N 的区域内，其他地区含量普遍较低。如图 5.7 Lunar Prospector 探测月表 K 含量分布图所示，日本探月卫星（KAGUYA/SELENE）使用 γ 射线谱仪（GRS）进行了月球表面 U 的探测，并绘制了 U 的全月球含量与分布图（图 5.8），在世界范围内上第一个证明了月壤中上确实存在天然放射性元素 U（Hasebe et al.，2008）。图 5.9 为 KAGUYA 卫星探测的 Th 含量结果图。

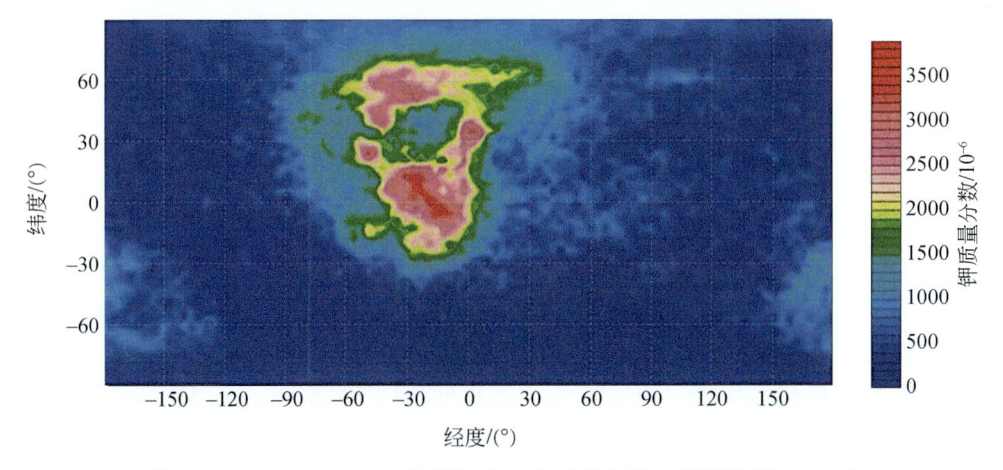

图 5.7　Lunar Prospector 探测月表 K 含量分布图（张明皓等，2007）

另外，中国的"嫦娥一号"（CE-1）探月卫星上也搭载了 γ 射线谱仪（GRS），利用获得的 γ 射线谱数据，获得了铀的全月球含量及分布状况（图 5.10）。图 5.11 为嫦娥一号探测月表 K 含量分布图。

为了最大程度地利用光学遥感方法与放射性方法的各自优势，Shkuratov 等（2005）综合应用 Lunar Prospector 上搭载的 γ 射线数据与 Clementine 的 UV/VIS/NIR 数据，提取了

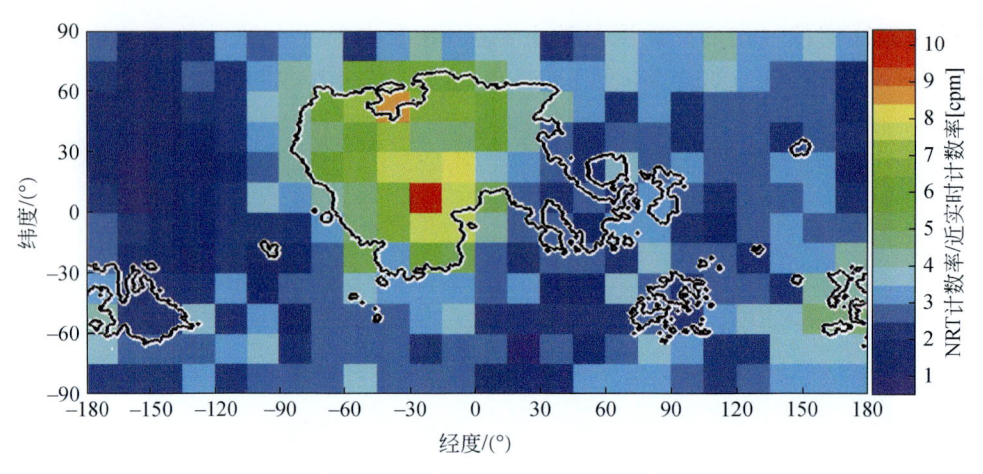

图 5.8 KAGUYA 卫星上 GRS 探测到的 U 元素分布网格（Hasebe et al.，2008）

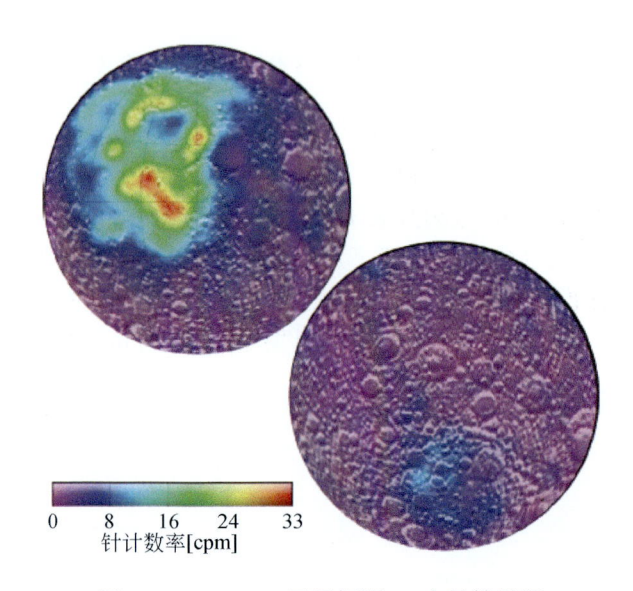

图 5.9 KAGUYA 卫星探测 Th 含量结果图

月表 Fe、Ti、O、Al、Ca、Mg 六种元素的含量分布。利用 γ 射线数据提取月表元素的含量分布，将之作为月表的真实数据，建立与 Clementine 的 UV/VIS/NIR 数据的多元统计关系，其相关系数为 0.67~0.96。基于该统计关系可利用 Clementine 的 UV/VIS/NIR 数据来提取全月表的元素分布。

5.1.3 中子能谱法

中子能谱探测技术最早用于监测空间的中子环境，同时用于评估中子产生的辐射剂量以保障航天员的生命安全。随着人类不断向深空探索，中子探测技术逐渐被用于新的领域。Lingenfelter 等（1961）首次提出将行星中子谱仪作为一种远程测量行星表面物质成分

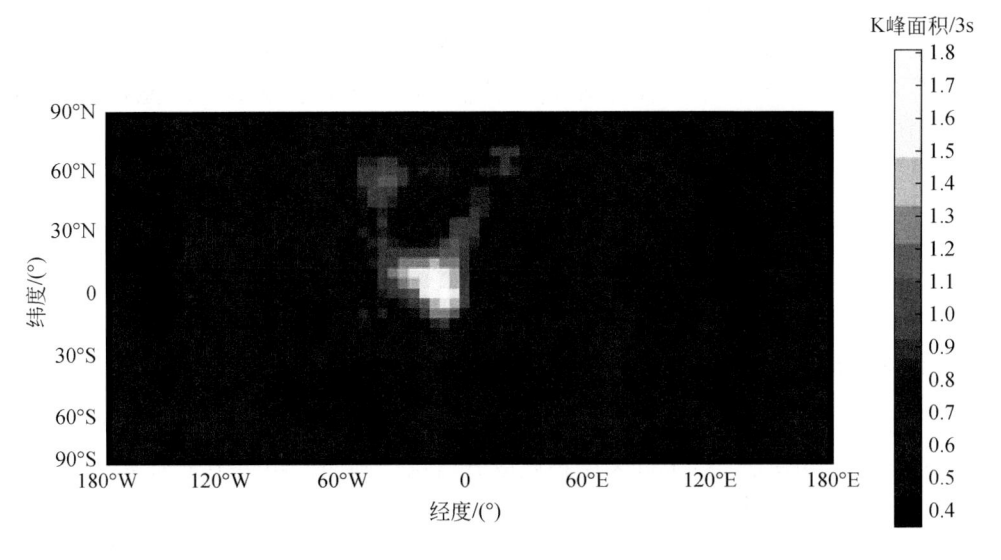

图 5.10　CE-1 探测 U 含量结果图（杨佳等，2010）

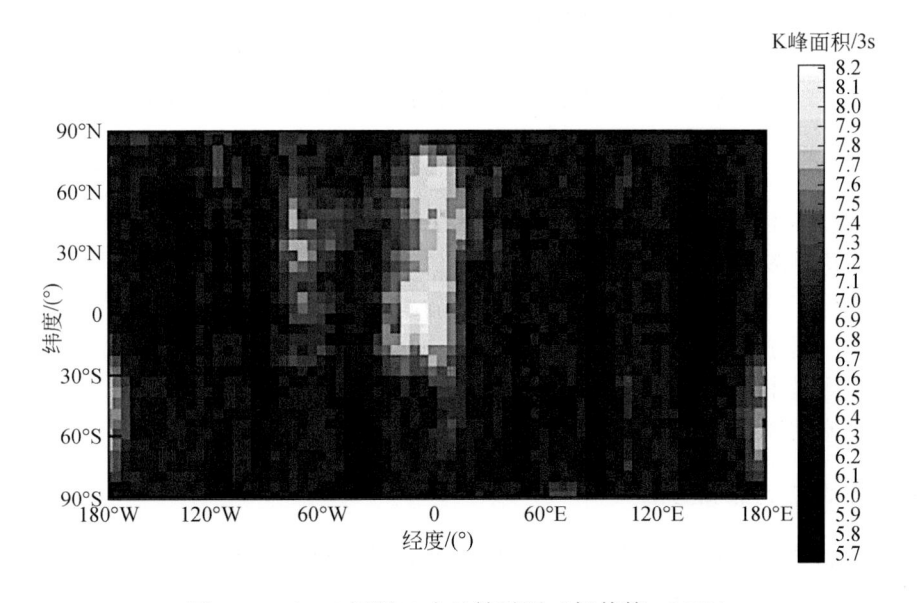

图 5.11　CE-1 探测 K 含量结果图（杨佳等，2010）

的技术。他们推断月球的泄漏中子通量能够用于近月表氢含量的灵敏测量，同时指出使用轨道中子谱仪还可测量其他元素，如铁、钛、稀土元素等的储量。

1. 行星中子能谱的产生原理

行星中子是由银河宇宙射线（GCR）与其近表物质相互作用产生的。作用方式主要包括核相互作用、核裂变及从受激态核子逃逸等。逃逸中子产生的能谱服从麦克斯韦分布，且能量可达 8MeV，裂变及电荷交换反应产生能量范围从数十 MeV 到数 GeV 的连续能谱。

这些高能初级中子流会与行星近表物质的核子继续产生相互作用，主要是通过一系列弹性及非弹性碰撞而损失能量，从而在行星表面附近产生一个平衡的能谱分布。

在实践中，有 3 个宽的含有月表成分信息的中子能量范围。该能谱中能量高于 0.6MeV 的中子统称快中子。能量低于 0.6MeV 的中子又可以划分为两个能区，即超热中子（0.4MeV<E<0.6MeV）和热中子（E≤0.4MeV）。在超热中子能区，由于非弹性相互作用损失的能量很少，从而形成与 E^{-1} 成正比的通量谱（E 表示能量）。相反地，热中子与物质的作用是一种双向的能量交换过程，即中子获得能量与损失能量的速度相当，因而该能区的通量谱服从麦克斯韦分布函数。

2. 中子能谱探测特征

行星表面的热、超热和快中子可分别利用标准的中子探测技术进行在轨测量，而且不同能区的中子都分别携带了行星近表层物质成分信息。例如，超热中子通量的下降反映了氢含量的多少。美国发射的"月球勘探号"（Lunar Prospector, LP）和"火星奥德赛"（Mars Odessey, MO）就是通过测量超热中子通量分别对月球两极和整个火星的氢储量进行测量。热中子可用于测量月球上中子吸收元素（Fe、Ti、K、Gd 和 Sm）的储量，也可以测量火星上 CO_2 的储量。快中子和超热中子一样可用于测量月球和火星上的氢含量，还能提供不含水硅酸盐物质中 Fe 和 Ti 的信息（Maurice et al., 2000）。另外，对于 Fe、Ti、Gd、Sm 元素，中子吸收截面非常大，因此热中子通量对这些元素横跨月球表面的丰度变化是非常敏感的（Feldman et al., 2000）。

利用中子谱仪对月球表面进行测量具有很多优势条件。来自超热中子和快中子的信号，为测量月表 H 含量提供了一种仅有的途径。快中子和热中子通量测量值的动态范围相对较大，可横跨月表对成分参数进行非常敏感的测量。中子测量值还为 γ 射线能谱数据的解析提供关键校正（Lawrence et al., 2002；Prettyman et al., 2012）。但是，超热中子测量的空间分辨率，居于航天器在月表之上高度的 1~1.5 倍。另外，除了对 H 高度敏感外，轨道中子能谱测量本身不能提供特定元素丰度的测量值。要提供特定元素丰度的信息，必须给轨道中子能谱测量补充其他数据。

3. 中子能谱法的探测方法

针对不同能量范围的中子以及可探测的元素种类，有不同的探测方法。

1）基于快中子通量的平均原子质量计算

在月球探测者快中子数据的研究中，Gasnault 等（2001）证明，快中子质量与月壤平均原子质量之间的直接关系，一般只对 H 丰度非常低的行星表面才能成立。平均原子质量与快中子之间的对应性，起因于中子的产生过程及其随后与周围物质的相互作用。平均原子质量与快中子通量可表示为

$$\langle A \rangle = \alpha J + \beta \tag{5.4}$$

式中，$\langle A \rangle$ 为平均月壤原子质量，amu；J 为月表的中子通量，中子数 cm^{-2}/s^{-1}；$\alpha = 10.6 \pm 0.3$；$\beta = 8.3 \pm 0.4$。若月壤中存在氢元素，则该关系式需要做修正。因此，在月壤氢丰度通常很低的条件下，就能够使用快中子能谱法计算行星表面平均月壤原子质量的量度。

2) 基于热中子和超热中子的 Fe、Ti 和稀土元素丰度测算

月壤和月岩中宇宙射线诱发中子生成过程的蒙特卡洛模拟表明,热中子从月球表面逸散通量的强烈程度依月壤成分而定。富含热中子吸收元素(如 Fe)的物质,与缺乏热中子吸收元素的物质相比,将会具有显著较低的逸散通量。模拟表明,在超热中子和热中子通量(或计数率)的比率与典型月球成分物质的宏观吸收截面(Σ_a)之间存在线性关系。宏观吸收截面是构成该物质的所有元素造成净热中子吸收效应的量度:

$$\Sigma_a = \sum_i \sigma_{ai} f_i \frac{N_A}{A_i} \tag{5.5}$$

式中,σ_{ai} 为 0.025eV 下的热中子吸收截面(通常用"靶恩"表示,1 靶恩 = 10^{-28}cm^2);f_i 为质量百分数;A_i 为元素 i 的原子质量;N_A 为阿伏伽德罗常数。

对于已知的月壤和月岩成分范围,Σ_a 受 Fe、Ti 及稀土元素(Gd 和 Sm)的强烈支配。这些微量元素对热中子吸收可能具有深刻的影响,因为它们的某些同位素具有非常大的热中子吸收截面。

超热中子和热中子通量比率与 Σ_a 之间的关系几乎完全决于 Fe、Ti 和稀土元素。因此要获得其中一种成分的丰度,如果另两种成分的丰度能加以限定,在原理上是可实现的。例如,若 Fe 丰度能借助 γ 射线能谱法或光谱反射率技术予以测定,稀土元素能借助其余 Th(可用 γ 能谱法测得)的密切相关性而予以限定,就可用中子数据推断出 Ti 的丰度。这种 Ti 探测技术对光谱反射率技术和 γ 射线能谱技术是一种补充。

4. 中子能谱法的探测结果

迄今为止,唯一对月表实行轨道中子能谱测量是月球探测者计划。月球探测者航天器所载的中子能谱仪(LP-NS),用两个 3He 气体正比计数器测量热中子和超热中子通量。利用来自 LP-GRS 闪烁体反重合屏蔽的信号,测量快中子和宽能量范围内的超热中子(Maurice et al.,2004;Feldman et al.,2004;图 5.12)。

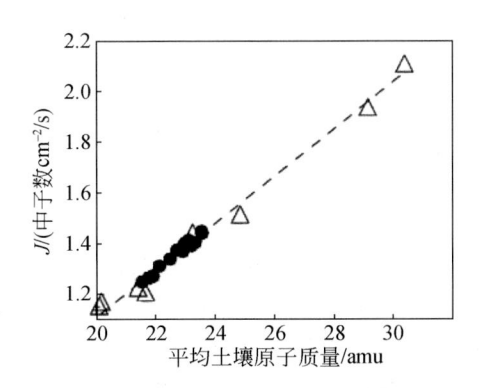

图 5.12 针对典型的月球矿物(△)和典型的月球成分(●)模拟的月表积分中子逸散通量。积分范围为 600keV ~ 8MeV(Gasnault et al.,2001)

1) Fe 和 Ti 的快中子测量

Gasnault 等（2001）两者的相关性以及月球探测者的数据，获取了月球表面的平均原子质量图（图 5.13）。最低的 $\langle A \rangle$ 值（约 21amu）散布在高地上，而最高的 $\langle A \rangle$ 值（约 24amu）集中在阿利斯塔克（Aristarchus）高原的西部和南部。由于有不确定性，$\langle A \rangle$ 值的标准偏差在 15% ~ 20% 之间。同时，Fe 和 Ti 的丰度支配着整个月球上 $\langle A \rangle$ 值的变化，因此可采用快中子能谱法测定 Fe 和 Ti 的丰度和分布位置。

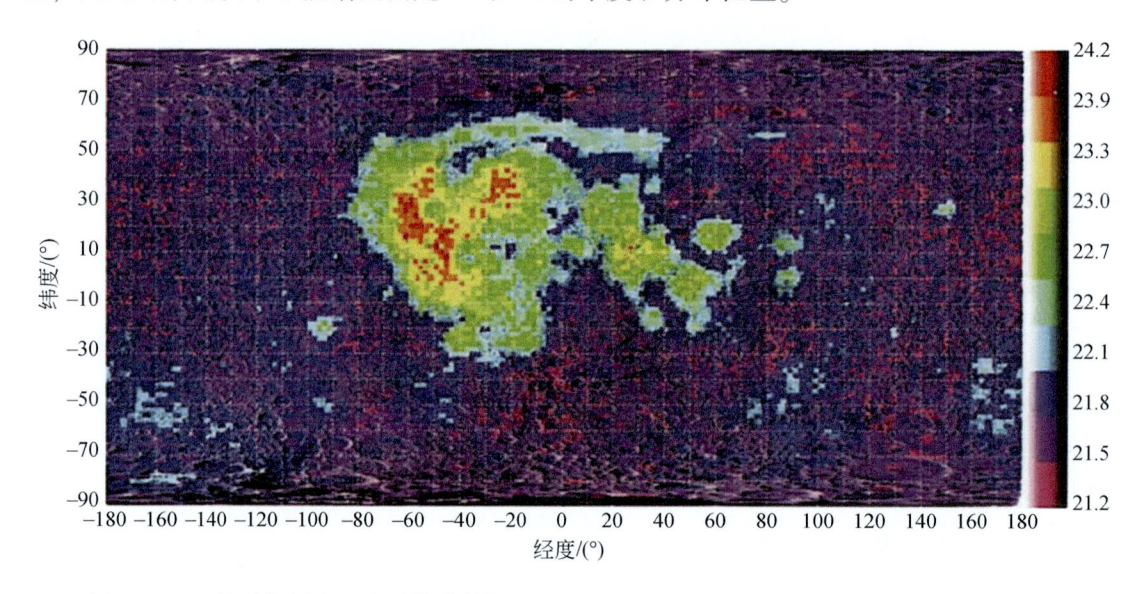

图 5.13　"月球探测者"中子能谱数据导出的全球平均原子质量图（Gasnault et al., 2001）

2) Fe 和 Ti 的热中子测量

对于 Fe 和 Ti 的丰度测定问题，多种测量方法得到不同的测定结果。针对 Ti 和稀土元素丰度低的长石质高地物质，用热中子–超热中子计数比率得出的分析结果表明，FeO 的质量百分数必定为 2% ~ 5%（Feldman et al., 2000）。Elphic 等（2002）提出了月球上的第一个由中子推演出的 Ti 丰度。该结果与由紫外可见（UV-VIS）光谱反射率技术提供的丰度估计值不同，中子法的丰度值平均起来约为光学法丰度估计值的一半。据月球探测者 GRS 得出的初步 Ti 丰度估计值，支持中子计数法的结果，但有空间不一致（Prettyman et al., 2002）。

Elphic 等（2002）导出了第一幅利用热中子数据得到的稀土元素（Gd 和 Sm）丰度图。所采用的 Fe 和 Ti 估计值分别通过 GRS 数据和克莱门汀 UV/VIS 光谱反射率数据得出。Elphic 得到的 Gd 和 Sm 丰度图与 LP-GRS 的 Th 分布相关性良好。但由于 TiO_2 估计值偏高，导致高钛月海玄武岩中产生稀土元素贡献减少的效应（Elphic et al., 2002）。

3) Gd 和 Sm 的超热中子测量

稀土元素 Gd 和 Sm 也能用超热中子法探测。与 Gd 和 Sm 的热中子测量成鲜明对比，用超热中子测量得到的 Gd 和 Sm 浓度，所需的月表成分假设更少。一般来说，采用月球探测者中子能谱仪（LP-NS）的超热中子数据产生 Gd 和 Sm 浓度，与生成超热中心的快中子产出率相关,则由 Gd 和 Sm 的组合引起(Maurice et al., 2004)。起因于中纬度区的太阳风灌入 H 和极地区的水沉积(Johnson et al., 2002)。经过适当的校正,推演出 Sm 和 Gd 的浓度图,其浓度值在非月海区与 Th 浓度测量值相关较好。就 Sm 浓度而言,超热中子测量的阈值灵敏度为 10×10^{-6},精密度为 6.4×10^{-6},最大值约为 35×10^{-6}。

5.1.4 反射光谱法

可见光-近红外反射光谱(visible and near infrared,VNIR)遥感已被广泛的应用于获取月表元素和矿物成分。我国的嫦娥系列卫星、日本的 SELENE 卫星以及印度的 Chandrayaan-1 卫星等新近发射的卫星都搭载有成像光谱仪。

相对于 X 射线、γ 射线和中子能谱法,利用反射光谱进行月表元素的识别主要依靠元素对月壤反射光谱特征的影响。月表物质反射率光谱受到多种因素的影响,包括物质自身的成分、构造、粒度、表面状态以及外界太空环境的影响。基于光学数据的月壤元素含量探测主要针对月球表面的铁钛含量,其分布对月球的起源和演化研究以及月球资源的开发利用都具有重要意义(Basilevsl et al., 2004;Bhardwaj et al., 2005)。常用的月表铁、钛元素分析方法为光谱分析法,通过建立元素对月壤反射光谱的影响特征与元素含量的关系,达到铁、钛元素填图的目的。

1. 基于 Lucey 角度模型的月表铁钛含量提取模型

月表的反射光谱是由亚铁、单质铁、硅酸盐中的钛以及不透明矿物影响的。以含铁硅酸盐为主的月壤,不透明矿物(钛铁矿)的存在使月壤变暗,削弱了它们的对比度,并会使得月壤的反射光谱(UV/VIS)变"蓝"变大,即反射率(750nm)随月壤成熟度增加而降低。但随着 FeO(或 TiO_2)含量增加,反射率 NIR/NIR 值(或 UV/VIS)都降低。Lucey 等(1995,2000)采用 Clementine 的 UV/VIS 数据进行铁、钛的提取时,使用了光谱特征角度参数法,将月壤成熟度与钛铁等元素对月壤光谱特征的影响区分开来,分别建立了铁和钛的月表含量提取模型。

1)散点分析

在月球探测器获得的可见近红外成像数据中,选取采样点并计算采样点 750nm 对应波段(Fe:R_{950}/R_{750};Ti:R_{415}/R_{750})的比值,并绘制它们的散点分布图,散点的分布整体是集中的,并且汇聚于一个原点。如图 5.14 为 R_{415}/R_{750} 值和 750nm 反射率的散点图。

2)采样点的角度参数 θ_{Ti} 和 θ_{Fe} 计算

角度参数 θ_{Ti} 和 θ_{Fe} 对钛铁含量的变化非常敏感,其与反射率(750nm)以及对应波段(Fe:R_{950}/R_{750};Ti:R_{415}/R_{750})的比值具有一定的数学关系(Blewett et al., 1997):

$$\theta_{Ti} = \arctan\left(\frac{R_{415}/R_{750}-E}{R_{750}-F}\right) \tag{5.6}$$

$$\theta_{Fe} = -\arctan\left(\frac{R_{950}/R_{750}-A}{R_{750}-B}\right) \tag{5.7}$$

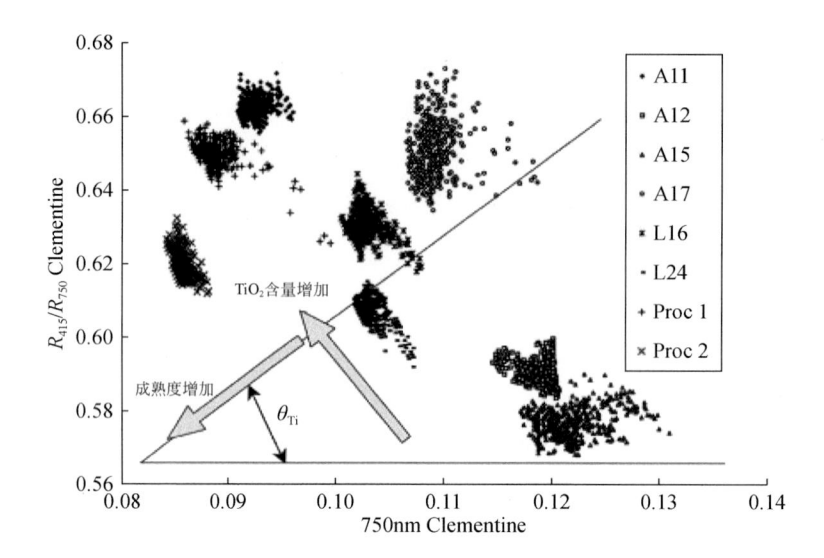

图 5.14 R$_{415}$/R$_{750}$值与 750nm 反射率的关系图（Lucey et al., 1996; Bleweet et al., 1997）

式中，R_{415}、R_{750}和R_{950}分别为 415nm、750nm 和 950nm 处的光谱反射率；E、F、A 和 B 均为散点图的原点。

原点被认为是纯净的还原钛和还原铁，为避免反演结果出现负值，通过计算角度参数与钛铁含量的相关性确定原点。

3) 角度参数与钛铁含量的关系式拟合

将计算出的角度参数θ_{Ti}和θ_{Fe}与月表样品铁钛含量建立对应关系。关系表达式形式并不统一，分为线性和非线性。其中，非线性又分为幂函数、二次多项式等。以二次多项式为例，铁钛含量的计算公式为

$$w(TiO_2)\% = \theta_{Ti}^2 \times A - \theta_{Ti} \times B + C \tag{5.8}$$

$$w(FeO)\% = \theta_{Fe}^2 \times A - \theta_{Fe} \times B + C \tag{5.9}$$

式中，A、B 和 C 为拟合的常数。

4) 铁钛含量分布

根据建立的铁钛含量计算公式，应用于预处理后的光学遥感图像上，实现月表铁钛含量的分布制图。

另外，Lucey 等（2000）利用 TiO$_2$ 的反演方法排除了 Apollo11 和 Luna16、24 这三个采样点的数据，推导出的公式计算得到的 TiO$_2$ 含量偏高，这说明用单一回归曲线计算 TiO$_2$ 含量是不准确的。Gillis 等（2003）对 Lucey 角度模型进行改进，建立了两种计算 Ti 含量的公式，分别为以 Apollo 12、Apollo 14、Apollo 15、Apollo 16、Apollo 17 和 Luna 20 的数据为基础建立的和以 Apollo 11 和 Luna 16、Luna 24 建立的。每种公式适用于不同的区域。

2. Lucey 角度模型的应用

如图 5.15 为 Lucey 等（1998）提取的全月 TiO$_2$ 含量分布图。依照数值，钛元素的分

布可分为以风暴洋为中心和以澄海南部为中心的高富集区,含量为 10%~15%,局部可达 15% 以上;在高富集区外围和月球背面南半球的一些区域(经度 180°附近,纬度 30°S~70°S),以及其他零星地区的次富集区,其含量在 5%~10%;其他大部分区域含量低于 5%,属于贫钛区。高富集区显然与该区域内的月海有关,次富集区一些相对高含量区域也与月海有关,如洪堡海、莫斯科海、东方海等。

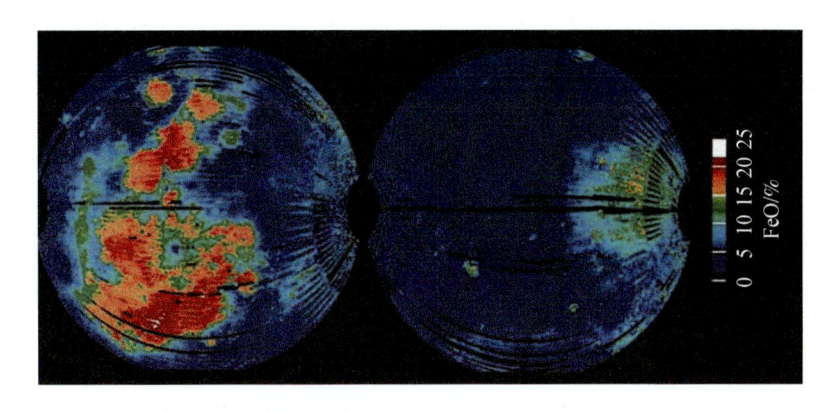

图 5.15　全月 TiO_2 含量分布图(Lucey et al., 1998)

如图 5.16 为 Lucey 等(1995)提取的全月 FeO 含量分布图。铁元素分布特征与钛元素有许多相似之处。铁高富集区多位于月球正面,在经度 85°W~60°E,纬度 40°S~60°N 的区域上,高铁区与高钛区相对应,其含量在 8%~14%。其中在雨海和风暴洋范围内铁含量达到 16%,这个高铁区长约 1603km,宽约 725km,最高含量达到 20%。在高铁区之外,有多个与月海相关的相对高值区域,铁含量在 8%~12%,如危海、沃海等。在赤道附近有两个中值区,分别与边缘海和史密斯海对应。

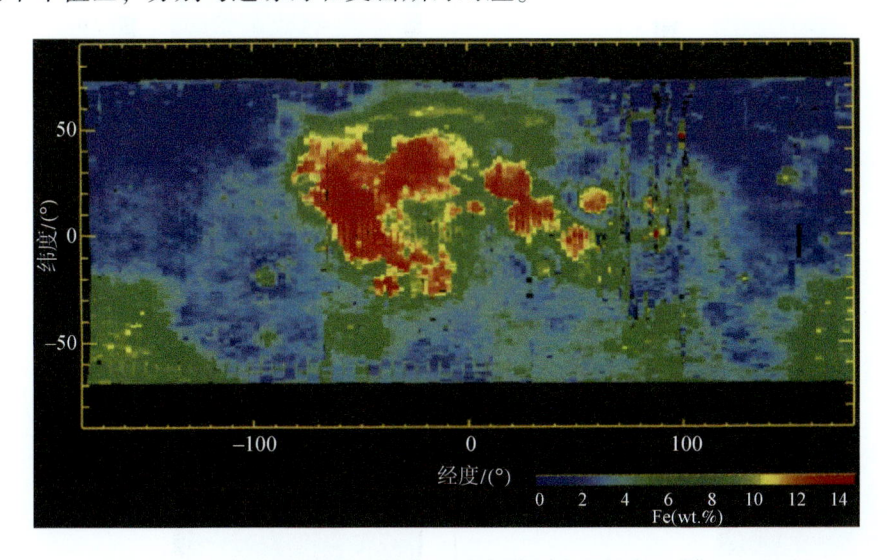

图 5.16　Lucey 等提取全月 FeO 含量分布图(Lucey et al., 1995)

Ling 等（2011a，2011b）利用嫦娥 IIM 数据结合 Lucey 的方法提出了适合于嫦娥数据的 TiO_2 和 FeO 含量提取算法。综合数据质量等多种因素，选用 IIM 数据中的 B6（522nm）和 B24（757nm）波段来建立角度参数 θ_{Ti}，建立了 TiO_2 的反演模型。选用 IIM 数据中的 B30（891nm）和 B24（757nm）谱段建立角度参数 θ_{Fe}，建立 FeO 的反演模型。通过与 Clementine UV/VIS 数据反演结果进行比较，嫦娥一号 IIM 数据获取的高地地区 TiO_2 含量偏高 0.7% 左右，月海低钛地区预测偏高 1.5% 左右，高钛地区的含量预测偏低 0.8% 左右。

3. 基于统计分析模型的月壤 TiO_2 含量提取

除 Lucey 建立的月壤 TiO_2 含量提取模型外，国内外学者还发展了一些其他的算法，并取得较好的反演精度。Korokhin 等（2008）使用非线性的人工神经网络并结合 Clementine 数据与 LSCC 样本绘制了 TiO_2 的全月分布图。人工神经网络可最大限度的挖掘与 TiO_2 含量相关的光谱信息，并建立模型提取 TiO_2 含量，对比 Lucey、Gillis 以及实测月壤样品的 TiO_2 含量，精度明显提高。

刘福江等（2010）利用 Apollo 17 号登陆区域附近的 18 个登陆地点数据，计算了该区域的光谱数据吸收半高宽（FWHM）、吸收位置（λ）、吸收谷面积（A）、吸收深度（D）及吸收谷对称度（S），并建立了 TiO_2 含量提取的回归模型（图 5.17）。结果表明，对于高钛地区，反演模型具有相对较高的精度；对于低钛地区，这两个模型精度和适应性不高。这主要是由于真实的月壤吸收特征并不明显，采用其光谱吸收特征来预测 TiO_2 含量存在很大的限制。

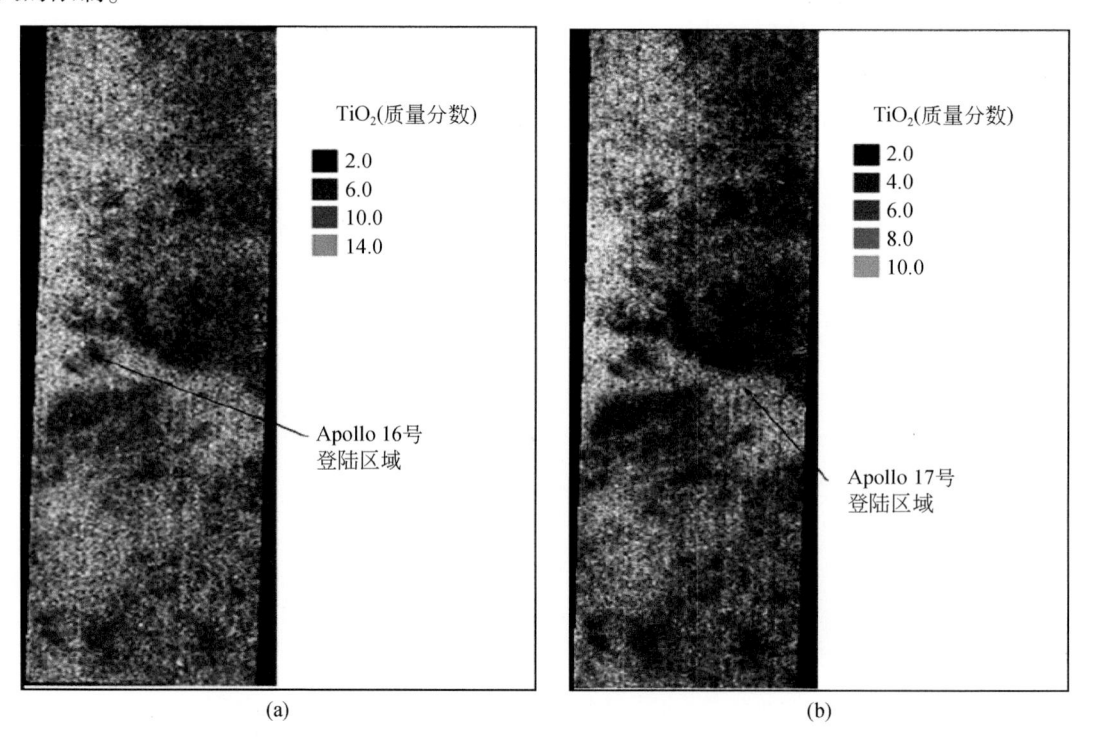

图 5.17 Apollo 16 号和 Apollo 17 号登陆区域的 TiO_2 丰度图（刘福江等，2010）

5.2 月球矿物遥感

月表矿物主要有硅酸盐矿物、氧化矿物、磷酸盐矿物和金属铁。其中，硅酸盐矿物是月表最丰富的矿物，包括斜长石、辉石和橄榄石。而氧化物矿物，主要以钛铁矿尖晶石为主。随着月球遥感探测仪器的光谱与空间分辨率提高，发展了多种月球矿物遥感方法，主要有混合像元分解模型、修正高斯模型和光谱拟合模型。

5.2.1 混合像元分解模型

在宏观观测条件下，当混合物尺度较大时，混合物反射光谱与端元矿物反射光谱一般认为是线性混合的（Singer and Mclord，1979）。而在微观观测条件下，紧密混合的混合物反射光谱与端元矿物光谱之间则是非线性的（Nash and Conel，1974；Singer，1981）。月壤矿物混合属于紧密混合。为描述这种紧密混合，Hapke 光谱混合模型是目前最为常用的非线性模型。

1. Hapke 模型原理

根据 Hapke 模型，紧密混合体系的反射率是非线性混合的。而单次散射反照率表征一束光线照射到单个矿物颗粒表面时，散射能量与入射能量之比，由于不包含多次散射辐射，遵循线性混合的规律。混合物的平均单次散射反照率 ω 为各端元组分单次散射反照率的线性混合（Mustard and Pieters，1989）：

$$\omega = \left(\sum_i \frac{M_i}{\rho_i D_i}\omega_i\right)\left(\sum_i \frac{M_i}{\rho_i D_i}\right) \tag{5.10}$$

式中，M_i、ρ_i、D_i、ω_i 分别为混合物中第 i 种成分的质量分数、颗粒密度、平均有效颗粒大小及单次散射反照率（吴昀昭等，2010）。

基于 Hapke 模型可实现矿物双向反射率和反照率的转换。在各项同性多次散射的近似模拟中，当光线入射天顶角为 i、出射天顶角为 e 和相位角为 g 时，平坦半无限颗粒介质的双向反射率（r）的计算公式为

$$r(i,e,g) = \frac{w}{4\pi}\frac{\mu_0}{\mu_0+\mu}\{[1+B(g)]P(g)+H(\mu_0)H(\mu)-1\} \tag{5.11}$$

$$H(x) = \left\{1-(1-\sqrt{1-\omega})x\left[r_0+\left(1-\frac{1}{2}r_0-r_0 x\right)\ln\left(\frac{1+x}{x}\right)\right]\right\}^{-1} \tag{5.12}$$

$$r_0 = \frac{2}{1+\sqrt{1-\omega}}-1 \tag{5.13}$$

$$g = \arccos(\cos i\cos e+\sin i\sin e\cos\varphi) \tag{5.14}$$

式中，$r(i,e,g)$ 为双向反射率；μ_0、μ 分别为入射角和出射角的余弦值；B 为反向效应；P 为粒子散射相函数；H 为多次散射项贡献。

当相位角>20°时，反向效应可以忽略（Mustard and Pieters，1989；Cord et al.，2003；

Piatek et al., 2004)。当粒子远大于入射光波长并且呈随机方位分布时，假定表面一级散射是各向同性的，即 $P=1$ (Mustard, 1989)。式 (5.11) 可简化为

$$r(i,e,g) = \frac{w}{4\pi} \frac{\mu_0}{\mu_0 + \mu} H(\mu_0) H(\mu) \tag{5.15}$$

通过式 (5.15)，可实现矿物的反射率和单次散射反照率之间的转换。

2. 混合像元分解模型

Hapke 模型为月壤类致密型矿物的线性混合分解提供了可能，并给各参数赋予了物理意义。通过 Hapke 模型将光谱转化为单次散射反照率（Single scattering albedo，SSA），从而将组分解混由非线性问题转化为线性问题。通过线性解混得到混合地物或混合像元中的端元组分含量。因此，混合像元分解模型的建立需要矿物端元获取和线性光谱分解。

1) 月球矿物端元提取

月球矿物端元可从 Relab 光谱库中矿物光谱获取。另外，还可从月球影像特别是高光谱影像中提取端元矿物。从高光谱影像提取端元的算法主要有纯像元指数（pure pixel index，PPI）、N-FINDR、迭代误差分析（iterative error analysis，IEA）、顶点成分分析（vertex component analysis，VCA）、最大距离法、单形体体积法和空间信息辅助下的端元提取等（童庆禧等，2006）。

利用 Hapke 模型模拟不同粒径、风化程度等不同条件下的矿物光谱作为矿物端元，结合 MESMA 方法和 Clementine UV/VIS 数据，得到了全月斜长石和橄榄石的分布图（Li and Lucey, 2009）。通过线性混合月表 4 种主要矿物，构建了"嫦娥一号"搭载的干涉成像光谱仪（interference imaging spectrometer，IIM）的模拟数据，采用 4 种端元提取方法 [VCA、ICA、最小体积单形分析（Minimum Volume Simplex Analysis，MVSA）、通过分裂增强拉格朗日方法识别单形（Simplex Identification Viasplit Augmented Lagrangian，SISAL）] 提取不同矿物端元，并利用光谱角距离评价端元提取的精度，并获得了斜长石、单斜辉石和橄榄石的全月球分布状况提取结果（Shuai et al., 2012, 2013）。

2) 混合像元分解

在线性混合模型中，每个月表像元近似认为是图像中各个端元矿物的线性混合，线性解混就是在已知所有端元的情况下求各个图像像元中各个端元的比例，从而得到反映各个端元在图像中分布情况的比例系数图，即

$$w_{\text{mix}} = \sum_{i=1}^{N} c_i e_i + n \tag{5.16}$$

$$\sum_{i=1}^{N} c_i = 1 \tag{5.17}$$

$$0 \leq c_i \leq 1 \tag{5.18}$$

式中，w_{mix} 为月表像元的单次反照率；N 为端元数；c_i 为系数向量，代表端元矿物在像元中的面积比重；e_i 为图像中各个端元矿物的单次反照率；n 为误差项，代表光线在端元矿物间的相互作用，具有一种非线性混合的效果。

混合像元分解算法，主要包括最小二乘法、凸面几何学分析、滤波向量法、投影寻

踪、独立成分分析（independent component analysis，ICA）、正交子空间投影、端元投影向量法和单行体体积法等（童庆禧等，2006）。

3. 混合像元分解模型结果

利用 Hapke 辐射传输模型将 Relab 光谱库中 5 种矿物（单斜辉石、斜方辉石、斜长石、橄榄石和钛铁矿）的非线性混合反射光谱，转换为线性混合的单次反照率。按照比例随机生成混合像元，最后基于全约束线性光谱分解方法建立 5 种矿物分解含量与真实含量的统计关系模型。利用 Apollo 登陆采样点实测数据对该模型进行验证的结果表明，与实测结果的相关系数分别为 0.83、0.86、0.72 和 0.77。利用印度探月卫星 Chandrayaan-1 搭载的月球矿物制图仪（moon mineralogy mapper，M3）高光谱数据得到月表虹湾地区辉石、斜长石、橄榄石和钛铁矿矿物含量分布图（图 5.18）（张琪等，2010）。

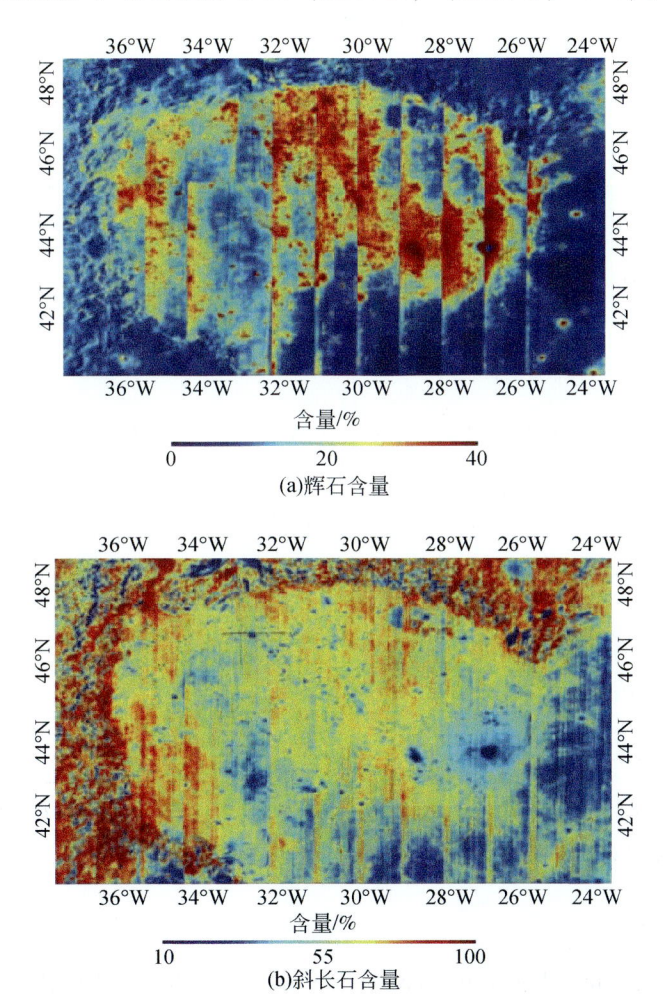

(a) 辉石含量

(b) 斜长石含量

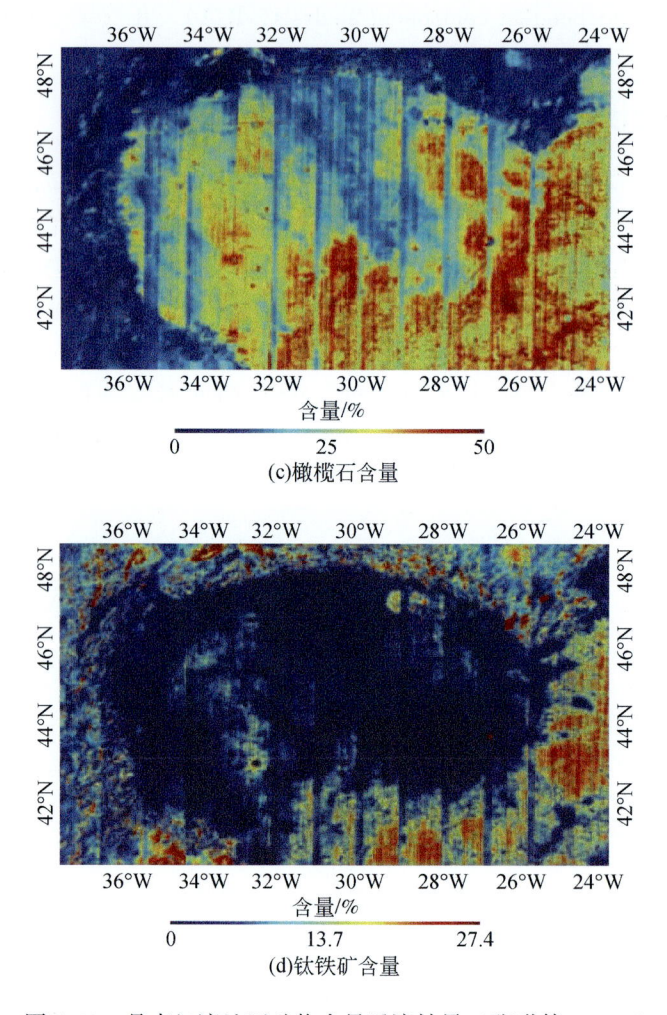

图 5.18　月表虹湾地区矿物含量反演结果（张琪等，2010）

5.2.2　修正高斯模型

改进的高斯模型以组成矿物的原子或分子内能级电子跃迁为理论基础，通过研究电子和振动过程引起的光谱吸收规律，提取光谱能级表达参数并建立模型，实现矿物提取（Sunshine et al.，1990）。

1. 模型物理基础

修正的高斯模型（modified Gaussian model，MGM）通过对物质电子跃迁所形成光谱吸收特征的物理描述模型，将光谱去卷积为多个吸收波段，并定量地提取月壤光谱的矿物吸收特征参数，进而推测矿物的识别和成分判定。MGM 不需要先验的光谱构成信息，仅仅依赖光谱数据本身来反映光谱的每个吸收峰。

假设造成吸收特征的电子跃迁和振荡过程符合统计意义上的随机过程，则根据中心极限定理，吸收峰的特征可用高斯分布函数进行建模和分析。一个随机变量的高斯分布用它的中心值（均值 μ）、宽度（标准差 σ）和强度（幅度 s）来表示，即

$$g(x) = s \cdot \exp\left\{\frac{-(x-\mu)^2}{2\sigma^2}\right\} \quad (5.19)$$

为了将中心极限定理应用到光谱分析中，要求引起吸收波段的各种电子跃迁和振荡过程必须是随机变量 x，且需要有统计意义的事件发生频度。

假定由电子跃迁、振荡等引起的吸收光谱能量是随机分布的，则一个吸收波段可用高斯分布模拟。这里的随机变量 x 即为能量。但是对于电子跃迁引起吸收波段随机能量并不是吸收能量而是平均健长，而平均健长是高斯分布的。电子跃迁吸收结晶场论的描述，建议光谱吸收能量（e）与平均健长（r）存在幂定律关系。利用这种幂定律关系，即

$$e \propto r^n \quad (5.20)$$

平均健长的高斯分布能被映射成吸收能量的一种改进的高斯分布 $m(x)$，即

$$m(x) = s \cdot \exp\left\{\frac{-(x^n-\mu^n)^2}{2\sigma^2}\right\} \quad (5.21)$$

式中，x 为光谱吸收能量；μ 为波段中心值；σ 为波段宽度；s 为波段强度；n 为幂指数值。

在光谱传输过程中，吸收波段发生在一些离散的能量点处，并且遵循比尔定律，式中 x 即为键长，则有

$$-kx = \ln(I/I_0) \quad (5.22)$$

若将反射光谱用数学表达式表示成发生在各离散能量点吸收波段的线性叠加，认为反射光谱自然对数值 $m(x) = \ln(R)$ 是能量 x 成高斯分布的结果。

相对于高斯分布的对称性来说，改进高斯分布的最大特点就是不对称，因而能更好的适应矿物光谱曲线不对称波谱特性。改变 $(x^n-\mu^n)$ 指数相当于改变分布的对称性，即曲线左、右翼相对斜率的改变。方程中指数 n 的理想值可依经验指定。

MGM 的提出者 Sunshine 通过混合不同比例的两种辉石（单斜辉石和斜方辉石）样品，并测试混合物光谱。利用 MGM 模拟和分解混合光谱典型吸收波段的高斯分布曲线。在拟合过程中，发现对于辉石的混合光谱模拟，取 $n=-1$ 较为理想。由此，取 $n=-1$ 时，得到修正高斯模型的一般形式，即

$$\ln R(\lambda) = s \cdot \exp\left(\frac{-(\lambda^{-1}-\mu^{-1})^2}{2\sigma^2}\right) + C(\lambda) \quad (5.23)$$

式中，R 为观测的反射率；λ 为波长；s 为波段强度；μ 为波段中心；σ 为波段宽度。连续统去除公式 $C(\lambda)$ 为

$$C(\lambda) = \frac{c_{-1}}{\lambda} + c_0 + c_1\lambda \quad (5.24)$$

式中，λ 为波长，μm；c_{-1}、c_0、c_1 为常量。

MGM 无法直接进行数值求解，因而采用非线性的最小二乘迭代法实现数值求解，表示为

$$\varepsilon = \sum_{i=1}^{n} \left[\ln R_{cal}(\lambda_i) - \ln R_{obs}(\lambda_i) \right]^2 \tag{5.25}$$

式中，ε 为残差；n 为总的拟合波长；R_{cal} 为拟合的反射率；$\ln R_{obs}$ 为实际的反射率。在 MGM 每一个吸收峰的参数中，波段中心（μ）和吸收强度均可估算。但是标准差（σ）难以计算，往往采用半高宽（FWHM）取代标准差来表示。σ 和 FWHM 的数学关系式为

$$\text{FWHM} = 2\sqrt{2\ln 2}\sigma \cong 2.35482\sigma \tag{5.26}$$

经 MGM 分解后，反射光谱被分离成一系列的高斯改进模型，每条曲线的特性由它的中心波长位置、宽度和深度描述。相对 GM 模型，MGM 只用较少的波形叠加就可得到最理想的拟合曲线。

2. 基于 MGM 的月表矿物填图

通常一种矿物的光谱曲线有多个吸收特征，一个吸收特征也可能有几个吸收峰混合而成。例如，辉石在 0.95μm 和 1.8μm 附近有双吸收带，在 0.75μm 和 1.4μm 附近有双反射峰。利用 MGM 从矿物光谱曲线中提取独立的吸收峰，每个吸收峰都用一套特征参数（吸收中心、吸收宽度、吸收强度）来描述。在提取的整套 MGM 参数基础上，发展了月表矿物的填图方法。

在月表主要矿物光谱特性的基础上，使用 LSCC 实测矿物数据，根据辉石、橄榄石在 300~2600nm 波谱范围的吸收特征分布，通过 MGM 模型计算 19 个采样点光谱数据的 5 个吸收特征，每个吸收特征有吸收中心、吸收宽度、吸收强度等三个吸收特征参数，利用多元回归分析建立矿物反演模型。根据辉石、橄榄石在 300~2600nm 的吸收特征分布，结合设定 MGM 的初始参数，对 LSCC 19 个着陆点实测光谱数据进行分析，可获得 15 个参数。实验中根据 LSCC 实测光谱数据，利用统计方法建立光谱吸收特征参数与矿物含量之间的定量关系，得到月表辉石、橄榄石的定量反演公式。对虹湾地区 M³ 影像利用含量反演模型计算出辉石及橄榄石的含量分布图（李婵等，2013）（图 5.19 和图 5.20）。

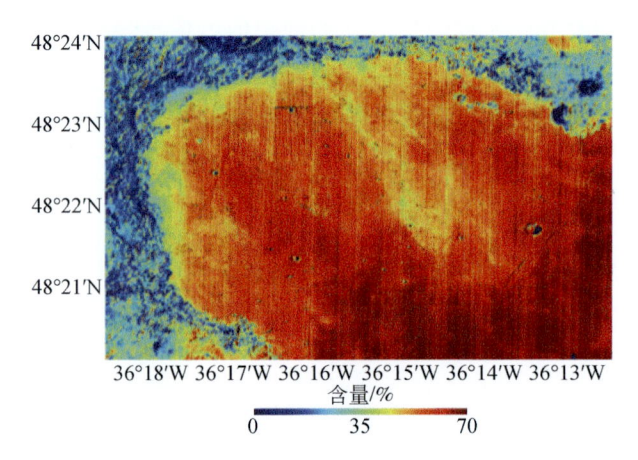

图 5.19 虹湾地区辉石含量反演结果图（李婵等，2013）

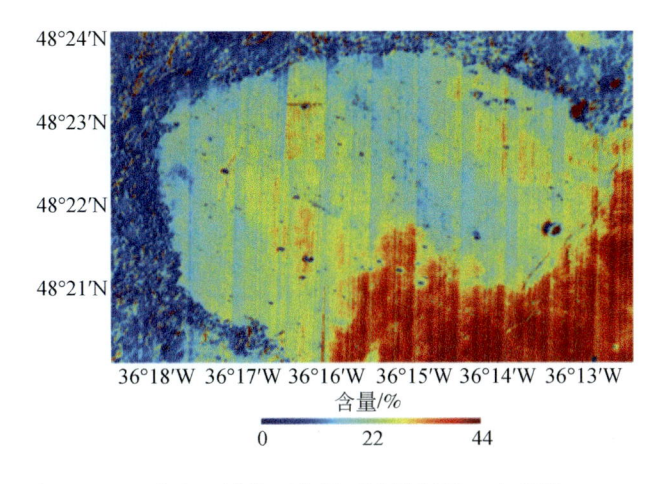

图 5.20　虹湾地区橄榄石含量反演结果图（李婵等，2013）

5.2.3　光谱拟合模型

在太阳反射光谱范围内，物质反射光谱的主要表现形式为选择性吸收，是物质内部结构、微量元素或者具有指示物质类型离子组成等的光谱表现。在可见光-近红外光谱区，地物吸收光谱的产生机理主要是地物内部粒子电子跃迁过程和振动过程（浦瑞良和宫鹏，2003；Clark，1999）。因此，不同岩石矿物成分其光谱特性是不一样的。

光谱拟合模型通过选择不同风化程度、颗粒大小的矿物端元，以某种知识规则建立矿物端元与影像间的查找表，实现月表矿物含量的反演。知识规则即为一系列的光谱拟合特征参数以及光谱拟合模型。

1. 基于光谱吸收特征参数的月表矿物填图方法

月表光谱连续统是能量波数的线性函数（Ueda et al.，2002）。为了准确分析光谱吸收特征，减少太空风化对矿物光谱分析的影响，必须对连续统准确建模和移除。连续统去除即以反射光谱（R）除以连续统光谱（R_c），即

$$R_{cr} = \frac{R}{R_c} \quad (5.27)$$

经过连续统去除之后，端点处反射率为 1，端点之间反射率均小于 1。

连续统去除可有效的压制地形和太阳照度对光谱特征的影响。由遥感地形余弦校正模型可知，假设地表为朗伯反射体，并且忽略大气以及周围地形的影响，地形校正后水平面像元接收的辐射与地形校正前坡面像元接收的辐射存在一定的比例关系，即

$$L_h = L_t \frac{\cos_{\theta_s}}{\cos_i} \quad (5.28)$$

式中，L_h、L_t 分别为水平和坡面像元接收的辐射亮度；θ_s 为太阳天顶角；i 为太阳入射角。

这样，地形较正后水平面像元的反射率与地形较正前坡面像元反射率之间的比例关

系为

$$R_t = \frac{L_s}{L_t} = \frac{L_s}{L_h \dfrac{\cos i}{\cos \theta_s}} = \frac{L_s \cos \theta_s}{L_h \cos i} = R_h \frac{\cos \theta_s}{\cos i} \quad (5.29)$$

式中，R_h 为水平面像元的反射率，即与地形无关的反射率；R_t 为坡面像元的反射率，即受地形影响的反射率。

不同坡面上的同一地物，在同样太阳高度角时，由于坡度不同，太阳入射角也不同。设太阳入射角为 i、j 时的反射光谱分别为 R_i、R_j，作连续统去除处理（闫柏琨等，2009），即

$$R_{cr,i} = \frac{R_i}{R_{c,i}} = \frac{R_h \dfrac{\cos\theta_s}{\cos i}}{R_{c,h} \dfrac{\cos\theta_s}{\cos i}} = \frac{R_h}{R_{c,h}} \quad (5.30)$$

$$R_{cr,j} = \frac{R_i}{R_{c,j}} = \frac{R_h \dfrac{\cos\theta_s}{\cos j}}{R_{c,h} \dfrac{\cos\theta_s}{\cos j}} = \frac{R_h}{R_{c,h}} \quad (5.31)$$

可见，光谱经连续统处理可有效去除地形对光谱特征的影响，连续统去除光谱只与水平时的光谱和连续统光谱有关，与地形和太阳照度无关。

利用连续统去除后的光谱曲线，提取一系列的波谱特征参数，突出特定的特征信息。这些光谱参数包括吸收深度、斜率、吸收峰位置、吸收宽度、吸收面积和吸收对称性等。如图 5.21 为矿物光谱特征参数示意图。

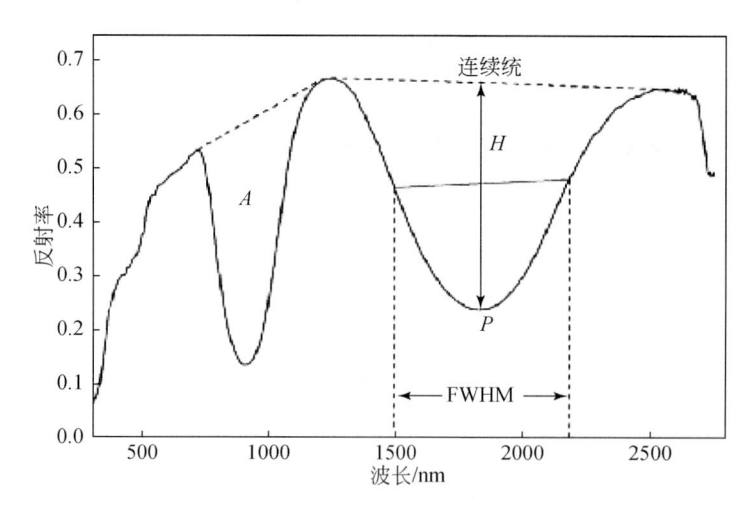

图 5.21　矿物光谱特征参数示意图

中心波长位置（P）指反射率最小值对应的波长；深度（H）是描述矿物元素在某波长吸收强弱的量；吸收宽度（W）或半高宽（FWHM）指波段深度一半处的宽度；斜率（K）表示为 $K = \tan^{-1}[(R_e - R_s)/(\lambda_e - \lambda_s)]$。其中，$R_e$、$R_s$ 分别为吸收始点和终点（直

线部分）的反射率，λ_e、λ_s 为相应的波长。吸收对称度（S）表示为 $S=A_1/A$。其中，A_1 是吸收峰左半端的面积，A 为整体面积。面积（A）是吸收宽度和深度的综合参数，是整个吸收峰特征的累加值。

利用 MI 数据在该吸收中心特设的一个波段绘制了全月最纯斜长岩（PAN）分布图（图 5.22）（Ohtake et al., 2009）。由于斜长石中含有少量的 Fe^{2+}，在 1250nm 附近存在一个较宽的吸收带。

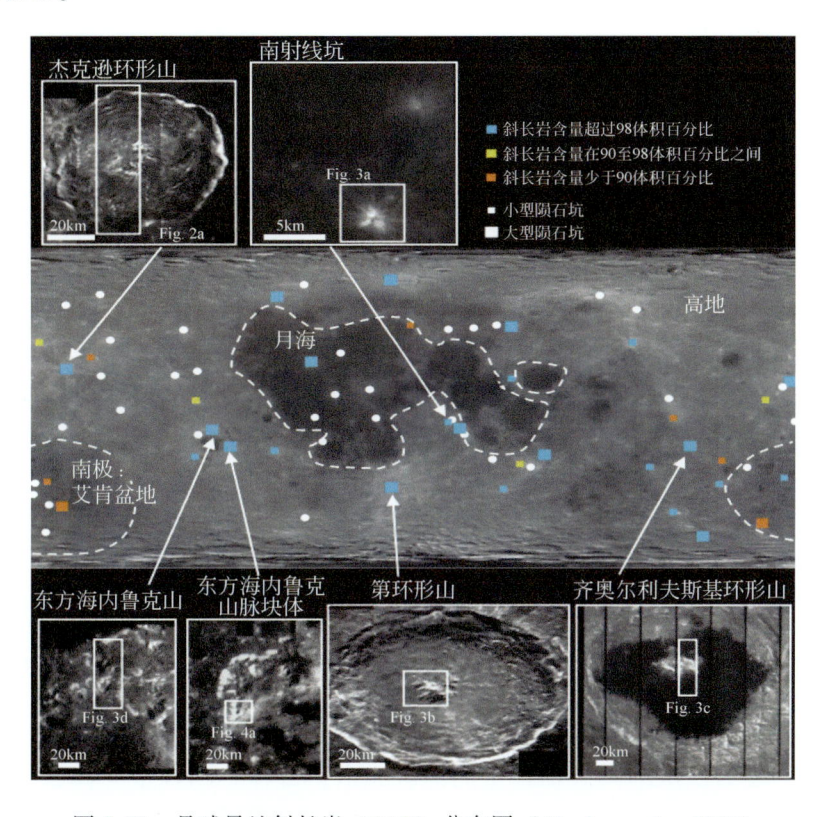

图 5.22　月球最纯斜长岩（PAN）分布图（Ohtake et al., 2009）
蓝色方块代表斜长岩纯度大于 98%；黄色方块代表斜长岩纯度为 90%~98%；橘色方块代表斜长岩纯度小于 90%

2. 基于光谱拟合模型的月表矿物填图方法

1）波谱角填图

波谱角（spectral angle mapper，SAM）是一种自动化的填图方法，将影像光谱同实测标准光谱或者光谱库中的光谱进行比较，进而实现矿物的识别填图。该算法将两个光谱看作矢量空间的两个矢量，其维度等于波段数，通过计算两者间的"光谱角"来确定它们的相似程度。在影像分析中，根据每条所选的参考光谱曲线，为每条影像光谱确定一个光谱角 α，用 α 向该方法输出影像的相应像元赋值，每条参考光谱曲线都将产生一个新的输出影像。

2）二进制编码和光谱信息散度

二进制编码（binary encoding）分类根据波段是低于波谱平均值，还是高于波谱平均值，将数据和端元波谱编码为 0 和 1。使用"exclusive OR"逻辑函数对每一种编码的参照波谱和编码的分类波谱进行比较，生成一幅分类图像。除非指定一个最小编码阈值。如果一些像元不符合标准，它们将不参与分类。所有像元被分类到与其匹配波段最多的端元波谱类中。

光谱信息散度（spectral information divergence，SID）是利用散度度量像元波谱与端元波谱的匹配程度，散度越小，相似程度越高。

3）波谱特征拟合

波谱特征拟合（spectral feature fitting，SFF）基于吸收特征，使用最小二乘法对图像波谱与参考波谱进行匹配。在对数据集进行包络线去除之后，参照波谱被缩放，从而将参照波谱与图像波谱相匹配。

波谱特征拟合需要的参考端元来自影像本身或者光谱库中的光谱，将参考光谱或者未知光谱进行去相关分析，并且将每个参考端元光谱按比例与未知光谱进行匹配。该方法将为每一个参照波谱输出一幅比例图像，对与要素权重相关的吸收强度进行度量。波谱特征拟合在一个范围内，在每个选择的波长处对图像和参照波谱进行比较，并为每个波谱评定平方根误差。

3. 月表矿物填图

光谱拟合模型采用不同的拟合算法，通过求取光谱吸收特征参数，计算参考光谱和未知光谱的相似度达到影像矿物填图的目的。然而，月表矿物的参考光谱有限，仅仅局限于月球采样点，不能代表全月矿物的光谱特征。因此，可利用月表矿物混合模型（Hapke 模型等）数字模拟不同含量的矿物混合光谱，作为参考光谱。

基于 Hapke 模型模拟不同矿物含量的混合光谱，每种矿物含量（体积百分含量）以 10%的梯度递增，建立了一系列的参考光谱。通过查询匹配与影像光谱最接近的混合光谱来完成矿物填图（Lucey，2004）。利用"嫦娥一号"携带的干涉成像光谱仪（IIM）首次获取了全月表矿物吸收中心分布图（吴昀昭等，2010）。图 5.23 反映了单斜辉石、斜方辉石、橄榄石等主要月铁镁质矿物以及斜长石在月表的分布。

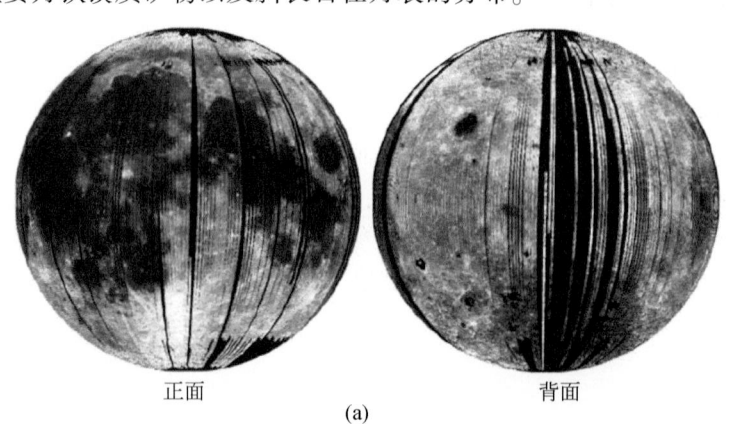

正面　　　　　　　　　背面

(a)

正面	背面
(b)	

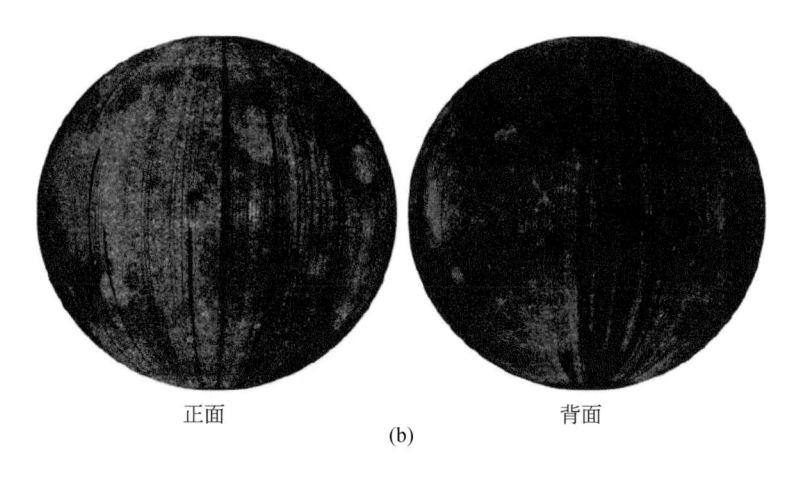

图 5.23 正射投影全月表 IIM 891nm 亮度图（a）和对应的铁镁质矿物吸收
中心分布图（b）（吴昀昭等，2010）

5.3 月球岩石遥感分类

月球岩石的类型可以按照成因和成分特征划分为非月海原岩、月海火山岩和角砾岩。不同岩石类型的成分和结构不同，决定其不同的遥感特性。通过遥感图像提取的岩石特性参数，是岩石遥感分类的依据。

5.3.1 非月海原岩遥感

月球高地的形成年龄比月海更为古老，主要由斜长质岩石经受严重撞击所形成的角砾岩组成。陨石中通常亲铁元素较多，冲击作用形成的岩石通常存在亲铁元素的提升。因此，月球高地岩石分类的最好方法是根据其中的亲铁元素比例划分（Warren and Wasson，1977）。据此，岩石学家和月球化学家共同确认了 4 个非月海原火成岩岩套，分别为亚铁斜长岩套、镁质岩套、碱性岩套和 KREEP 玄武岩，也包括可能与之有关的霏细二长辉长岩和石英二长辉长岩。

1. 亚铁斜长岩套

按照地球岩石的标准，月球斜长石中辉石和橄榄石的镁铁指数（也就是摩尔分数比，$100\times Mg/(Fe+Mg) = Mg'$）是偏亚铁的，与月球的撞击熔融角砾岩和橄长岩等其他非月海岩石类似。Dowty 等（1974）定义具深成岩组构或残余深成岩组构的月球斜长岩为亚铁斜长岩。而亚铁斜长岩套，包括亚铁斜长岩及不常见的镁铁质变种亚铁苏长斜长岩和亚铁斜长苏长岩。

亚铁斜长岩中 FeO 的含量和以 Th 为代表的不相容微量元素含量都非常低。月球亚铁斜长岩样品的 FeO 含量在 8%~10% 之间存在间断，一般以 FeO 含量<8% 作为高地斜长岩

的分类标准（Haskin and Warren，1991）。不同探测器获取 FeO 结果不同，凌宗成等（2013，2014）发现根据"嫦娥一号"反演的高地 FeO 可能略有高估。以 FeO 含量11%为基准，将<11%地区划分为高地地区，除富镁结晶岩套之外划分为亚铁斜长岩。如图 5.24 为月表采集的亚铁斜长岩样品。

(a)样品61016 　　　　　　　(b)样品65315

图 5.24　Apollo 计划采集的亚铁斜长岩样品

2. 镁质岩套

富镁结晶岩套也是月球岩石中粗大晶粒的岩石，较亚铁斜长岩含有更多的镁铁质矿物。富镁岩石有纯橄榄岩、橄榄岩、苏长岩、辉长苏长岩等。月球亚铁斜长岩较为富铁，其中 Mg/Fe 含量较低，而富镁结晶岩套的 Mg/Fe 则较高。高地地区的 MgO 质量分数一般在 3%~8%，而且利用卫星遥感数据进行 MgO 填图的准确性不足，使得对于富镁岩石的划分存在一定困难（凌宗成等，2014）。

高地岩石中苏长岩和橄长岩的 Mg 指数一般为 75~85，而亚铁斜长岩则更低（Haskin and Warren，1991）。但考虑到月壤以及遥感图像的混合效应，Mg 指数应比月壤样品中的 Mg 指数高，凌宗成等（2014）在应用反演数据进行富镁结晶岩套填图时，将 Mg 指数降低至大于 70 作为判断标准。如图 5.25 为月表采集的镁质岩套样品。

(a)样品73215 　　　　　　　(b)样品76535

图 5.25　Apollo 计划采集的镁质岩样品

3. 碱性岩套

相对于亚铁斜长岩中纳长石含量（An96），碱性岩套中的纳长石含量（An82±8）较高，钠浓度约4倍，并且趋向于富含不相容元素。从返回的月球岩石样品表明，碱性岩套和KREEP岩含量，相对亚铁斜长岩和镁质岩套要少很多。由于目前遥感缺乏月表Na、K等元素的反演结果，因此对碱性岩套的遥感区分暂时缺失。如图5.26为月表采集的碱性岩样品。

图5.26　Apollo计划采集的碱性岩样品78235

4. 克里普岩

随着岩浆冷却和分异的继续，不相容元素由于不易进入主要硅酸盐矿物晶格而越来越富集于残余熔浆之中，形成以富含K、REP和P为特征的克里普岩，并赋存于月壳和月幔之间的过渡层中。克里普岩中富含REE、Th、U等重要资源性元素，被认为可能是除钛铁矿外最重要的月球矿产资源储存库（欧阳自远，2005）。

KREEP岩最早发现于Apollo 12返回的月壤样品中，而原始的KREEP岩石在月球样品中发现较少，其中KREEP玄武岩即源自Apollo 15样品（如15382和15386样品）。根据钾的含量，克里普岩又可分为高钾克里普岩（$K_2O>0.7\%$）、中钾克里普岩（K_2O：0.35%~0.7%）和低钾克里普岩（$K_2O<0.35\%$）。克里普岩主要由斜长石、辉石、二氧化硅矿物和一些不透明矿物、玻璃基质等组成。通过有限的Apollo（Apollo 12、Apollo 14、Apollo 15、Apollo 16）采样数据分析，几乎所有克里普岩中的Sm/Nd和^{143}Nd/^{147}Nd测定的比值都比较接近。这说明所有克里普岩属同源（Lawrence et al.，2000；Wieczorek et al.，2000）。如图5.27为月表采集的KREEP样品。

(a)样品12013　　　　　　　　　　(b)样品15405

(c) 样品 72275

图 5.27 Apollo 计划采集的 KREEP 岩样品

从化学成分上看，克里普岩本质上属于玄武岩，但是所有的克里普岩均富有 K、P、REE、Th 和 U 等不相容元素。Th、U、K 元素的含量存在正相关性，U/Th 的比值约为 0.27（Korotev，1998）。月球遥感探测中，主要采用 γ 谱仪数据探测 U、Th、K 等元素的分布情况，作为 KREEP 岩的判别标志。利用 Lunar Prospector 携带的 γ 谱仪数据获得的月表 Th 元素分布，发现 KREEP 岩含有的 FeO 质量分数一般在 10% 左右，Th 含量都大于 3%，而月海玄武岩的 FeO 的质量分数一般在 16% 以上（Jolliff et al.，2000）。据此，将 Th 元素含量大于 3.5×10^{-6} 的地区划为 KREEP 岩区。克里普岩的光谱理论上可能与火成岩的钙长石光谱相似，由于数据暂缺，并未获取相关光谱数据。

非月海岩石划分类型中高地岩石，可根据 FeO 和 Mg 指数划分为亚铁斜长岩和富镁结晶岩套。利用 Th 元素分布，根据 Fe 元素含量中等、Th 元素含量较高的物质划分为 KREEP 岩地区。凌宗成等（2014）依据该分类方法编制了冷海地区的岩性分类图。KREEP 岩先利用 Th 元素含量圈出，然后依据为 FeO 分布、反射率数据等划高地和月海区域。在月海区域内采用 Ti 含量划分不同种类玄武岩，高地区域内再划分亚铁斜长岩和富镁结晶岩套。其中，富镁结晶岩套特征相对于亚铁斜长岩突出，先划分出富镁岩套，再划分斜长岩区域。

5.3.2 月海火山岩遥感

月海火山岩分为月海玄武岩和火山碎屑岩两种类型。

1. 月海玄武岩

月海玄武岩是由月球内部富铁和贫斜长石区域部分熔融产生的，而不是月球原始分异的产物。据估计，月海玄武岩的体积为月球体积的 1%（Head，1976；Head and Wilson，1992）。钛是月海玄武岩的主要成分之一，含量可达 0.5%~13%。基于钛的含量可将这些玄武岩分为高钛玄武岩（大于 9%）、低钛玄武岩（1.5%~9%）和超低钛玄武岩（小于 1.5%）（Heiken et al.，1991）。与地球玄武岩类似，月海玄武岩主要矿物成分为辉石、富镁橄榄岩、富钙长石和钛铁矿。如图 5.28 为月表采集的月海玄武岩样品照片。

(a)样品12009　　　　　　　　(b)样品78526

图 5.28　Apollo 计划采集的月海玄武岩样品

1）月海玄武岩样品光谱

月海玄武岩主要分布于月表正面反射率较低、地形比较平坦的月海地区，覆盖月表近 1/5。Apollo 和 Luna 样品显示月海中主要由玄武岩构成。图 5.29 为光谱库中 Apollo 玄武岩样品光谱。由光谱可知，玄武岩在 1.0μm 附近均有一个显著的吸收带。这与月海玄武岩中高钙辉石含量较高密切相关。当橄榄石含量超过 10% 时，吸收谱会变宽，且中心位置微向长波方向移动。

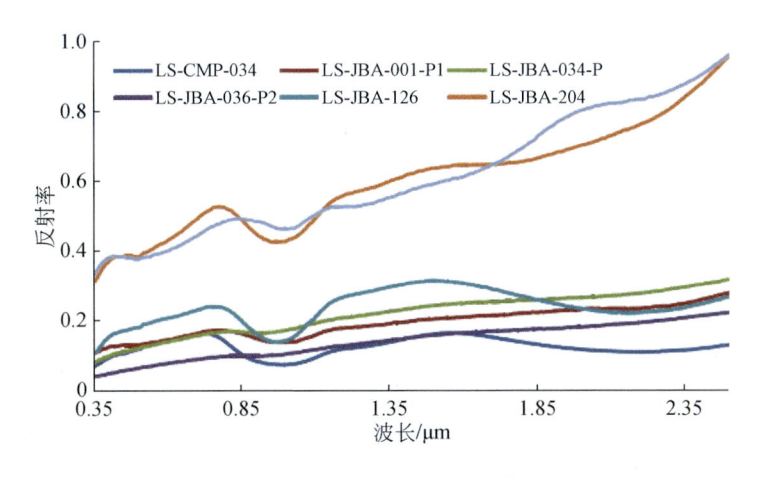

图 5.29　月海玄武岩光谱

2）月表玄武岩成分识别的遥感标志

钛元素和铁元素含量是月海玄武岩类型划分的重要依据，含量的变化反映岩浆来源的不同。遥感月球玄武岩划分标准为低钛（<2%）、高钛（>5%）和中等钛（为 2%～4%）(Pieters et al., 1993)。月球样品的 TiO_2 含量具有双峰分布，即高钛玄武岩和低钛玄武岩分布，但 Lunar Prospector 探测结果没有显示这种双峰分布特征。利用 Clementine 和 Galileo 遥感光谱数据反演月球月海地区的钛含量分布，也并未发现月球样品的 TiO_2 双峰分布，而且月海中 TiO_2 的含量为 2%～4% 是最丰富的，TiO_2 含量 5% 以上的只占月海的 20%（Giguere et al., 2000）。

如表 5.4 所示，根据月球样品和遥感探测方法获取的月海玄武岩分类标准不同。因此，只利用月球 Ti 含量进行玄武岩分类仍显单一，需要借助更高分辨率和更精确的元素、矿物反演结果进行辅助界定。另外，月表光谱的主要影响因素包括其元素组分和空间风化作用（微陨石撞击和太阳风注入），需要去除空间风化的影响。光学成熟度值与月表风化程度直接相关，铁钛含量和光学成熟度（optical maturity，OMAT）越低，表明月壤越成熟，相对年龄越老，反之越年轻（李勃等，2014）。结合月表 FeO 和 TiO_2 丰度反演结果和成熟度计算结果，可进行月表玄武岩的成分识别填图。

表 5.4 月海玄武岩的 TiO_2 含量分类标准

\multicolumn{5}{c}{ω(TiO_2)/%}	参考文献
极低钛玄武岩	低钛玄武岩	中钛玄武岩	高钛玄武岩	极高钛玄武岩	
<1.0	1.0~4.5	4.5~7.5	7.5~10	>10	Giguere 等（2000）
<1.0	1.0~4.0	4.0~8.0	>8.0		Jolliff 等（2006）
	<2.0	2.0~4.0	>5.0		Pieters 等（1993）
<3.0	3.0~6.0	6.0~9.0	>9.0		Melendrez 等（1994）
<1.5	1.5~9.0		>9.0		Heiken 等（1991）
<1.0	1.0~5.0		9.0~14		Papike 和 Vaniman（1978）
<1.0	1.0~6.0		6.0~14		Neal 和 Taylor（1992）

3）月表玄武岩遥感填图

地形起伏造成月球影像的光度误差，导致撞击坑背光处的阴影和正对光的亮斑，使得同一物质组分的单元会呈现不同的亮度和颜色变化，影响地质单元的划分。McEwen 和 Pieters 将 Clementine UV/VIS 影像单波段两两比值结果作为可见光三波段（红色：R750/R415；绿色：R750/R950；蓝色：R414/R750）来合成假彩色影像，以此消除影像中因地形和反照率变化引起的亮度变化，并增强由于空间风化造成的物质颜色差异（McEwen et al.，1994）。由此，识别月表主要岩石类型（Bugiolacchi and Guest，2008；Hackwill，2010）。同时，这三个波段比值可较好揭示出月表的物质特征：红色反映成熟的斜长岩高地（Taylor et al.，2001；李勃等，2014）；绿色主要反映矿物中 Fe^{2+} 的含量，随着 FeO 含量的增加而凸绿色；蓝色主要反映的是钛元素含量，其与玄武岩中主要不透明矿物钛铁矿含量成正相关（Charette et al.，1974）。由于不成熟月壤中的胶结物和纳米单质铁含量很低，形成很浅的紫外可见光反射率坡度，对蓝色系造成一定的影响。因此蓝色除了代表高钛玄武岩之外还反映了高地上出露的新鲜物质，对较新的撞击坑具有很好的指示（Taylor et al.，2001；许延波等，2012）。另外，红色代表较高的月表成熟度，蓝色则代表低成熟度的年轻区域。因此，以该种方式合成的假彩色图像可作为玄武岩组分识别和单元划分的重要依据。

2. 火山碎屑岩

月球火山碎屑堆积物（Lunar pyroclastic deposits，LPD）是由爆发式火山作用形成的富火山玻璃暗色物质。理论模拟研究以及月壤样品分析都表明，LPD 来自比月海玄武岩更深处，是月球原始岩浆的最可能代表，是了解月球深部的"探针"（张薛伟等，2014）。

目前，全月已经有大约 120 个 LPD 被明确识别出来。识别 LPD 主要通过地形与成分综合判断的方法。它们普遍呈现暗色光滑表面，并常伴随有月面谷、不对称凹陷、可能的火山喷发口。遥感资料表明，火山玻璃沉积物在月球上相当丰富，常常产于月海的边缘，超覆于相邻高地区之上。这些沉积物是可见光的弱反射体，反照率较低，因而成暗色，但并非所有火成碎屑沉积物都必然是暗色的（Gaddis et al.，1985；Besse et al.，2014）。利用印度 M3 数据分析 Kopff 撞击坑内的暗色堆积物可能是受撞击坑作用暴露的底部隐月海或者是撞击重新熔融形成，而不是 LPD（Besse et al.，2014）。由于 LPD 是玻璃与矿物的混合，且玻璃的光谱特征明显弱于矿物吸收，光谱上是否展现玻璃光谱特征是确定暗色堆积物是否为 LPD 的重要依据之一。如图 5.30 为月表采集的火山碎屑岩的样品照片。

图 5.30 Apollo 计划采集的火山碎屑岩样品 74220

不同 LPD 光谱差异较大，主要与其物质成分、粒度大小和太空风化因素有关。成熟月壤光谱斜率会增加（Hapke，2001；Noble et al.，2001；Taylor et al.，2001）。不仅火山玻璃含量会影响 LPD 光谱特征，其他组分（如橄榄石、辉石、斜长石等矿物）的存在也会产生影响（图 5.31）。利用 Clementine 多波段数据将 LPD 分为三组：光谱特征类似典型高地，可能含斜长石；光谱类似成熟月海，显示其成分可能含单斜辉石较多；光谱显示其成分可能含斜方辉石，并可能有橄榄石存在（Hawke et al.，1989）。即便同一撞击坑内部不同 LPD，其成分也有差别，比如 Atlas 坑内两处 LPD 的反照率差异高达 20%（Gaddis et al.，2000）。富含单斜辉石的 LPD 物质光谱吸收中心在 $1\mu m$ 和 $2.2\mu m$ 附近，且 $2.2\mu m$ 比 $1\mu m$ 处吸收深度小；富含斜方辉石的 LPD 物质光谱吸收中心在 $1\mu m$ 和 $2\mu m$ 附近，吸收强度相同；富含玻璃的 LPD 物质光谱具有宽的 $1\mu m$ 处吸收带，$2\mu m$ 吸收相对较弱，吸收中心在 $1.05\mu m$ 和 $2.05\mu m$ 附近（张薛伟，2014）。

5.3.3 角砾岩遥感

月球角砾岩是由撞击作用破碎或熔化的老岩石物质组成的岩石。这些物质呈多种形式存在，有矿物和岩石碎块、晶质撞击熔融物和玻璃质撞击熔融物。角砾因陨石撞击伴生的

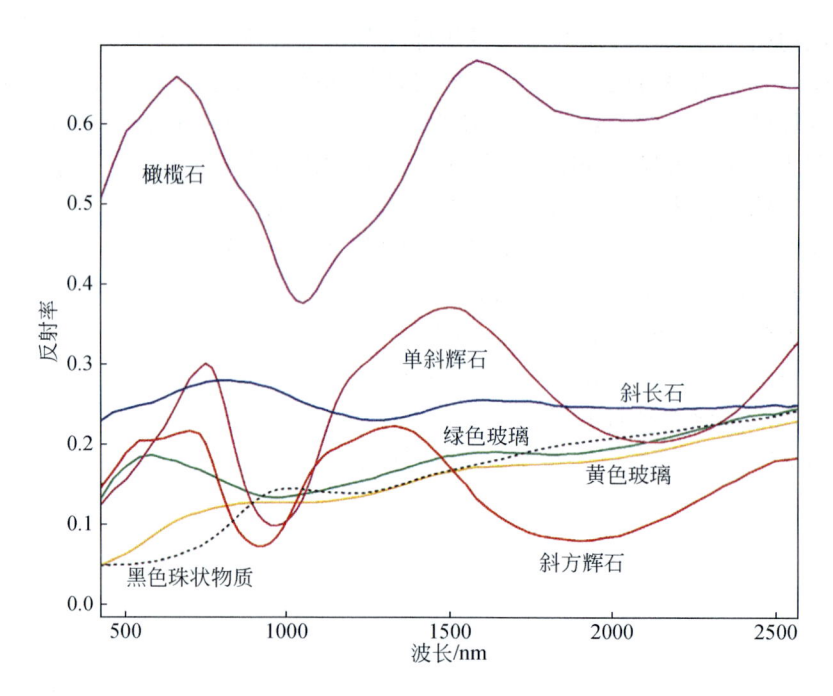

图 5.31　月球主要矿物及火山玻璃样品光谱。对应每条光谱的样品编号为 LR-CMP-014（含橄榄石）、LS-CMP-004（斜长石）、LS-CMP-004（单斜辉石）、LS-CMP-012（斜方辉石）、LR-CMP-052（绿色玻璃）、LR-CMP-0051（黄色玻璃）、LR-CMP-0050（黑色珠状物质）

热和冲击而成岩。大部分角砾岩是多元的，即它们含有来自许多不同较老岩石的碎块，由不同区域、不同岩床的物质与撞击体物质混合而成。

1. 玻质熔融角砾岩与撞击玻璃

由陨石群撞击产生的玻璃物质，因现存玻璃的数量不同，其结构变化很大。这些物质从具玻璃基质的极富碎屑角砾岩（玻质熔融角砾岩），一直变化到富玻璃而贫或无碎屑的物体（撞击玻璃）。玻质熔融角砾岩样品的形状多变不定，有些呈卵状，有些呈绳状或空心状，还有些呈溅落斑产出。它们是多元的，表现出很宽的碎屑类型变化范围。小型撞击作用就会产生玻质熔融角砾岩，大部分的玻质角砾岩都比晶质角砾岩年轻。撞击玻璃是在单一撞击过程中形成和冷却的，区别于其他类型角砾岩，大都存在自由熔融界面，且有机械性破裂面。

角砾岩的矿物组成、化学成分以及粒度大小不均匀，因此它们的光谱特性相差很大，尤其是高地角砾岩和月海角砾岩光谱特征具有明显不同。高地上的角砾岩在 $1.0\mu m$ 和 $2.0\mu m$ 均有吸收特性而月海处在 $0.98\sim1.0\mu m$ 有较明显的吸收特征，但是整体上并不存在固定的光谱形态和诊断特征。如图 5.32 为月表采集的玻质熔融角砾岩和撞击玻璃样品。

2. 晶质熔融角砾岩与撞击熔融角砾岩

大型撞击产生大量的熔融体，但冷却过程比在小月坑中形成的熔融体慢。因此，大型

(a) 样品60115玻质熔融角砾岩

(b) 样品60095    (c) 样品68815

图 5.32　Apollo 计划采集的玻质熔融角砾岩与撞击玻璃样品

撞击会产生晶质熔融角砾岩。晶质熔融角砾岩能够汇聚各种大小月坑中的撞击熔融物形成（Deutsch and Stöffler, 1987）。它与从岩浆中结晶出来的岩石相似，但其碎屑比例可从百分之几变化到一半。随着岩屑增加，基质中混杂了更多的玻璃质，从而晶质熔融角砾岩逐步变化为玻质熔融角砾岩。Apollo 计划采得的熔融角砾岩因遭受陨石撞击污染，往往有高的亲铁元素浓度。晶质熔融角砾岩并非月海物质组成，大部分月海角砾岩是玻璃质的，化学组分几乎跨越了月海样品中观测到的整个组分范围，通常见于 Apollo 计划所有高地着陆点，也出现在月海玄武岩占优势的 Apollo 11 和 Apollo 12 着陆点月壤中。月球上也可能存在主要由月海物质构成的晶质撞击熔融岩，但其主体应在表部的月海玄武岩之下（Laul, 1986）。

所有的镁铁质撞击熔融角砾岩都富含不相容元素，而 Apollo 12 和 Apollo 14 的撞击熔融角砾岩都与克里普岩有关联。所有镁铁质、富克里普岩的撞击熔融角砾岩，都是由撞入风暴样克里普岩区的撞击形成的，极有可能就是形成雨海、或许还有澄海的那些撞击（Haskin et al., 1998）。镁铁质撞击熔融角砾岩的成分变化，与风暴样克里普岩岩区与长石质高地岩区之间的混合作用是一致的。

据月岩测得约 39 亿年的结晶年龄，大部分是根据镁铁质、富克里普岩撞击熔融角砾岩得出的。与由长石质高地物质形成的晶质角砾岩相比，在镁铁质角砾岩中，用于测年的所有放射性元素浓度均较高。如图 5.33 为月表采集的晶质熔融角砾岩和撞击熔融角砾岩样品。

(a)样品15455　　　　　　　　(b)样品76015

图 5.33　Apollo 计划采集的晶质熔融角砾岩与撞击熔融角砾岩

3. 贫碎屑撞击熔融岩

几乎不含碎屑且具有与火成岩相似组构的晶质熔融角砾岩，被称为贫碎屑撞击熔融角砾岩，或者在不含碎屑的情况下，被称为撞击熔融岩。因此，很难区分这种撞击生成岩和月球火成岩，尤其是月岩样品通常为很小的岩石薄片。针对贫碎屑撞击熔融岩和喷出火成岩的区分，含有陨石特有比例的高浓度亲铁元素，通常作为鉴定贫屑撞击熔融岩来源的标准。另外，可检验岩石是否有无可代表熔融体的成分。Apollo 14 的类 KREEP 岩，因其斜长石含量高于相应的低压月球熔岩，被划分为贫碎屑或无碎屑撞击熔融岩，而不划分为火山成因的 KREEP 玄武岩。如图 5.34 为采集的月表贫碎屑撞击熔融岩样品。

(a)样品14310

(b) 样品68415

图5.34　Apollo计划采集的贫碎屑撞击熔融岩

4. 麻粒角砾岩和麻粒岩

麻粒角砾岩是由较老角砾岩形成后遭受高温（1000°C）蚀变和重结晶而形成的。在这种环境下，其原有结构在重结晶时被改造，形成颗粒更加明显的麻粒结构。已完成重结晶而未保留其原始结构的岩石叫麻粒岩。重结晶结构的特征是颗粒呈浑圆状或等边形状，其三联点颗粒边界（花岗变晶状结构）或大晶体包裹较小的珠状晶体（变嵌晶状结构）失去典型的火山岩结构（Warner et al.，1977；Stöffler et al.，1980；Cushing et al.，1999）。

麻粒角砾岩含矿屑或岩屑或残余碎屑，而麻粒岩则不含。麻粒岩的丰度比麻粒角砾岩小。这两种类型的岩石通常都由颗粒"马赛克"组成，颗粒边界以120°角组配，是一种重结晶的结构，其矿物组成也非常一致且均一。所有样品都是铝质的（Al_2O_3占25%～29%），Mg指数变化于56～77之间（Lindstrom and Lindstion，1986），不相容元素的丰度低。所有麻粒角砾岩和麻粒岩都有陨石源的亲铁元素污染，表明它们在重结晶之前是由陨石群撞击熔融体形成的。亚铁麻粒角砾岩具有与亚铁斜长岩套火成岩派生物一致的成分。然而，镁质麻粒角砾岩（Mg'＞70）的成分与已知原岩石的任何混合物都不吻合（Korotev and Jolliff，2001）。因此，它们的前身是月球样品集中尚未识别出的某种长石质原岩石（Korotev et al.，2003）。如图5.35为月表采集的麻粒角砾岩和麻粒岩。

(a) 样品67955 　　(b) 样品77017

图5.35　Apollo计划采集的麻粒角砾岩和麻粒岩样品

5. 二元角砾岩

二元角砾岩在月球样品中相对稀少，由两种不同的岩性组成单一的岩石。在大多数样品中，两种岩性互相嵌入，分不出主次。其样品一般好似深浅两种组分的复合脉或复合岩墙。深色物质为细粒晶质熔融角砾岩或几乎无碎屑的撞击熔融岩。浅色物质在大部分情况下为斜长岩质角砾岩，其主要由被破碎和破裂的斜长岩碎块构成。但在小于厘米级的样品中识别不出二元角砾岩，因为其互嵌程度就处在这个数量级上。二元角砾岩的白色部分变化较大，从几乎纯碎裂的亚铁斜长岩到少长石的角砾岩都有（McKinley et al., 1984）。它们是由撞击熔融体贯入碎裂岩并与之混合而生成的。在大型撞击坑事件中，熔融体生成、较老斜长岩角砾岩的破碎和再转移，可能在同一时间内发生（James et al., 1984）。如图5.36所示为在月表采集的二元角砾岩样品。

(a)样品62255 　　　　　　　　(b)样品64475

图 5.36　Apollo 计划采集的二元角砾岩样品

6. 碎屑角砾岩

碎屑角砾岩由岩石碎屑组成，通常包括早先形成的角砾岩碎屑，即在陨石撞击中因冲击挤压而成岩的角砾岩碎屑。角砾岩的基质由相同物质的细粒碎屑组成，没有化学胶结物。角砾化作用和成岩作用只是在撞击作用中发生，因此胶结程度根据冲击压力而定，而后者又取决于撞击靶区内的位置和所产生的粒间熔融物数量。碎屑角砾岩可由任何类型的岩石构成，有一些全由长石质高地物质构成，或者由月海物质构成。图 5.37 为采集的碎屑角砾岩样品照片。

(a)样品14063 　　　　　　　　(b)样品67015

图 5.37　Apollo 计划采集的碎屑角砾岩样品

7. 月壤角砾岩

月壤角砾岩是由月壤受冲击压实或加热作用而形成的岩石。月壤角砾岩与碎屑角砾岩的不同在于它含有只能在月表内和月表上生成得到的玻璃球粒和熔结碎屑等岩石物质。与其他类型的角砾岩相比，月壤角砾岩的细粒物质比例较高，并暴露在月球表面（Bradley et al.，2012）。

月壤角砾岩在某一时刻变成了阻止后来物质进入封闭体的月壤，代表了年龄较老的月壤，可反映过去环境条件的信息（McKay et al.，1986）。部分月壤角砾岩所代表的月壤往往远离原本的采样点，因此可提供月球未采样区的信息（Jerde et al.，1990）。与月海玄武岩或斜长石等岩石类型相比，月壤角砾岩的成分代表其形成区的月表平均成分（Jolliff et al.，2003）。如图 5.38 为 Apollo 计划采集的月壤角砾岩样品照片。

(a) 样品15299　　(b) 样品60019

图 5.38　Apollo 计划采集的月壤角砾岩样品

参 考 文 献

班超，郑永春，张锋，等．2014．月球风暴洋地区元素丰度研究："嫦娥二号" X 射线谱仪探测数据分析 [J]．地学前缘，21（6）：62-73．

丁孝忠，王梁，韩坤英，等．2014．基于 ArcGIS 的月球数字地质填图：以月球北极地区为例 [J]．地学前缘，21（6）：19-30．

光波．2009．印度"月船"1 探测任务介绍（上）[J]．中国航天，（12）：30-34．

吉昂，卓尚军．2001．X 射线荧光光谱分析 [J]．分析试验室，20（4）：103-108．

李勃，凌宗成，张江，等．2014．"嫦娥三号"着陆区月壤下伏玄武岩单元划分和充填过程研究 [J]．地学前缘（中国地质大学（北京）），21（6）：155-164．

李婵，刘福江，郑小坡，等．2013．月表虹湾地区辉石及橄榄石含量反演 [J]．中国科学：物理学，力学，天文学，43：1387-1394．

凌宗成，张江，武中臣，等．2013．月球 Aristarchus 地区的物质成分与岩石类型分布 [J]．中国科学：物理学，力学，天文学，11：1403-1410．

凌宗成，刘建忠，张江，等．2014．基于"嫦娥一号"干涉成像光谱仪数据的月球岩石类型填图：以月球雨海—冷海地区（LQ-4）为例 [J]．地学前缘，21（6）：107-120．

刘福江, 乔乐, 刘征, 等. 2010. 基于嫦娥一号干涉成像光谱仪吸收特征的月表钛含量评估. 中国科学: 物理学, 力学, 天文学, 40: 1316-1325.

欧阳自远. 2004. 我国月球探测的总体科学目标与发展战略 [J]. 地球科学进展, 19 (3): 351-358.

欧阳自远. 2005. 月球科学概论 [M]. 北京: 中国宇航出版社.

浦瑞良, 宫鹏. 2003. 高光谱遥感及其应用 [M]. 北京: 高等教育出版社.

帅通, 张霞, 张明, 等. 2012. 利用嫦娥一号 IIM 模拟数据提取月表矿物端元的精度分析 [J]. 遥感学报, 16 (6): 1205-1221.

孙灵芝, 凌宗成, 刘建忠. 2014. 月球东海盆地的矿物光谱特征及遥感探测 [J]. 地学前缘, 21 (6): 188-203.

童庆禧, 张兵, 郑兰芬. 2006. 高光谱遥感——原理、技术与应用 [M]. 北京: 高等教育出版社.

王焕玉, 张承模, 陈勇. 2007. 嫦娥一号卫星 X 射线成像谱仪系统 [J]. 深空探测研究, 5 (1): 19-23.

吴昀昭, 郑永春, 邹永廖, 等. 2010. 嫦娥一号 IIM 数据处理分析与应用之一: 全月表矿物吸收中心分布图. 中国科学: 物理学, 力学, 天文学, 40: 1343-1362.

吴昀昭, 郑永春, 邹永廖, 等. 2010. 基于非线性混合模型研究太空风化对月壤光谱的影响 [J]. 空间科学学报, 30 (2): 154-159.

熊盛青. 2009. 月球探测与研究进展 [J]. 国土资源遥感, 21 (4): 1-7.

许延波, 颜丹平, 俞天石, 等. 2012. 雨海地区晚雨海世—爱拉托逊纪月海玄武岩充填过程研究 [J]. 地质学报, 86 (8): 1306-1319.

闫柏琨, 甘甫平, 王润生, 等. 2009. 基于光谱分解的 Clementine UV/VIS/NIR 数据月表矿物填图 [J]. 国土资源遥感, (4): 19-24.

杨佳, 葛良全, 熊盛青, 等. 2010. 利用 CE1-GRS 数据分析月表钍元素分布特征 [J]. 核电子学与探测技术, 30 (4): 581-584.

杨佳, 葛良全, 熊盛青. 2010. 基于奇异值分解方法的嫦娥一号 γ 射线谱仪谱线定性分析 [J]. 原子能科学技术, 44 (3): 348-353.

张明皓, 陈超, 兰瑞平, 等. 2007. 月球表面多种金属元素的分布特征初探 [J]. 地学前缘, 14 (5): 277-284.

张琪, 刘福江, 李婵. 2016. 全约束线性分解的月表虹湾地区矿物含量反演 [J]. 国土资源遥感, 28 (1): 7-14.

张薛伟, 蒋云, 刘寒, 等. 2014. 月球火山碎屑堆积物光谱研究 [J]. 地学前缘, 21 (6): 137-149.

Adler I, Gerard J, Trombka J, et al. 1972. The Apollo 15 X-ray fluorescence experiment [C]. Lunar and Planetary Science Conference Proceedings, 3: 2157.

Adler I, Trombka J I, Lowman P, et al. 1973a. Apollo 15 and 16 results of the integrated geochemical experiment [J]. The Moon, 7 (3-4): 487-504.

Adler I, Trombka J I, Schmadebeck R, et al. 1973b. Results of the Apollo 15 and 16 X-ray experiment [C]. Lunar and Planetary Science Conference Proceedings, 4: 2783.

Basilevsl A T, Keller H U, Nathues A, et al. 2004. Scientific objectives and selection of targets for the SMART-1 infrared spectrometer (SIR) [J]. Planetary and Space Science, 52 (14): 1261-1285.

Besse S, Sunshine J M, Gaddis L R. 2014. Volcanic glass signatures in spectroscopic survey of newly proposed Lunar pyroclastic deposits [J]. Journal of Geophysical Research: Planets, 119 (2): 355-372.

Bhardwaj A S, Barabash Y, Futaana, et al. 2005. Low energy neutral atom imaging on the Moon with the SARA instrument aboard Chandrayaan-1 Mission [J]. Earth System Science, 114 (6): 749-760.

Bhattacharya S, Saran S, Dagar A, et al. 2013. Endogenic water on the Moon associated with non-mare silicic volcanism: implications for hydrated Lunar interior [J]. Current Science, 105: 685-691.

Blewett D T, Lucey P G, Hawke B, et al. 1997. Clementine images of the Lunar sample-return stations: Refinement of FeO and TiO$_2$ mapping techniques [J]. Journal of Geophysical Research: Planets (1991-2012), 102 (E7): 16319-16325.

Bradley L J, Mark A W, Charles K S, et al. 2012. New Views of the Moon [M]. Beijin: Geological Publishing House.

Bugiolacchi R, Guest J E. 2008. Compositional and temporal investigation of exposed Lunar basalts in the mare Imbrium region [J]. Icarus, 197 (1): 1-18.

Chandrasekhar S. 1960. Radioactive transfer [M]. New York: Dover.

Charette M P, McCord T B, Pieters C, et al. 1974. Application of remote spectral reflectance measurements to Lunar geology classification and determination of titanium content of Lunar soils [J]. Journal of Geophysical Research, 79 (11): 1605-1613.

Clark P E, Trombka J I. 1997. Remote X-ray spectrometry for NEAR and future missions: Modeling and analyzing X-ray production from source to surface [J]. Journal of Geophysical Research: Planets (1991-2012), 102 (E7): 16361-16384.

Clark R N. 1999. Spectroscopy of rocks and minerals and principles of spectroscopy (third ed.) [J] //Rencz A N. Remote Sensing for the Earth Sciences: Manual of Remote Sensing 3. New York: Wiley.

Clenet H, Isaacson P J, Gillet P. 2013. Systematic mapping of mafic minerals on the Moon: An improved approach based on modified Gaussian model applied to M^3 data [C] Lunar and Planetary Institute Science Conference Abstracts. 44: 1494.

Combe J P, McCord T B, Kramer G Y, et al. 2010. Mixing of surface materials investigated by spectral mixture analysis with the Moon mineralogy mapper [C]. EGU General Assembly Conference Abstracts. 12: 7305.

Cord A M, Pinet P C, Daydou Y, et al. 2003. Planetary regolith surface analogs: Optimized determination of Hapke parameters using multi-angular spectro-imaging laboratory data [J]. Icarus, 165 (2): 414-427.

Cushing J A, Taylor G J, Norman M D, et al. 1999. The granulitic impactite suite: Impact melts and metamorphic breccias of the early Lunar crust. Meteorit Planet Sci, 34: 185-195.

Deutsch A, Stöffler D. 1987. Rb-Sr-analyses of Apollo 16 melt rocks and a new age estimate for the Imbrium basin: Lunar basin chronology and the early heavy bombardment of the Moon [J]. Geochimica et Cosmochimica Acta, 51 (7): 1951-1964.

Dowty E, Keil K, Prinz M. 1974. Igneous rocks from Apollo 16 rake samples [C]. Houston: Lunar and Planetary Science Conference Proceedings.

Elphic R C, Lawrence D J, Feldman W C, et al. 2002. Lunar prospector neutron spectrometer constraints on TiO$_2$ [J]. Journal of Geophysical Research: Planets (1991-2012), 107 (E4): 8-1, 8-9.

Evans J V, Pettengill G H. 1963. The scattering behavior of the Moon at wavelengths of 3.6, 68, and 784 centimeters [J]. Journal of Geophysical Research, 68 (2), 423-447.

Feldman W C, Lawrence D J, Elphic R C, et al. 2000. Chemical information content of Lunar thermal and epithermal neutrons [J]. Journal of Geophysical Research: Planets (1991-2012), 105 (E8): 20347-20363.

Feldman W C, Ahola K, Barraclough B L, et al. 2004. Gamma-Ray, neutron, and alpha-particle spectrometers for the Lunar prospector mission [J]. Journal of Geophysical Research: Planets (1991-2012), 109 (E7): 1-19.

Gaddis L R, Pieters C M, Hawke B R. 1985. Remote sensing of Lunar pyroclastic mantling deposits [J].

Icarus, 61 (3): 461-489.

Gaddis L R, Hawke B, Robinson M S, et al. 2000. Compositional analyses of small Lunar pyroclastic deposits using Clementine multispectral data [J]. Journal of Geophysical Research: Planets (1991-2012), 105 (E2): 4245-4262.

Gaddis L R, Staid M I, Tyburczy J A, et al. 2003. Compositional analyses of Lunar pyroclastic deposits [J]. Icarus, 161 (2): 262-280.

Gasnault O, Feldman W C, Maurice S, et al. 2001. Composition from fast neutrons: Application to the Moon [J]. Geophysical research letters, 28 (19): 3797-3800.

Gear A, Basin J A. 1962. Corrugated Model for the Lunar Surface [J]. Nature, 196 (4861): 1305.

Giguere T A, Taylor G J, Hawke B, et al. 2000. The titanium contents of Lunar mare basalts [J]. Meteoritics & Planetary Science, 35 (1): 193-200.

Gillis J J, Jolliff B L, Elphic R C. 2003. A revised algorithm for calculating TiO_2 from Clementine UVVIS data: A synthesis of rock, soil, and remotely sensed TiO_2 concentrations [J]. Journal of Geophysical Research: Planets (1991-2012), 108 (E2): 1-18.

Gold T. 1970. Apollo 11 and 12 close-up photography [J]. Icarus, 12 (3): 360-375.

Hackwill T. 2010. Stratigraphy, evolution and volume of basalts in Mare Serenitatis [J]. Meteoritics & Planetary Science, 45 (2): 210-219.

Hapke B. 1981. Bidirectional reflectance spectroscopy 1. Theory [J]. Journal of Geophysical Research, 86 (B4): 3039-3054.

Hapke B. 2001. Space weathering from Mercury to the asteroid belt [J]. Journal of Geophysical Research: Planets (1991-2012), 106 (E5): 10039-10073.

Hasebe N, Yamashita N, Okudaira O, et al. 2008. The high precision gamma-ray spectrometer for Lunar polar orbiter SELENE [J]. Advances in Space Research, 42 (2): 323-330.

Haskin L, Warren P. 1991. Lunar Sourcebook, A User's Guide to the Moon [M]. Cambridge: Cambridge University Press.

Haskin L A. 1998. The Imbrium impact event and the thorium distribution at the Lunar highlands surface [J]. Geophys Res, 103 (E1): 1679-1689.

Haskin L A, Korotev R L, Rockow K M, et al. 1998. The case for an Imbrium origin of the Apollo thorium-rich impact-melt breccias [J]. Meteoritics & Planetary Science, 33 (5): 959-975.

Hawke B R, Coombs C R, Gaddis L R, et al. 1989. Remote sensing and geologic studies of localized dark mantle deposits on the Moon [C]. Houston: Lunar and Planetary Science Conference Proceedings.

Hayne P O, Bandfield J L, Siegler M A, et al. 2017. Global regolith thermophysical properties of the Moon from the Diviner Lunar Radiometer Experiment [J]. Journal of Geophysical Research: Planets, 122 (12): 2371-2400.

Head J W. 1976. Lunar volcanism in space and time [J]. Reviews of Geophysics, 14 (2): 265-300.

Head J W, Wilson L. 1992. Lunar mare volcanism: Stratigraphy, eruption conditions, and the evolution of secondary crusts [J]. Geochimica et Cosmochimica Acta, 56 (6): 2155-2175.

Heiken G, Vanniman D T, French B M. 1991. Lunar source book: A user's guide to the Moon [M]. London: Cambridge University Press.

Hendriks P, Limburg J, De Meijer R J. 2001. Full-spectrum analysis of natural γ-ray spectra [J]. Journal of Environmental Radioactivity, 53 (3): 365-380.

Isaacson P J, Pieters C M, Besse S, et al. 2011. Remote compositional analysis of Lunar olivine-rich lithologies with Moon Mineralogy mapper (M3) spectra [J]. Geophys Res: Planets, 116: E00G11.

James OB, Flohr MK, Lindstrom MM. 1984. Petrology and geochemistry of Lunar dimict breccia 61015 [J]. Proc Lunar Planet Sci Conf 15. J Geophys Res, 89: C63-C86.

Jerde EA, Morris RV, Warren PH. 1990. In quest of Lunar regolith breccias of exotic provenance: A uniquely anorthositic sample from the Fra Mauro (Apollo 14) highlands [J]. Earth and Planetary Science Letters, 98: 90-108.

Johnson J R, Feldman W C, Lawrence D J, et al. 2002. Lunar prospector epithermal neutrons from impact craters and landing sites: Implications for surface maturity and hydrogen distribution [J]. Geophys Res, 107 (E2): 10.

Jolliff B L, Gillis J J, Haskin L A, et al. 2000. Major Lunar crustal terranes: Surface expressions and crust-mantle origins [J]. Journal of Geophysical Research: Planets (1991-2012), 105 (E2): 4197-4216.

Jolliff B L, Haskin L A, Korotev R L, et al. 2003. Scientific expectations from a sample of regolith and rock fragments from the interior of the Lunar south Pole-Aitken basin [C]. League City, Texas: 34th Annual Lunar and Planetary Science Conference.

Jolliff B L, Wieczorek M A, Shearer C K, et al. 2006. New views of the Moon [M]. Virginia: The Mineralogical Society of Amercia.

Korokhin V V, Kaydash V G, Shkuratov Y G, et al. 2008. Prognosis of TiO_2 abundance in Lunar soil using a nonlinear analysis of Clementine and LSCC data [J]. Planetary and Space Science, 56 (8): 1063-1078.

Korotev R L. 1998. Concentrations of radioactive elements in Lunar materials [J]. Journal of Geophysical Research: Planets, 103 (E1): 1691-1701.

Korotev R L, Jolliff B L. 2001. The curious case of the lunar magnesian granulitic breccias [J]. Lunar Planetary Science, 32: 1013 (CD-ROM).

Korotev R L, Jolliff B L, Zeigler R A, et al. 2003. Feldspathic Lunar meteorites and their implications for compositional remote sensing of the Lunar surface and the composition of the Lunar crust [J]. Geochim Cosmochim Acta, 67: 4895-4923.

Laul J C. 1986. Chemistry of the Apollo 12 highland component [J]. Journal of Geophysical Research: Solid Earth (1978-2012), 91 (B4): 251-261.

Lawrence D J, Feldman W C, Barraclough B L, et al. 1998. Global Elemental maps of the Moon: The Lunar prospector Gamma-Ray spectrometer [J]. Science, 281: 1484-1489.

Lawrence D J, Feldman W C, Barraclough B L, et al. 1999. High resolution measurements of absolute thorium abundances on the lunar surface [J]. Geophysical Research Letters, 26 (17): 2681-2684.

Lawrence D J, Feldman W C, Barraclough B L, et al. 2000. Thorium abundances on the Lunar surface [J]. Journal of Geophysical Research: Planets (1991-2012), 105 (E8): 20307-20331.

Lawrence D J, Feldman W C, Elphic R C, et al. 2002. Iron abundances on the Lunar surface as measured by the Lunar prospector Gamma-ray and neutron spectrometers [J]. Journal of Geophysical Research: Planets (1991-2012), 107 (E12): 13-1, 13-26.

Li L, Lucey P G. 2009. Use of multiple endmember spectral mixture analysis and radiative transfer model to derive Lunar mineral abundance maps [C]. Texas: In Lunar and Planetary Science Conference.

Lindstrom M M, Lindstrom D J. 1986. Lunar granulites and their precursor anorthositic norites of the early Lunar crust [J]. Journal of Geophysical Research Solid Earch. 91 (B4)

Ling Z C, Zhang J, Liu J Z, et al. 2011a. Preliminary results of TiO2 mapping using imaging interferometer data from Chang'E-1 [J]. Chinese Science Bulletin, 56 (20): 2082-2087.

Ling Z C, Zhang J, Liu J Z, et al. 2011b. Preliminary results of FeO mapping using imaging interferometer data from Chang'E-1 [J]. Chinese Science Bulletin, 56 (4-5): 376-379.

Lingenfelter R E, Canfield E H, Hess W N. 1961. The Lunar neutron flux [J]. Journal of Geophysical Research, 66 (9): 2665-2671.

Lucey P G. 2004. Mineral maps of the Moon [J]. Geophysical Research Letters, 31 (8): L087011-L087014.

Lucey P G, Taylor G J, Malaret E. 1995. Abundance and distribution of iron on the Moon [J]. Science, 268: 1150-1153.

Lucey P G, Hinrichs J L, Malaret E. 1997. Progress toward calibration of the Clementine NIR camera data set [J]. In Lunar and Planetary Science Conference, 28: 843.

Lucey P G, Blewett D T, Hawke B. 1998. Mapping the FeO and TiO_2 content of the Lunar surface with multispectral imagery [J]. Journal of Geophysical Research: Planets (1991-2012), 103 (E2): 3679-3699.

Lucey P G, D T Blewett, B L Jolliff. 2000. Lunar iron and titanium abundance algorithms based on final processing of Clementine ultraviolet-visible images [J]. Journal of Geophysical Research, 105 (E8): 20297-20305.

Matsunaga T, Ohtake M, Haruyama J, et al. 2008. Discoveries on the lithology of Lunar crater central peaks by SELENE spectral profiler, Geophys [J]. Res. Lett, 35: L23201.

Maurice S, Feldman W C, Lawrence D J, et al. 2000. High-energy neutrons from the Moon [J]. Journal of Geophysical Research: Planets (1991-2012), 105 (E8): 20365-20375.

Maurice S, Lawrence D J, Feldman W C, et al. 2004. Reduction of neutron data from Lunar prospector [J]. Journal of Geophysical Research: Planets (1991-2012), 109 (E7): 1-40.

McEwen A S, Robinson M S, Eliason E M, et al. 1994. Clementine observations of the Aristarchus region of the Moon [J]. Science, 266 (5192): 1858-1862.

McKay D S, Bogard D D, Morris R V, et al. 1986. Apollo 16 regolith breccias: Characterization and evidence for early formation in the mega-regolith [J]. Journal of Geophysical Research Solid Earth, 91 (B4): D277-D303.

McKinley J P, Taylor G J, Keil K, et al. 1984. Apollo 16: impact melt sheets, contrasting nature of the Cayley plains and Descartes Mountains and geologic history [J]. Journal of Geophysical Research Solid Earth, 14: 514-524.

Melendrez D E, Johnson J R, Larson S M, et al. 1994. Remote sensing of potential lunar resources 2. High spatial resolution mapping of spectral reflectance ratios and implications for nearside Mare TiO_2 content [J]. Journal of Geophysical Research, 99 (E3): 5601-5619.

Melosh H J. 1989. Impact Cratering: A Geologic Process [M]. New York: Oxford Univeristy Press.

Mustard J F, Pieters C M. 1989. Photometric phase functions of common geologic minerals and applications to quantitative analysis of mineral mixture reflectance spectra [J]. Journal of Geophysical Research: Solid Earth (1978-2012), 94 (B10): 13619-13634.

Narendranath S, Athiray P S, Sreekumar P, et al. 2011. Lunar X-ray fluorescence observations by the Chandrayaan-1 X-ray spectrometer (C1XS): Results from the nearside southern highlands [J]. Icarus, 214 (1): 53-66.

Nash D B, Conel J E. 1974. Spectral reflectance systematic for mixtures of powdered hypersthenes laboratories and ilmenite [J]. Journal of Geophysical Research, 79: 1615-1621.

Neal C R, Taylor L A. 1992. Petrogenesis of mare basalts: A record of Lunar volcanism [J]. Geochimica et Cosmochimica Acta, 56 (6): 2177-2211.

Noble S K, Pieters C M, Taylor L A, et al. 2001. The optical properties of the finest fraction of Lunar soil: Implications for space weathering [J]. Meteoritics & Planetary Science, 36 (1): 31-42.

Ohtake M, Matsunaga T, Haruyama J, et al. 2009. The global distribution of pure anorthosite on the Moon [J]. Nature, 461: 236-240.

Okada T, Shiraishi H, Shirai K, et al. 2009. X-Ray Fluorescence Spectrometer (XRS) on Kaguya: Current Status and Results [J]. 40th Lunar and Planetary Science Conference, in The Woodlands, Texas, 1897: 1-2.

Papike J J, Vaniman D T. 1978. Luna 24 ferrobasalts and the mare basalt suite-comparative chemistry, mineralogy and petrology [C]. Mare Crisium: The View from Luna 24, 1: 371-401.

Piatek J L, Hapke B W, Nelson R M, et al. 2004. Scattering properties of planetary regolith analogs [J]. Icarus, 171 (2): 531-545.

Pieters C M, Head J W, Sunshine J M, et al. 1993. Crustal diversity of the Moon: Compositional analyses of Galileo solid state imaging data [J]. Journal of Geophysical Research: Planets (1991-2012), 98 (E9): 17127-17148.

Pieters C M, Goswami J N, Clark R N, et al. 2009. Character and Spatial Distribution of OH/H_2O on the Surface of the Moon Seen by M_3 on Chandrayaan-1 [J]. Science, 326 (5952): 568-572.

Prettyman T H, Lawrence D J, Vaniman D T, et al. 2002. Classification of regolith materials from Lunar prospector data reveals a magnesium-rich highland province [C]. Taos, New Mexico: The Moon Beyond 2002: Next Steps in Lunar Science and Exploration.

Prettyman T H, Feldman W C, Lawrence D J, et al. 2012. Library least squares analysis of Lunar Prospector gamma ray spectra [C]. Houston, Texas: 33rd Annual Lunar and Planetary Science Conference.

Reedy C R. 1978. Planetary gamma-ray spectroscopy [C]. Merrill R B. Proc. Lunar Planet. Sci. Conf. 9th New York: Pergamum Press, 2961-2984.

Roberts D A, Gardner M, Church R, et al., 1998. Mapping chaparral in the santa Monica mountains using multiple endmember spectral mixture models [J]. Remote Sensing of Environment, 65 (3): 267-279.

Sherman J. 1956. The theoretical derivation of fluorescent X-ray intensities from mixtures [J]. Spectrochimica Acta, 7: 283-306.

Shiraiwa T, Fujino N. 1966. Theoretical calculation of fluorescent X-Ray intensities in fluorescent X-Ray spectrochemical analysis [J]. Japanese Journal of Applied Physics, 5 (10): 886.

Shkuratov Y G, Kaydash V G, Stankevich D G, et al. 2005. Derivation of elemental abundance maps at intermediate resolution from optical interpolation of Lunar prospector gamma-ray spectrometer data [J]. Planetary and Space Science, 53 (12): 1287-1301.

Shuai T, Zhang X, Zhang M, et al. 2012. Accuracy analysis of lunar mineral endmembers extraction using simulated Chang'E-1 IIM data [J]. Journal of Remote Sensing, 16 (6): 1205-1221.

Shuai T, Zhang X, Zhang L, et al. 2013. Mapping global Lunar abundance of plagioclase, clinopyroxene and olivine with interference imaging spectrometer hyperspectral data considering space weathering effect [J]. Icarus, 222 (1): 401-410.

Singer R B. 1981. Near-infrared spectral reflectance of mineral mixtures: Systematic combination of pyroxene, olivine, and iron oxides [J]. Journd of Geophysical Research, 86: 7967-7982.

Singer R B, McCord T B. 1979. Mars: Large scale mixing of bright and dark surface materials and implications for analysis of spectral reflectance [C]. Houston: Proc. Lunar Planet. Sci. Conf.

Stöffler D, Knoll H D, Marvin U B, et al. 1980. Recommended classification and nomenclature of Lunar highland rock—A committee report [R]. Houston: Proceedings of the Conference on the Lunar Highland Crust.

Sunshine J M, Pieters C M. 1993. Estimating modal abundances from the spectra of natural and laboratory pyroxene mixtures using the modified Gaussian model [J]. Journal of Geophysical Research: Planets (1991-2012), 98 (E5): 9075-9087.

Sunshine J M, Pieters C M, Pratt S F. 1990. Deconvolution of mineral absorption bands: An improved approach [J]. Journal of Geophysical Research: Solid Earth (1978-2012), 95 (B5): 6955-6966.

Taylor L A, Pieters C M, Keller L P, et al. 2001. Lunar mare soils: Space weathering and the major effects of surface-correlated nanophase Fe [J]. Journal of Geophysical Research: Planets (1991-2012), 106 (E11): 27985-27999.

Tsang L, Chan C H, Kong J A, et al. 1992. Polarimetric Signatures of a Canopy of Dielectric Cylinders Based on First and Second Order Vector Radiative Transfer Theory [J]. Journal of Electromagnetic Waves and Applications, 6 (1-4): 19-51.

Ueda Y, Hiroi T, Pieters C M, et al. 2002. Expanding the modified Gaussian model to include the space weathering effects: Estimation of the weathering degrees of Pulse-Laser treated Olivine samples [C]. Houston: Lunar and Planetary Institute Science Conference Abstracts.

Warren P H, Wasson J T. 1977. Pristine nonmare rocks and the nature of the Lunar crust [C]. Houston: Lunar and Planetary Science Conference Proceedings.

Wieczorek M A, Phillips R J. 2000. The "Procellarum KREEP Terrane": Implications for mare volcanism and Lunar evolution [J]. Journal of Geophysical Research-Planets, 105 (E8): 20417-20430.

Yamamoto S, Nakamura R, Matsunaga T, et al. 2013. A new type of pyroclastic deposit on the Moon containing Fe-spinel and chromite [J]. Geophysical Research Letters, 40 (17): 4549-4554.

Yan B, Wang R, Gan F, et al. 2010. Minerals mapping of the Lunar surface with Clementine UVVIS/NIR data based on spectra unmixing method and Hapke model [J]. Icarus, 208 (1): 11-19.

第 6 章 月壤特性遥感

月壤广义上是指覆盖在月球基岩之上的所有月表风化物质，甚至包括直径为几米的岩石；狭义的月壤通过 Apollo 计划的月球样品来分类的（贾阳等，2014）：直径小于等于 1cm 的颗粒称为狭义上的月壤；直径大于 1cm 的团块称为月岩；月壤中直径小于 1mm 的颗粒称为月尘。月壤在月表无处不在，特征变化极大，是残留或被搬运的未固结的碎屑物质层或覆盖层。月壤层和月岩层之间不存在截然的分界面，而是一个渐变过程，从表层月壤的细密颗粒月尘、可达数米深的表土角砾岩、数米或数十米深的富含金属矿物元素构造杂岩区至月岩等。月壤是在陨石撞击、太阳风轰击、宇宙射线以及月表昼夜温差变化作用下形成的，是由岩石碎屑、粉末、角砾、撞击熔融玻璃等物质组成的、结构松散的混合物（图 6.1）。

图 6.1 月表覆盖的月壤和月尘（Heiken et al.，1991）

6.1 月壤物理特性

月壤的形成是不断熟化的过程。月壤的化学成分、岩石类型和矿物组成复杂，几乎每个月壤样品都由多种岩石和矿物组成，包括矿物碎屑、原始结晶岩碎屑、角砾岩碎屑、各种玻璃、黏合集块岩、陨石碎片等颗粒。

6.1.1 月壤密度

月壤密度是在没有遭到破坏的自然月壤结构条件下，采取一定体积的样品称重，得到单位体积内的月壤重,以 g/cm³ 表示,即月壤密度=月壤固体质量/(月壤固体体积+月壤孔隙体积)。

月壤密度数据的获取主要是基于地基雷达数据和月壤样本的实测数据。根据地基射电望远镜和雷达数据,月壤密度在 0~4cm 厚度范围内变化较大,在 1~2m 之间几乎不变,在 7~15m 之间显著增加到固体月岩的密度(Matveev et al., 1966)。月表月壤密度约为 0.6g/cm³,至 4cm 时迅速增加到 1.6g/cm³。但是该密度模型对整个月球表面不都适用。假设月表月壤密度为 0.7g/cm³,至 100cm 时增加到 2.5g/cm³,并认为该密度模型适用于月球最外层(Tikhonova and Troitskii, 1968)。根据 Surveyor 飞船在月表获得的数据及在地球上进行同样测试数据得出,月壤厚度为 1.5~2.0g/cm³,孔隙度约为 0.35~0.45;有低密度层存在于月壤上表面,其厚度最多只有 1~2mm(Scott, 1968)。

Apollo 计划期间,获得了大量月壤月岩样本。这些样本的实验室测量结果是研究月壤密度随深度变化的最佳实物(表 6.1)。测量结果表明,尽管不同采样点月壤厚度存在一定差异,但总体上月壤密度在 1.3~2.3g/cm³,且随深度的增加而增大。

Apollo 岩心样品密度的测量是获取月壤密度的最佳实物之一。但通过月岩的分析表明,其并不完全代表月壤本身的密度。通过对月表撞击坑内月壤状况的模拟分析,得到了不同深度月壤平均密度的最佳估计值(Carrier et al., 1991)(表 6.2)。通过这些数据的模拟分析,建立了均匀型、双曲线型和指数型函数来模拟月壤密度随深度的变化(图 6.2)。基于月表雷达探测数据进行月壤厚度反演时,对比分析了三个密度模型对反演结果的影响,认为不同密度模型对反演结果的影响不大(Shkuratov and Bondarenko, 2001)。

$$均匀型: \rho = 2.3 \tag{6.1}$$

$$双曲线型: \rho = 1.92 \frac{z+12.2}{z+18} \tag{6.2}$$

$$指数型: \rho = 1.39 z^{0.056} \tag{6.3}$$

式中,z 为表面下的深度,cm;ρ 为密度,g/cm³。

表 6.1 Apollo 岩心样品密度(Carrier et al., 1991)

Apollo 系列	钻孔编号	样品编号	样品密度/(g/cm³)	取样深度/cm
Apollo 11	2007	10005	1.71	>25
	2008	10004	1.59	<32
Apollo 12	2010	12025	1.98	69
	2012	12028	1.96	69
	2013	12026	1.74	37
Apollo 14	2045	14211	1.73	64
	2044	14210	1.75	
	2022	14220	1.6	<36

续表

Apollo 系列	钻孔编号	样品编号	样品密度/（g/cm³）	取样深度/cm
Apollo 15	2003	15008	约1.36	70.1
	2010	15007	1.69	70.1
	2007	15009	1.3	34.6
	2009	15011	约1.69	67.6
	2014	15010	1.91	67.6
Apollo 16	2043	64002	1.4	65
	2038	64001	1.66	65
	2029	68002	1.59	68.6
	2036	68001	1.8	68.6
	2045	60010	1.47	71
	2054	60009	1.72	71
	2027	60014	1.48	70.5
	2032	60013	1.63	70.5
Apollo 17	2031	73002	1.6	70.6
	2046	73001	1.73	70.6
	2035	74002	2.04	71
	2044	74001	2.29	71
	2048	76001	1.57	37.1
	2037	79002	1.67	71
	2050	79001	1.74	71
	2052	79012	1.77	28

表6.2　撞击坑内不同深度月壤平均密度的最佳估计值（Carrier et al., 1991）

深度/cm	平均密度/（g/cm³）
0~15	1.45~1.55
0~30	1.53~1.63
0~60	1.61~1.71
30~60	1.69~1.79
300	1.9

同样，Carrier等（1991）给出了Apollo 11、Apollo 12、Apollo 14、Apollo 15和Luna 16、Luna 20登月点月壤密度和孔隙比的最佳估计值（表6.3）。

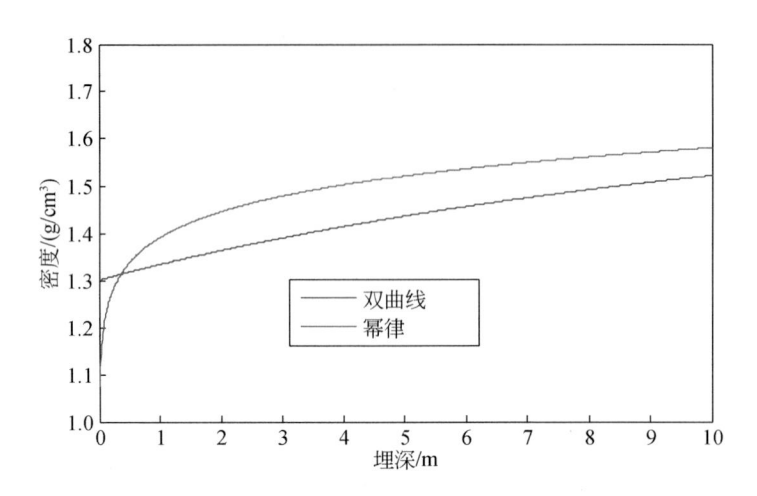

图6.2 模拟的月壤密度分布（Carrier et al., 1991）

表6.3 原位月壤孔隙比的最佳估计值（Carrier et al., 1991）

月壤样品密实程度	密度/（g/cm³） 松散	密度/（g/cm³） 紧实	孔隙比 松散	孔隙比 紧实	相对密度
Apollo 11	1.36	1.8	1.21	0.67	3.01
Apollo 12	1.15	1.93			
Apollo 14	0.89	1.55	2.26	0.87	2.9
Apollo 15	1.1	1.89	1.94	0.71	3.24
Luna 16	1.115	1.793	1.69	0.67	3.0
Luna 20	1.04	1.798	1.88	0.67	3.0

2013年12月14日，中国"嫦娥三号"航天器降落在雨海北部，使中国成为继美国和苏联之后，第三个实现月球软着陆着陆的国家。在阿波罗任务之前，通过遥感观测和在地面测量的月球表面的体积密度估计值，往往存在深度限制和校准问题（Fa, 2020）。Fa（2020）结合地球探测雷达和"嫦娥三号"着陆点的月球北极雷达数据，利用探月雷达图像识别出的57条双曲线的偏心率估计了嫦娥三号着陆处风化层的相对介电常数，从而反演出月球土壤的平均体积密度（Fa, 2020）。与Apollo核心管样品测量的堆积密度相比（图6.3），在月表3m深度处估计结果类似，在1～2m深度处估计结果较小，在深度大于3.5m处估计结果较大（Fa, 2020）。结果显示，"嫦娥"三号着陆点5m深度处的表面堆积密度为0.85g/cm³，地下堆积密度为2.25g/cm³。得到较先前研究更高的表面孔隙率为74.5%。

2019年1月3日，"嫦娥四号"降落于南极艾特肯盆地内的冯卡门陨石坑，这是人类首次对月球背面风化层的调查。采用最小二乘法对数据点进行拟合得到瞬时介电常数，通过瞬时介电常数进而可推断"嫦娥四号"着陆点风化层的体积密度ρ（Lai et al., 2019）。结果表明，"嫦娥四号"着陆点风化层的堆积密度为1.22～2.23g/cm³，随着深度的增加

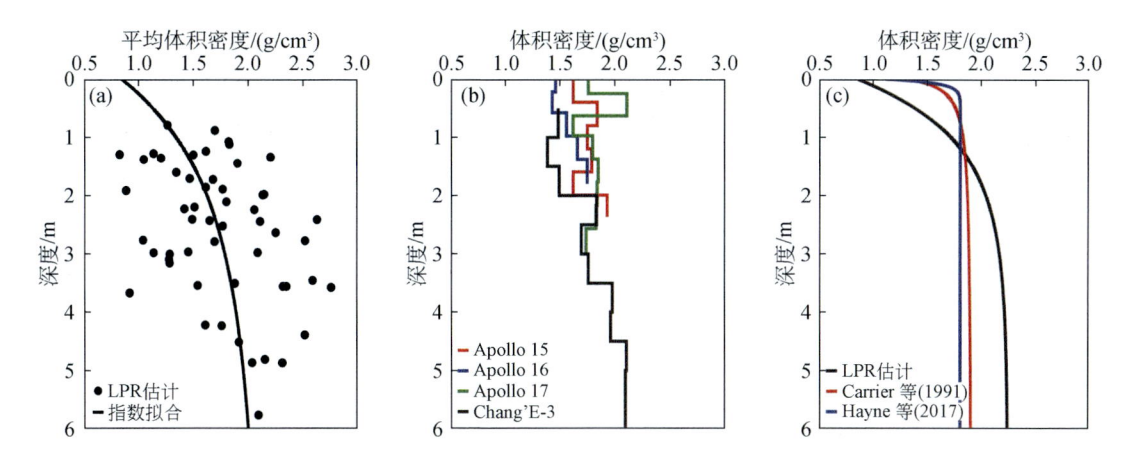

图 6.3 利用探月雷达估算"嫦娥三号"着陆场月壤的体积密度（Fa, 2020）

而增加（图 6.4），这一趋势与阿波罗 17 号样本测得的堆积密度（1.57～2.29g/cm³）相似（Lai et al., 2019）。

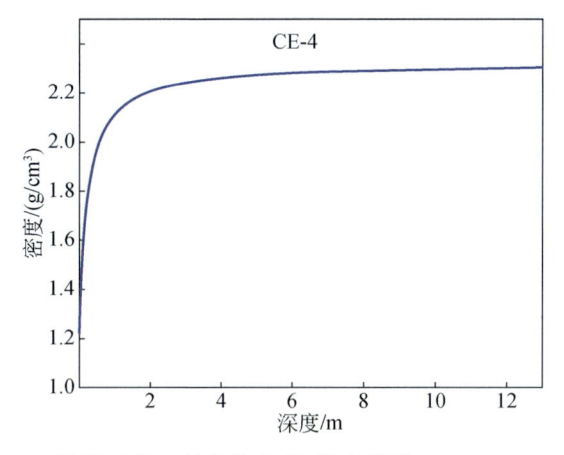

图 6.4 "嫦娥四号"站点的密度-深度曲线（Lai et al., 2019）

"嫦娥五号"是我国探月工程"轨道-陆地-样品返回"战略中的一次样品返回任务。采样点位于风暴洋（Oceanus Procellarum）东北部，这是迄今为止采样纬度最高区域。利用康塔 ULTRAPYC 1200e 分析仪进行氦置换，将三份"嫦娥五号"取回的月壤样品（一份样品来自 CE5C0800YJFM005，两份样品来自 CE5C0100YJFM002）各测量九次，取平均值作为该土样的真密度（Li et al., 2022）。结果显示，三份月壤样品的平均自然容重为 1.2387g/cm³，平均真密度处于陆地玄武岩的密度范围内，为 3.1952g/cm³（Li et al., 2022）。

6.1.2 表面粗糙度

表面粗糙度是月壤重要特性和研究难点。Surveyor 计划中 1mm 分辨率的相机和 Luna

计划中数毫米分辨率的相机,为人们提供了大量有关月海和月陆表面图像(图6.5),早期月表粗糙度研究是基于 Apollo 11 和 Apollo 12 计划期间获取的月球表面立体成像数据开展的(Gold,1969;Thomas,1970;Gold,1970;Helfenstein and Shepard,1999)。通过 Apollo 计划期间获取的、不同地区月壤表面立体图像的高度剖面如图6.6所示。剖面线 a、b 是被月壤覆盖的岩石表面,$c \sim g$ 是五个月海地区月壤表面,h、i 是月陆地区月壤表面,j 是穿过一块大月岩的月壤表面,k 代表了一种较为粗糙的月壤表面。统计分析采用 Gaussian 分布函数来模拟这些高度剖面线(Helfenstein and Shepard,1999),即

$$f_G(H) = \frac{1}{\sqrt{2\pi}\sigma}\exp\left(-\frac{1}{2}\left[\frac{h}{\sigma}\right]^2\right) \tag{6.4}$$

式中,h 为高度均值;σ 为高度标准方差。

图6.5 Apollo 12 计划期间获取的月表立体影像(Helfenstein and Shepard,1999)

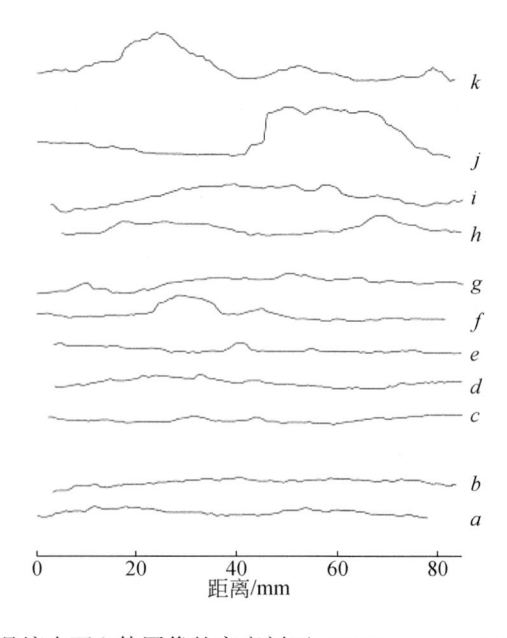

图6.6 不同月壤表面立体图像的高度剖面(Helfenstein and Shepard,1999)

统计分析的结果如表6.4所示。

表6.4 Apollo三维图像的高度剖面分析（Helfenstein and Shepard, 1999）

图像编号	均值	方差	峰度
AS11-45-6699	1.1	0.9	3.9
AS11-45-6701	1.1	0.4	4.1
AS11-45-6704	1.3	1.3	6.2
AS12-57-8449	0.9	0.4	3.8
AS12-57-8452	3.6	1.3	4.8
AS12-57-8453	1.8	0.2	2.1
AS12-57-8454	2.6	0.7	6.3
AS14-77-10368	2.3	0.1	2.4
AS14-77-10370	1.6	0.2	3.1
AS14-77-10371	1.5	0.7	4.7
AS14-77-10372	2.3	0.1	2.2

根据相同月壤表面图像分析，建立水平和垂直方向月壤表面粗糙度模拟函数（Karil et al., 1985）。其水平分布函数与Helfenstein和Shepard（1999）建立模型相同。对于垂直方向，其表面近似模型$C(\xi)$为

$$C(\xi) = p\exp\left(-\frac{1}{2}(\xi/l_1)^2\right) + (1-p)\exp\left(-\frac{1}{2}(\xi/l_2)^2\right) \tag{6.5}$$

式中，p、l_1、l_2分别为由最小平方近似决定的自由参数，l_1约为0.3，l_2约为3.0，p约为0.17；ξ为测量距离或尺度，描述在该距离或尺度下的表面粗糙度。

基于地基红外和可见光设备进行月球观测时发现，红外温度与观测角无关，但具有方向性（Saari and Shorthill, 1963）。这种方向效应可能与月表粗糙度有关。月壤粗糙表面的高度值呈Gaussian分布（Karil et al., 1985）。月壤层上、下界面是不平坦的，上界面（真空-月壤界面）是一个米级尺度的小波动面，而下表面是米级的粗糙面，可能是由大的岩块组成的（Shkuratov and Bondarenko, 2001）。由此，可给出粗糙月壤表面的定量描述（Gear and Bastin, 1962）。在研究月壤的雷达波信息时，认为上界面的粗糙度服从Gaussian函数分布，下界面由于过于粗糙而被认为在各个方向上的散射是相同的。在被动微波技术中，以往研究中还没有考虑月壤层界面的粗糙度对辐射传输的影响（Evans and Pettengill, 1963）。

6.1.3 月壤颗粒

月壤颗粒的平均半径约为0.1mm左右，远远小于微波的波长。因此，一般认为月壤颗粒对微波的散射能力极差，或者被认为是球形散射离子（Troitsky, 1968）。

微波在月壤中的辐射传输受月壤层内岩石碎块的影响。一般认为小于10cm的石块散

射能力较差，仅能较小地改变月壤层的有效介电常数；大于10cm的岩石，主要分布在较大的撞击坑周围，被认为是月岩的一部分，与波长相近的岩石对月壤厚度的计算影响较大。但是估计月壤中岩块的密度、尺寸及其分布非常困难。对大多数月球表面来说，月壤中大岩块的密度非常小（Kovach and Watkins，1970；Strangway et al.，1975）。月壤中的岩块对月表雷达回波起重要作用，但研究月壤中岩块的多次散射却比较困难（Campbell et al.，1997）。

Apollo计划期间获取了大量月壤，包括对深达3m的月壤采样。但由于采样时，使用的仪器直径仅为几个厘米，没有采集到大的岩块。

6.1.4 月壤温度

月壤层温度是月球重要的热物理参数之一。月球表面温度可按余弦协函数或傅里叶级数两种周期函数变化，月球表面温度函数（Wesselink，1948）表示为

$$\sigma T_0^4 = A + (4\pi P)^{-1/2} (kc)^{1/2} \left[\frac{\partial T}{\partial \xi} \right]_0 \tag{6.6}$$

式中，σ为Stefan-Boltmann常数；T_0为月球表面温度；A为太阳有效辐照度（总太阳辐照度矢量的法向分量）；P为月球表面温度变化周期，等于一个朔望月；k为月球表面物质的热导率；c为月球表面物质的等压热容；ξ为无量纲深度。

月球表面物质不是理想的绝对黑体，按照灰体性质进一步考虑了月球表面太阳辐照度随时间的变化。月球表面白昼和夜间的温度变化函数（Jaeger，1953）为

$$\begin{aligned} k\frac{\partial T_0}{\partial \xi} &= \varepsilon \sigma T_0^4 - S\cos\left[\frac{2\pi}{P}\right] \quad \text{白昼} \\ k\frac{\partial T_0}{\partial \xi} &= \varepsilon \sigma T_0^4 \quad \text{夜间} \end{aligned} \tag{6.7}$$

式中，ε为月球表面物质的热发射率；S为到达月球表面的总太阳辐照度。

当考虑月球表面太阳辐照度的变化，加入月食参数计算月食期间的月球表面温度变化，月球表面温度变化函数（Jones et al.，1975）表示为

$$F(t) - \varepsilon \sigma T_0^4 = -k \frac{\partial T_0}{\partial \xi}$$

$$F(t) = E(t/P)(1-a)S_0 r^2 \cos(2\pi t/P)\cos(\phi) \tag{6.8}$$

式中，$F(t)$为月球表面太阳有效辐照度随时间变化函数；$E(t/P)$为月食参数；t为时间；α为反照率；S_0为太阳常数；r为日月距离的倒数，单位为AU^{-1}；ϕ为月面纬度。

研究月球表面热特性时可考虑稳态和非稳态条件下月球表面温度变化函数（Racca，1995）。稳态条件下月球表面温度与太阳常数、热发射率、吸收率、经纬度以及月球内部热流等参数之间的关系表达式为

$$T_0(\phi,\psi) = \left[\frac{(1-\alpha)}{\varepsilon}\cos\phi\cos\psi\frac{S_0}{\sigma} + \frac{Q}{\sigma}\right]^{1/4} \tag{6.9}$$

式中，ϕ和ψ分别为相对太阳直射点的月面经纬度；Q为月球内部热流，约为$6W/m^2$。

非稳态条件下，其表达式为

$$T_0(t) = \frac{T_{\text{noon}}}{\left[1 + 3\sigma\varepsilon T_{\text{noon}}^3 t/(\rho l c)\right]^{1/3}} \tag{6.10}$$

式中，T_{noon} 为正午时刻温度，约为 384K；ρ 为密度；l 为绝热深度；t 为时间；c 为比热容。

根据地球表面温度在土壤内的变化情况，以及月表温度的总体变化情况，探究在月壤内部温度随深度的变化，不同的月壤温度梯度模型（金亚秋等，2003；蓝爱兰，2004；王振占等，2009）表示为

$$T(z) = \begin{cases} (T_0 - T_2)\mathrm{e}^{-\beta z} + T_2 & z < 100\text{cm} \\ T_2 & z > 100\text{cm} \end{cases} \tag{6.11}$$

$$T(z) = \begin{cases} \dfrac{(T_0 - T_2)z}{100} + T_2 & z < 100\text{cm} \\ T_2 & T \quad z > 100\text{cm} \end{cases} \tag{6.12}$$

$$T(z) = \begin{cases} T_0 & \text{月壤} \\ T_2 & \text{月岩} \end{cases} \tag{6.13}$$

$$\rho(x, T)C(x, T)\frac{\partial T}{\partial t} = \frac{\partial}{\partial x}\left[K(x, T)\frac{\partial T}{\partial x}\right] + Q(x, T) \quad z < 20\text{cm} \tag{6.14}$$

式中，$T(z)$ 为深度为 z 处的月壤（岩）温度；T_0 为月壤表面温度；T_2 为 1m 以下的月壤和月岩温度；z 为深度；$\rho(x, T)$、$C(x, T)$、$K(x, T)$ 分别为深度 z 处密度、热及热传导率；$Q(x, T)$ 为热流常数。指数型模型与线性模型相近，都认为在月壤内部 1 米之内温度下降极快。

热导率指物质传导热量的能力。月壤的热导率反映其在温度梯度下热量传递或扩散的快慢程度，是月壤的重要热物理特性。月壤的热传导率可通过温度等物理参量反演，基于通过 Apollo 数据的月温反演基础，Woods-Robinson 等（2019）结合月球勘测轨道器（LRO）月球辐射计（Diviner）观测的极地温度低至 20K 的观测结果，推导了全月风化层 20~400K 温度范围下比热和导热系数的半经验模型，其中全月风化层有效热导率 K_{eff}（Woods-Robinson et al., 2019）表示为

$$\begin{aligned} &K_{\text{eff}}(T, \rho, p) = A \times T^3 + [B + C \times (\rho^2)] \times (1 - \rho) \times K_{\text{am}}(T) \\ &A = 1.3 \times 10^{-11} \text{Wm}^{-1}\text{K}^{-1} \\ &B = 9.9 \times 10^{-4} \\ &C = 9.2 \times 10^{-6} \text{m}^6/\text{kg}^2 \end{aligned} \tag{6.15}$$

式中，p 为孔隙度；ρ 为体积密度；$K_{\text{am}}(T)$ 为非晶态电导率。

对比该模型与 Hayne 等（2017）提出的标准热模型应用于不同月表区域的效果（图 6.7）。两个模型在月球赤道和两极永久阴影区（permanently shadowed regions，PSR）处反演月表温度效果类似。月球赤道与极地处深度与温度的关系表明，该模型可以探测到月壤更浅深度的温度，以及月球两极超冷位置更大的地温梯度（Woods-Robinson et al., 2019）。

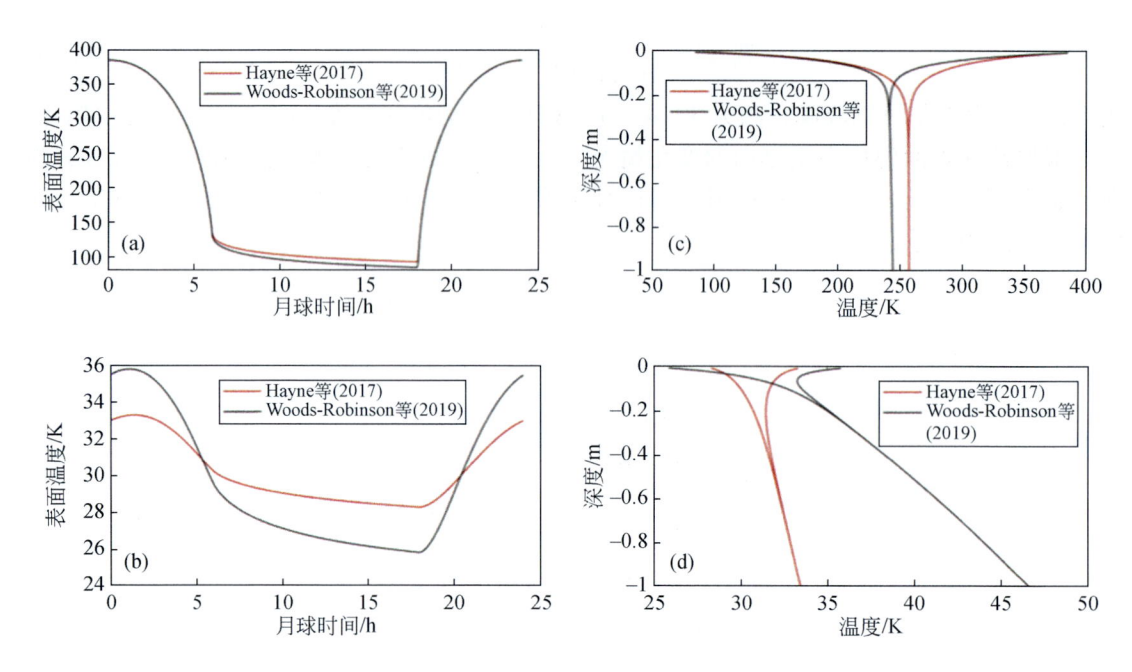

图 6.7 输入到 Diviner 双层深度-温度热模型中的新旧拟合值对比
（Woods-Robinson 模型和 Hayne 模型对比）

月球风化层在超冷温度（即低于~150K）下的热物理特性往往难以探测，Martinez 和 Siegler（2021）开发了一种描述月球土壤低温热特性的理论，修改 Woods-Robinson 模型中的密度相关项，构建了更适反演夜间地表温度、高纬度地区地下温度和永久阴影区域（PSR）的热物理特性模型。模型中全月风化层有效热导率 K_{eff}（Martinez and Siegler, 2021）表示为

$$K_{eff}(T,\rho) = (A_1\rho - A_2)K_{am}(T) + (B_1\rho - B_2)T^3$$
$$A_1 = 5.0821 \times 10^{-6}$$
$$A_2 = 5.1 \times 10^{-3}$$
$$B_1 = 2.0022 \times 10^{-13}$$
$$B_2 = 1.953 \times 10^{-10} \tag{6.16}$$

式中，ρ 为体积密度；$K_{am}(T)$ 为与温度相关的固体传导分量。

月球的永久阴影区域（PSR）富含水冰、二氧化碳和二氧化硫等挥发物，是未来月球南极的重点探索区域（Martinez and Siegler, 2021）。将模型应用于检查永久阴影区域的舒梅克（Shoemaker）陨石坑的结果与 Diviner 第 9 频道收集的数据进行比较（图 6.8），结果表明新热物理特性模型可以较好地反演 Diviner 在舒梅克（Shoemaker）陨石坑等超冷地区观察到的月表温度波幅（Martinez and Siegler, 2021）。

"嫦娥四号"测得的月壤温度为 78~150K，月壤体积密度为 1200~1400kg/m³（Zheng et al., 2023）。结合嫦娥四号 T1、T2、T3、T4 共四个传感器测得的月表温度数据，用 Woods-Robinson 或 Martinez 的模型测得相应温度（70~150K）下的热导率（图 6.9）（Zheng et al., 2023）。

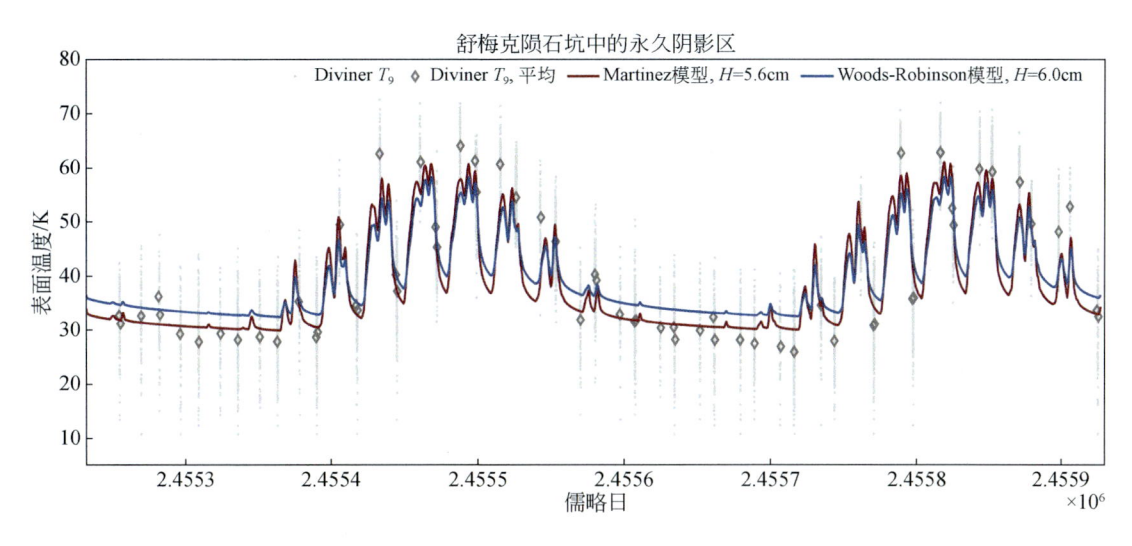

图 6.8 舒梅克陨石坑的表面温度计算结果与 Diviner 第 9 频道的平均观测结果进行比较
（南纬 87.9102°和东经 45.5073°）（Martinez and Siegler，2021）

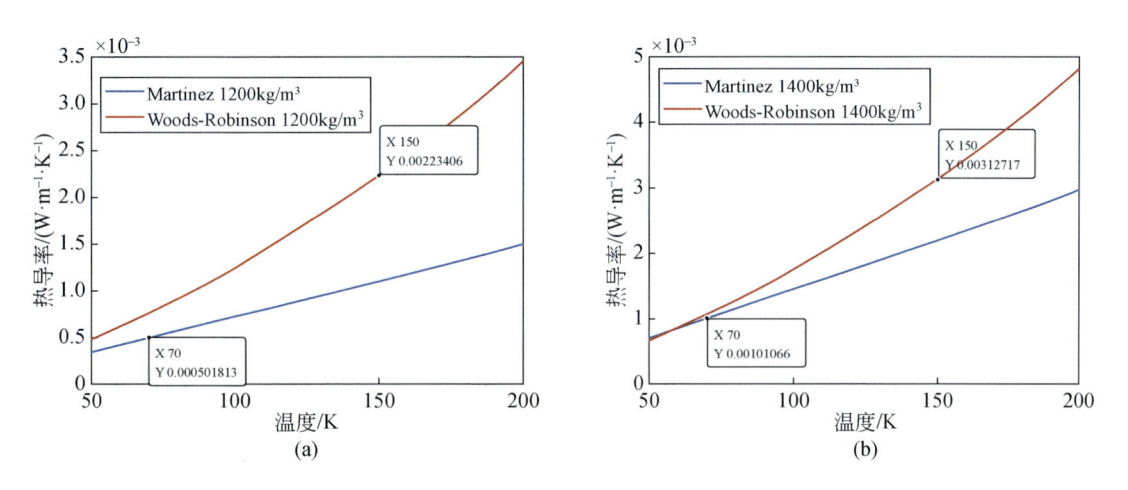

图 6.9 通过 Martinez 和 Woods-Robinson 模型计算的热导率
（a）以 $\rho=1200\text{kg/m}^3$ 计算 keff；（b）以 $\rho=1400\text{kg/m}^3$ 计算 keff（Zheng et al.，2023）

6.2 月壤厚度探测

月壤中富含钛铁矿、氦-3 等重要矿产资源（欧阳自远，2004），但月壤厚度各处差异较大，与月表暴露年龄和撞击坑的成坑年龄直接相关。通过探测不同地区月壤厚度，有利于了解月表演化历史，推断月表的火山喷发、撞击事件等地质活动（Melosh，2011）；确定水冰等资源的分布和可采性，促进月球资源开发（Bandfield et al.，2015）；了解月球表面物质的储存和变化的指标，推演地质构造和形成过程（Hiesinger et al.，2002）；为未来月球着陆任务做出合理选择和规划（Cui P et al., 2017）。月壤厚度探测方法主要有直接测量、撞击坑形态和分布方法、雷达遥感探测和被动微波遥感探测。

6.2.1 厚度直接测量

Apollo 和 Luna 探测计划中都开展月壤层直接钻探，但仅能测量出较薄的月壤层厚度。月震信号处理显示，月球表面覆盖着一层具有较低月震波传播速率的月壤，在 Apollo 11、Apollo 12 和 Apollo 15 登陆点的厚度在 3.7~12.2m（Nakamura et al., 1975）（表 6.5）。通过主动对月震进行月壤厚度研究（Cooper et al., 1974；Duenneber et al., 1974），与被动月震测量月壤厚度与四分之一波长的剪切波回波时间上具有一致性（Nakamura et al., 1975）。利用多频电磁探测数据对 Apollo 17 登陆点的月壤厚度进行探测，结果表明 Apollo 17 登陆点附近月壤厚度达到 32m（Strangway et al., 1975）。

这些方法都是在月球表面直接测量的，成本很高，且只能获取局部极小范围内的月壤厚度，不适合全月球应用。

表 6.5　Apollo 各登月点的月壤厚度（李雄耀等，2007）

登月地点	回波时间/s	月壤厚度/m 月震探测	月壤厚度/m 多频电磁探测
Apollo 11	0.15	4.4[a]	—
Apollo 12	0.13	3.7[a]	—
Apollo 14	0.26	8.5[b]	—
Apollo 15	0.15	4.4[a]	—
Apollo 16	0.36	12.2[b]	—
Apollo 17	-	4.0[b], 8.5[c]	32[d]

a 为 Nakamura 等利用被动月震数据推算的结果；b 为 Cooper 等的主动月震测量值；c 为 Duenneber 等的主动月震测量值；d 为 Strangway 利用多频电磁探测数据推算的结果。

6.2.2 撞击坑形态及分布方法

月壤直接暴露于空间环境中，月壤年龄越老，表面撞击坑越多，相应的月壤厚度就越大。由此，基于高分辨率可见光数据，根据撞击坑形态和直径分布频率，可反演月壤厚度（Quaide and Oberbeck, 1968）。

反演中主要是基于撞击实验，通过对撞击坑形态和直径分布频率的分析，推测出月壤的厚度。通过模拟试验发现，月壤厚度介于 $D/4.2 \sim D/3.8$ 时（D 为撞击坑直径），为碗形撞击坑向中央峰型撞击坑过渡的临界条件（Quaide and Oberbeck, 1968）；当月壤厚度介于 $D/10 \sim D/8$ 时，是平底撞击坑过渡为同心圆撞击坑的临界条件。由此，给出了月球 Orbiter 探测器部分着陆点的月壤厚度（表 6.6）。月壤厚度与边缘镶嵌着块状碎屑物的最小撞击坑深度基本一致（Rennilson et al., 1966）。月表撞击坑的大小和分布情况与月壤厚度存在密切关系，即区域月壤的厚度最大值近似等于处于均衡直径的撞击坑深度。由此，估算出 Surveyor 登陆点附近的月壤厚度在 0.02~10m（Shoemaker and Morris，1969）。

当考虑入射角对撞击坑影像判别的影响，可利用平衡直径计算月壤厚度，平均月壤厚度随平衡直径的增大而增大。通过对风暴洋中三个地区的撞击坑直径分析，得出这些地区的月壤厚度最小为 8m，最大为 31m（Wilcox et al.，2005）。

表 6.6 月球 Orbiter 着陆点的平均月壤厚度（Wilcox et al.，2005）

位置	中心纬度/(°)	中心经度/(°)	面积/km²	厚度/m
IFP2	2.4N	33.9E	516	4.6
IFP5	2.5N	24.7E	482	4.6
IFP6b	4.4N	23.9E	603	4.6
IFP8b	0.0	1.1W	643	4.6
IFP13b	1.2N	41.8W	537	4.6
IIFP8	0.9S	19.9W	527	4.6
IIFP9c	3.2S	23.7W	600	4.6
IIFP11	3.4S	36.8W	616	3.3
IIFP12	2.8S	44.0W	1468	3.3
IIFP7B	1.9N	2.1W	336	7.5
v-38	32.7N	22.0W	3179	7.5
v-34	4.7S	4.0E	1389	16

6.2.3 厚度雷达遥感

忽略月壤内部的月壤颗粒以及尺寸较大的碎屑物散射，以低损耗介质的吸收系数代替月壤的功率衰减系数，并进一步假设月面交叉极化雷达回波信号分布等于散射系数与入射角余弦之积（Shkuratov and Bondarenko，2001）。根据分层介质的电磁波传播理论，得到各物理参数与月壤厚度的关系为

$$R = \frac{(1-r_{01})(1-r_{10})r_{12} \cdot e^{-2\pi h \tan\delta \cdot \sqrt{\varepsilon}/\lambda}}{1 - r_{01}r_{12} e^{-2\pi h \tan\delta \cdot \sqrt{\varepsilon}/\lambda}} \tag{6.17}$$

式中，R 为入射波与出射波强度之比；r_{01}、r_{12}、r_{10} 分别为真空-月壤、月壤-月岩和月壤-真空界面的平均菲涅尔反射系数；h 为月壤厚度；$\tan\delta$ 为介电损耗；ε 为相对介电常数；λ 为入射波波长。

利用 Arecibo 天文台 70cm 波长雷达对月球正面的观测数据，结合铁和钛的元素丰度，对全月球的月壤厚度进行了估算（Shkuratov and Bondarenko，2001）。结果表明，月球高地的月壤厚度为 1.0~18.0m，平均厚度为 12m；月海的月壤厚度为 1.5~10.0m，平均厚度为 5m。较薄的月壤出现在年轻撞击坑附近，如 Schickard 坑附近；最厚的月壤出现在月球正面东南部，以及雨海（Mare Imbrium）和暑湾（Sinus Aestuum）北部的月陆地区，且与

大的撞击事件有关。月海地区厚度变化较大,澄海（Mare Serenitatis）、静海（Mare Tranquillitatis）和湿海（Mare Humorum）月壤层厚度较小,风暴洋（Oceanus Procellarum）的月壤厚度略大于静海,而最厚的月海月壤层出现在酒海（Mare Nectaris）（约为17m）,并提供了部分月海月壤的平均厚度（表6.7）。

表6.7 部分月海月壤平均厚度（Shkuratov and Bondarenko, 2001） （单位：m）

位置	月壤厚度	位置	月壤厚度
澄海（Mare Serenitatis）	4.1	汽海（Mare Vaporum）	5.4
静海（Mare Tranquillitatis）	4.1	云海（Mare Nubium）	5.7
危海（Mare Crisium）	4.6	知海（Mare Cognitum）	4.9
丰富海（Mare Fecunditatis）	5.9	露湾（Sinus Roris）	7.5
冷海（Mare Frigoris）	7.4	虹湾（Sinus Iridum）	4.6
雨海（Mare Imbrium）	6.2	暑湾（Sinus Aestuum）	6.5
湿海（Mare Humorum）	4.0	风暴洋（Oceanus Procellarum）	4.8
酒海（Mare Nectaris）	9.6		

6.2.4 厚度被动微波遥感

随着嫦娥卫星发射成功,我国提出了基于嫦娥卫星微波辐射计数据反演月壤厚度的方法。当致密介质的粒度随机分布,且为离散随机散射时,微波亮度温度与致密介质参数之间的关系往往是非线性的（Ulaby et al., 1981；Tsang and Tsang, 1987；Tsang et al., 1992；Wen et al., 2003）。

利用辐射传输模型可获得月表亮温随月壤厚度的变化曲线（金亚秋等,2003）。利用辐射传输方程和矢量格林函数方法,反演得到了不同频率条件下月壤厚度和亮温的变化（蓝爱兰和张升伟,2004）。假定月壤各部分的辐射是各向同性的,且只考虑以θ_0发射到自由空间部分的能量（图6.5）。在微波辐射计观测方向角θ_0上,月表亮温T_{Bp}（$p=h$、v,分别代表水平极化和垂直极化）由来自月壤的辐射T_{B1}和来自月岩的辐射T_{B2}组成。根据二流近似原理（Ulaby et al., 1981）,来自月壤的辐射T_{B1}包括上行辐射T_{1up}和下行辐射T_{1dn}；来自月岩的辐射T_{B2}只有上行辐射T_{2up},即

$$T_{Bp}(\theta_0) = T_{B1}(\theta_0) + T_{B2}(\theta_0) \quad (6.18)$$

$$T_{B1} = T_{1up} + T_{1dn}$$
$$T_{B2} = T_{2up} \quad (6.19)$$

其中,

$$T_{1up} = \int_0^d \frac{1-r_{p1}}{1-L} k_{a1} T(z) \sec\theta_1 e^{-k_{a1}\sec\theta_1 z} dz \quad (6.20a)$$

$$T_{1dn} = \int_0^d \frac{(1-r_{p1})r_{p2}}{1-L} k_{a1} T(z) \sec\theta_1 e^{-k_{a1}(2d-z)\sec\theta_1} dz \quad (6.20b)$$

$$T_{2\text{up}} = \int_d^\infty \frac{(1-r_{p1})(1-r_{p2})}{1-L} k_{a2} T(z) \sec\theta_2 \mathrm{e}^{-k_{a2}(z-d)\sec\theta_2} \mathrm{d}z \cdot \mathrm{e}^{-k_{a1}d\sec\theta_2} \quad (6.20\text{c})$$

式中，θ_1 和 θ_2 分别为微波在月壤和月岩中的出射角，满足折射定理（Ulaby et al., 1981）；d 为月壤厚度；$k_{ai} = 2 \times \text{Imaginary\_part}\{2\pi f \sqrt{\mu_i \varepsilon_i}\}$ （$i=1, 2$）分别为月壤（$i=1$）和月岩（$i=2$）的吸收系数；f 为频率；μ_1、μ_2 分别为月壤和月岩的磁导率；ε_1、ε_2 分别为月壤和月岩的介电常数；r_{p1}、r_{p2} 分别为基于光滑界面得到的真空-月壤界面、月壤-月岩界面的反射率；$L = r_{p1} r_{p2} \mathrm{e}^{-2k_{a1}(z)d\sec\theta_1}$，且 $1/(1-L)$ 为微波在真空-月壤界面和月壤-月岩界面之间的多次反射系数。由此，模拟得到月表亮温随月壤厚度的变化。

月壤层的温度为 T_1，月岩层的温度为 T_2，不随月壤厚度变化。微波辐射计观测方向角 $\theta_0 = 0°$，月壤在水平和垂直方向上各向同性（图 6.10）。同时，考虑到 L 值非常小，取 $1/(1-L) \approx 1$，式（6.17）可改写为

$$T_B = (1-r_{p1})(1-\mathrm{e}^{-k_{a1}d})(1+r_{p2}\mathrm{e}^{k_{a1}d})T_1 + (1-r_{p1})(1-r_{p2})\mathrm{e}^{-k_{a1}d}T_2 \quad (6.21)$$

取 $\varepsilon_1 = 3.0 + i0.003$，$\varepsilon_2 = 5.0 + i0.5$。考虑到 $(1+r_{p2}\mathrm{e}^{k_{a1}d})$ 和 $(1-r_{p2})$ 值都接近 1，取两者均为 1，并假定 $A = (1-r_{p1})T_1$，$B = (1-r_{p1})(T_2-T_1)$，式（6.19）可简化为

$$T_B(f) = A + B\mathrm{e}^{-k_{a1}(f)d} \quad (6.22)$$

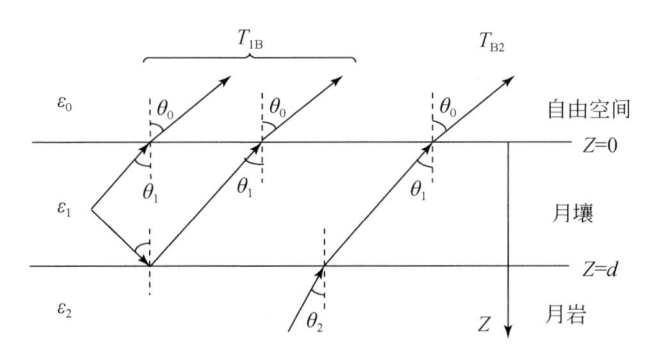

图 6.10　月壤介质的被动微波辐射传输模型（Ulaby et al., 1981）

如果得到三个不同频率 f_1、f_2、f_3 的亮温 T_{B1}、T_{B2}、T_{B3}，则可建立关于月壤厚度（d）的方程，即

$$\frac{T_B(f_2) - T_B(f_1)}{T_B(f_3) - T_B(f_1)} = \frac{\mathrm{e}^{-k_{a1}(f_2)d} - \mathrm{e}^{-k_{a1}(f_1)d}}{\mathrm{e}^{-k_{a1}(f_3)d} - \mathrm{e}^{-k_{a1}(f_1)d}} \quad (6.23)$$

式中，$T_B(f_1)$、$T_B(f_2)$、$T_B(f_3)$ 分别为频率为 f_1、f_2、f_3 时探测器获取的辐射亮温（法文哲和金亚秋，2006a，2007）。由此，反演的全月球月壤厚度如图 6.11 所示。

图 6.11 表明，大部分月陆地区月壤厚度在 10~14m，仅在东海（Mare Orientale）周围、史密斯海（Mare Smythii）东部、莫斯科海（Mare Moscoviense）南部和科罗列夫海（Mare Korolev）周围月陆地区，月壤厚度大于 14m。月海（Mare）月壤厚度为 1~10m。其中，风暴洋（Oceanus Procellarum）、雨海（Mare Imbrium）、冷海（Mare Frigoris）西部、澄海（Mare Serenitatis）大部分地区和静海（Mare Tranquillitatis）全部，月壤厚度较小；静海（Mare Tranquillitatis）月壤厚度最小，平均为 3.0m；东海（Mare Orientale）、界海

（Mare Marginis）、酒海（Mare Nectaris）、史密斯海（Mare Smythii）和莫斯科海（Mare Moscoviense）月壤厚度较大。月海地区最大月壤厚度出现在东海，达 13m 左右。

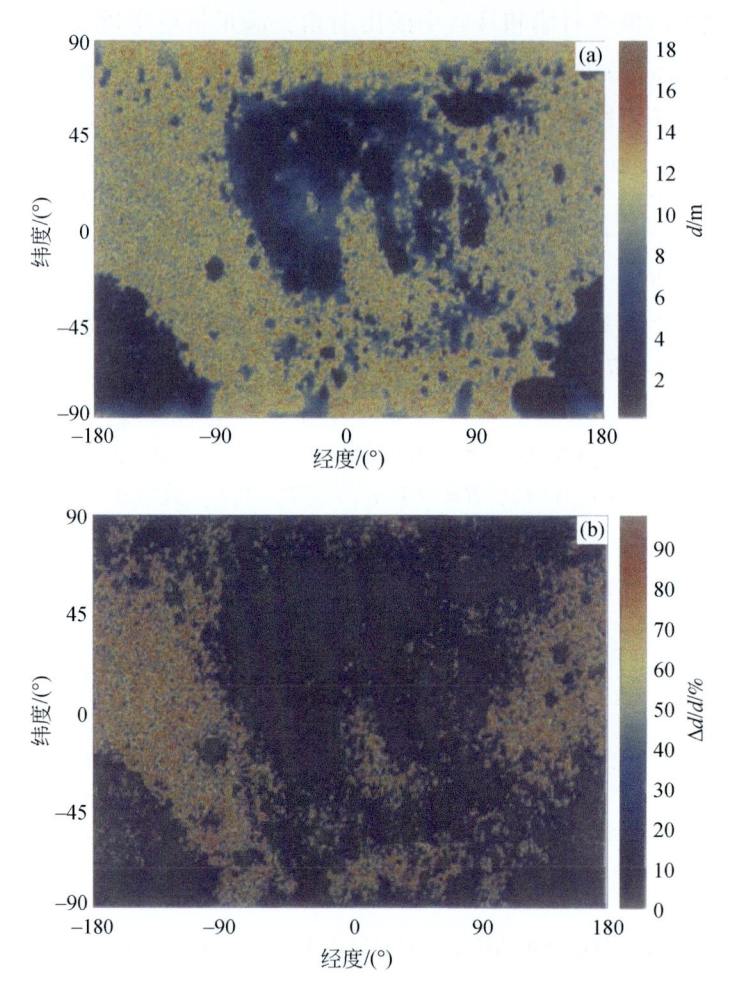

图 6.11 反演出的月壤厚度及其相对误差（法文哲和金亚秋，2007）

6.2.5 厚度微波与光学遥感综合反演

在综合利用雷达以及光学数据反演月球正面月壤厚度中，可根据月球正面光学反照率，计算月球正面 FeO+TiO$_2$ 含量的分布。同时，通过分析月球背面的数字高程模型（DEM）数据，可以辅助推测月球背面的 FeO 和 TiO$_2$ 的含量分布。这样，通过整个月球表面多通道辐射亮度分布，实现月壤厚度的反演（Shkuratov and Bondarenko, 2001; Bondarenko and Shkuratov, 1998）。

月壤层由任意形状的月壤颗粒组成，月壤颗粒大小远大于入射光波波长（λ）。月壤层的复折射率为 $n* = n-ik$，其中 n 和 k 为光学常数，分别为折射率的实部和虚部。光波在月壤中的吸收系数为 $\tau = 4\pi kl/\lambda$，l 为光线在月壤颗粒内部反射传播的平均路径，月壤颗

粒占空比为 f_s。如果参数 n、l 与 f_s 已知，则由 $A(\lambda)$ 计算出函数 $k(\lambda)$ 有

$$k(\lambda) = -\frac{\lambda}{4\pi \cdot l} \ln\left[\frac{b}{a} + \sqrt{\left(\frac{b}{a}\right)^2 - \frac{c}{a}}\right] \quad (6.24)$$

$$a = (1-R_e)(1-R_i)\left\{\frac{[1-A(\lambda)]^2}{2A(\lambda)}R_i + f_s(1-R_e)\right\} \quad (6.25)$$

$$b = \frac{[1-A(\lambda)]^2}{2A(\lambda)}R_b R_i + \frac{f_s}{2}(1-R_e)^2 \times (2-R_i) - (1-R_e)(1-f_s R_b) \quad (6.26)$$

$$c = \frac{[1-A(\lambda)]^2}{A(\lambda)}R_b - 2(1-R_e) \times (1-f_s R_b) + f_s(1-R_e)^2 \quad (6.27)$$

其中，$R_e = (n-1)^2/(n+1)^2 + 0.05$，$R_i = 1.04 - 1/n^2$，$R_b = (0.28 \cdot n - 0.20)R_e$。计算时取月壤的典型参数 $n=1.5$，$f_s = 0.5$，$l = 50\mu m$ （Shkuratov et al., 1999a）。

通过望远镜观测，得到月球正面波长为 $0.42\mu m$、$0.65\mu m$、$0.75\mu m$、$0.95\mu m$ 的反照率。由 $A(\lambda)$ 以及式 (6.24)，得到月球正面 $k(0.42\mu m)$、$k(0.65\mu m)$、$k(0.75\mu m)$、$k(0.95\mu m)$ 的分布。

采用 Apollo、Luna 和 Surveyor 着陆点测量到的 FeO 和 TiO_2 含量值，对这些着陆点的 $FeO+TiO_2$-G 和 $\lg(TiO_2)$-$C_k(0.42/0.65\mu m)$ 进行拟合，得到 FeO 和 TiO_2 含量反演的回归方程。其中，G 表示为

$$G = k(0.65\mu m) \times 10^4 + 5 \times D_k(0.95\mu m) \quad (6.28)$$

式中，k 为折射率的虚部；G 为一个与 Fe 含量基本相关的正式参数；$D_k(0.42/0.65\mu m) = k(0.42\mu m)/k(0.65\mu m)$，色度指数的相关系数；$D_k(0.95\mu m)$ 为 $1-\mu m$ 吸收带的深度参数，$D_k(0.95\mu m) = k(0.95\mu m)/k_c(0.95\mu m)$，$k_c(0.95\mu m)$ 为连续的吸收系数。

由于月球相对地球同步自转，无法在地球上观测月球背面的分光反照率。由月球正面的 $FeO+TiO_2$ 含量 S 与正面数字高程 DEM 的对应关系作类推，用月球背面的 DEM 来构造月球背面 S 分布。

考虑一平行分层月壤的微波热辐射模型，月壤层为均匀分布密集颗粒介质，颗粒平均直径约为 0.1mm，月壤颗粒介电常数为 ε_s，月壤颗粒占空比 f_s，月壤层平均介电常数由强起伏理论表达为

$$\varepsilon_g = \frac{1}{4}\left\{\sqrt{[\varepsilon_s - 2\varepsilon_0 - 3f_s(\varepsilon_s - \varepsilon_0)]^2 + 8\varepsilon_s\varepsilon_0} - [\varepsilon_s - 2\varepsilon_0 - 3f_s(\varepsilon_s - \varepsilon_0)]\right\} \quad (6.29)$$

假设月壤层厚度为 d，月壤层温度为 T_1，下垫月岩层介电常数为 ε_2，温度为 T_2。由起伏逸散定理，当辐射计的观测角度为 0° 时，微波辐射计观测到的辐射亮度温度为

$$T_B(d) = \frac{k_0 \varepsilon_g''}{2\varepsilon_0 k_1''}\left|\frac{X_{01}}{D_2}\right|^2 (1-e^{-2k_1''d})(1+|R_{12}|^2 X e^{-2k_1''d})T_1 + \frac{k_0 \varepsilon_2''}{2\varepsilon_1 k_2^*}\left|\frac{X_{01}X_{12}}{D_2}\right|^2 e^{-2k_1''d}T_2 \quad (6.30)$$

式中，D_2 为界面反射因子；R_{12} 为界面反射系数；X_{01}、X_{12} 为界面透射系数。

由此，分别模拟了月球表面四个通道的辐射亮度温度分布，计算时取月岩 $\varepsilon_2 = 5.0 + i0.5$，$T_1 = 400K$，$T_2 = 200K$（图6.12）。当频率为 3GHz 时，可分辨出月海、月陆和环形山。随着辐射计频率的增大，19.35GHz 和 37.0GHz 通道已很难分辨出月海和月陆。在月球表面 $FeO+TiO_2$ 一定含量下，月表辐射亮度温度达到饱和而对月壤厚度不敏感。在 37.0GHz 时 $k_1''d$ 增大，月球表面的辐射亮度温度 T_B 与其表层物理温度 T_1 接近。

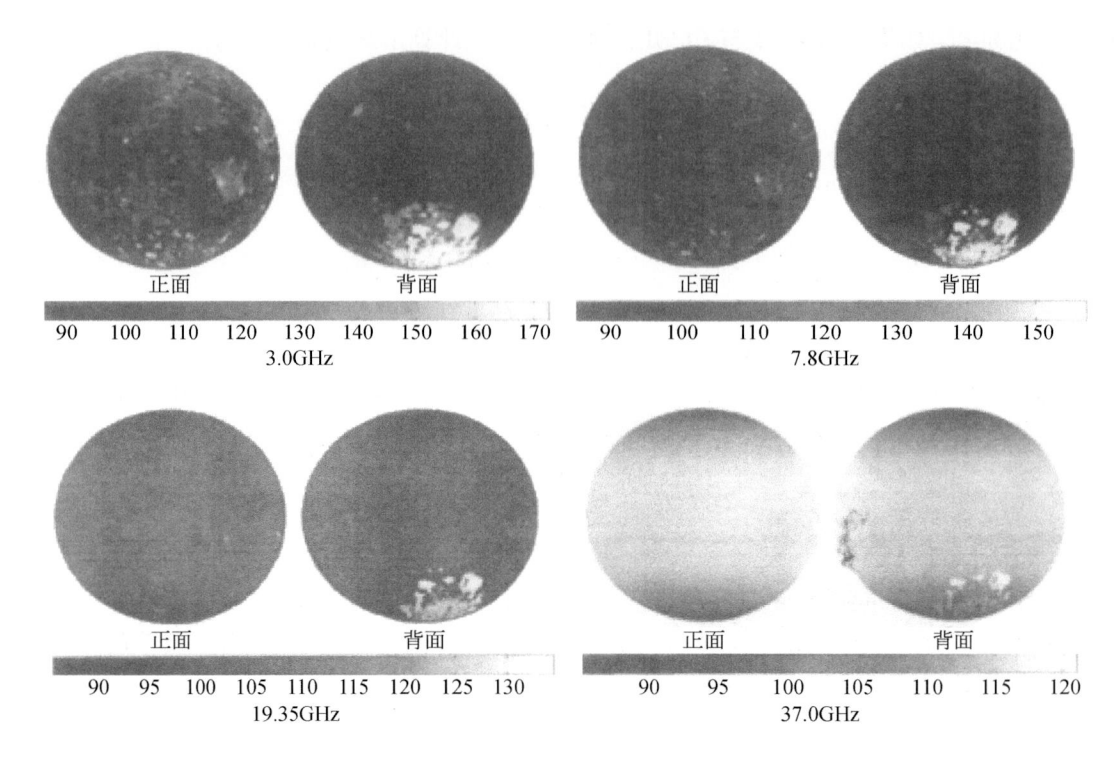

图6.12 月球黑夜时不同通道辐射亮度温度 T_B（K）（法文哲和金亚秋，2006a）

图 6.13（a）给出月壤厚度 d 为 5m，FeO+TiO$_2$ 含量 S 在 0~30% 之间变化时，辐射亮度温度 T_{Bv} 随 S 的变化。此时，$f_s = 0.6$，$T_1 = 120$K，$T_2 = 200$K，$\varepsilon_2 = 5.0 + i0.5$。图 6.13（b）给出月壤中 $S = 10\%$ 时，T_{Bv} 随月壤厚度 d 的变化。

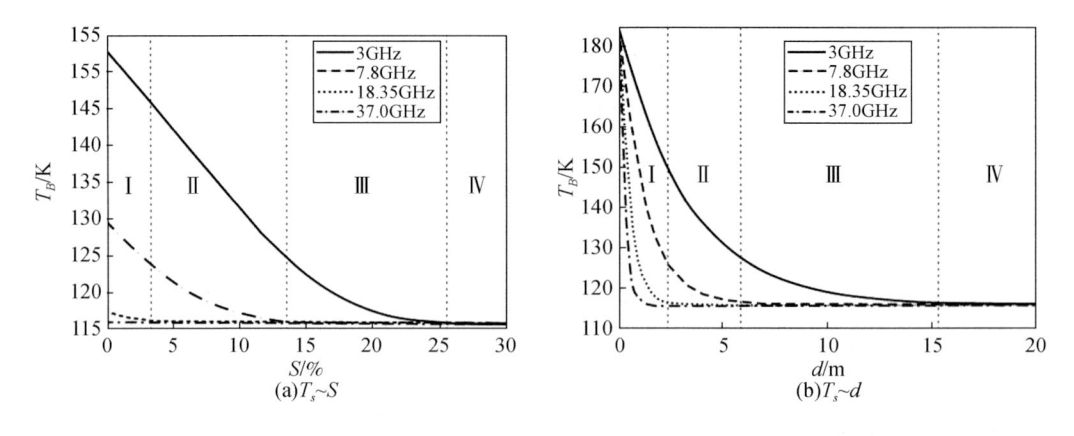

图6.13 月表亮度温度随月壤厚度以及 FeO+TiO$_2$ 含量的变化（法文哲和金亚秋，2006a）

在 0° 观测角下，将反射振荡因子取 1，式（6.28）则化简为

$$T_B = (1-r_{01})(1-e^{-2k_1''d})(1+r_{12}e^{-2k_1''d})T_1 + (1-r_{01})(1-r_{12})e^{-2k_1''d}T_2 \qquad (6.31)$$

其中，$r_{01} = |R_{01}|^2$，$r_{12} = |R_{12}|^2$。取 $\varepsilon_2 = 5.0 + i0.5$，当月壤中的金属含量在 0~30% 之

间变化时，月壤层平均介电常数的实部 ε'_g 约为 2.15，虚 ε''_g 在 0.003~0.042 之间变化，r_{01} 在 0.03558~0.03562 之间变化，而 r_{12} 在 0.04451~0.04429 之间变化。取月壤厚度 d 为 5m，频率为 3.0GHz 时，$r_{12}e^{-2k''_1 d} \approx 0.02$，因此取 $1 + r_{12}e^{-2k''_1 d} \approx 1$。式（6.31）可化简为

$$T_{B\nu} = (1-r_{01})(1-e^{-\alpha vd})T_1 + (1-r_{01})e^{-\alpha vd}T_2 \tag{6.32}$$

其中，$T_2 = (1-r_{12})T_2$，$\alpha \equiv 2\pi\varepsilon''_1 / (c\sqrt{\varepsilon'_1})$。在图 6.14 中第 I 区，当月壤含量 S 小或者月壤厚度 d 小时，四个通道的辐射亮度温度有明显差异，由式（6.30）可得三通道方法反演月壤厚度，即

$$\frac{T_{B\nu_3} - T_{B\nu_1}}{T_{B\nu_2} - T_{B\nu_1}} = \frac{e^{-\alpha_3 d} - e^{-\alpha_1 d}}{e^{-\alpha_2 d} - e^{-\alpha_1 d}} \tag{6.33}$$

随着 S 或者 d 的增大，19.35GHz 与 37GHz 通道的辐射亮度温度趋于相同，如图 6.13 第 II 区。在辐射计 37GHz 通道，当 $d>1$m，$S>2.5\%$ 时，$e^{-2k''_1 d} < 0.1$。因此 $e^{-2k''_1 d} \approx 0$，此时式（6.33）为

$$T_{B37} \approx (1-r_{01})T_1 \tag{6.34}$$

其他通道的辐射亮度温度可以变为

$$T_{B\nu} = (1-e^{-\sigma d})T_{B37} + (1-r_{01})e^{-\alpha dd}T_2 \tag{6.35}$$

这样，得到月壤厚度（d）为

$$d = \frac{1}{\alpha(\nu_2 - \nu_1)} \ln\left(\frac{T_{B\nu_1} - T_{B37}}{T_{B\nu_2} - T_{B37}}\right) \tag{6.36}$$

其中，频率为 ν_1，ν_2 的辐射亮度温度分别为 $T_{B\nu_1}$、$T_{B\nu_2}$。

由此，反演的月壤厚度如图 6.14 所示。其中，除少数金属含量过高和月壤厚度过大的地区外，多数地区的反演结果都是很理想的。

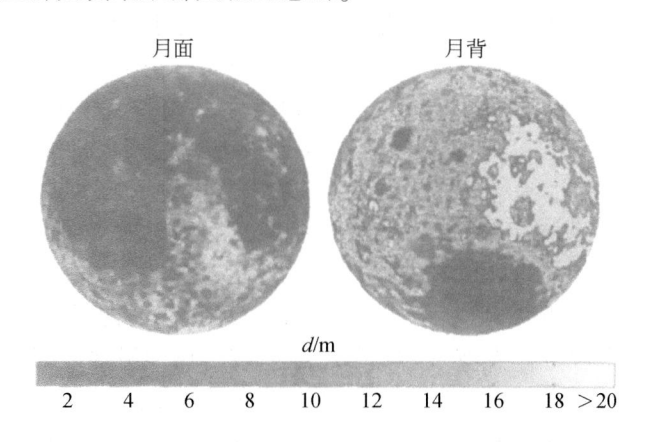

图 6.14　反演的月壤厚度（法文哲和金亚秋，2006a）

根据 Apollo 着陆点的海拔高度以及实验测量的月壤厚度，构造出月表月壤厚度 d 与月表高程 h 之间的关系（法文哲和金亚秋，2006a）为

$$d = 9.5 + 8.5\tanh\left(\frac{h+1200}{1623.5}\right) \tag{6.37}$$

根据式（6.37）反演的全月球月壤厚度如图 6.15 所示。

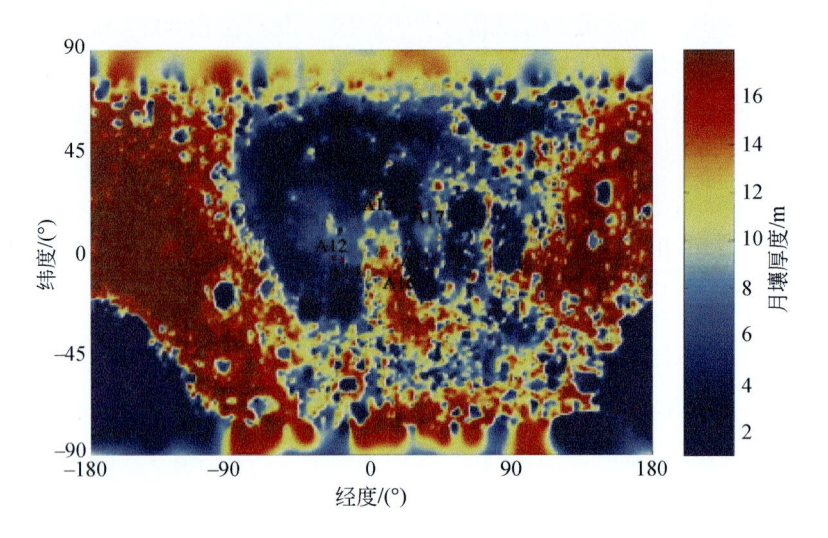

图 6.15　模拟构造的月球表面月壤厚度分布（法文哲和金亚秋 b，2006）

6.3　月球极地水冰遥感

月球存在水冰的设想最早由美国科学家 Watson 等（1961）在研究月球两极地形数据时发现极地永久阴影区的存在。这些地区温度很低，由此提出了这些地区存在水冰的设想，并推测了月壤水冰的存在方式和状态。根据地基雷达数据，认为水冰可能存在于月球两极地区（Arnold，1979）。美国于 1998 年发射了月球 Prospector 探测器，特别携带了中子仪和 γ 谱仪，对月球表面是否存在水进行专门探测。根据 Prospector 号探月卫星的撞击结果，认为相应的阴影区水冰含量为 0.3%~1%，富集在月表面下 10cm 左右。北极含水冰区域为 10000~50000km^2，南极 5000~20000km^2（Feldman et al.，1998，2000）。2009 年 10 月 9 日，美国半人马座火箭和传感卫星相继撞击月球南极地区。研究结果表明，月球表面存在大量水冰。

国内利用 Clementine 探月卫星获取的反射率数据，反演得到月表月壤介电常数分布，并发现了两极地区存在介电常数异常区域。同时，假定该介电常数异常值是由于水冰的存在造成的，基于改进的多布森介电混合（Dobson）模型，进行了月壤水冰含量初步研究（孟治国等，2008）。根据月表微波辐射计数据，发现月球两极地区存在微波辐射异常，并且这些异常与永久阴影区位置相对应，认为这些异常可能是由于水冰的存在造成的（张卫国等，2009）。基于 Chandrayaan-1 卫星获取的质谱仪数据，分析了月球表面 OH/H$_2$O 特性和空间分布特征（Pieters et al.，2009）。这些都为月壤水冰遥感的深入研究奠定了基础。目前，常用的月球水冰遥感方法主要有雷达遥感、光学遥感和中子仪探测。

6.3.1　水冰雷达遥感

在研究水星表面永久阴影区雷达后散射异常时，发现该异常可能与水冰的存在有关

(Slade et al., 1992)。根据雷达散射机理, 高的表面均方根和圆极化率是由高的波长级表面粗糙产生的, 但也可以解释为永久阴影区内存在水冰。基于 Arecibo 雷达资料在南极地区(约为 88.4°S, 110°E), 发现该地区的圆极化率为 2.4±0.14, 同极化交叉部分为 0.022, 极有可能有水冰存在 (Stacy et al., 1997)。

基于 Mini-RF 雷达接收到的 H、V 以及 HV 辐射, 推算出 Stokes 矢量。通过 Stokes 矢量计算圆极化率, 即

$$PR = SC/OC = (S_1 - S_4)/(S_1 + S_4) \tag{6.38}$$

式中, SC 为同向极化总能量; OC 为反向极化总能量; S_1 为接收到的总能量, 即

$$S_1 = |E_H|^2 + |E_V|^2 = |E_L|^2 + |E_R|^2 \tag{6.39}$$

S_4 为反向与同向极化总能量的差值, 即

$$S_4 = -2\mathrm{Im}(E_H E_V) = |E_R|^2 - |E_L|^2 \tag{6.40}$$

式中, E_H 为水平极化能量; E_V 为垂直极化能量; E_L 为同向极化能量; E_R 为反向极化能量; Im 为同极化程度。

通过波段比值运算, 得到研究区域的圆极化率 (Grcular Polarization Ratio, CPR) 数据, 即

$$CPR = \frac{b_1}{b_2} \tag{6.41}$$

式中, b_1 对应于 SC 数据; b_2 对应于 OC 数据。

根据 SC 和 OC 数据选取感兴趣区, 分别计算特征坑坑内区域和坑外区域。统计区域背景环境的 CPR 平均值以及各感兴趣区的 CPR 值, 并对数据特征进行对比分析。

坑内和坑外 CPR 值的边界较明显, 撞击坑周边区域普遍高于背景 CPR 值, 推测可能是由于多种原因共同引起。其中, 当撞击坑区域 CPR 数值偏高并非是因月壤偏薄引起的, 可能还要涉及多次撞击以及表层岩石和埋藏岩石的影响等原因, 也可能是由水冰引起的 (张冬华等, 2014)。

6.3.2 水冰光学遥感

在月球表面, 水冰主要分布在永久阴影区内 (Feldman et al., 2000; Nozette et al., 2001; McConnochie et al., 2002), 不会直接反射太阳光。但受周围撞击坑和其他地形的影响, 在该区域内存在一定程度的太阳多次散射量。水冰的存在将体现在其散射波谱信息之内, 并且该信息将被高性能的卫星探测器观测到。同时, 水冰的主要吸收波段紫外-近红外波段。基于 Clementine 卫星紫外-可见光 (UV-Vis) 数据和近红外 (NIR) 数据, 通过计算归一化反射系数方法可提取水冰含量 (McConnochie et al., 2002)。

永久阴影区没有太阳直接辐照量, 但来自其他方向的散射辐照量。基于 Lommel-Seeliger 光度方程, 计算来自其他撞击坑太阳辐照度散射分量对目标撞击坑的辐照量 (F) 为

$$1/F = p(\alpha)\mu_0/(\mu + \mu_0) \tag{6.42}$$

式中, μ_0 为太阳光线入射角的余弦; μ 为光线出射角的余弦; α 为相位角; $p(\alpha)$ 为描述

反射辐射方式的相函数。

在撞击坑地区，为了得到永久阴影区的有效太阳辐照度，需要对像元亮度值进行定标处理。定标方程为

$$I_{i,j,f} = b_{i,j} + \Delta_{\text{bias}} C_{i,j} + T(d_{i,j} + \Delta_{\text{background}} h_{i,j,f}) \tag{6.43}$$

式中，i、j 为像元位置；f 为波段，$f_1 \sim f_5$ 对应波长分别为 1.1μm、1.25μm、1.5μm、2.0μm、2.6μm 和 2.68μm 的 Clementine 卫星 UVVIS 数据和 NIR 数据；I 为像元 DN 值；Δ_{bias} 为成像轨道平均偏差和绝对参考轨道平均偏差之差；$\Delta_{\text{background}}$ 为影像所在轨道平均背景值与参数轨道及 0 波段平均背景值之差；T 为图像的曝光时间；$b_{i,j}$ 为参考轨道上与像元相关的偏差域；$c_{i,j}$ 为偏差度范围内的与像元有关的变量；$d_{i,j}$ 为参考轨道上 0 波段的背景像元依赖度，与直接的暗流和热流背景都有关系；$h_{i,j,f}$ 为与像元有关的背景率变量，假定暗流值是个常数，可用来估计与像元有关的热背景。

经过定标，建立阴影区卫星观测值与实际反射系数的关系，即

$$\text{DN\_SHAD}_f = \text{Solar}_f \cdot A \cdot \text{R\_ILLUM}_f \cdot \text{R\_SHAD}_f \cdot \text{Camera}_f \tag{6.44}$$

式中，f 为 Clementine 卫星的 NIR 数据波段；DN_SHAD_f 为阴影区的观测 DN 值；R_ILLUM_f 为由散射光子直接照射到阴影区时的反射系数；R_SHAD_f 为光子在阴影区内的多次反射系数；Camera_f 为不同波段的仪器响应函数；A 为未知系数。

同理，由卫星观测的直接照射区域反射率 DN_ILLUM_f 的表达式为

$$\text{DN\_ILLUM}_f = \text{Solar}_f \cdot \text{R\_ILLUM}_f \cdot \text{Camera}_f \tag{6.45}$$

因此，

$$\text{R\_SHAD}_f = \frac{\text{DN\_SHAD}_f}{A \cdot \text{DN\_ILLUM}_f} \tag{6.46}$$

由此，得到阴影区部分的有效反射系数。

然而，系数 A 是未知的，进行归一化处理。将 Clementine UVVIS 数据和 NIR 数据归一化到 1.1μm 波段为

$$\frac{\text{R\_SHAD}_f}{\text{R\_SHAD}_0} = \frac{\text{DN\_SHAD}_f}{\text{DN\_SHAD}_0} \cdot \frac{\text{DN\_ILLUM}_0}{\text{DN\_ILLUM}_f} \tag{6.47}$$

由此，通过计算永久阴影区部分的表面有效反射系数，对比分析反射波谱曲线，进行水冰含量和分布研究。这样，发现大部分月表永久阴影区存在水冰覆盖（图 6.16）。其中，位于 87.8°N/45°W 的研究区，表面水覆盖率在 2.4%～21%（McConnochie et al., 2002）。

6.3.3 水冰中子仪探测

通过对月球 Lunar Prospector（LP）探测器热和超热中子仪数据的处理和分析，发现氢元素含量最高的区域出现在两极，且与永久阴影区的分布有关，极有可能是以水分子的形式存在的（Feldman et al., 2001）。

为利用 LP 中子仪数据，数据的校正处理包括去除星际宇宙射线的影响（在纬度为 85°的地区，宇宙射线的强度约为 6.13MeV）；去除传感器温度变化的影响；去除 Alpha 粒

子光谱仪同时运行时产生的交叉串扰效应;在月球轨道上测量定标数据时,确定卫星的渐晕效应;使用中子自旋相数据来确定卫星效率随纬度的变化;提高热中子数据的空间分辨率;使用地球、月球同步测量消除非中子背景的影响。

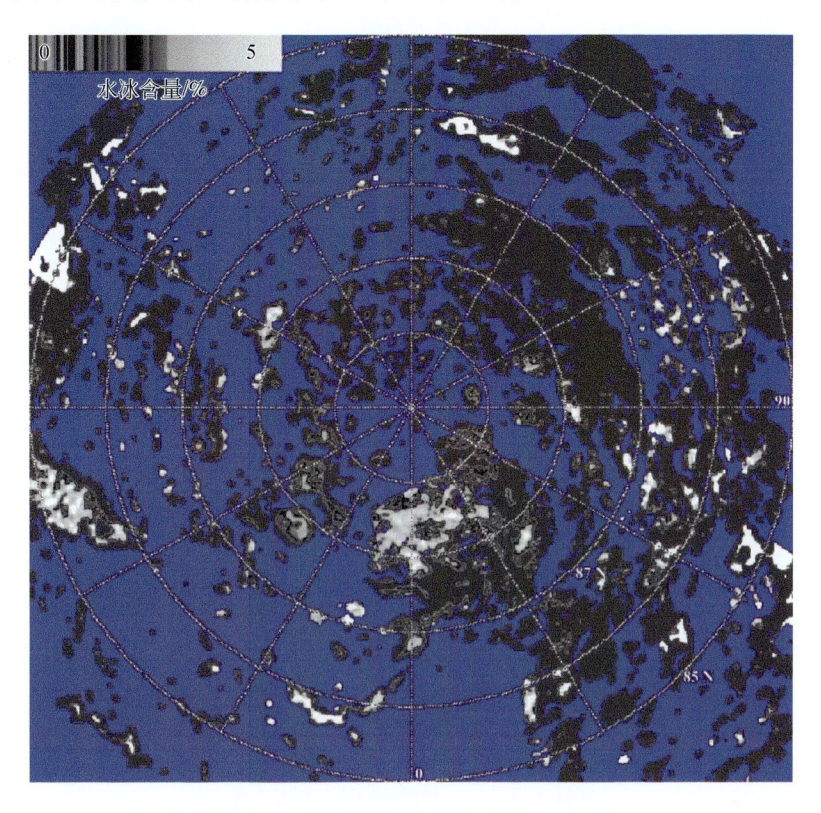

图 6.16　基于 Clementine 卫星 1.5μm 波段数据得到的月表水冰含量分布图（McConnochie et al., 2002）

经过校正后的热中子强度对月表氢含量非常敏感（Lingenfelter et al., 1961）。成分计数率 Epi* 为

$$\text{Epi}^* = [\text{Epithermal} - g \cdot \text{Thermal}] \tag{6.48}$$

式中,Epithermal 为超热中子数据;Thermal 为热中子数据;$g = 0.057$。

基于 LP 卫星中子仪数据,即可得到全月球 Epi* 分布图（图 6.17）,进而分析全月球氢元素及其质量含量 w 分布为

$$\text{Epi}^*(w=0) = [1 + 5.49 \times 10^{-4} w] \text{Epi}^*(w) \tag{6.49}$$

即

$$w = 1.82 \times 10^2 [\text{Epi}^*(0)/\text{Epi}^*(w) - 1] \tag{6.50}$$

计算结果表明,月球南极最大的三个撞击坑中,水冰含量约为 1.5%±0.8%。然而,热中子仪仅对氢元素反应敏感,而不是水。因此,这些氢元素是否是以水冰的形式存在仍然存在疑问（Feldman et al., 2001）。

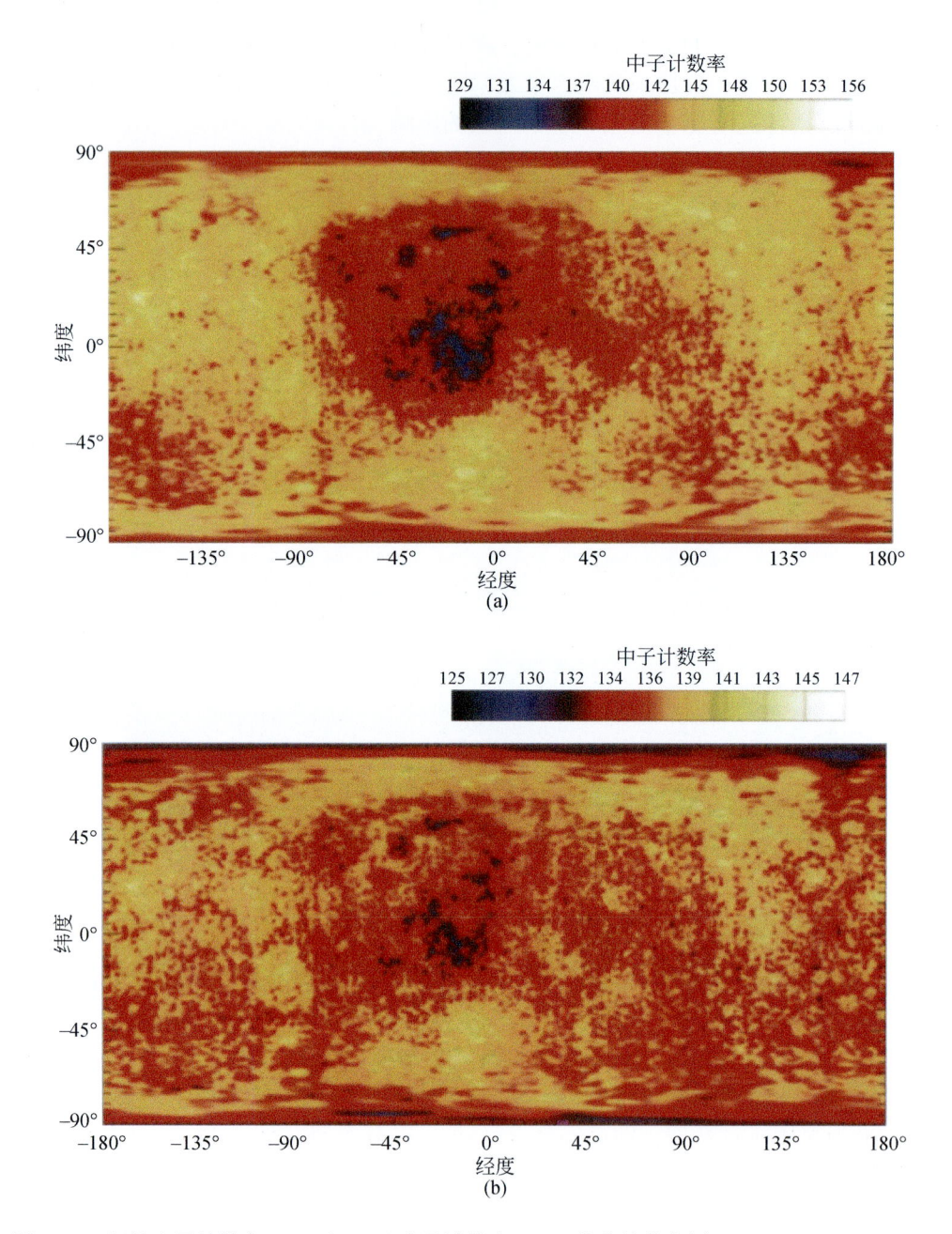

图 6.17　超热中子计数率（a）和 Epi*中子计数率（b）的全月分布图（Feldman et al.，2001）

6.4　月球氦-3 资源遥感

氦-3（^{3}He）是一种可供人类长期使用的清洁、安全的可控核聚变燃料。月球没有全球性磁场，但存在局部剩余磁场，在漫长的月球地质历史过程中，受太阳风的直接照射，使得月壤表层积累了丰富的^{3}He（Wittenberg et al.，1986；Lewis，1991）。

6.4.1 氦-3 资源光学遥感

月壤中氦-3 的含量与太阳风粒子注入月壤中氦 3 的总量和月壤的脱气作用 (Outgassing) 对月壤氦-3 保持能力等因素有关。当太阳风对氦-3 含量的影响占主要地位，则氦-3 含量应该与月球表面经纬度有关。当月壤的脱气作用占主要地位，则氦 3 含量与月壤的表面温度以及月壤对氦-3 的吸附能力有关，而这些因素取决于月壤的结构和化学成分 (Johnson et al., 1999)。

1. 太阳风强度分布

太阳风指的是从太阳大气最外层的日冕层，向空间持续不断抛射出来的粒子流。太阳风的主要成分是氢（H）粒子和氦（He）粒子。其中，氢粒子约占 90%，氦粒子约占 7% (Taylor, 1994)。由于月球上几乎没有大气层衰减和磁场对太阳风的偏转，太阳风粒子能够直接辐射到月球表面，并且注入到月球表面厚约 1μm 的月壤层中。太阳风通量越大，注入月壤层的 ^{3}He 就越多。

月球表面接收到的太阳风通量随月表的经纬度变化。不考虑由于地球磁场发生变化或地月距离变化对月球表面太阳风通量遮蔽所造成的变化，也不考虑小尺度上由于小天体撞击月球表面在月球外壳产生的磁场对太阳风通量的影响。为计算简单，也不考虑月球自转平面与太阳黄道面之间的夹角（恒定为 1°32′）以及月球的天平动。

假设月球表面任意一点的经度为 θ，纬度为 φ。在某一给定时刻，以 δ（$\delta<90°$）表示月球表面任意一点到日下点的角距离，则月球表面任意点接收到的太阳风通量为 $F(\varphi,\theta)=F_0\cos(\delta)$，其中 F_0 为日下点的太阳风通量，可近似为常数。由球面几何的余弦定理，有 $\cos(\delta)=\cos(\varphi)\cos(\beta)$，$\beta=\theta+\tau$ 为相对于日下点的经度，在每个月球自转周期内，τ 与前一次满月到观测时刻的时间成正比，在 0 到 2π 之间变化。假设月球受地球磁尾影响的半角度为 $f\pi$，则在一个月球自转周期内月球表面接收到的平均太阳风通量为

$$F(\varphi,\theta)=\int_0^{2\pi}F_0\cos(\varphi)\xi(f)\cos(\theta+\tau)\mathrm{d}\tau \tag{6.51}$$

其中，

$$\xi(f)=\begin{cases}1 & f\pi<\tau<(2-f)\pi \\ 0 & \tau\leq f\pi \text{ 或 } \tau\geq(2-f)\pi\end{cases} \tag{6.52}$$

当 $f\pi<\tau<(2-f)\pi$ 时，月表不受地球磁尾或磁鞘的影响，而当 $\tau\leq f\pi$ 或 $\tau\geq(2-f)\pi$ 时月表受地球磁尾或磁鞘的影响。月球表面经度为 θ 的点满足条件 $-\pi/2<\theta+\tau<\pi/2$ 时受到太阳风的照射。综合考虑这些因素，则一个月球自转周期内月球表面任意一点接收到的平均太阳风通量为

$$F(\phi,\theta)=F_0\cos(\varphi)\times \begin{cases}2+\sin(\theta-f\pi)-\sin(\theta+f\pi) & |\theta|\leq\pi(0.5-f) \\ 1+\sin(|\theta|-f\pi) & \pi(0.5-f)\leq|\theta|\leq\pi(0.5+f) \\ 2 & \pi(0.5+f)\leq|\theta|\leq\pi\end{cases} \tag{6.53}$$

月表在一个月球自转周期内有 1/4 的时间受地球磁尾的影响（Johnson et al., 1999）。因此，$f=0.25$。取 $F_0=0.5$，月球表面归一化太阳风通量分布如图 6.18 所示。月球正面正中心处接收到的太阳风通量约为背面正中心太阳风通量的 29.3%。如果月球在一个月球自转周期内有 30% 的时间受地球磁尾的影响（如 Apollo 12），则正面正中心接收到的太阳风通量降低为背面正中心的 19.1%。

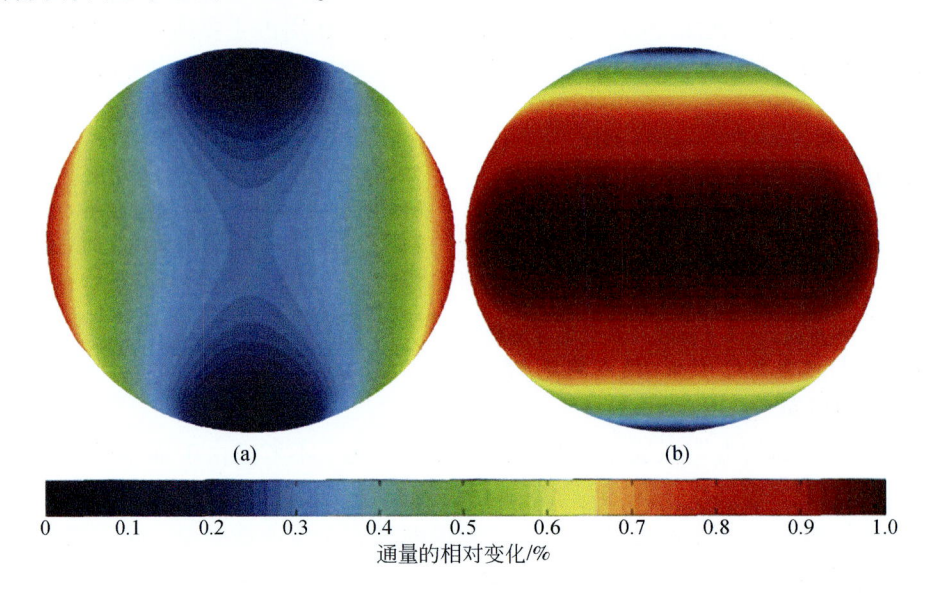

图 6.18　月球表面归一化太阳风通量分布（法文哲和金亚秋，2008）

在大尺度上月球局部地区受小天体的撞击是随机的，月壤颗粒吸收的 ^3He 未达到饱和，且月壤的化学成分不影响月壤中 ^3He 含量，则太阳风注入月壤中的 ^3He 含量应该与图 6.13 成比例。换句话说，如果月球表面 ^3He 含量仅与太阳风通量有关，则图 6.13 表示了月壤中 ^3He 含量的相对分布。

2. 月壤成熟度

美国 Clementine 卫星测得了整个月球表面紫外-可见光（UV/VIS）5 波段反射率数据。Lucey（2000）根据月面物质的光谱特性以及对应 Apollo 着陆点的月壤样品，通过 Clementine 的 UV/VIS 5 波段光学数据计算光学成熟度（optical maturity，OMAT）与 TiO_2 含量。

月壤光学成熟度表示为

$$\text{OMAT} = \left[(R_{750}-x_0)^2 + \left(\frac{R_{950}}{R_{750}}-y_0\right)^2 \right]^{\frac{1}{2}} \tag{6.54}$$

式中，$x_0=0.08$；$y_0=1.19$；R_{750}、R_{950} 分别为波长为 750nm 和 950nm 时月球表面的反射率。

根据 Clementine UV-VIS 5 波段光学反射率数据，计算出月球表面月壤光学成熟度如图 6.19 所示。月壤中的 ^3He 含量与月壤的成熟度有关。月壤随着受太阳风照射时间的增长而逐渐成熟,月壤的平均粒径减小。受太阳风照射的时间越长,太阳风注入月壤中的 ^{3}He 也就越多;月壤平均粒径越小,月壤颗粒的比表面积增加,对 ^{3}He 的吸附能力也增加(Taylor,1994;Shkuratov et al.,1999b)。

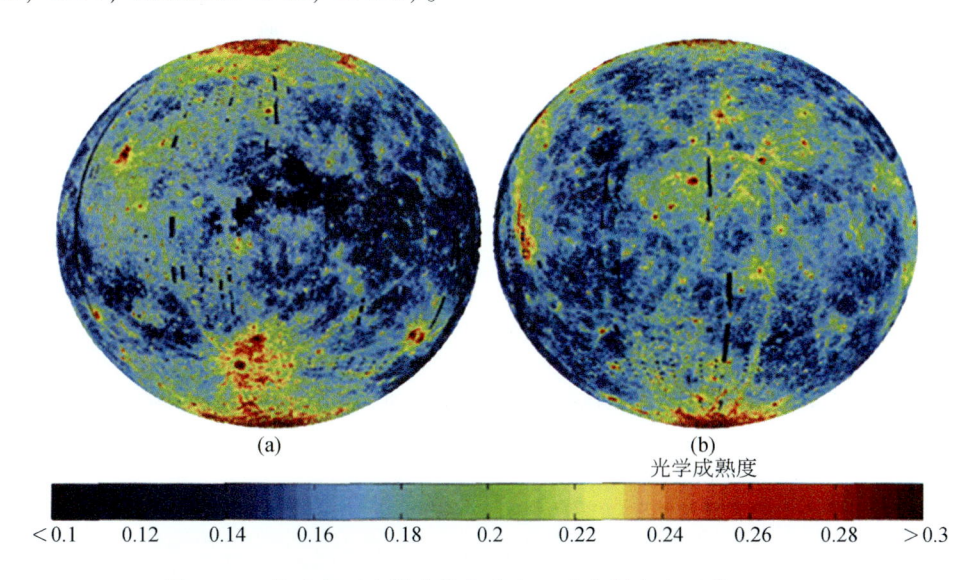

图 6.19　月球表面光学成熟度分布(法文哲和金亚秋,2008)

3. 钛铁矿含量

氦 3 的保持能力与月壤的矿物组成明显相关,特别是与月壤中 TiO_2 的含量密切相关。对同一月壤样品中同一粒级的不同矿物,如钛铁矿、辉石、斜长石、橄榄石等,钛铁矿中的 ^{3}He 含量为其他矿物组分的 10~100 倍(Swindle et al.,1990;Taylor,1994)。由于月壤中 TiO_2 绝大部分以钛铁矿的形式赋存,TiO_2 含量可作为衡量钛铁矿的指标,因而也是衡量月壤对 ^{3}He 保持能力的指标。

在富含钛铁矿的月海地区,即使月壤不成熟,^{3}He 含量也可能会很高。由 Clementine UV-VIS 5 波段光学反射率数据所计算出月球表面 TiO_2 含量分布,月球正面月海地区 TiO_2 含量很高,月陆 TiO_2 含量较低。当仅考虑月壤对 ^{3}He 的保持能力,则 ^{3}He 主要蕴含于月球正面富含钛铁矿的月海之中。

因此,根据月壤成熟度与钛铁矿含量的乘积可以测得月壤中 ^{3}He 含量,月壤成熟度与钛铁矿含量相互补偿(图 6.20)。

$$y = 0.2043 x^{0.645} \tag{6.55}$$

根据 Clementine 卫星 UV-VIS 数据得到的月壤 TiO_2 含量和成熟度数据,即可进行全月球 ^{3}He 丰度分析(Johnson et al.,1999)(图 6.21)。

综合考虑月壤表层 ^{3}He 含量与太阳风通量、光学成熟度以及 TiO_2 含量之间的关系,通过这些月壤样品的测量数据进行拟合(Swindle et al.,1990),得到月球表面 ^{3}He 含量 C_0 与归一化太阳风通量 F、TiO_2 含量 S_{Ti} 以及光学成熟度 OMAT 之间的关系为

$$C_0 = 0.56 \times (S_{Ti} \times F / OMAT) + 162 \tag{6.56}$$

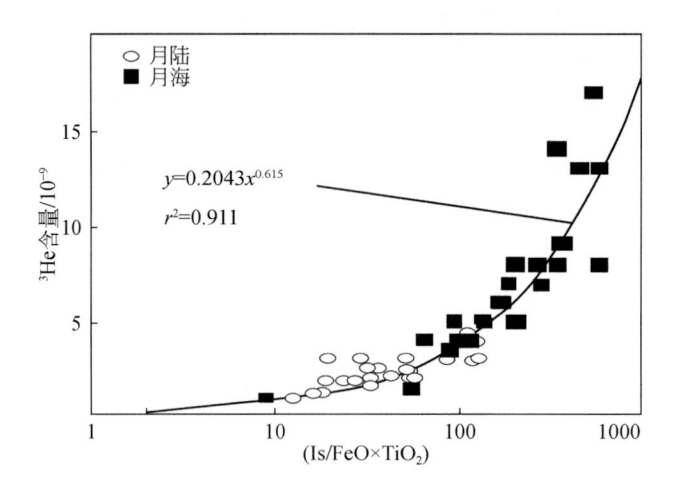

图 6.20 ^{3}He 含量与月壤成熟度（Is/FeO）和 TiO$_2$ 关系（Taylor，1994）

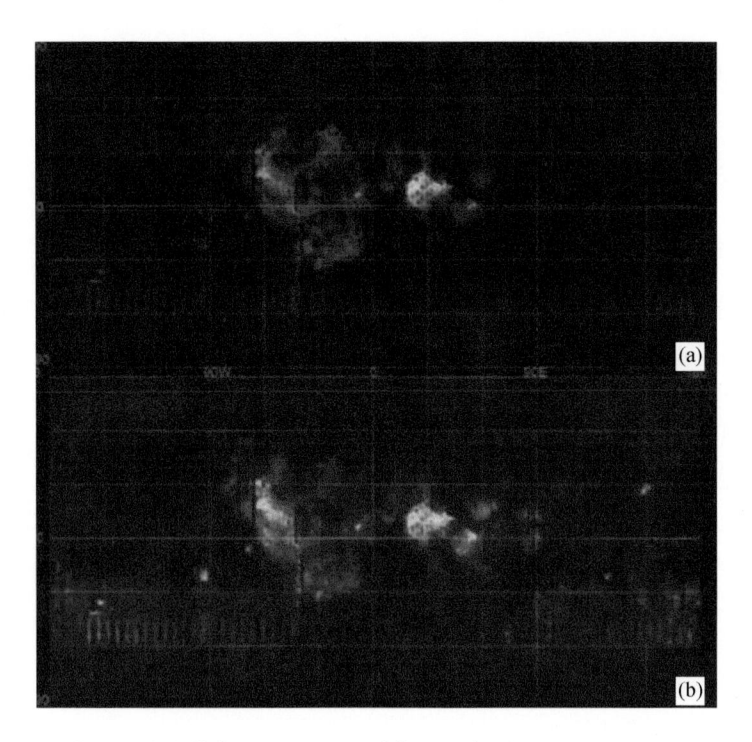

图 6.21 月壤 TiO$_2$ 含量分布图（a）和月壤 ^{3}He 丰度图（b）（Johnson et al.，1999）

6.4.2 氦-3 资源地基雷达观测

阿雷西博雷达（Arecibo Radio）始建于 1963 年，球面天线直径为 305m，1997 年的改造使其观测频率扩展为波长 1m 到 3cm。为探测月球、小行星、彗星、行星及其卫星，配备了波长为126cm的发射机和双偏振微波接收机。从接收目标反射的微波回波，可获得被探测物的表面图像，以数百英尺的精确度为阿波罗登月船和海盗号确定在月球上最好的登陆地点。

基于月表的雷达散射模型，通过雷达数据入射角校正、月表粗糙度、月表土介电常数、月壤岩石大小和丰度，可模拟雷达后向散射系数。通过最小化波长70cm、空间分辨率400m的地基Arecibo月球雷达的实际对月观测后向散射系数及模拟后向散射系数之间的差值，推算出月壤风化层厚度。再利用月壤厚度与^{3}He含量的函数关系，推断月壤表层^{3}He含量分布。

直径大于雷达空间分辨率的大型撞击坑对局部入射角的影响，可使用高分辨率地形数据校正（图6.22）。直径小于雷达空间分辨率的撞击坑对局部入射角的影响，可通过量化区域"平均"后向散射系数消除。

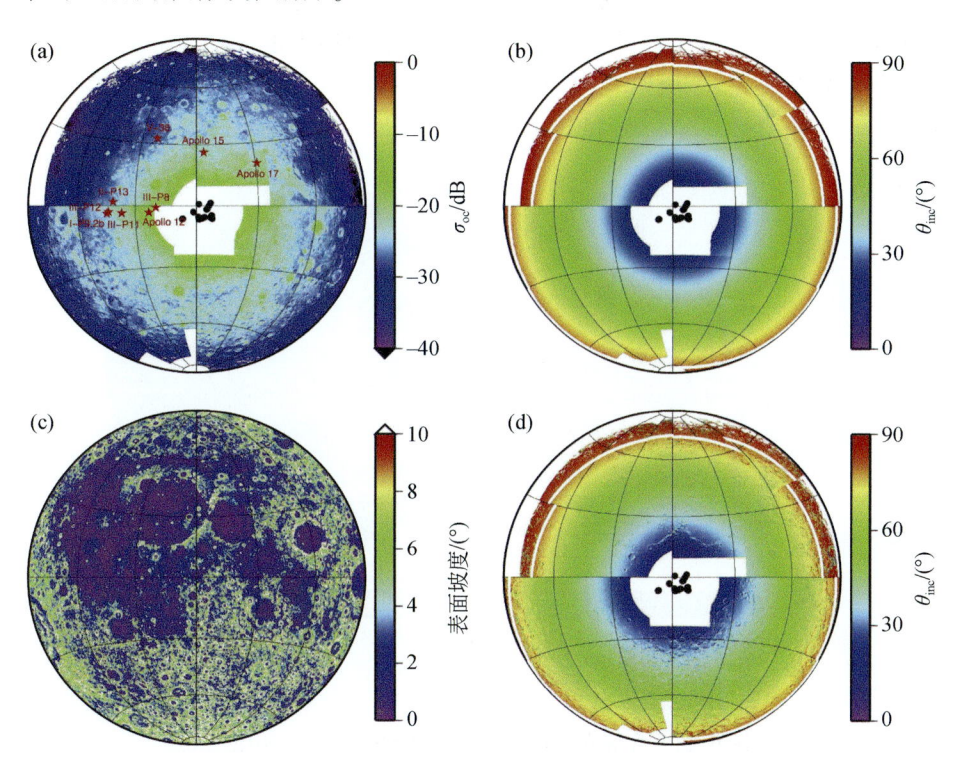

图6.22 月球近侧半球的70cm Arecibo极化雷达后向散射系数和相应的雷达入射角
(Fa and Wieczorek, 2012)
(a) 后向散射系数；(b) 标称雷达入射角；(c) 表面坡度；(d) 局部雷达入射角

在地基对月雷达观测中，若忽略粗糙表面和埋藏岩石的散射影响，月壤中上下传播的电磁波能量衰减系数为

$$\alpha = \exp(-4\pi f \varepsilon'' d / c \sqrt{\varepsilon'}) \tag{6.57}$$

式中，α为衰减系数；$\varepsilon = \varepsilon' + i\varepsilon''$为月壤的复介电常数；$d$为风化层厚度；$f$为雷达波的频率；$c$为真空中的光速。

利用 Apollo 系列探月器获取的风化层样品，通过堆积密度、孔隙率、铁磁共振强度、FeO 和 TiO_2 丰度的各种线性拟合，得出相对介电常数 ε' 为

$$\begin{cases} \varepsilon' = 2.78 \pm 0.23 \, (\phi = 0.45) \\ \varepsilon' = 2.75 \pm 0.20 \, (\rho = 1.7 \text{g/cm}^3) \end{cases} \quad (6.58)$$

式中，ϕ 为孔隙率；ρ 为颗粒密度。

损耗角正切 $\tan\delta$ 的对数函数为

$$\begin{cases} \lg\tan\delta = -2.407(0.052) + 0.071(0.015) TiO_2 \, (\phi = 0.45) \\ \lg\tan\delta = -2.395(0.052) + 0.064(0.015) TiO_2 \, (\rho = 1.7 \text{g/cm}^3) \end{cases} \quad (6.59)$$

基于 Lunar Prospector 的伽马能谱仪测取的月表 FeO 和 TiO_2 丰度，使用方程式估算参考密度为 1.7g/cm^3 的复介电常数。利用颗粒密度 ρ 与 FeO 和 TiO_2 之间的相关性为

$$\rho = 0.0273 FeO + 0.011 TiO_2 + 2.773 \quad (6.60)$$

假设月壤具有 45% 的恒定孔隙度，计算月壤密度。使用 Maxwell-Garnett 混合公式，可推算使用该体积密度的月壤介电常数（图 6.23）。其中，推导出月壤损耗角正切（图 6.24）。

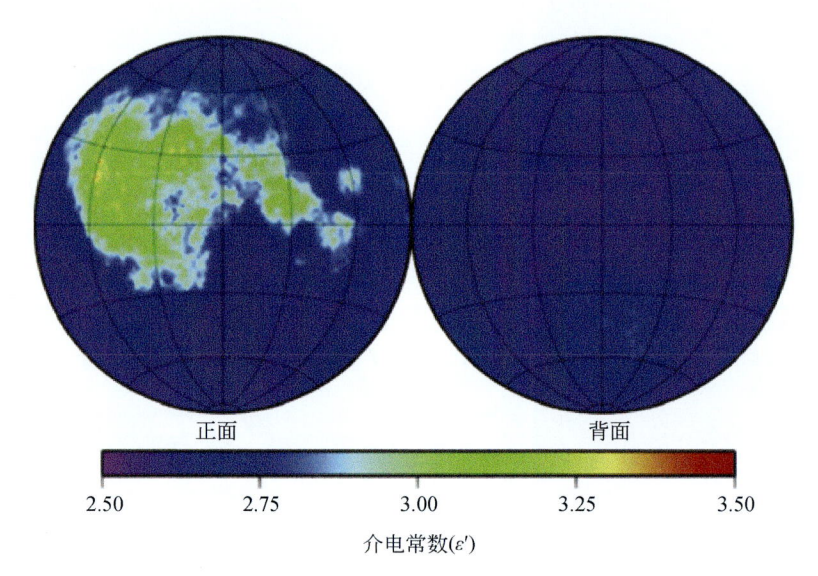

图 6.23　月壤介电常数（Fa and Wieczorek，2012）

假设月表粗糙度均方根（RMS）高度为 δ，相关长度为 l，采用均方根斜率，即

$$s = \sqrt{2}\delta/l \quad (6.61)$$

作为模型主要统计特征。同时假设月表埋藏石块为半径为 r 的球体，每立方米石块丰度为 n_0。

通过 Apollo 系列探月登陆实验测量的月壤厚度及成分，综合其介电常数，在已知校正后雷达后向散射系数，得到月球表面粗糙度、埋藏岩石的大小和丰度对极化雷达后向散射系数的影响，进一步模拟出月球表面粗糙度、埋藏岩石的大小和丰度对雷达后向散射系数与风化层度之间函数关系的影响（图 6.25）。

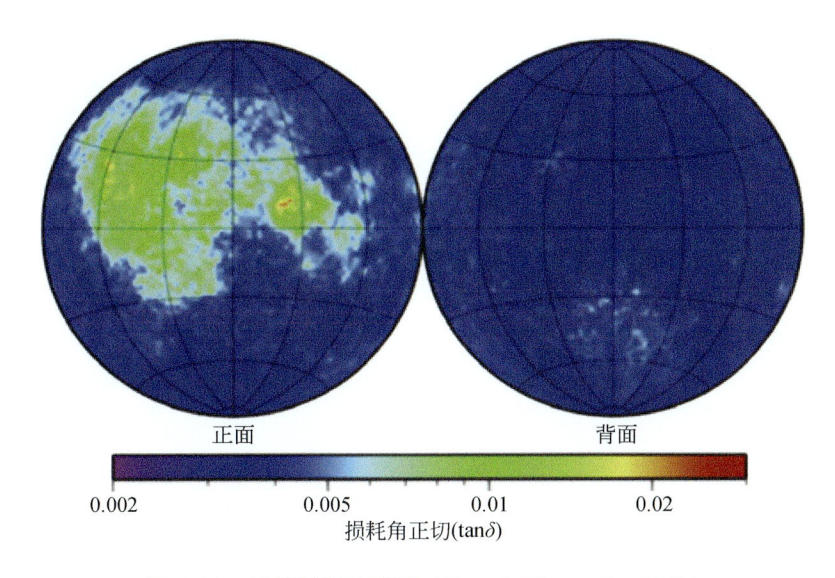

图 6.24 月壤损耗角正切（Fa and Wieczorek, 2012）

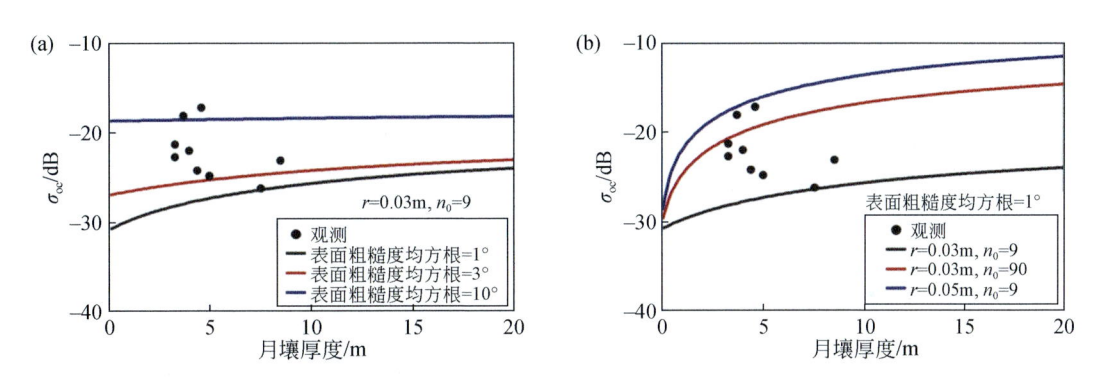

图 6.25 雷达后向散射系数与月壤厚度关系（Fa and Wieczorek, 2012）
r 为埋置岩石半径；n_0 为丰度

如果已知介电常数、月球表面粗糙度、埋藏石块的大小和丰度，可通过最小化模拟和观测的雷达后向散射系数之间的差异来估计月球风化层厚度（Fa and Wieczorek, 2012），即

$$d_0 = \arg_d \min |\sigma_{oc}(\varepsilon, s, r, n_0, d) - \sigma_{oc}^o| \tag{6.62}$$

式中，d_0 为风化层厚度；ε 为介电常数；s 为表示月表粗糙度的斜率；r 和 n_0 分别为埋置岩石的半径和丰度；σ_{oc} 和 σ_{oc}^o 分别为模拟和观测的雷达后向散射系数。

假设岩石的半径为 0.03m，埋藏丰度为 30/m³。当雷达入射角小于80°时，假设月海中月表均方根表面坡度3°，高地处为5°。依次完成月表风暴洋北部、海脊、南半球高地区域、北半球高地区域的风化层厚度反演（图 6.26）。

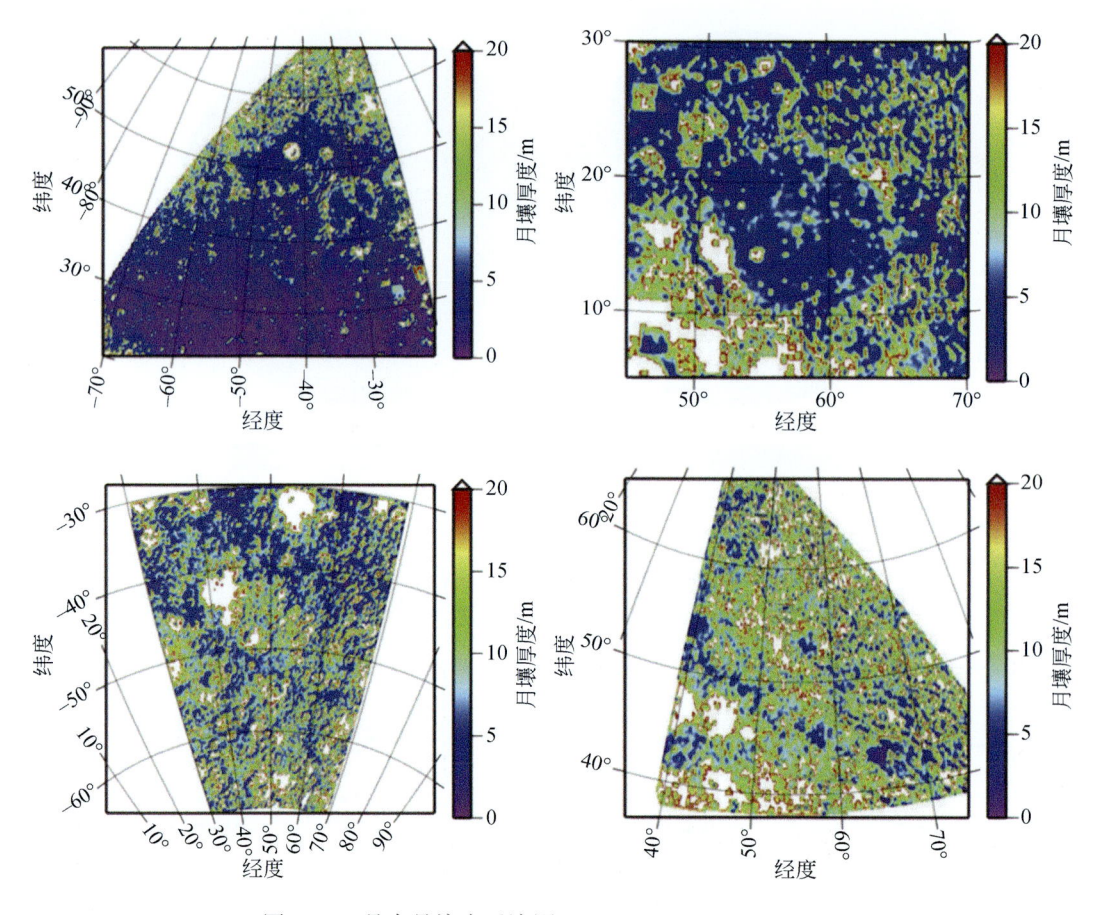

图 6.26　月表月壤度反演图（Fa and Wieczorek，2012）

太阳风注入的 ^{3}He 在月表面仅是微米深度，但随着各种尺度小天体的撞击致使月面介质破裂而透入几米的深处。在月球漫长的地质历史中，陨石的撞击使 ^{3}He 被不断的搅拌融入。

撞击搅动下月壤表面颗粒会到达一定的深度。Apollo 11 着陆点厚度为 10cm、1m、3~4m 的月壤曾被混合的次数分别估计为 2000 次、100 次、10 次（Melosh，1989）。随着月壤深度的增加，月壤混合的次数减少，月壤中所蕴含的 ^{3}He 含量也减少。因此，在整个月壤中，^{3}He 不是均匀分布。月壤层颗粒的混合能力随深度而减弱，这样 ^{3}He 随深度 z 有一个分布，设为

$$C(z) = C_0 - \alpha z \tag{6.63}$$

设 $\alpha = 1/3$，即在深度 3m 处 ^{3}He 含量减小至 e^{-1}。不同的 α 给出不同的 ^{3}He 含量。当 $\alpha = 0$，意味 ^{3}He 在整个月壤深度中均匀分布。月表任意点单位面积内 ^{3}He 含量可计算为

$$M = \int_0^d \rho(z) \cdot C(z) \mathrm{d}z \tag{6.64}$$

式中，d 为月壤厚度；ρ 为月壤体积密度，设定 $\rho = 1.8\mathrm{g/cm}^3$。

由于月海富含 TiO_2 对 ^{3}He 的吸附能力很强，即使月海月壤厚度比较小，月海地区单位

面积所蕴含的³He 也比较多。而月球背面月陆地区由于月壤厚度较大，单位面积内³He 也比较高。在月海，如 Tranquillitatis、Fecunditatis、Moscoviense、OceanusProcellarum 等，由于月表面³He 含量与月壤厚度都大，³He 的总含量高，可达 80ng/（g¹/m²）。按全月球表面每一像素³He 含量，可得到全月球月壤的³He 总含量。

6.4.3 氦-3 资源微波亮温反演

利用微波亮温反演全月³He 资源量是一种全新的尝试。通过³He 含量与微波辐射中某些参数之间关系，能够依据辐射传输通过微波亮温反演该参数，进而计算出³He 含量。根据 Apollo 及 Luna 采样点³He 丰度与样品介电常数的损耗角正切的关系，可通过损耗角正切的反演来估算³He 丰度（图 6.27）。因此，可通过损耗角正切的反演来估算³He 丰度。损耗角的正切值可根据月壤表面介电常数实部计算得到。这样，通过获得的损耗角正切，结合月壤厚度分布、³He 的剖面变化特性和全月月壤表面积的积分得到全月³He 资源量分布。

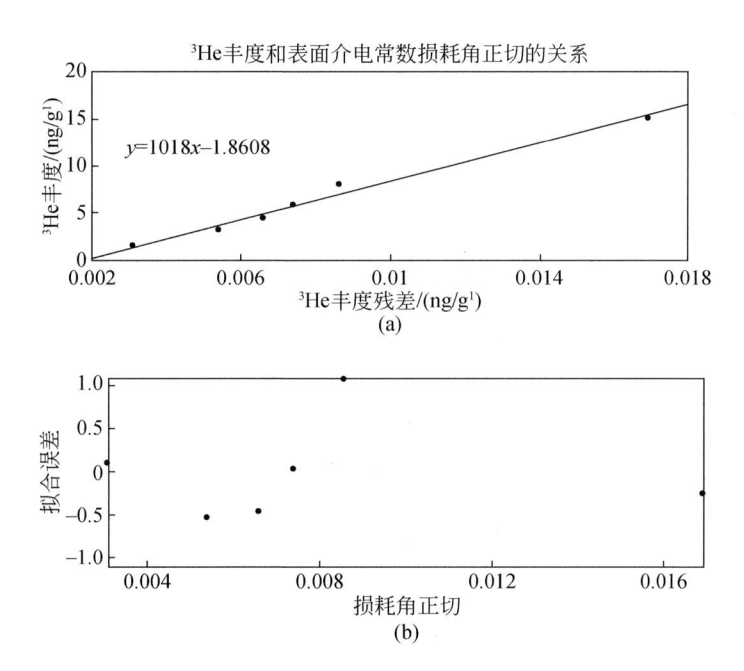

图 6.27　³He 含量（Slyuta et al., 2007）与损耗角正切的关系（a）　损耗角测量数据与³He 丰度拟合结果的拟合误差（b）（王振占等，2009）

目前已知的月壤介电常数实部、损耗角正切之间是通过月壤密度联系起来的。月壤表面体密度与月壤表面介电常数实部关系为

$$\rho_0 = \frac{\lg(\varepsilon'_0)}{\lg 1.919} \tag{6.65}$$

相应的损耗角正切剖面表示为

$$\tan\delta(h) = 10^{0.44\rho(h) - 2.943} \tag{6.66}$$

利用最小二乘法通过嫦娥卫星微波辐射计 37.0GHz 亮温，反演月壤表面介电常数实部，得到损耗角正切的剖面分布。由此，可计算出该位置的 ^{3}He 丰度（图 6.23）（Slyuta et al.，2007），即

$$\rho_{3He} = 1018\tan\delta - 1.8608 \tag{6.67}$$

丰度是一个质量比，式（6.67）中给出的单位为 ng/g。根据丰度值，即可积分计算该面元 ^{3}He 含量为

$$^3He = \int_0^z (\rho_{3He} \times \rho(h) \times s) dh \tag{6.68}$$

式中，z 为该面元的月壤厚度；s 为该面元面积。

由此，可得到全月球 ^{3}He 资源量（图 6.28）。

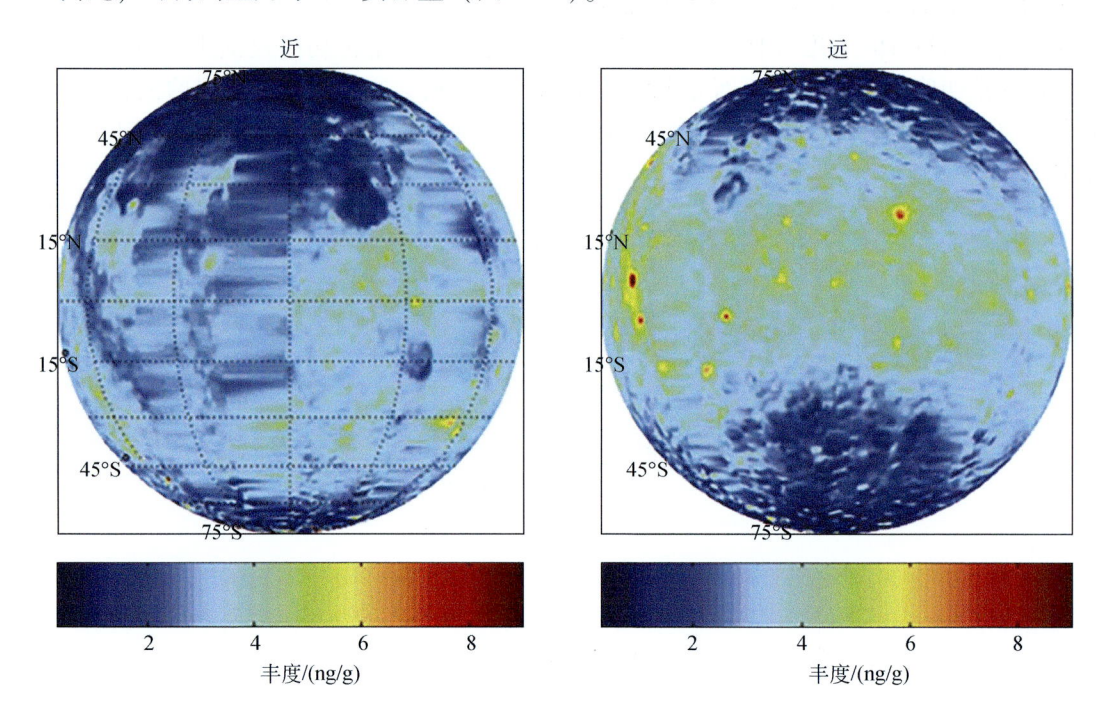

图 6.28 全月 ^{3}He 丰度分布图（王振占等，2009）

参 考 文 献

法文哲，金亚秋. 2006a. 月球表面多通道辐射亮度温度的模拟与月壤厚度的反演 [J]. 自然科学进展，16（1）：86-94.

法文哲，金亚秋. 2006b. 光学观测与微波辐射模拟对月壤厚度的反演 [J]. 电波科学学报，21（3）：347-356.

法文哲，金亚秋. 2007. 三层月壤模型的金通道微波辐射模拟与月壤厚度的反演 [J]. 空间科学学报，27（1）：55-65.

法文哲，金亚秋. 2008. 月球表面月壤中 ^{3}He 含量分布的定量估算 [J]. 中国科学，(2)：167-176.

韩念龙，陈圣波，汪自军，等. 2007. 被动微波反演裸露区土壤水分综述 [J]. 吉林大学学报（地球科学版）（增刊），37：155-159.

贾阳, 申振荣, 党兆龙, 等. 2014. 模拟月壤研究及其在月球探测工程中的应用 [J]. 航天器环境工程, 31 (3): 241-247.

姜景山, 王振占, 李芸. 2008. 嫦娥 1 号卫星微波探月技术机理和应用研究 [J]. 中国工程科学, 10 (6): 16-22.

金亚秋. 1998. 电磁散则和热辐射的遥感理论 [M]. 北京: 科学出版社.

金亚秋, 颜锋华, 梁子长. 2003. 微波辐射计对月面特征参数的遥感理论模拟 [J]. 电波科学学报, 18 (5): 477-486.

金亚秋, 法文哲, 徐丰. 2007. 月球表面微波主被动遥感的建模模拟与反演 [J]. 遥感技术与应用, 22 (2): 129-134.

蓝爱兰. 2004. 月球表层媒质的被动遥感机理及厚度反演研究 [D]. 北京: 中国科学院.

蓝爱兰, 张升伟. 2004. 利用微波辐射计对月壤厚度进行研究 [J]. 遥感技术与应用, 19 (3): 154-158.

李涤徽, 姜景山, 吴季, 等. 2005. 模拟月壤微波介电特性的实验研究与统计分析 [J]. 科学通报, 50 (10): 1040-1049.

李丽英, 张立新, 赵少杰. 2007. 冻土介电常数的实验研究 [J]. 北京师范大学学报 (自然科学版), 43 (3): 241-244.

李雄耀, 王世杰, 程安云. 2007. 月球表面温度物理模型研究现状 [J]. 地球科学进展, 22 (5): 480-485.

孟治国. 2008. 月壤参数的辐射传输模拟和查找反演技术研究 [D]. 长春: 吉林大学.

孟治国, 陈圣波, 刘财, 等. 2008. 非均匀月壤介质中的被动微波辐射传输模拟 [J]. 吉林大学学报 (地球科学版), 38 (6): 1070-1074.

王振占, 李芸, 姜景山, 等. 2009. 用"嫦娥一号"卫星微波探测仪亮温反演月壤厚度和 ^{3}He 资源量评估的方法及初步结果分析 [J]. 中国科学 D 辑: 地球科学, 39 (8): 1069-1084.

张冬华, 张春华, 刘芮, 等. 2014. 基于 Mini-RF 雷达数据的月球水冰探测 [J]. 国土资源遥感, 26 (1): 110-114.

张卫国, 王超, 吴迅英, 等. 2004. 利用星载 SMMR 低频数据对塔克拉玛干沙漠地表要素的反演研究 [J]. 电波科学学报, 19 (4): 474-478.

张卫国, 姜景山, 刘和光, 等. 2009. 月球南极的微波辐射分布与异常 [J]. 中国科学 D 辑: 地球科学, 39 (8): 1059-1068.

Arnold J R. 1975. Monte Carlo simulation of turnover processes in the Lunar regolith [C] //Proceedings of the Sixth Lunar Science Conference, Houston, Texas, March 17-21. Volume 2. (A78-46668 21-91). New York: Pergamon Press.

Arnold J R. 1979. Ice in the Lunar polar regions [J]. Geophys Res, 84 (B10): 5659-5668.

Bandfield J L, Hayne P O, Williams J P, et al. 2015. Lunar surface roughness derived from LRO diviner radiometer observations [J]. Icarus, 248: 357-372.

Basilevsky A T. 1974. The estimation of Lunar regolith thickness and reworking degree by crater distribution [J]. Kosmicheskie Issledovaniya, 12: 606-609.

Bastin J A. 1973. The Lunar surface layer [J]. Reports on Progress in Physics, 36: 289-346.

Bondarenko N V, Shkuratov Y G. 1998. A map of regolith-layer thickness for the visible Lunar hemisphere from radar and optical data [J]. Solar System Research, 32: 264.

Butler B J. 1997. The migration of volatiles on the surfaces of Mercury and the Moon [J]. Geophys Res, 102: 19283-19291.

Butler B J, Muhleman D O, Slade M A. 1993. Mercury: Full-disk radar images and the detection and stability of ice at the north pole [J]. Geophys Res, 98: 15003-15023.

Cameron E N. 1992. Helium resources of mare tranquillitatis, technical report [R]. Denver CO: Wisconsin Center for Space Automation and Robotics.

Cameron E N, Kulcinski G L. 1992. Helium-3 from the Moon—An alternative source of energy [C]. Galgary, Alberta: International Conference on Environmental Issues and Management of Waste in Energy and Mineral Production.

Campbell B A, Hawke B R, Thompson T W. 1997. Regolith composition and structure in the Lunar maria: Results of long-wavelength radar studies [J]. Journal of Geophysical Research: Planets, 102 (E8): 19307-19320.

Campbell B A, Campbell D B, Carter L M, et al. 2006. No evidence for thick deposits of ice at the Lunar south pole [J]. Nature, 443: 835-837.

Carrier W D, Olhoeft G R, Mendell W. 1991. Physical properties of the Lunar surface [M]. In Lunar Source-Book. New York: Cambridge University Press.

Cohen B A. 1984. Geochemical and geochronological constraints on early Lunar bombardment history [J]. Meteoritics & Planetary Science, (33): 1-2.

Cooper M R, Kovach R L, Watkins J S. 1974. Lunar near-surface structure [J]. Reviews of Geophysics, 12 (3): 291-308.

Cremers C J, Birkebak R C, White J E. 1971. Lunar surface temperatures from Apollo 12 [J]. Earth Moon Planets, 3 (3): 346-351.

Crider D H, Vondrak R R. 2002. Hydrogen migration to the Lunar poles by solar wind bombardment of the Moon [J]. Adv Space Res, 30: 1869-1874.

Cui P, Ge D, Gao A. 2017. Optimal landing site selection based on safety index during planetary descent [J]. Acta Astronautica, 132: 326-336.

Dobson M C, Ulaby F T, Hallikainen M T, et al. 1985. Microwave dielectric behavior of wet soil: Part II: Dielectric mixing models [J]. IEEE Trans Geosci Remote Sens, 23 (1): 35-46.

Duenneber F K, Watkins J S, Kovach R L. 1974. Results from the Lunar surface profiling experiment [J]. Abstracts of the Lunar and Planetary Science Conference, 5: 183.

Duke M B, Gaddis L R, Taylor G J, et al. 2006. Development of the Moon [J]. Rev Mineral Geochem, 60: 597-656.

Ehricke K A. 1984. Economic evaluation of the Lunar environment and resources-Ⅲ1. Selenospheric economics and cislu-nar/terrestrial market analysis [J]. Acta Astronaut, 11 (2): 111-136.

Evans S. 1965. Dielectric properties of ice and snow-a review [J]. Glaciol, 5: 773-792.

Fa W. 2020. Bulk Density of the Lunar regolith at the Chang'E-3 landing site as estimated from Lunar penetrating radar [J]. Earth and Space Science, 7 (2): e2019EA000801.

Fa W, Wieczorek M A. 2012. Regolith thickness over the Lunar nearside: Results from Earth-based 70-cm Arecibo radar observations [J]. Icarus, 218 (2): 771-787.

Fegley B J, Swindle T D. 1993. Lunar volatiles: Implications for Lunar resource utilization [C] //Lewis J, Matthews M S, Guerrieri M L. Re-sources of Near-Earth Space Tucson [M]. Tucson: University of Arizona Press.

Feldman W C, Maurice S, Binder A B, et al. 1998. Fluxes of fast and epithermal neutrons from Lunar prospector: Evidence for water ice at the Lunar Poles [J]. Science, 281: 1496-1500.

Feldman W C, Lawrence D J, Elphic R C, et al. 2000. Chemical information content of Lunar thermal and epithermal neutrons [J]. Geophys Res, 105: 20347-20363.

Feldman W C, Maurice S, Lawrence D J, et al. 2001. Evidence for water ice near the Lunar poles [J]. Journal of Geophysical Research: Planets, 106 (E10): 23231-23251.

Florensky K P, Basilevsky A T. 1976. The processes of surface reworking at le monner on results of detailed study by Lunochod2 [R]. Moscow, Nauka: Tektonika I Strukturnaya Geologiya.

Florensky K P, Basilevsky A T, Pronin A A, et al. 1971. Prevoious results of panorama geomorphologic study [R]. Peredvizgnaya Laboratory on the Moon, Lunochod 1.

Gold T. 1969. Apollo 11 observations of a remarkable glazing phenomenon on the Lunar surface [J]. Science, 165: 1345-1349.

Gooper M R, Kevach R L, Watkins J S. 1974. Lunar near surface structure [J]. Review of Geophysics, 12 (3): 291-308.

Harmon J K, Slade M A, Velez R A, et al. 1994. Radar mapping of Mercury's polar anomalies [J]. Nature, 369 (6477): 213-215.

Heiken G H, Vaniman D T, French B M. 1991. Lunar Sourcebook: A user's guide to the Moon [M]. New York: Cambridge University Press.

Helfenstein P, Shepard M K. 1999. Submillimeter-scale topography of the Lunar regolith [J]. Icarus, 141 (1): 107-131.

Hiesinger H, Head Iii J W, Wolf U, et al. 2002. Lunar mare basalt flow units: Thicknesses determined from crater size-frequency distributions [J]. Geophysical Research Letters, 29 (8): 89-1-89-4.

Hodges R. 2002. Ice in the Lunar polar regions revisited [J]. Geophys Res, 107: 5011.

Jaeger J C. 1953. The surface temperature of the Moon [J]. Australian Journal of Physics, 6 (1): 10-21.

James R W, Pecgy E O, Thomas J J, et al. 1983. Multifrequency measurements of the effects of soil moisture, soil texture and surface roughness [J]. IEEE Transactions on Geoscience and Remote Sensing, 21 (1): 44-51.

Jiang J S, Zhang X H, Zhang D H, et al. 2008. Microwave sounding of Lunar soil from China Lunar orbit satellite "Chang' E-1 (CE-1)" [C]. Montréal, Canada: The 37th COSPAR Scientific Assembly.

JinYaqiu. 1998. Microwave scattering, emission model and its application [M]. Peking: Science Press (in Chinese).

Johnson J R, Swindle T D, Lucey P G. 1999. Estimated solar wind-implanted helium-3 distribution on the Moon [J]. Geophys Res Lett, 26: 385-388.

Jones W P, Watkins J R, Calvert T A. 1975. Temperatures and thermophysical properties of the Lunar outermost layer [J]. The Moon, 13 (4): 475-494.

Jordan J L. 1990. Mapping pyroclastic deposits and other Lunar features for solar wind implanted helium [C] // John W D, Grant H H. Workshop on Lunar Volcanic Glasses: Scientific and Resource Potential. A Lunar and PlanetaryInstitute Workshop.

Kari L, Hannu K, William M I. 1985. Roughness of the Lunar soil [J]. Earth, Moon, and Planets, 33 (1): 19-29.

Kovach R L, Watkins J S. 1973. The velocity structure of the Lunar crust [J]. The Moon, 7 (1-2): 63-75.

Kulcinski G L. 1992. A resource assessment and extraction of Lunar 3He. The US-USSR Workshop on D-3He Reactor Studies, 25 September-2 October 1991, Moscow [C]. Fusion Technology Institute Publications.

Kulcinski G L, Schmitt H H. 1988. The Moon: An abundant source of clean and safe fusion fuel for the 21st century [C]. Lunar Helium-3and Fusion Power, NASA Conference Publication 10018.

Kulcinski G L, Schmitt H H. 2000. Nuclear power without radioactive waste-the promise of Lunar helium-3 [C]. The Second Annual LunarDevelopment Conference, Return to the Moon II. Fusion Technology Institute Publications.

Lai J, Xu Y, Zhang X, et al. 2019. Comparison of dielectric properties and structure of Lunar regolith at Chang'e-3 and Chang'e-4 landing sites revealed by ground-penetrating radar [J]. Geophysical Research Letters, 46 (22): 12783-12793.

Lewis J S. 1991. Extraterrestrial sources of 3he for fusion power [J]. Space Power, 10: 363-372.

Li C, Hu H, Yang M F, et al. 2022. Characteristics of the Lunar samples returned by the Chang'e-5 mission [J]. National science review, 9 (2): 188.

Lucey P G, Blewett D T. 2000. Lunar iron and titanium abundance algorithms based on final processing of Clementine ultraviolet-visible images [J]. Journal of Geophysical Research, 105 (E8): 20297-20305.

Lucey P G, Blewett D T, Hawke B R. 1998. Mapping the FeO and TiO_2 content of the Lunar surface with multispectral imagery [J]. Journal of Geophysical Research, 103: 3679-3699.

Lucey P G, Blewett D T, Jolliff B L. 2000. Lunar iron and titanium abundance algorithms based on final processing of Clementine ultravio-let-visible images [J]. Journal of Geophysical Research, 105 (E8): 20297-20305.

Lucey P G, Blewett D T, Taylor G J, et al. 2000. Imaging of Lunar surface maturity [J]. Journal of Geophysical Research, 105 (E8): 20337-20386

Martinez A, Siegler M A. 2021. A global thermal conductivity model for Lunar regolith at low temperatures [J]. Journal of Geophysical Research: Planets, 126 (10): e2021JE006829.

Matveev Y G, Suchkin G L, Troitskii V S. 1966. Change of lunite density with depth in the surface layer [J]. Soviet Astronomy, 9 (4): 626-631.

McConnochie T H, Buratti B J, Hillier J K, et al. 2002. A search for water ice at the Lunar poles with Clementine images [J]. Icarus, 156 (2): 335-351.

McKay D G, Heiken A, Basu, et al. 1991. The Lunar regolith [M]. In Lunar Sourcebook, A User's Guide to the Moon, Cambridge: Cambridge University Press, pp. 285-356.

Melosh H J. 2011. Planetary surface processes [M]. London: Cambridge University Press.

Meng Z G, Chen S B, Liu C, et al. 2008. Simulation of passive microwave penetration features in dry medium [C] //Nanjing: International Conference on Microwave and Millimeter Wave Technology.

Meng Z G, Chen S B, Liu C, et al. 2008. Review on retrieval of Lunar regolith thickness by active and passive microwave measurements [J]. Global Geology, 11 (2): 102-109.

Morris R V. 1976. Surface exposure indices of Lunar soils: A comparative FMR study [C] //Proceedings of 7th Lunar Science Conference. Lunar Science Conference, 7th, Houston, Tex., March 15-19, Proceedings. Volume 1. (A77-34651 15-91) New York, Pergamon Press, Inc., p. 315-335.

Murali A V, Jordan J L. 1993. Helium-3 inventory of Lunar samples: A potential future energy resource for mankind? [J]. Lunar Planet Science, (2): 1023-1024.

Nakamura Y, Dorman J, Duennebier F, et al. 1975. Shallow Lunar structure determined from the passive seismic experiment [J]. The Moon, 13 (1-3): 3-15.

Neal C R. 2009. The Moon 35 years after Apollo: What's left to learn [J]. Chemie der Erde, 69: 3-43.

Neugebauer M, Snyder C W, Clay D R, et al. 1972. Solar wind observations on the Lunar surface with the Apollo? 12 ALSEP [J]. Planet Space Science, 20: 1577-1591.

Nozette S, Lichtenberg C L, Spudis P, et al. 1996. The Clementine bistatic radar experiment [J]. Science,

274: 1495-1498.

Nozette S, Spudis P D, Robinson M S, et al. 2001. Integration of Lunar polar remote sensing data sets: Evidence for ice at the Lunar south pole [J]. Geophys Res, 106: 23253-23266.

Oberbeck V R, Quaide W L. 1968. Genetic implication of Lunar regolith thickness variations [J]. Icarus, 9: 446-465.

Oberbeck V R, Quaide W L, Mahan M, et al. 1973. Monte Carlo calculations of Lunar regolith thickness distributions [J]. Icarus, 19: 87-107.

Odelevsky V I. 1951. Raschet obobschennoi provodimosti geterogennih system [J]. GTF, 21 (6): 667-685.

Olhoeft G R, Strangway D W. 1975. Dielectric properties of the first 100 meters of the Moon [J]. Earth Planet Sci Lett, 24: 394-404.

Pepin R O, Dragon J C, Jonson N L, et al. 1975. Rare gases and Ca, Sr, and Ba in Apollo 17 drill-core fines [C]. Houston, Texas: Proceedings of the Sixth Lunar Science Conference.

Quaide W L, Oberbeck V R. 1968. Thickness determinations of the Lunar surface layer from Lunar impact craters [J]. Journal of Geophysical Research, 73: 5247-5270.

Racca G D. 1995. Moon surface thermal characteristics for Moon orbiting spacecraft thermal analysis [J]. Planetary and Space Science, 43 (6): 835-842.

Rennilson J J, Dragg J L, Morris E C, et al. 1966. Lunar surface topography [J]. Surveyor I Mission Report, Part II: Scientific Data and Results, NASA JPL Technical Report, 32 (1023): 7-44.

Reynolds J A, Hough J M. 1957. Formulae for dielectric constant of mixtures [J]. Proceeding of the Physical Society Section B, 70 (45): 769-775.

Saari J M, Shorthill R W. 1963. Isotherms of crater regions on the illuminated and eclipsed Moon [J]. Icarus, 2: 115-136.

Santarius J F, Kulcinski G L. 1989. Aerofuel-An energy source for the 21st century [J]. Wisconsin Professional Engieer, 30: 6, 1-12.

Schmitt H H. 2004. Solar wind helium concentrations in undisturbed Lunar regolith [C]. Colorado: Space Resour Roundtab.

Schmitt H H, Kulcinski G L. 1993. Helium-3: The space connection [C]. Colorado Springs CO: The 9th National Space Symposium.

Scott R F. 1968. The density of the Lunar surface soil [J]. Journal of Geophysical Research, 73 (16): 5469-5471.

Shkuratov Y G, Bondarenko N V. 2001. Regolith layer thickness mapping of the Moon by radar and optical data [J]. Icarus, 149: 329-338.

Shkuratov Y G, Kaydash V G, Bondarenko N V. 1999a. Iron and titanium abundance and maturity degree distribution on the Lunar nearside [J]. Icarus, 137: 235-246.

Shkuratov Y G, Starukhina L V, Kaidash V G, et al. 1999b. 3He distribution over Lunar visible hemisphere [J]. Solar System Research, 33: 409-420.

Shoemaker E M, Morris E C. 1969. Thickness of the regolith. Surveyor: Program results [J]. NASA Special Paper, 184: 96-98.

Shoemaker E M, Batson R M, Holt H E, et al. 1969. Observations of the Lunar regolith and the earth from the television camera on surveyor 7 [J]. Journal of Geophysical Research, 74: 6081-6119.

Shutko A M, Reutov E M. 1982. Mixture formulas applied in estimation of dielectric radiative characteristics of soils and grounds at microwave frequencies [J]. IEEE Trans Geosci Remote Sens, 20 (1): 29-32.

Simpson R A, Tyler G L. 1999. Reanalysis of Clementine bistatic radar data from the Lunar south pole [J]. Geophys Res, 104 (E2): 3845-3862.

Slade M A, Butler B J, Muhleman D O. 1992. Mercury radar imaging: Evidence for polar ice [J]. Science, 258 (5082): 635-640.

Slyuta E N, Abdrakhimov A M, Galimov E M, et al. 2007. The estimation of helium-3 probable reserves in Lunar regolith [J]. Lunar and Planetary Science Conference, XXXVIII: 2175.

Slyuta E N, Abdrahimov A M, Galimov E M. 2008. Does helium-3 abundance decrease in dependence on depth at Mare Crisium? [J]. League City, Texas: The 39th Lunar and Planetary Science Conference.

Stacy N J S, Campbell D B, Ford P G. 1997. Arecibo radar mapping of the Lunar poles: A search for ice deposits [J]. Science, 276 (5318): 1527-1530.

Starukhina L V. 2006. Polar regions of the Moon as a potential repository of solar-wind-implanted gases [J]. Advances in Space Research, 37: 50-58.

Strangway D, Pearce G, Olhoeft G. 1975. Magnetic and dielectric properties of Lunar samples [J]. NASA Special Publication, 712-728.

Sun H X, Dai S W. 2005. Mission objectives and payloads for the first Lunar exploration of China [J]. Acta Astronautica, 57: 561-565.

Sviatoslavsky I N. 1992. Lunar He-3 mining: Improvements on the design of the UM mark II Lunar miner [C]. Dever CO: The Third Inyternational Confer-ence on Engineering, Construction and Operations in Space.

Swindle T D, Glass C E, Poulton M M. 1990. Mining Lunar soils for 3He [D]. Tucson: University of Arizona Press.

Taylor L A. 1990. Hydrogen, helium, and other solar? Wind components in Lunar soil: Abundances and predictions [C] //Eng Constr Oper inSpace II, Proc. of Space' 90. New York: Am Soc Civil Eng.

Taylor L A. 1993. Evidence for Helium-3 on the Moon: Model assumptions and abundances [C] //Kulcinski G. 2nd Wisconsin Symposium on He-3 and Fusion Power. Wisconsin Center for Space Automation and Robotics.

Taylor L A. 2008. Formation and evolution of Lunar regolith [J]. Lunar and Planetary Science Conference, XXXIX: 1346.

Taylor L A. 1994. Helium-3 on the Moon: Model assumptions and abundance [C] //Eng Constr Oper in Space II, Proc. of Space' 94. New York: Am Soc Civil Eng.

Taylor L A, Kulcinsky G L. 1999. Helium on the Moon for fusion energy: The Persian Gulf of the 21st century [J]. Solar Syst Res, 33: 338-345.

Thomas G. 1970. Apollo 11 and 12 close-up photography [J]. Icarus, 12 (3): 360-375.

Thompson T W. 1965. A study of radar scattering behavior of Lunar craters at 70 cm [M]. New York: Research Report RS 64, Cornell University Center for Radio-physics and Space Research, Ithaca.

Tikhonova T V, Troitskii V S. 1968. The spectrum of the reflection coefficient with changing Lunar material properties into the depth [R]. Kiev, Ukraine: Presented at the Symposium of Physics of the Moon and Planets, Academy of Sciences of the USSR.

Troitsky V S, Burov A B, 1968. Alyoshina T N. Influence of the temperature dependence of Lunar material properties on the spectrum of the Moon's radio emission [J]. Icarus, 8 (1-3): 423-433.

Tsang L. 1991. Polarimetic passive microwave remote sensing of random discrete scatterers and rough surfaces [J]. Journal of Electromagnetic Waves and Applications, 5 (1): 41-57.

Tsang L, Kong J A, Shin R T. 1985. Theory of microwave remote sensing [M]. New York: Wiley-Interscience.

Tsang Y W, Tsang C F. 1987. Channel model of flow through fractured media [J]. Water Resources Research,

23 (3): 467-479.

Tyler G L. 1968. Brewster angle of the Lunar crust [J]. Nature, 219 (B): 1243-1244.

Tyler G L. 1968. Oblique-scattering radar reflectivity of the Lunar surface: Preliminary results from Explorer 35 [J]. Journal of Geophysical Research, 73 (24): 7609-7630.

Ulaby F T. 1981. Microwave remote sensing, active and passive [J]. Microwave Remote Sensing Fundamentals and Radiometry, 1: 191-208.

Ulaby F T, Moore R K, Fung A. 1981. Microwave remote sensing [M]. New York: Addison-Wesley-Longman.

Vasavada A R, Paige D A, Wood S E. 1999. Near-surface temperatures on Mercury and the Moon and the stability of polar ice deposits [J]. Icarus, 141: 179-193.

Wang J R, Choudhury B J. 1981. Remote sensing of soil moisture content over bare field at 1.4 GHz frequency [J]. Journal of Geophysical Research, 86: 5277-5282.

Wang Z Z, Li Y, Jiang J S, et al. 2008. Microwave transfer models and brightness temperature simulations of MWS for remote sensing Lunar surface on CE-1 satellite [C] //Nanjing: International Conference on Microwave and Millimeter Wave Technology.

Watson K, Murray B C, Brown H. 1961. The behavior of volatiles on the Lunar surface [J]. Geophys Res, 66: 3033-3045.

Wen J, Su Z, Ma Y. 2003. Determination of land surface temperature and soil moisture from Tropical rainfall measuring mission/microwave imager remote sensing data [J]. Journal of geophysical research: Atmospheres, 108 (D2): ACL 2-1-ACL 2-10.

Wesselink A J. 1948. Heat conductivity and nature of the Lunar surface material [J]. Bulletin of the Astronomical Institutes of the Netherlands, 10: 351-363.

Wigneron J P, Calvet J C, Pellarin T, et al. 2003. Retrieving near-surface soil moisture from microwave radiometric observations: Current status and future plans [J]. Remote sensing of Environment, 85: 489-506.

Willcox B B, Robinson M S, Thomas P C, et al. 2005. Constraints on the depth and variability of the Lunar regolith [J]. Meteoritics & Planetary Science, 40: 695-710.

Wittenberg L, Santarius J, Kulchinski G. 1986. Lunar source of 3He for fusion power [J]. Fusion Technology, 10: 167-178.

Wittenberg L J. 1989. Terrestrial sources of helium-3 fusion fuel-A trip to the center of the Earth [J]. Fusion Technology, 15: 1108.

Wittenberg L J, Ott S H, Santarius J F, et al. 1986. Lunar source of He-3 for commercial fusion power [J]. Fusion Technology, 10: 167.

Wittenberg L J. 1993. Non-Lunar ^{3}He resources [C]. Madison WI: The Second Wisconsin Symposium on Helium-3 and Fusion Power.

Wittenberg L J, Cameron E N, Kulcinski G L, et al. 1991. A review of helium-3 resources and acquisition for use as fusion fuel [J]. FusionTechnol, 21: 2230-2253.

Wobschall D. 1977. A theory of the complex dielectric permittivity of soil containing water: The semidisperse model [J]. IEEE Trans Geosci Electron, 15 (1): 49-58.

Woods-Robinson R, Siegler M A, Paige D A. 2019. A model for the thermophysical properties of Lunar regolith at low temperatures [J]. Journal of Geophysical Research: Planets, 124 (7): 1989-2011.

Yakovlev O E, Yefimov A E. 1967. An investigation of the reflection of meter radio-waves from the surface of the Moon [J]. Doklady, Akademiia, Nauk, SSSR, 174: 583-584.

Zhang Weiguo, Tang Yixian, Wang Chao, et al. 2004. Validation on retrieving land surface parameters using

SMMR data In Takelamgan [J]. IEEE, 6: 3654-3656.

Zheng W, Hu G, Wu Y, et al. 2023. Chang'E-4 measurements of Lunar surface temperatures: Thermal conductivity of the near surface regolith [J]. IEEE Transactions on Geoscience and Remote Sensing, 61: 1-14.

Zucchetti M. 2005. The zero-waste option for nuclear fusion reactors: Advanced fuel cycles and clearance of radioactive materials [J]. Ann NucEnergy, 32: 1584-1593.

第7章 月球物理探测

月球物理探测包括月球重力探测、月球磁场探测、月球地震探测和月球热流探测。月球物理探测是研究月球内部结构、物质分布和演化历史等月球科学研究目标的重要手段。

7.1 月球重力探测

月球重力加速度只有地球的1/6，月球赤道上的重力加速度为$1.62m/s^2$。月球重力场是月球内部物质的反映，与月球岩石圈和月球内部流变学直接相关，可对月球相关科学研究提出约束条件，如月震、月球地形图绘制、月球温度分析和月球化学等（欧阳自远，2005）。

自1966年起，苏联的Luna 10号探测器成为首颗月球轨道卫星并率先建立了月球重力场。尽管只有56天219个探测数据，分别在350km（近月点）至1000km（远月点）的高度，但却第一次建立了月球重力场（Akim，1967）。1966~1967年，Lunar Orbiter系列轨道探测器总共获得了32600个用来计算月球重力场的观测数据。Lunar Orbiter I-3轨道探测器系列在月球正面的赤道范围内近月点飞行高度达到40~1800km，取得了月球正面20°S~30°N范围内较Luna 10更高精度的月球重力场模型。其中，Lunar Orbiter 4号和5号探测器还首次获得了一些月球两极区域的轨道数据（Michael and Blackshear，1972）。1971年Apollo 15号和1972年Apollo 16号子卫星首次将探测器降低到100km高度的近圆轨道，虽然只覆盖了南北纬30°附近的范围，但是改进了月球重力场信息（Bills and Ferrari，1980）。至1994年，Clementine计划首次获了月球激光高度数据，对改进月球低阶重力场模型尤为重要（Zuber et al.，1995）。1998年Lunar Prospector进行了100km低圆极轨的探测，此次探测是有史以来覆盖率和采样率最高的一次，获得了3648853个数据。由此建立的月球重力模型-LP150Q模型的月球背面重力场误差达到200mGal，月球正面误差为30mGal，而且异常的位置相对真实位置还存在水平偏移（Wieczorek，2006）。2007年，日本Kaguya（SELENE）探测器利用一颗中继卫星和主卫星以及4-way Doppler雷达探测技术首次探测到了未被覆盖的月球背面重力。由此首次建立了全月球的重力场信息（Namiki and Takano，2009）。至此，全月球重力场才能够为月球内部结构特征的解释提供可靠依据。2011年发射的GRAIL（Gravity Recovery and Interior Laboratory）探测器是美国NASA实施的"未来太空探索计划"的核心部分，GRAIL实现了高科学价值和低技术风险的完美结合，不仅将创新的高精度地球重力场测量技术SST（卫星间跟踪，Satellite-to-Satellite Tracking）引入月球重力场探测中，同时未来有望将此技术应用于火星和太阳系其他行星的重力场探测之中。基于GRAIL获得的月球重力场信息，不仅从月壳到月核对月球进行广泛而深入的分析，进而反演月球内部的热演化历史，同时将有助于回答长期以来有关月球的未解之谜，并为人类更好地理解地球以及太阳系中其他岩石行星的形成提供新的理论依据。

7.1.1 重力模型

1. Lun60D

1993年Konopliv等在原有月球重力场数据重新整理和分析，通过球谐展开达到60阶次的重力场模型，代表了当时较高水平。球谐函数的表达式为

$$V_M(r) = \frac{GM}{r} \sum_{l=0}^{N} \sum_{m=0}^{l} \left(\frac{a_e}{r}\right)^l P_{lm}(\sin\phi)(C_{lm}\cos(m\lambda) + S_{lm}\sin(m\lambda)) \tag{7.1}$$

式中，r为月球质心到航天器的径向距离；ϕ和λ为航天器的月心纬度和经度；a_e为月球参考椭球的平均半径，取1737km；GM为月球的引力常数；P_{lm}为l阶和m阶归一化的Legendre关联函数；C_{lm}和S_{lm}为从跟踪数据估计的归一化球谐系数；N为表示场大小的最大次数。

模型所使用的数据为月球卫星Luna Orbiter 1号、2号、3号、4号和5号任务中的双程和三程多普勒数据。其中，Luna Orbiter 4号和5号为高倾角轨道数据，Luna Orbiter 1号、2号、3号为近赤道轨道数据。这个数据集包含了近月面的直接数据和远月面的非直接数据。

2. GLGM-2

1997年通过利用Clementine探测的S波段多普勒跟踪数据，以及美国Luna Orbiter 1~5号和Apollo 15与Apollo 16号子卫星的历史轨道数据，建立了一个70阶的球谐函数月球重力模型（GLGM-2）。模型结合了Clementine获取的361000个多普勒观测值和347000个历史观测数据（Lemoine et al., 1997）。GLGM-2模型的月球重力建模基于球谐函数的表达式为

$$U = \frac{GM}{r} \sum_{l=0}^{\infty} \left(\frac{a_e}{r}\right)^l \sum_{m=0}^{l} \{\bar{C}_{lm}\cos m\lambda + \bar{S}_{lm}\sin m\lambda\} \bar{P}_{lm}(\sin\phi) \tag{7.2}$$

式中，r为定义的球面坐标中月球半径；ϕ为纬度；λ为精度；$\bar{C}_{lm}$和$\bar{S}_{lm}$分别为归一化重力位系数；$\bar{P}_{lm}$为l阶m次的归一化连带勒让德函数；a_e为参考赤道半径；G为万有引力常数；M为月球质量。

在一个坐标系统中，当源点在质量中心时，重力位系数标准化公式为

$$C_{lm} = \left[\frac{(2-\delta_{0m})(2l+1)(l-m)!}{(l+m)!}\right]^{1/2} \bar{C}_{lm} \tag{7.3}$$

式中，δ_{0m}为克罗内克符号，当$m \neq 0$时，$\delta_{0m}=0$；当$m=0$时，$\delta_{0m}=1$，适用于$\bar{C}_{lm}$和$\bar{S}_{lm}$。

月球重力场的解决方案包括对月球GM以及C_{lm}和S_{lm}的估计，为了便于适用于整个图幅，使用J_{lm}作为C_{lm}和S_{lm}的系数部分，即

$$J_{lm} = \sqrt{C_{lm}^2 + S_{lm}^2} \tag{7.4}$$

GLGM-2 月球重力模型相对 GLGM-1 模型，增加了 Apollo 16 号的子卫星数据，增加了解决方案的校准过程。其中，负值异常与月球远端盆地一一对应，包括南极艾肯（Aiken）盆地环形山、赫兹普龙（Hertzpron）盆地、科罗廖夫（Korolev）盆地、莫斯科海（Mare Moscoviens）盆地、齐奥尔科夫斯基（Tsiolkovsky）盆地，以及弗罗因德里克·萨罗诺夫（Froyndrik Saronov）盆地（图 7.1）。

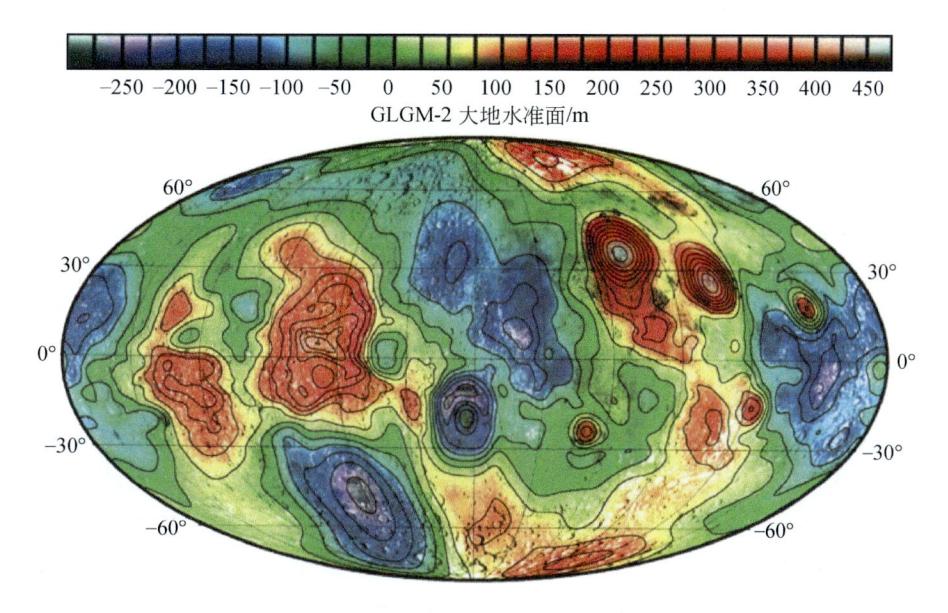

图 7.1 GLGM-2 月球重力模型（Lemonie et al., 1997）

3. LP165P

最初基于 Lunar Prospector（LP）轨道数据的重力模型是 75 阶（LP75D 和 LP75G）模型（图 7.2）（Konopliv et al., 1998）。2000 年，Konopliv 在 LP100J、LP100K 的基础上，又确定了更高阶次的月球重力场模型 LP165P 及 LP150Q。其中，LP165P 是当时最高阶次的月球全球重力场模型（Konopliv and Yuan, 1999）。LP 系列模型能精确地预测海拔高度，支持具有大于 80° 的圆轨道倾角模拟。100 阶模型从标准 100km 高度探测器获取的大多数重力数据在保持多普勒残差一定时有少部分信号丢失。然而，使用扩展的探测器 LP 的低空数据有时低于地表 10km，特别是在南极山和月球背面高地区域上方。通常，扩展的探测器包括的重力信息约 180 阶。因此，利用了类似于金星 180 阶重力模型的思路，建立了 165 阶（LP165P）重力模型（Konopliv et al., 1998）。

LP165P 月球重力势由一个带有归一化系数（$\bar{C}_{nm}, \bar{S}_{nm}$）的球形谐波展开为

$$U = \frac{GM}{r} + \frac{GM}{r}\sum_{n=2}^{\infty}\sum_{m=0}^{n}\left(\frac{a_e}{r}\right)^n \bar{P}_{nm}(\sin\phi) \times [\bar{C}_{nm}\cos m\lambda + \bar{S}_{nm}\sin m\lambda] \quad (7.5)$$

式中，n 为阶数；m 为序列；$\bar{P}_{nm}$ 为与连带勒让德多项式有联系的完全标准化；a_e 为月球的参考半径；ϕ 为纬度；λ 为经度。非标准化系数为

$$(\bar{C}_{nm};\bar{S}_{nm}) = \left[\frac{(n+m)!}{(2-\delta_{0m})(2n+1)(n-m)!}\right]^{1/2}(C_{nm};S_{nm}) \tag{7.6}$$

式中，δ_{0m} 为克罗内克符号方程。

模型中，将谐波系数的阶数固定为110，坐标系的原点选择在物体的质心。

LP165P 模型至少在110阶以内是目前较为可靠的模型之一，较好地反映月球外部重力场的中、长波特性（鄢建国等，2006）。但是因为更高的阶数和序列可能需要过多的计算时间（Konopliv et al., 2001）。

4. SGM90d

基于 Kaguya 号轨道数据和历史轨道数据，建立了 SGM90d 月球重力模型（图7.3）（Namiki and Takano, 2009）。在前期重力模型中，由于缺少月球背面直接测量的重力信息，降低了月球背面重力的确定性。这种缺少月球背面轨道运行，也降低了球谐函数表达式的质量。为使轨道探测器完全遍历月球背面，在 Kaguya 号探测器上建立了一个星对星的多普勒追踪子系统，从而使 Kaguya 号包含了主卫星（Main）和中继子卫星（Rstar），以及甚长基线干涉子卫星（Vstar）。

基于 Kaguya 获得的月球背面重力数据，建立了月球重力球谐函数模型，其最高阶数为90，命名为 SGM90d。模型为基于新观测的2阶球谐函数，估计月球全球重力场球状表面扁率为0.000308935。SGM90d 月球重力模型增加了月球远月面重力场的精度，并更细致地划分了月球远月面的特征盆地。相对前期月球重力模型，SGM90d 月球重力模型在月球背面和两极地区有更高的分辨率和精度（Namiki and Takano, 2009）。

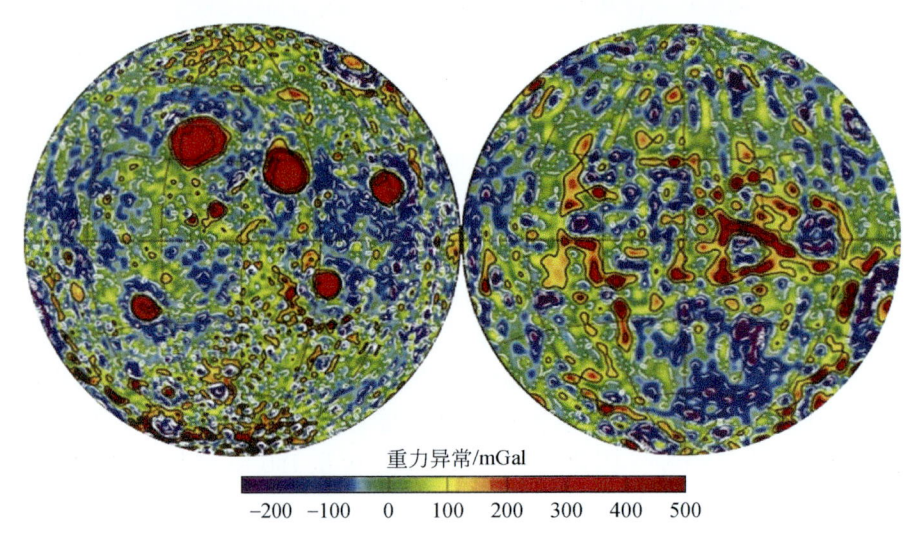

图 7.2 月球表面的 LP165P 重力场（Konopliv et al., 1998）

5. CEGM02

通过利用"嫦娥一号"探测数据，并结合 SELENE 探测器及早期其他月球探测器的轨道跟踪数据，解算得到了100阶的 CEGM02 月球重力场模型（图7.4），显著提升了现有

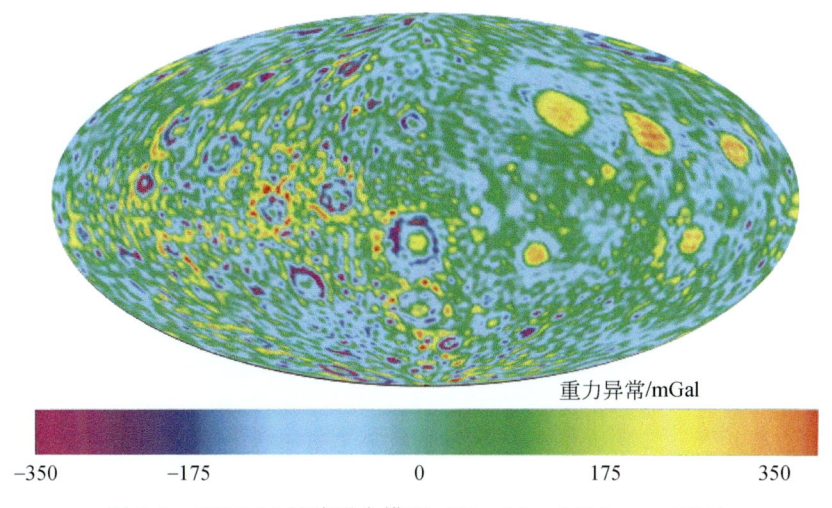

图 7.3 SGM90d 月球重力模型（Namiki and Takano，2009）

重力场模型中低阶次的解算精度（Yan et al，2012）。

"嫦娥一号"卫星由双向探测和多普勒传感器追踪、来自中国卫星追踪网络和天文甚长基线干涉测量（very-long-baseline interferometry，VLBI）网络组成。采用的追踪数据是来自在青岛和喀什基站得双向探测的多普勒数据，采样频率是 1s，在解决方案中压缩到了 10s 范围内。

CEGM02 月球重力模型的月球重力场势，在精确轨道探测和月球重力场解决方案球谐函数展开为

$$V(r,\varphi,\lambda) = \frac{GM}{r}\left[\sum_{n=0}^{N_{\max}}\sum_{m=0}^{n}\left(\frac{R}{r}\right)^n \bar{P}_{nm}(\sin\phi) \times (\bar{C}_{nm}\cos m\lambda + \bar{S}_{nm}\sin m\lambda)\right] \quad (7.7)$$

式中，r 为平均月球半径（取 1738km）；$\bar{C}_{nm}$ 和 $\bar{S}_{nm}$ 为被估计的标准化斯托克斯系数；$\bar{P}_{nm}$ 为标准化勒让德函数；(r, φ, λ) 分别为月球固定坐标的半径、纬度和经度；GM 为万有引力常数和月球质量的乘积（定为 4902.8 km^{3}s^{-2}）；$N_{\max}$ 为扩展的最大阶数。

EGM02 和 SGM100h 的平均转动惯量对核密度具有更好的约束，并且当核半径小于 400km 时，CEGM02 比 SGM100h 给出的核密度不确定性更小，相比其他月球重力模型更精确。

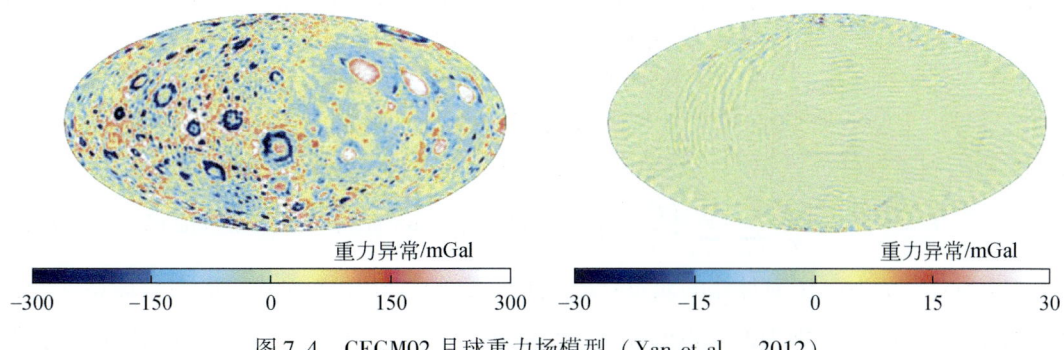

图 7.4 CEGM02 月球重力场模型（Yan et al., 2012）

6. LGM2011

月球重力模型 LGM2011 的空间尺度为 1.5km，是牛顿正演模型和 Kaguya 重力场模型（SGM100i）的复合（图 7.5）（Hirt and Featherstone，2012）。LGM2011 模型的表面重力加速度和自由空气异常，以及月球卫星波动和垂直偏移的获得，都假定在 0.05°分辨率的月球表面上。

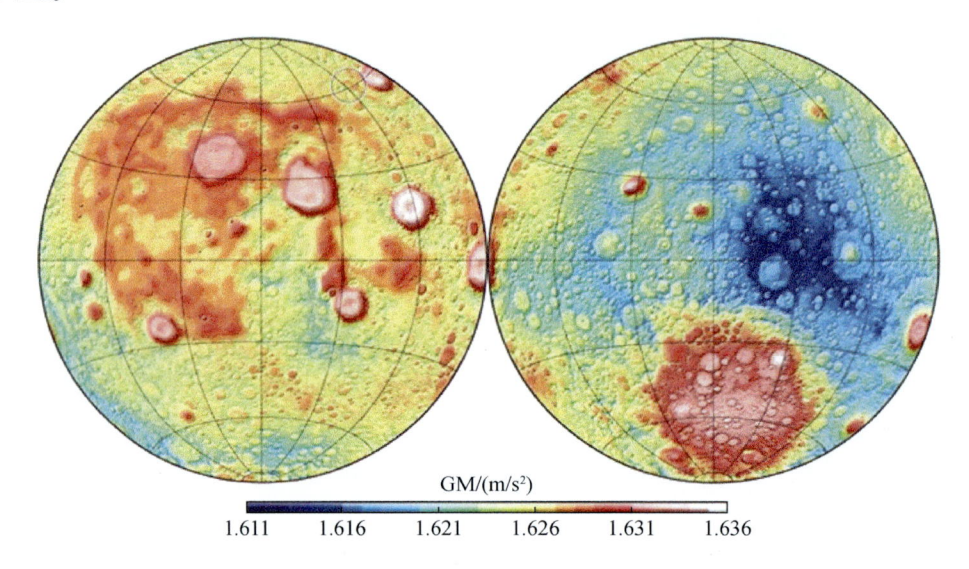

图 7.5　LGM2011 月球表面重力加速度（Hirt and Featherstone，2012）

LGM2011 月球重力模型获得的低中频成分为 SGM100i 的 2-70 光谱波段（~78km 分辨率）。高频重力场成分从牛顿的正演模型获得。其中，正演模型是由基于 LOLA 高分辨率地形数据获得的。LOLA 地形数据的低频信号通过减去 70 阶球谐函数的参考平面，产生的月球地形残差模型。

LGM2011 标准重力场考虑到月球总体质量的引力和随高度重力的衰减。LGM2011 模型使用 $GM = 4902.80080 \times 10^9 \text{m}^3/\text{s}^2$，$R = 1737153\text{m}$，是从 LOLA 获取的最佳平均月球半径。

7. GRAIL900 重力模型

2011 年 9 月美国发射 GRAIL 卫星，由此分别解算出 900 阶次的模型 GL0900D（图 7.6）和 GRGM900C。美国航天局从重力回溯及内部结构实验室（GRAIL）初级（2012 年 3 月 1 日至 5 月 29 日）和扩展任务（2012 年 8 月 30 日至 12 月 14 日）的跟踪数据中，推导出了 900 阶球面谐波 GRGM900C 重力场解。同时，使用 QR 分解的方法，从 GRAIL 初级和扩展任务数据中，推导出了月球重力场，球谐函数为 900 次，即

$$U = \frac{GM}{r} + \frac{GM}{r} \sum_{l=1}^{\infty} \sum_{m=0}^{l} \left(\frac{R_e}{r}\right)^l \bar{p}_{lm}(\sin\theta)(\bar{C}_{lm}\cos(m\varphi) + \bar{S}_{lm}\sin(m\varphi)) \quad (7.8)$$

式中，G 为万有引力；M 为月球的质量；$\bar{p}_{lm}$ 为归一化的勒让德多项式；R_e 为月球参考半径，取 1738km；φ、θ、r 分别为取样点的经度、纬度和半径；$\bar{C}_{lm}$ 和 $\bar{S}_{lm}$ 为归一化的斯托克斯系数。

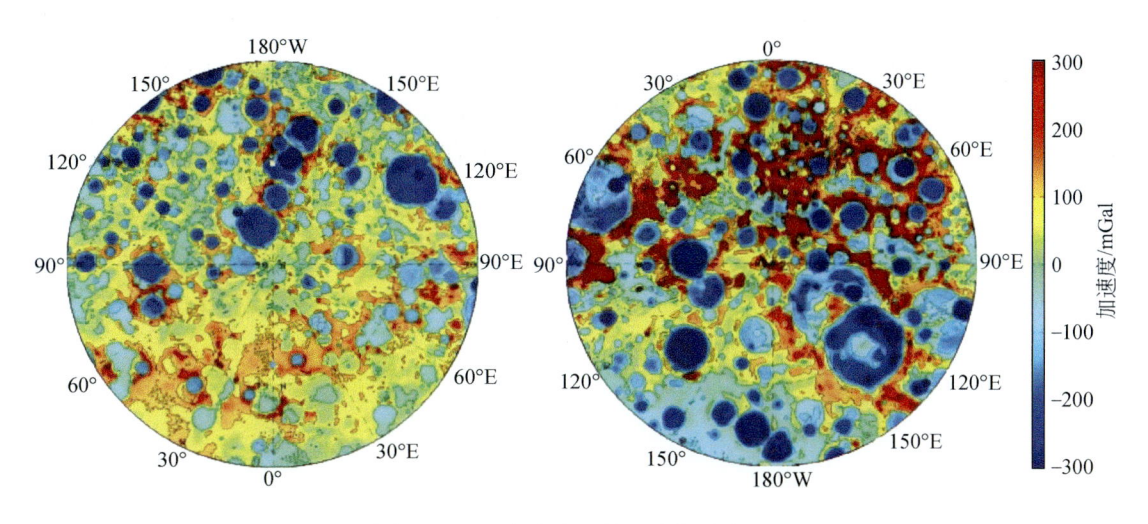

图 7.6 GL0900D 重力场 1738km 参考球上的垂直加速度 (Konopliv et al., 2014)

利用主任务和扩展任务数据,先后开发了不同规模的中期模型,如 660×660、720×720 和 900×900。每得到新的全局解,就重新收敛轨道,重新计算偏导数,然后再得到后续的模型。

第一级 900 阶模型 (GRGM900A) 的处理是基于第 720 阶初始模型。然后使用 GRGM900A 生成偏导数集,用于开发 900 度模型 GRGM900B 和 GRGM900C。对于所有的解,对每球谐阶总系数施加约束,称为 Kaula 幂律约束。在验证了无约束解的行为后,对于 900 阶解,只在 600 阶以上应用了 Kaula 约束。对 GRGM900B 应用 $2.5×10^{-4}/\ell^2$ 的幂律约束。对 GRGM900C 用 $3.6×10^{-4}/\ell^2$ 跟踪数据,特别是 GRAIL KBRR 数据,完全解决了 $\ell=600$(9km 块大小)以下的系数。对于 $\ell>600$,$3.6×10^{-4}/\ell^2$ 的幂律约束。与主任务 GRAIL 模型 GRGM660PRIM 相比,扩展任务 GRAIL 数据的加入,使月球重力场分辨率在中阶波段提高了 2~3 个数量级。对月球低空的可变采样,结合拟合 KBRR 数据的 RMS 高于本征噪声,特别是对扩展任务最后一个月的数据,表明 900 阶模型不能捕获跟踪数据中的所有固有信号。未来的工作应该拓展到更高的程度以获得更高的分辨率,或者应该评估局部解在有界区域上的效用,以完全提取 KBRR 跟踪数据中固有的信号。

7.1.2 深部结构重力反演

月球重力场结合地形数据可反演月壳和上月幔(莫霍面)。另外,月球正面重力场发现存在质量聚集点,通常中间为大的正异常峰值而其周围却被负的重力异常所环绕,且地形又很低呈盆地状,称为"质量瘤"(Mascon)。

1. 月壳结构

月球重力场的空间多样性反映出地下密度的多样性,由 NASA 的 GRAIL 高分辨率重力数据有效反演了月壳结构信息 (Asmar et al., 2013)。

月壳厚度反演，需先计算月壳体密度。关于月壳体密度分析，是通过布格重力和表面地形相关系数基于12°纬度的数据内循环最小化分析。当多于5%的地区被月海玄武岩分布时被排除，以及当最小化相关系数超95%的置信范围就从基于不确定性重力系数的Monte Carlo模拟中剔除。这样，图7.7中白色部分为剔除区域。

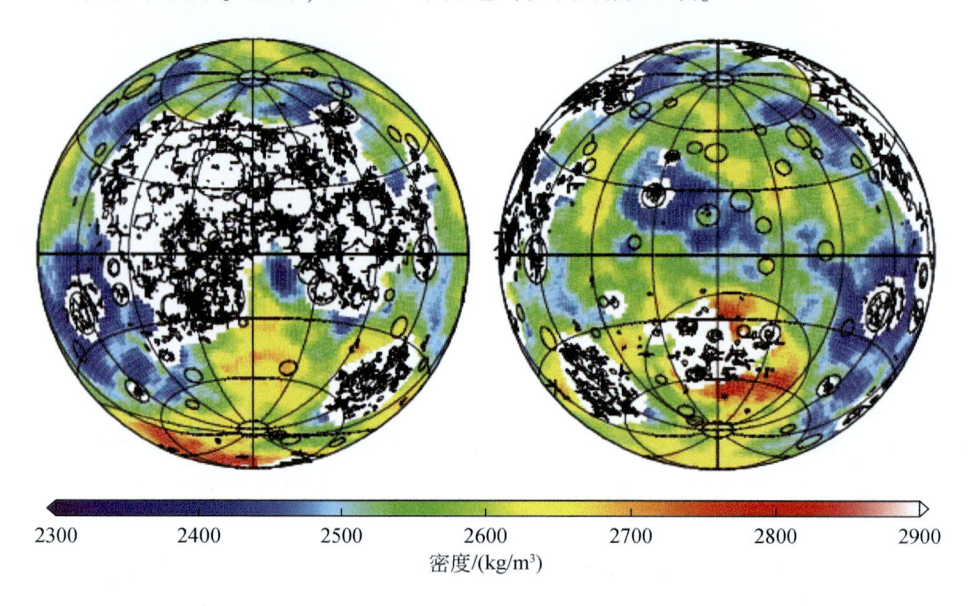

图7.7 月壳体密度图（Wieczorek et al., 2013）

基于GRAIL数据得到的体密度明显低于基于钙长岩质月壳成分地球物理模拟得到的体密度（2800~2900kg/m³）。如果月球表面组分是典型的潜在硬壳，指示孔隙度平均应为12%。由此，得到月壳孔隙度图如图7.8所示，其值在4%~12%之间变化。

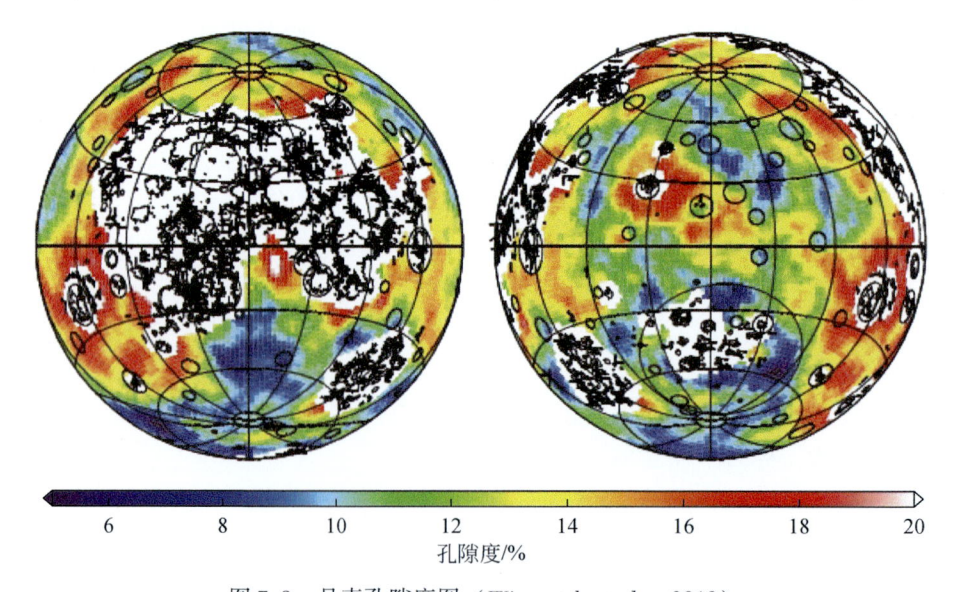

图7.8 月壳孔隙度图（Wieczorek et al., 2013）

在月壳密度和月壳孔隙度的约束下，基于 GRAIL 重力和月球勘测轨道飞行器（LRO）地形数据，建立全月月壳厚度模型。

假设孔隙度随深度变化，当地幔颗粒密度为 3360kg/m³，同时满足地震和最小厚度约束，在月壳和月幔界面间存在一个相对小的密度差别是不可能的。在 Apollo 12 和 Apollo 14 号着陆月点位置，孔隙度为 12% 时月壳厚度则为 30km。平均月壳厚度为 34km，月幔密度为 3220kg/m³（图 7.9）。

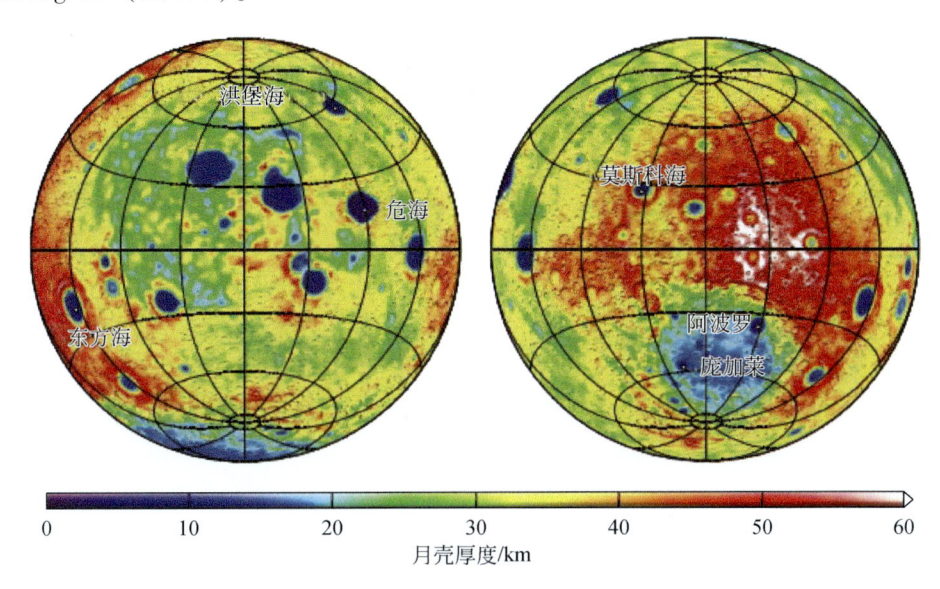

图 7.9　月壳厚度图（Wieczorek et al., 2013）

假定主要由表面地形、莫霍面起伏和月海玄武岩填充等引起月球重力异常，根据地形模型 GLTM-2 和重力场模型 LP165，如果忽略玄武岩填充的影响，经过地形改正后的布格异常认为是由莫霍面起伏异常质量引起的。假设这些质量异常都聚集在月球平均莫霍面的每个质量异常块上，建立方程为

$$g_k^{布格} = -G\Delta\rho \sum_{j=1}^{M} \frac{A_j b_j \cos\alpha_{kj}}{r_{kj}^2} \times k = 1,2,\cdots,N \tag{7.9}$$

式中，M 为质量异常块的个数；N 为观测点数；G 为万有引力常数；A_j 为块体表面积；b_j 为莫霍面起伏；$\Delta\rho$ 为密度差；r_{kj} 是第 k 个观测点与异常质量点之间的距离；α_{kj} 为 r_{kj} 与观测点半径 r_k 之间的夹角（图 7.10）。

将月球正面纬度 ±60° 范围划分为 54 个 20°×20° 的区块分别计算，分离出该范围内地形和莫霍面起伏引起的重力扰动。由此，得到月壳厚度，从而合并为 ±60° 范围的月壳厚度图（图 7.11）。

2. 质量瘤（Mascon）

在月球上质量瘤识别和特征描述，只是根据自由空气重力异常来判断是否具有靶心状（Bull's-eye）特征，中心呈正重力异常，被周围负重力异常所包围，这是质量瘤识别的最

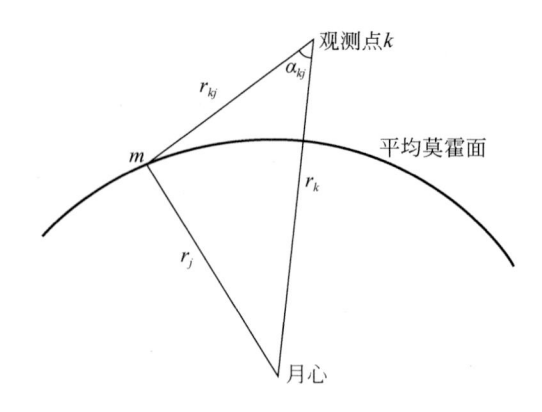

图 7.10　点质量模型（丰海等，2009）

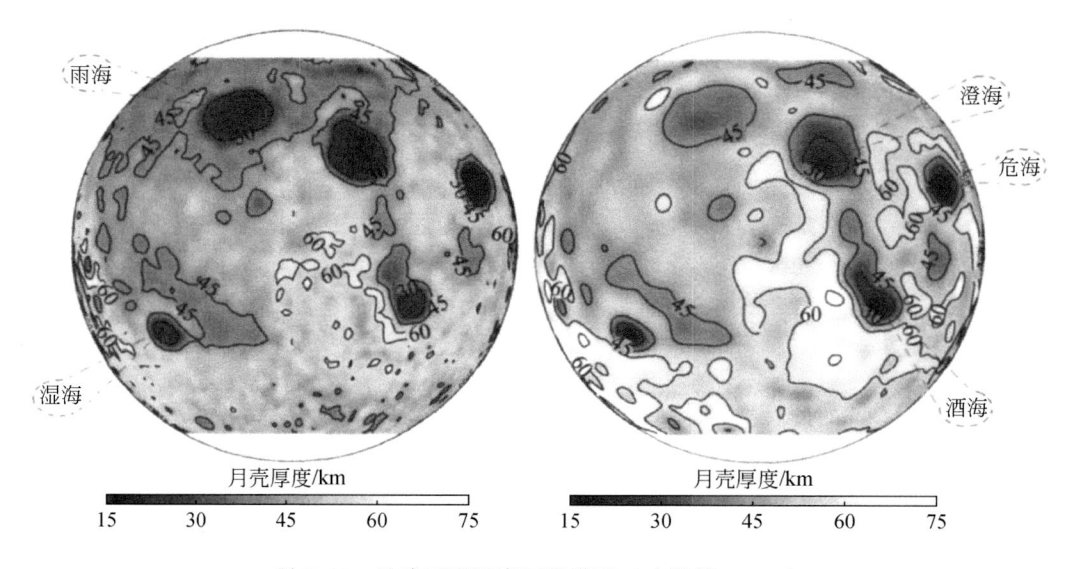

图 7.11　月球正面月壳厚度模型（丰海等，2009）

主要特征。质量瘤反映了区域的重力异常特征，但是由于数据质量和精度等方面的差异，如果单纯的以重力异常绝对值来识别质量瘤欠妥，容易引起一些撞击盆地是否是质量瘤的争论。因此，建议以布格重力异常作为参考数据。根据布格重力异常特征来识别质量瘤，其具体描述特征为布格重力异常呈中间高，且被周围低重力异常所环绕的靶心状特征。

目前报道的质量瘤，其位置均与撞击坑盆地的内环吻合，说明质量瘤的形成与撞击盆地具有密切的关系。为了更准确地评估质量瘤盆地的布格重力异常特征，减少异常局部变化的影响，以每个质量瘤盆地为中心，在 $1.5R$ 的距离范围内，以径向 $1°$ 间隔提取了 360 条方位剖面线（图 7.12），并计算了平均径向方位剖面和误差（取值 1 个标准差），然后分别提取其布格重力异常最大值（max）、最小值（min）、异常差值（difference，Dif.）和质量瘤半径（r）。

由于月球上不同区域的地质背景及热演化存在很大的差异，其质量瘤特征可能存在一定的差异。因此，可按照质量瘤盆地分布的位置来进行特征统计分析。

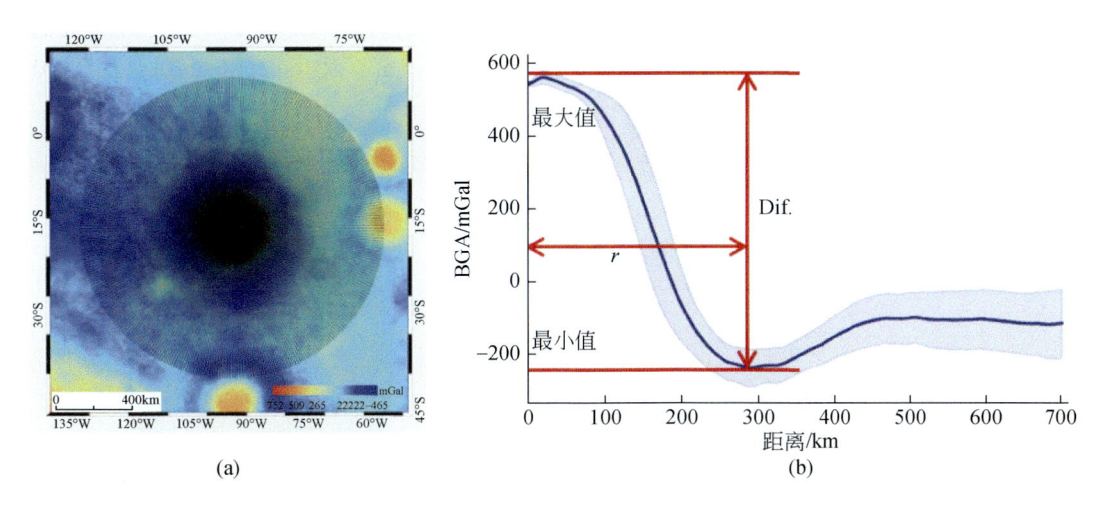

图 7.12　质量瘤盆地计算径向方位剖面的方法（籍进柱，2019）

其中，以东海盆地为例，提取 360 条径向方位剖面 [图 7.12（a）] 的平均径向方位剖面，提取参数 [图 7.12（b）] 上布格重力异常（Bouguer gravity anomaly，BGA）最大值是质量瘤中心区域，内部物质密度的最明显的响应。随着撞击盆地规模的增大，质量瘤盆地的 BGA 最大值不断在增大，可能是撞击盆地规模越大，其下月壳及月幔的高密度物质隆起的规模就越大，产生的重力异常就越大。当撞击盆地直径超过约 700km 时，其增长趋势变缓。BGA 最小值通常都为负的重力异常。从整体上来看，随着撞击盆地规模的增大，其 BGA 最小值变化趋势并不明显，异常值大小大在-300~100mGal。但是，当撞击盆地直径超过约 600km 时，月球正面的质量瘤盆地 BGA 最小值通常大于月球高地区域质量瘤盆地中的撞击盆地。撞击盆地的布格重力异常最大值和最小值的差值与撞击盆地规模呈一定比例增大，表明该差值主要取决于撞击盆地的规模大小。质量瘤的大小与撞击盆地的规模呈一定比例增大，撞击盆地半径与质量瘤半径的比值趋于一个恒值，表明质量瘤的大小主要取决于盆地的规模大小（籍进柱，2019）。

7.2　月球磁场探测

月球探测结果表明，当前月球没有像地球一样的全球性偶极磁场（Russell et al.，1974；Lin et al.，1998；Giacalone and Hood，2015）。但是，Apollo 月球样品中的玄武岩和角砾岩中都有稳定的天然剩磁。而且，月壤中的铁有超顺磁性特征（superparamagnetism）（Nagata and Carleton，1970；Fuller，1974）。高地样品比月海的磁性强（Coleman et al.，1972；Anderson et al.，1975；Lin，1979）。月海玄武岩的剩磁强度与其铁含量存在一致性，而对剩磁较强的月岩磁性特征与岩石的结晶颗粒大小有关，粒度较细的玄武岩测得的剩磁较大（Fuller and Cisowski，1987）。

月球勘探者卫星在发射之后的 26 年里返回了第一条月球磁场数据（Lin et al.，1998）。其搭载的磁力计（MAG）和电子反射计（ER）用来绘制全月表面的磁场（Halekas et al.，

2001；Binder，1998）。月亮女神（Kaguya）搭载的月球磁力计（LMAG）也对月球表面磁场进行了测量，绘制了月球表面磁场全月分布（Yokota et al.，2014；Mitchell et al.，2008）（图 7.13）。

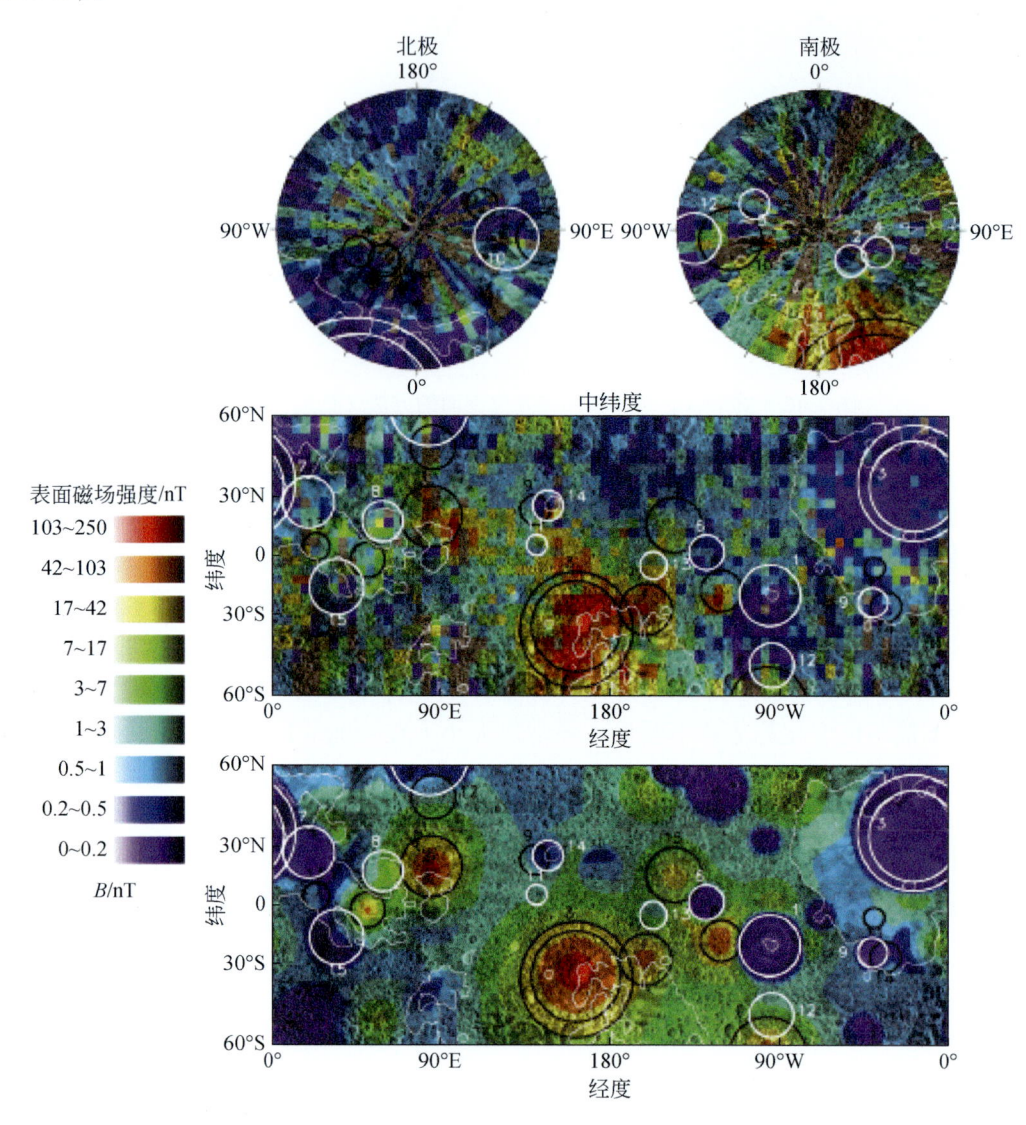

图 7.13　月球表面磁场全月分布彩色呈现了表面磁场强度（$|B_c|$）（Mitchell et al.，2008）
底图为月球阴影地形图

7.2.1　磁场模型

探测 35 号是 NASA 建造的自旋稳定航天器，作为探索者计划的一部分。它是为从月球轨道研究行星际等离子体、磁场、高能粒子和太阳 X 射线而设计的。探测 35 号为阿波罗计划期间在月球上进行磁场测量提供了重要的参考数据。

月球表面总磁场，表达为

$$B_A = B_E + B_S + B_\mu + B_P + B_T + B_D + B_F \tag{7.10}$$

式中，B_A 为总磁场；B_E 为探测 35 号测量的外部驱动磁场；B_S 为着陆点的稳定剩余磁场；B_μ 为月球外部透过区域低于居里点的感应场；B_P 为通过月球响应的漩涡流到变化的外部磁场的极向磁场；B_T 为对应单极发电机效果的环形磁场；B_D 为抗磁性场；B_F 为太阳风场（Dyal and Parkin, 1971; Fuller, 1974）。

月球穿过地磁尾时处于低活动期，太阳风相互作用场可以被忽略，则有

$$B_A = B_E + B_\mu + B_S \tag{7.11}$$

感应磁场 B_μ 与 B_E 成比例。此时，如果 $B_E = 0$，那么 $B_A = B_S$，Apollo 表面磁力计测得稳定的剩余磁场 B_S。

月球磁场可利用磁镜像效应电子反射磁力测定。在均匀磁场中，电子在粒子速度和磁场之间以一个不变的角度（α）穿越在螺旋轨迹中。如果电子穿越的过程中磁场空间变化和部分场强变小，动能和磁矩不变，粒子的螺旋角则为常数。如果向下移动的粒子螺旋角在撞击表面之前达到了 90°，则打在飞行器上，否则动能不变。此时截距角为 α_c，则有

$$\frac{|B_{SC}|}{\sin^2 \alpha_c} = |B_{surf}| \tag{7.12}$$

式中，$|B_{SC}|$、$|B_{surf}|$ 分别为飞行器磁场及表面磁场（Mitchell et al., 2008）。

Luna Prospector 电子反射数据需要校正。由于月表差异和飞行器不同电荷引起的静电反射（Halekas et al., 2002）。如果电子运动是绝热的，能量守恒表达式写为

$$W = \frac{m v^2}{2} + eU \tag{7.13}$$

式中，e 为电荷；U 为电势能。

表面磁场强度表达为

$$|B_{surf}| = (1 - e\Delta U/E) |B_{sc}| / \sin^2 \alpha_c \tag{7.14}$$

式中，ΔU 为月表和飞行器之间的电势差（月球背面一般是 –35V）；E 为飞行器测得的电子能量。

月球磁场模型主要有以下五种。

1）二维模型

二维模型（two-dimensional model）从理论上研究了月球盆地形成过程中大尺度磁场的产生及其伴随的地壳磁化作用（Hood and Huang, 1991）。忽略辐射和温差电效应，碰撞等离子体的欧姆定律表示为

$$J = \sigma(E + v_e \times B/c + \nabla P_e / n_e e) \tag{7.15}$$

式中，c 为光速；v_e、P_e、n_e、e 分别为电子散射速度、热压力、数量密度和电荷；J 为电流密度，表示单位体积内的电流量，A/m^2；σ 为电导率，表示材料导电能力的量度，S/m；E 为电场强度，表示电场的强弱及方向，V/m；B 为磁感应强度，表示磁场的强弱及方向，T 或 nT；∇ 为梯度算子（nabla），用于计算标量场或矢量场的梯度、散度和旋度。

将式（7.15）代入麦克斯韦方程（$P_e = n_e k T_e$），产生一个额外的场，除了通常的平流和扩散条件，则有

$$\partial B/\partial t = \nabla \times (v_e \times B) \times (c^2/4\pi\sigma)\nabla^2 B + (ck/n_e e)\nabla T_e \times \nabla n_e \qquad (7.16)$$

式中，∂t 为对时间的偏导数，表示随时间变化的速率；k 为玻尔兹曼常数，约为 1.38×10^{-23}，J/K；T_e 为电子温度，表示电子的热运动所对应的温度，K。

等式右边第三项是热形成项，仅在电子温度和密度梯度不一致时非零。忽略分散项对比式（7.16）右边的平流项饱和磁场振幅评估到等同平流项到热形成项的一阶，即

$$|B_s| \sim (ck/e)(\Delta T/VL) \qquad (7.17)$$

式中，V 为一个典型的气流速度。该方程提供了一个合理的在激光粒子中形成的磁场振幅。

2）三维混合等离子体模型

利用等离子体的三维混合模型（three-dimensional hybrid plasma model），测定月球的感应磁场（Fatemi et al., 2015）。在月球中心放一个偶极磁场模拟感应磁场，响应月球内部时变行星磁场。在该模型中，离子被视为宏观粒子，电子当作无质量的电荷中和流，电场和磁场通过麦克斯韦方程计算（Holmström et al., 2012；Fatemi et al., 2015）。此时，感应偶极场可表示为

$$M_{\mathrm{ind}} = -\frac{2\pi}{\mu_0}\Delta B r_c^3 \qquad (7.18)$$

式中，ΔB 为外部磁场的变化（interplanetary magnetic field，IMF）；r_c 为无限导电体的平均半径（Saur et al., 2010）。

3）数值模型

使用数值模型，将太阳风运动的质子和电子看作无质量的中和电荷流，进行混合模拟（Giacalone and Hood, 2015）。假设在 x-z 二维平面域，将月球表面定义在 $x=x_{\max}$，$-z_{\max}/2<z<z_{\max}/2$。太阳风等离子体流以速度 U_{sw} 正常到达这个面。同时，不断注入 $x=0$ 的月球表面。等离子体运动和场强仅仅是 x 和 z 的函数。研究中，磁场发散在模拟区域中及边界均为零。

对于向量势和磁场的分量模拟为

$$\frac{\partial A_y(x,z,t)}{\partial t} = -cE_y(x,z,t) \qquad (7.19)$$

$$\frac{\partial B_y(x,z,t)}{\partial t} = -c\left(\frac{\partial E_x(x,z,t)}{\partial z} - \frac{\partial E_z(x,z,t)}{\partial x}\right) \qquad (7.20)$$

由式 $B = \nabla \times A_y \hat{y}$ 确定磁场 x 和 z 分量。

在这个模型中最初的磁场由月球表面太阳风形成的磁场和月球磁异常组成。太阳风形成的磁场被假定为一个常数，与表面成225°，与帕克螺旋磁场和太阳风矢量速率在IAU处是一致的。

4）理想磁流体模型

忽略离子的惯性以及与离子电阻率有关任何势能，考虑电子动量守恒，得到

$$E = -\frac{1}{c}v_e \times B - \frac{1}{n_e}\nabla P_e \qquad (7.21)$$

式中，E 为电场；v_e 为平均电子速度；B 为磁场；n_e 为电子数量密度；P_e 为电子压强。

需要注意，电流密度被定义为 $J = e(n_i v_i - n_e v_e) = [c/(4\pi)]\nabla \times B$。

通过讨论准中性条件，$n_i = n_e = n$ 得到

$$E = -\frac{1}{c}v_i \times B - \frac{1}{4\pi ne}(\nabla \times B) \times B - \frac{1}{n}\nabla P_e \qquad (7.22)$$

右边第一项是理想磁流体力学的动态电场，第二项是霍尔项，最后一项是和电子压力梯度有关，对电场有一定贡献（Spreiter et al., 1970）。

5）月核磁场强度

假设欧姆耗散和可用能量之间平衡，月球内部发电机的磁场强度为

$$\frac{B^2}{2\mu_0} = cf_{\text{ohm}}\frac{R_c}{U}\phi \qquad (7.23)$$

式中，B 是月核内部的磁场强度，μ_0 是磁导率，R_c 是月核半径，c 是比例常数，f_{ohm} 是消散能量转换为磁能的部分，U 是特征速度，ϕ 是体积热可用功率。通常在行星核心粘度不足时，假设 $f_{\text{ohm}} \approx 1$（Scheinberg et al., 2015），估计的偶极子组件磁场 B（Christensen and Aubert, 2006）表面磁场表达为

$$B_{\text{surf}} = (1/7)B\,(R_c/R)^3 \qquad (7.24)$$

7.2.2 磁场数据处理

1. 月球勘探者磁场数据处理

月球勘探者（Lunar Prospector，LP）搭载的磁强计（magnetometer）获得的磁力仪数据为 LP-MAG，只占整个月球表面的 40%（Richmond et al., 2008）（图 7.14）。

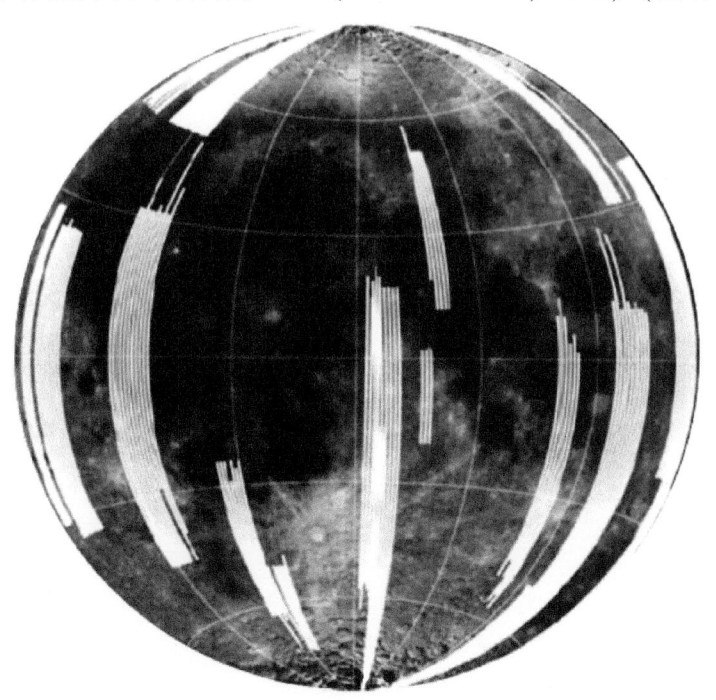

(a)近侧

(b)远侧

图 7.14　LP-MAG 数据在月球表面覆盖的范围（Richmond et al.，2008）

月球探测器磁力仪数据在数据选择和绘制等方面已经应用 Apollo 15 号和 Apollo 16 号卫星磁力仪数据。为了探测相对弱月壳磁场，必须选择时间间隔进行分析，如在太阳风等离子体密度低时和外部原点磁场变化比较小时。月球处于地磁尾相对未受干扰的等离子体环境，是最适合沿航天器轨道上的所有点绘制月球磁场。月球在太阳风中，飞行器在月球尾部的时候对测量月球磁场有意义。然而，由于时间变化的等离子体扰动出现在尾叶和太阳风尾流中，在视觉上检查每个轨道，选择不受干扰的时间间隔。

磁力仪数据沿着每个轨道转化成月球径向、东、北坐标系统。每个轨道数据文件包含三个磁场分量、飞行器高度、月面纬度和每个测量点的经度。剩余低频率外部磁场贡献是通过最小二乘法为每个磁场分量和每个轨道移除合适的二次多项式函数。

由于月壳磁场强烈对高度的依赖性，只在每个轨道最低高度处考虑，真正月球磁场通过剩余的外部磁场扰动在连续的轨道上重复来区分。利用移动的箱型滤波（boxcar）算法对每个轨道数据段进行二维滤波，以产生沿飞行器高度限定的曲面矢量磁场图。异常的有效最小波长为 ~2.5°。场强图如图 7.15 所示，这个标量与位于月球表面或以下的磁异常源的位置关系最密切。

月球勘探者在低空阶段收集了 1999 年的 81~82 天、173~175 天和 141~142 天三个时间段的数据。1999 年 81~82 天采集的数据是月球在太阳风、飞行器在月球尾部时选择的。覆盖范围遮盖了月球正面西部的部分，包括西部风暴洋地区的 Reiner Gamma 区域。

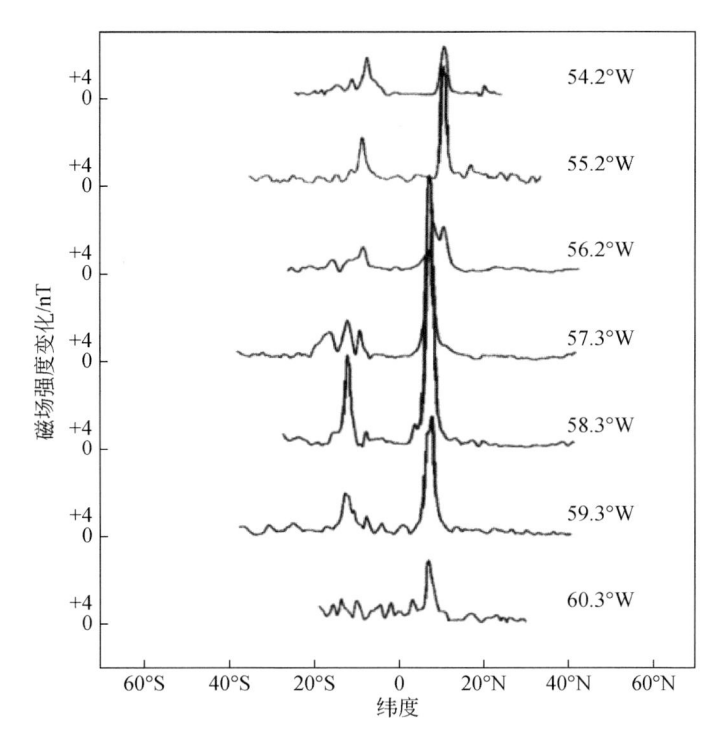

图 7.15　月球探测器第 81 天、82 天采集数据绘制的场强（Hood et al., 2001）

173~175 天和 141~142 天的数据是在月球磁尾处采集的。覆盖范围包括月球背面的部分，主要是雨海盆地和危海盆地的对趾区域。将二维滤波算法应用于北部异常场强，得到如图 7.16 所示的等高线磁场图。

2. 月亮女神磁场数据处理

月亮女神（Kaguya）以三轴控制的姿态，从 2008 年 12 月到 2009 年 6 月在极地轨道围绕月球观测的磁场高度为 9~80km。搭载在 Kaguya 卫星上的 MAP-PACE（Magnetic field and Plasma experiment-Plasma energy Angle and Composition Experiment）为磁场与等离子体实验仪器的磁场数据和等离子体数据。PACE 主要包括四个传感器，分别是 ESA（Electron Spectrum Analyzer）-S1、ESA-S2、IMA（Ion Mass Analyzer）和 IEA（Ion Energy Analyzer）。ESA-S1 和 S2 可测量 15kev 以下的低能电子分布，IMA 和 IEA 可测量 28kev/q 以下的低能离子分布。每个传感器都具有半球形的视场，并且有一对电子传感器（ESA-S1 和 ESA-S2）和一对离子传感器（IMA 和 IEA）构成三维的观测条件，得到三维电子和离子的分布函数。磁场数据处理主要包括噪音和偏移量的数据消减。

磁场平均过程 4~5s 可抵消短波噪音，消除趋势的贝叶斯程序有效地减去长期外部磁场变化（Tsunakawa et al., 2010）。在表面矢量填图法（surface vector mapping, SVM）反演边界值方法中，主要包括预处理和利用贝叶斯统计方法来消除偏差和噪声的影响。假设磁异常源位于半径为 R 的球体中，磁位 $\phi(r)$ 已知，用球面径向分量 $B_{s,r}(r_s)$ 和核径向分量 $K(r; r_s)$ 来表示观测点 r 处的磁场 $B(r)$ 为

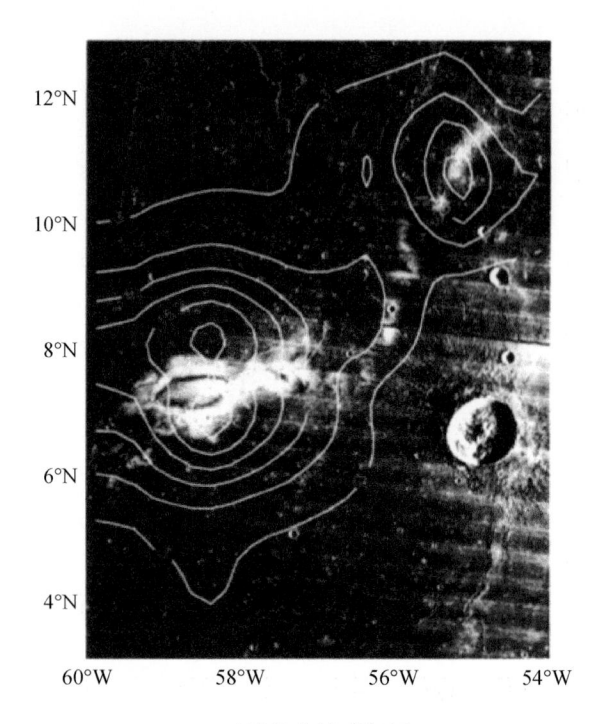

图 7.16　Reiner Gamma 区域等高线磁场图（Hood et al.，2001）
等高线间距为 3nT，赖纳火山口位于右下 30km 处

$$B(r) = -\mu_0 \nabla\phi(r) = \iint_{r_s=R} B_{s,r}(r_s) \nabla K(r;r_s) \mathrm{d}S \tag{7.25}$$

考虑到包括 GPSs（$r_{s,k}$；$k=1,\cdots,M'$）特定区域和观测数据（B_{obs}），缩减了函数 ϕ 来评估在 $r_{s,k}$ 处的表面径向分量（Tsunakawa et al.，2014），即

$$\phi(B_{s,r}|\mu^2) = \|\Delta B_{\mathrm{obs},w} - T_w B_{s,r}\|^2 + \mu^2 \|B_{s,r}\|^2 \tag{7.26}$$

式中，$B_{s,r} = (B_{s,r}(r_{s,1}),\cdots,B_{s,r}(r_{s,M'}))^t$ 为在 GPSs 处表面磁场的径向分量；$\Delta B_{\mathrm{obs},w}$ 为沿观测磁场方向的分量；T_w 为表面磁场矩阵变换中的表面径向分量；μ^2 为与标准表面径向分量的权衡参数。

7.3　月球地震探测

月球处于暮年期，内部能量已近于枯竭，但仍然有微弱的月震发生。月震发生的频率很低，每年约 1000 次。月震释放的能量也远小于地震，最大的月震震级仅相当于地震的 1~2 级（Goins, et al., 1981）。地震的震源深度一般仅为数十千米至 300km，而月震的震源深度可达 700~1200km（Lammlein, et al, 1974）。月震波在月球内部要进行多次反射回返，持续时间近 1h，而在地球上这种小型地震的地震波在地球内部传播的持续时间不超过 1min。月球具有非常低的弹性波传播损耗，可能与月球上缺水以及岩石的破裂性质有关（Latham and Yates，1970）。

在 Apollo 月球探测计划月震仪 8 年监测中，共记录到 12558 次月震事件。根据这些事件信号特征的不同，分为深月震、浅月震、陨石撞击月震与热月震（Yosio and Junji, 1982；Nakamura，1983；Nakamura，2003）。Apollo 月面实验装置（ALSEP）是宇航员在 Apollo 11 号之后的 5 次月球登陆任务中，分别放置在登陆地点。图 7.17 显示的是 Apollo 16 号的实验装置。这些实验装置在 1977 年 9 月 30 日由任务控制中心永久关闭。

图 7.17　Apollo 16 号实验装置（ALSEP）

7.3.1　月震测量

1969 年 7 月，Apollo 11 号飞船航天员登月后在月球静海西南角安置了第一台以太阳能为动力的月震仪。但这台月震仪在工作 21 个月球日后因仪器过热而失去联系。1969～1972 年期间，相继在月球着陆的 Apollo 12、Apollo 14、Apollo 15、Apollo 16 号又先后在月球不同位置放置了四台月震仪（Apollo13 号因事故半途折返），构成一个边长约为 1200km 的正三角形。1972 年，Apollo17 号进行最后一次登月任务，因设计上失误，安装的重力仪仅记录了短周期月震（Toksöz et al.，1974；Nakamura et al.，1982；赵丰，1986）。因此，最具有价值的月震数据来源于 4 台月震仪组成的月震台网（图 7.18），记录了月震发生的时间、位置、强度和震源的深度（Nakamura，2005）。

图 7.18　Apollo 月震监测台阵（Nakamura，2005）

Apollo 月震台网月震仪型号完全相同，都是一台长周期月震仪和一台短周期月震仪。长周期月震仪为正交三分量结构，输出量为地动位移，固有周期为 15s，灵敏度为 0.3umP-P，动态范围 90dB；短周期月震仪为单垂直分量结构，输出量也是地动位移，固有周期为 1s，灵敏度为 0.3ump-p，动态范围也是 90dB。根据数据包的存储格式，长周期月震仪的采样率约为 6.6sps，短周期月震仪的采样率约为 48sps。在记录到 12558 次事件波形中，根据上升时间初至信号至最大振幅信号时间、高低频成分比一个事件的低频成分与高频成分比值、压缩波或剪切波是否出现，将记录事件分为深源月震、浅源月震、陨石撞击和人为月震四种类型。现已识别人为月震 9 次，陨石撞击约 1700 次，浅源月震 28 次，其余除部分尚未识别外均为深源月震（曲保安，2011）。

7.3.2　深部结构地震反演

1974 年，Toksöz 等（1974）通过建立月球波速结构模型来反演月球内部结构：

$$g(t,r) = \frac{1}{4\pi k_H th} \exp\left(-\frac{r^2}{4k_H t} - \frac{\omega t}{Q}\right) \sum_{n=1}^{\infty} \frac{a_n \cos(a_n z/h)}{2a_n + \sin 2a_n} \exp\left(-\frac{tk_V a_n^2}{h^2}\right) \quad (7.27)$$

式中，k_H、k_V 分别为水平和垂直扩散率；h 为地层厚度；z 为深度；r 为幅度；a_n 为方程式的根，有

$$a\tan a = hV/k_V \tag{7.28}$$

式中，V 为下媒介平均弹性波波速。

由此，计算的月表着陆点 P 波和 S 波波速如图 7.19 和图 7.20 所示，以及月幔中 P 波和 S 波波速的变化如图 7.21 所示。计算中，考虑到月球内部结构中的月壳、岩石圈和软流层分布如图 7.22 所示。

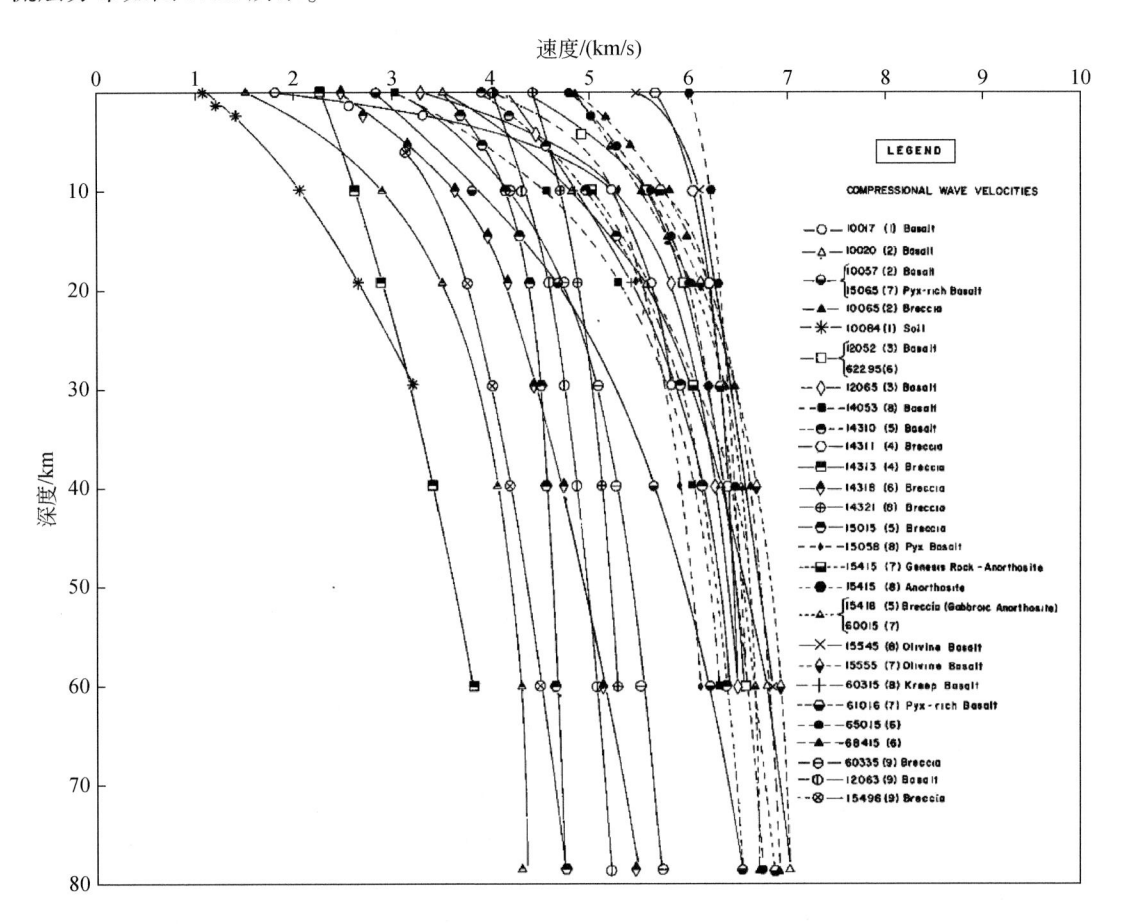

图 7.19　月表着陆点 P 波波速计算（Toksöz et al.，1974）

20 世纪 80 年代初期，Nakamura（1983）使用月震波的到达时间，通过一种变换后线性最小二乘法（Aki，1980）反演 P 波与 S 波的波速为

$$T(B,A) = \int_A^B \frac{|\mathrm{d}x|}{c(x)} = \int_A^B \frac{1}{c(x)} \left(\frac{\mathrm{d}x}{\mathrm{d}\xi} \cdot \frac{\mathrm{d}x}{\mathrm{d}\xi}\right)^{1/2} \mathrm{d}\xi \tag{7.29}$$

式中，$c(x)$ 为速度场；$T(x)$ 为走时函数。

假定波阵面 S 由 $t=T(x)$ 给定，引入射线作为随波阵面传播的 S 法线。如果一条射线利用 $x=x(\xi)$ 形式的参数来表示，其中，ξ 沿射线单调变化，则 $\mathrm{d}x/\mathrm{d}\xi = g(x)\nabla T$ 是

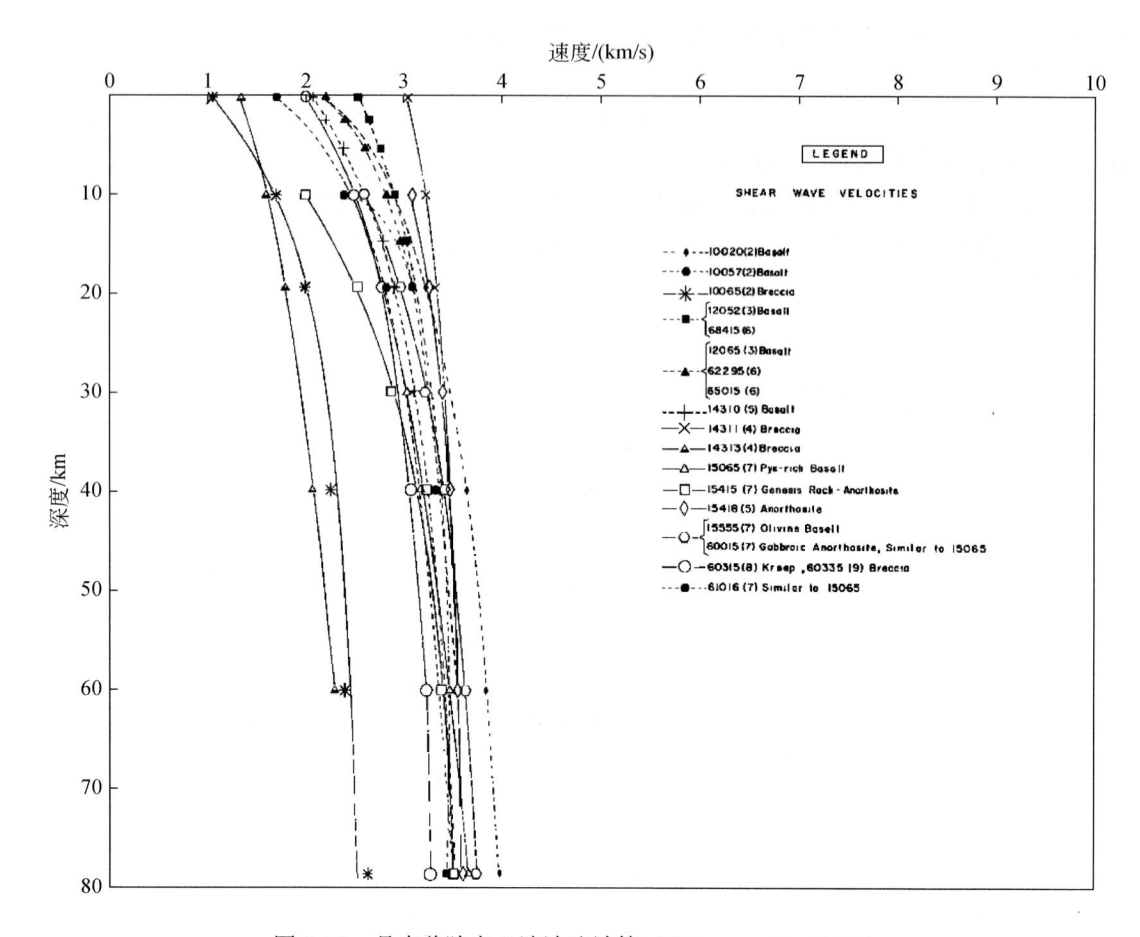

图 7.20　月表着陆点 S 波波速计算（Toksöz et al.，1974）

该射线的方程。其中，与平行矢量有关的标量函数 g，由特别选取的 ξ 来决定。由此，估算的月球内部 1000km 范围内月震波速变化如图 7.23 所示。

通过得到的 P 波、S 波波速与深度之间的关系，将月球内部结构分成月壳（0～58km）、上月幔（58～270km）、中层月幔（270～500km），以及下月幔（>500km）（图 7.24）。但是对于月核是否存在并没有解释。

采用地震层析成像方法，使用月震到达时间数据来估算月球正面月壳及深至 1000km 范围内三维 P 波和 S 波的波速，以及泊松比结构（Zhao et al.，2008）（图 7.25～图 7.27）。研究所使用的为 Lognonné 等（2003）和 Nakamura（2005）处理的地震数据，数据包含有从 80 次月震中获取的 221 条 P 波（120 条来自 46 次深源地震以及 101 条来自 34 浅源地震）和从 123 次月震中获取的 381 条 S 波（342 条来自 102 次深源地震以及 39 次来自 21 次浅源地震）。数据中，S 波数据较 P 波数据更多，S 波对于月球层析成像有更好的效果。

将介质根据不连续地震速度（seismic velocity discontinuities，SVDs）分层，并且为每层单独设置三维网格网以表达三维速度结构（Zhao et al.，1992）。在计算网格节点处的速度时，通过使用线性内插函数来计算第 m 层中任意点处的速度为

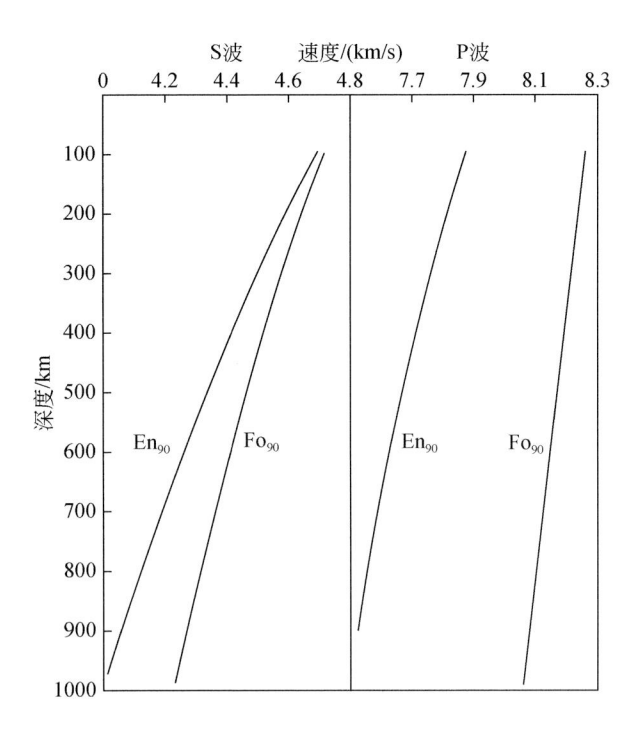

图 7.21 Fo$_{90}$ 和 En$_{90}$ 在假想月幔中 P 波和 S 波波速的变化（Toksöz et al.，1974）

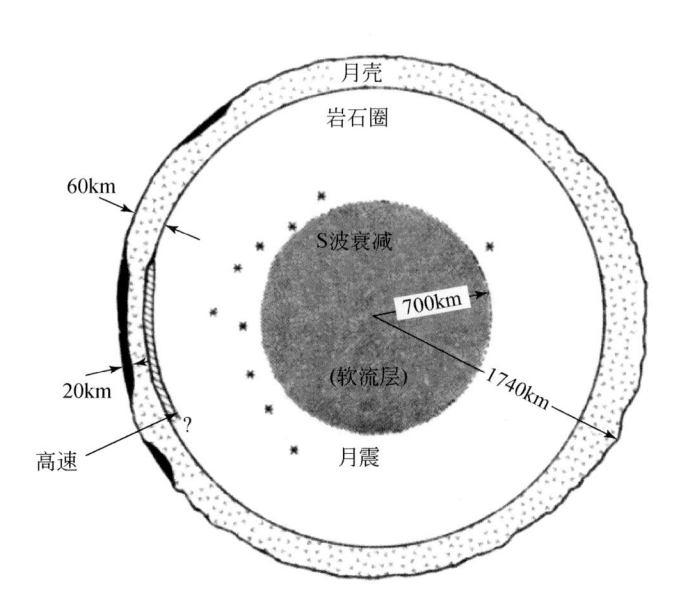

图 7.22 月球结构图示用来说明月壳、岩石圈和软流层（Toksöz et al.，1974）

$$V_m(\phi,\lambda,h) = \sum_{i=1}^{2}\sum_{j=1}^{2}\sum_{k=1}^{2} V_m(\phi_i,\lambda_j,h_k)\left[\left(1-\left|\frac{\phi-\phi_i}{\phi_2-\phi_1}\right|\right)\left(1-\left|\frac{\lambda-\lambda_i}{\lambda_2-\lambda_1}\right|\right)\left(1-\left|\frac{h-h_i}{h_2-h_1}\right|\right)\right]$$
(7.30)

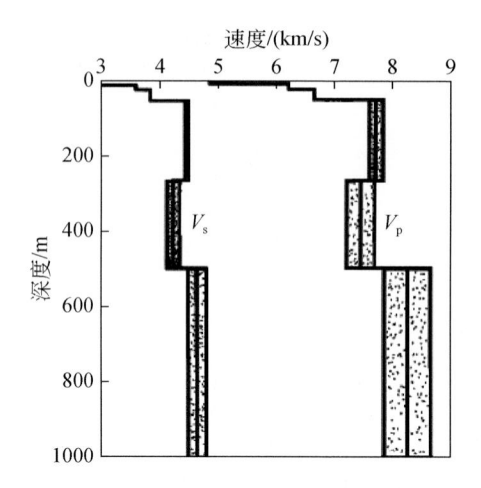

图 7.23 月球内部 1000km 范围内的月震波速变化估算图（Nakamura，1983）

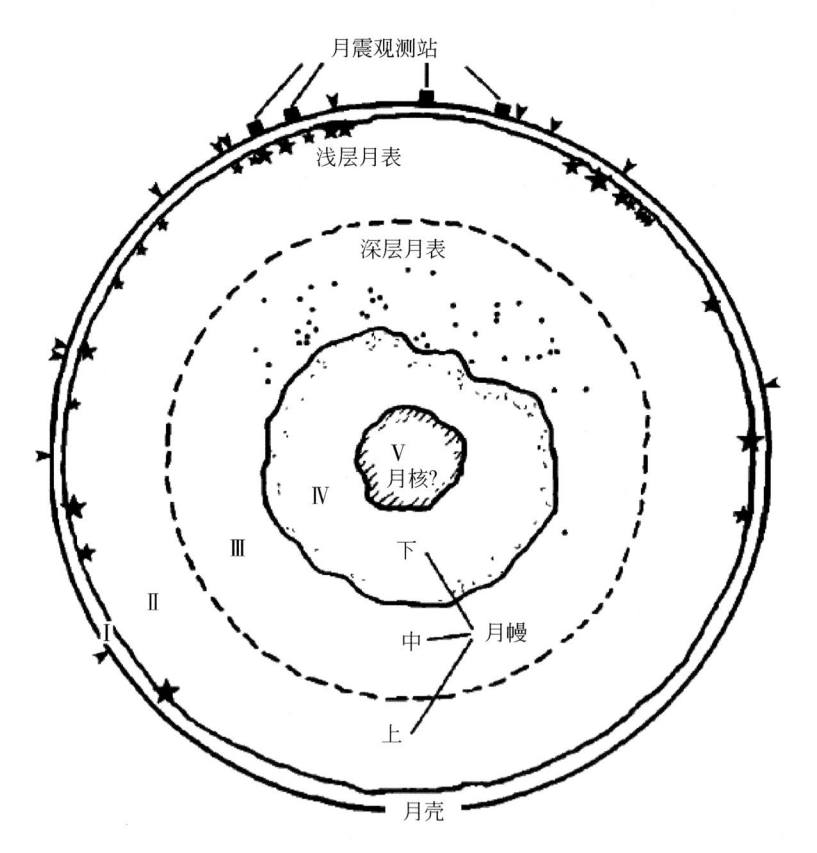

图 7.24 月球内部结构示意图（Nakamura，1983）

式中，ϕ、λ 分别为纬度和经度；h 为距离月表的深度；ϕ_i、λ_j 和 h_k 为围绕点 (φ,λ,h) 的八字形格网节点坐标；$V_m(\phi_i,\lambda_j,h_k)$ 为第 m 层格网节点处速度。

P波层析成像

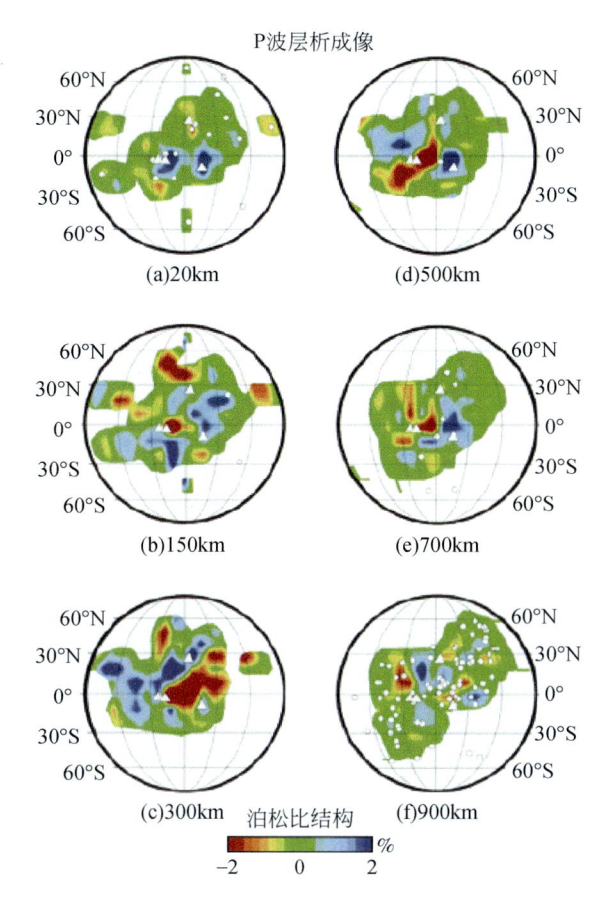

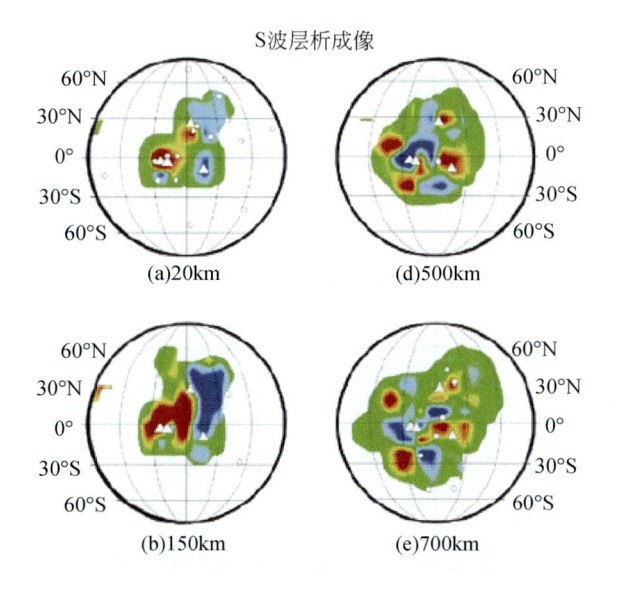

(a) 20km   (d) 500km
(b) 150km (e) 700km
(c) 300km (f) 900km

泊松比结构
−2   0   2 %

图 7.25 不同深度的 P 波层析成像视图（Zhao et al., 1992）
每幅图代表不同的深度，红色和蓝色分别表示低速和高速

S波层析成像

(a) 20km   (d) 500km
(b) 150km (e) 700km

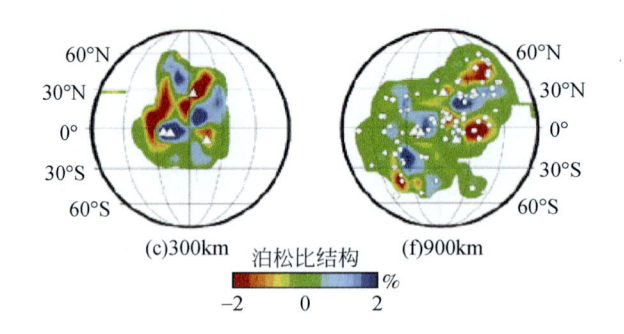

图 7.26　不同深度的 S 波层析成像视图（Zhao et al.，1992）
每幅图代表不同的深度，红色和蓝色分别表示低速和高速

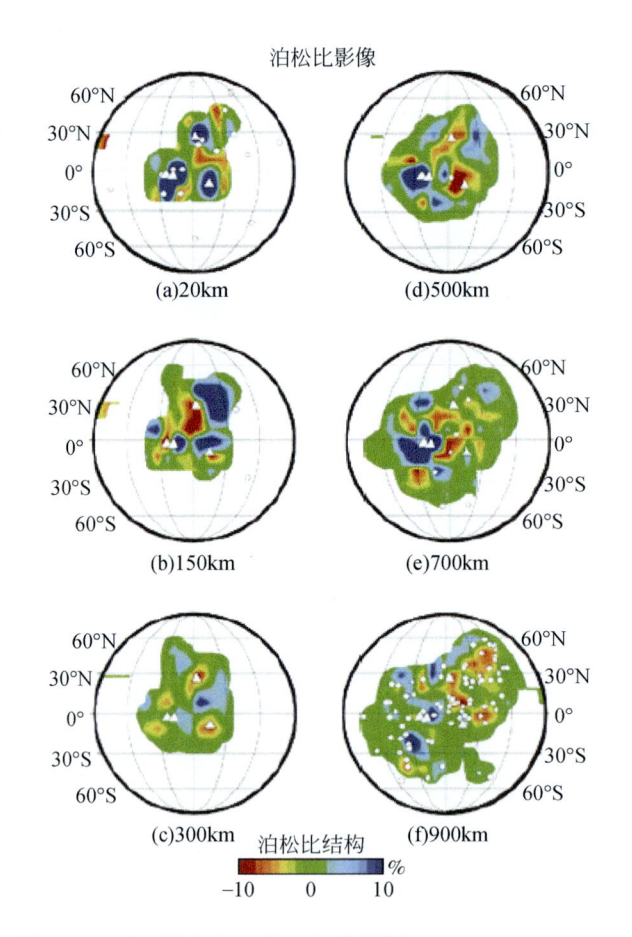

图 7.27　不同深度的泊松比影像视图（Zhao et al.，1992）
每幅图代表不同的深度，红色和蓝色分别表示高与低的泊松比数值

1. 月壳

月壳的平均厚度及其空间分布特征，直接关系到原始月球岩浆洋的规模以及原始月壳

从中分异的效率（Solomatov，2000）。而且，月壳厚度的测定也影响月球内部 U 和 Th 等放射性元素含量的估算（Taylor，1986），以及月球内部温度和物质组成的测算。

Apollo 时代给出的月壳厚度约为 60km（Toksöz et al.，1972a，1972b，1974）。而后期研究认为月壳厚度要远小于早期测算的厚度（Khan et al.，2000；Khan and Mosegaard，2002；Lognonné，2003；Gagnepain et al.，2006）。Khan 和 Mosegaard（2002）使用早期 Nakamura 走时数据（Nakamura，1983），测定 Apollo 台网下方月壳平均厚度为 38±3km。Gagnepain-Beyneix 等（2006）使用重新读取的 P、S 波初动到时和月壳转换波与直达波的走时差数据（Vinnik et al.，2001），得到 Apollo 台网下方月壳平均厚度约为 30km。月壳整体的平均厚度要大于 Apollo 台网下方的厚度，约为 40km（Lognonné et al.，2003）。目前主要采用 P、S 波初动到时数据，对月球内部的速度间断面结构及其不敏感（Lognonné et al.，2003），不能用于确定月壳与月幔之间月震波速为渐变还是跳变。

重新处理 1969~1977 年间 Apollo 地震数据，利用 S-P 转换到达时间的完整数据集来确定最佳的月震速度模型。后验方差定义为

$$V = \sum_{Pi} \frac{(t_{Pi}^{obs} - t_{Pi}^{cal})^2}{\sigma_{Pi}^2} + \sum_{Si} \frac{(t_{Si}^{obs} - t_{Si}^{cal})^2}{\sigma_{Si}^2} + \frac{(t_{Sp}^{obs} - t_{Sp}^{cal})^2}{\sigma_{Sp}^2} \qquad (7.31)$$

式中，t_{Pi}^{obs}、t_{Si}^{obs}、σ_{Pi}、σ_{Si}、t_{Pi}^{cal}、t_{Si}^{cal} 为观测到的 P 和 S 波到达时间、高斯误差、计算的第 i 次到达时间；t_{Sp}^{obs}，σ_{Sp}，t_{Sp}^{cal} 同样为 S 和 P 波到达的时间、高斯误差和计算到达时间。

在每一层以 250m/s 的间隔每个模型概率计算中假设高斯误差和速度。对月壳进行了 1000 万种组合测试，对深层结构进行了 200 万种测试。最好的模型被命名为模型 A，在 Fi 中以实线的形式出现（图 7.28）。到达时间对地壳厚度的敏感性较弱。模型 A 的探测结果为 30km 的月壳，仅比 Nakamura 和 Goins 的 60km 月壳模式稍好 0.1~0.2s。

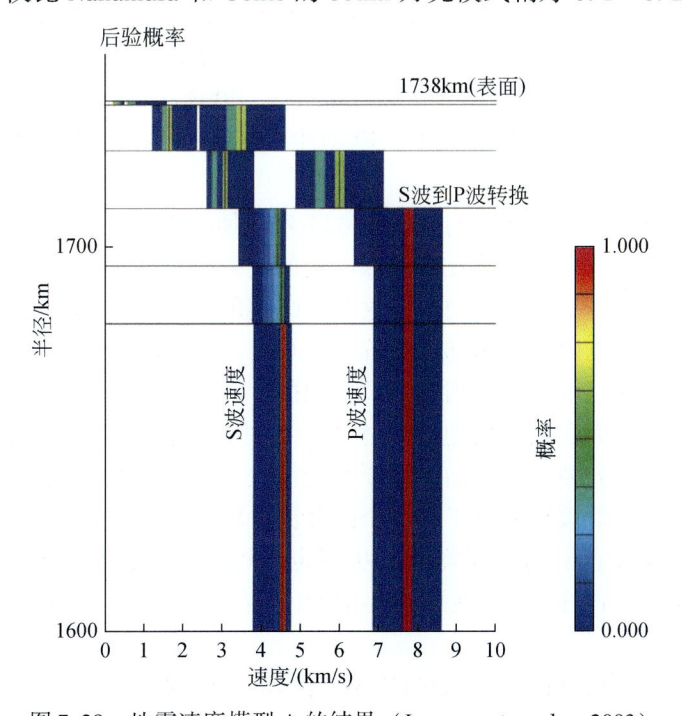

图 7.28　地震速度模型 A 的结果（Longnonné et al.，2003）

2. 月幔

Apollo 时代至今，已经建立了许多月震波速度模型（Goins et al.，1981；Nakamura，1983；Khan and Mosegaard，2002；Lognonné et al.，2003；Gagnepain-Beyneix et al.，2006）。大多速度模型是由矿物学外推的月幔速度（Kuskov et al.，2002），上月幔范围内所有的月幔速度模型得出的结果基本一致。

目前，在月幔速度模型中，上月幔最初 300km 的平均 P、S 波速分别为 7.70km/s 和 4.47km/s。不同模型的 P、S 波速度最大差异分别为 0.10km/s 和 0.05km/s。Nakamura（1983）在上月幔下部 270~500km 发现了很强的 P、S 波低速带，进而推断此低速带可能源于波速随深度的梯度变化而非速度间断面。但速度间断面是否存在以及存在的深度也是需要利用月震数据给出解释。Apollo 时代研究显示该间断面可能位于 500km 深处（Nakamura，1983）。后期研究显示该间断面的深度可能在 738km 处（Gagnepain-Beyneix et al.，2006）；而且 P 波和 S 波的间断面处于不同深度，分别在 800km 和 550km 处（Khan and Mosegaard，2002）（图 7.29）。

3. 月核

现有月震观测台站和月震震源数据都在月球的正面。因此，使用射线理论无法确定下月幔和内核的波速结构。从月震数据中提取强震事件激发的自由振荡信号有可能是了解月核结构的有效途径。

从撞击事件中，频率低于 11mHz 宽频数据中寻找月球自由振荡信号，进一步可反演月球内部的结构（Khan and Mosegaard，2001）。从浅源月震数据中寻找到月球自由振荡信号（Oberst and Jürgen，1987），利用最新的月球速度模型计算出的月核密度为 7000~8000kg/m^3，半径为 350km（Lognonné et al.，2003）。但是，强震事件激发的月球自由振荡信号低于当前 Apollo 月震仪记录的噪声（Lognonné，2005）。综合了 Garcia 等（2011）的壳幔速度结构，以及 Weber 等（2011）模型中的部分熔融层和月核可作为初始模型（图 7.30）。

对震相进行定位叠加时，常用的方法是双阵列叠加（double array stacking，DAS）法。将同一台站记录到的不同震源事件在某一深度处的反射作为一个阵列，而将不同台站接收到的月震事件反射波看作另一个阵列，将这两种阵列的数据按照到时全部偏移到同一个零点处进行叠加。每一种反射波震相都可双阵列叠加（图 7.31）。通过对比四个震相在同一个反射面上的叠加振幅一致性，可判断该反射面的存在性。采用双阵列算法确定间断面位置时，需要确定该间断面之上的层速度，才能计算月震事件在该间断面上的反射波走时，再定位振幅。为了能够方便振幅叠加，需要对能量较小部分进行增强，而振幅较大的部分进行能量压制。四个反射震相来自于同一个间断面，将这些震相按照旅行时偏移到同一个时间零点上，就可寻找它们的共同峰值，从而定出可能的间断面。乘积曲线的峰值曲线上，四个波形在同一位置处出现振幅峰值时的幅值保留下来，对叠后振幅进行综合处理，分析对应的层位信息。

通过对图 7.31 综合分析，得到如图 7.32 所示的速度模型（实线部分）。

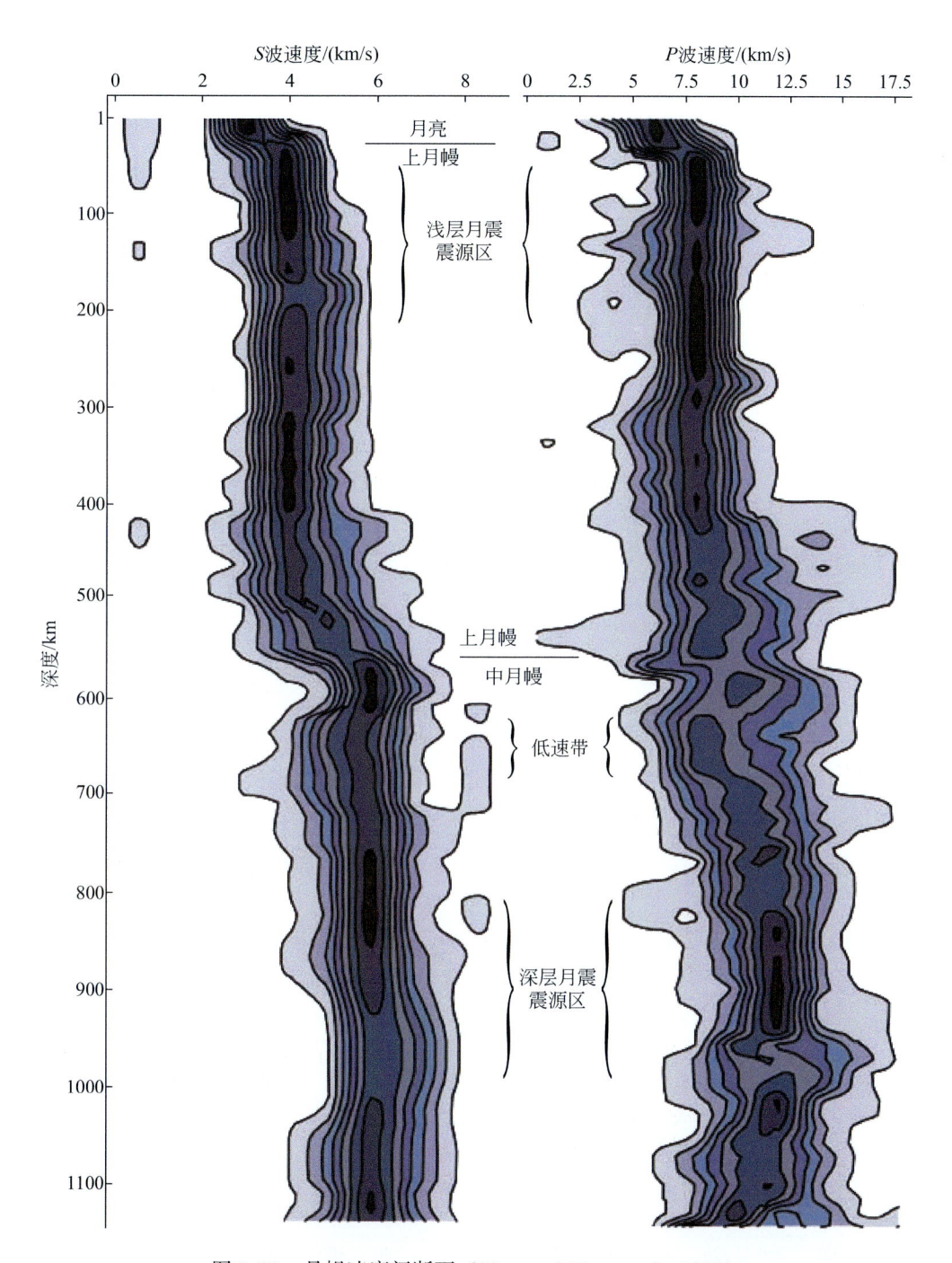

图 7.29 月幔速度间断面 (Khan and Mosegaard, 2002)

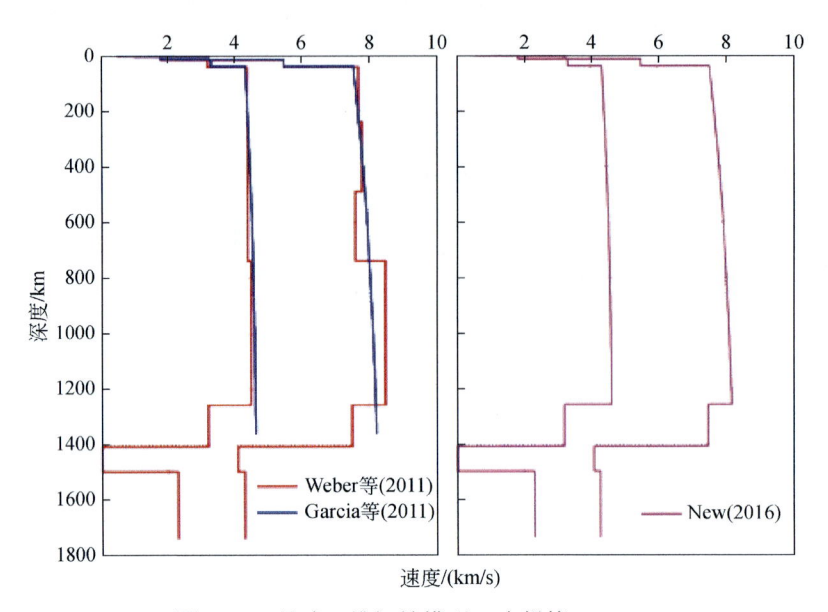

图 7.30　月球一维初始模型（袁悦锋，2018）

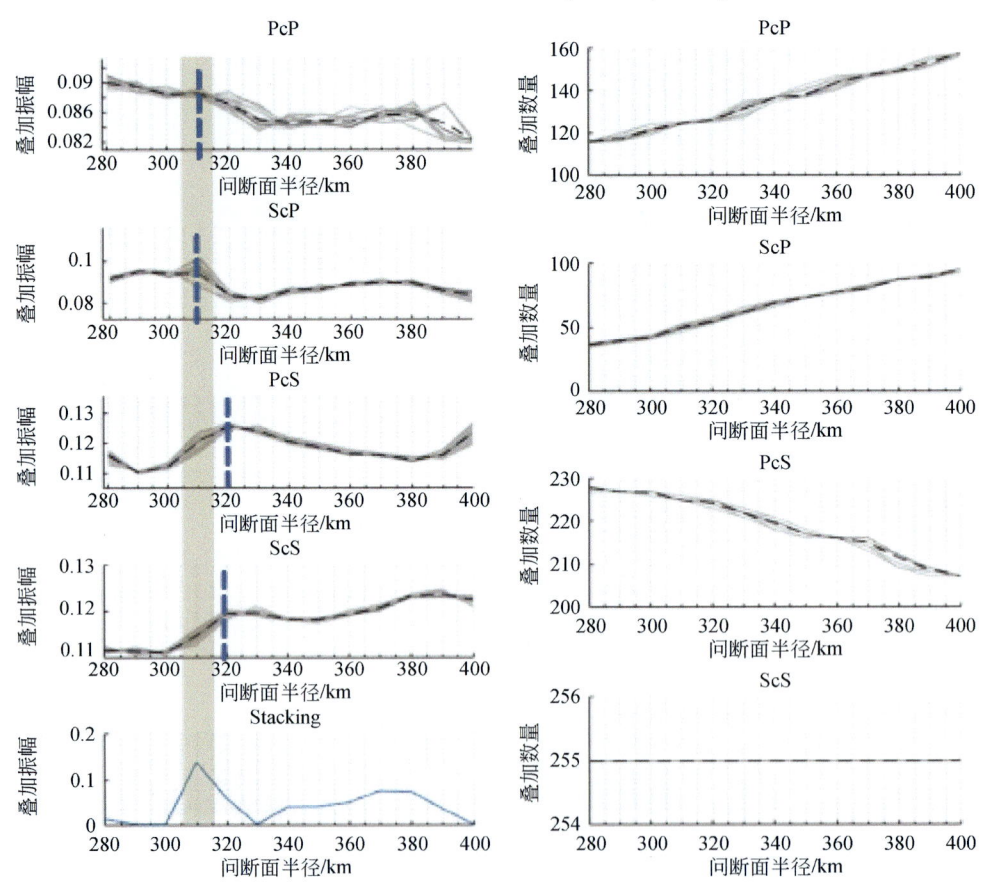

图 7.31　核幔边界震相叠加结果（各曲线含义同上）（袁悦锋，2018）

Stacking 为双阵列叠加峰值曲线；PcP 为 P 波入射核幔 P 波反射；PcS 为 P 波入射转 S 波反射；ScP 为 S 波入射转 P 波反射；ScS 我 S 波入射 S 波反射。左图中蓝色曲线为四个震相的"峰值曲线"。灰色曲线为叠加窗口左右逐渐移动一个单位的叠加结果，最大移动量为半窗口大小（5s）；黑色虚线表示它们的均值

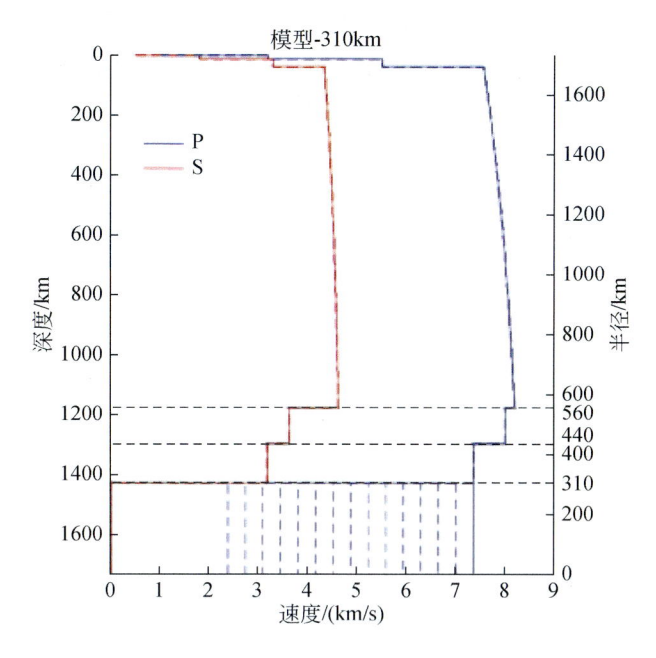

图 7.32 核幔边界位置及部分熔融下部速度模型（袁悦锋，2018）

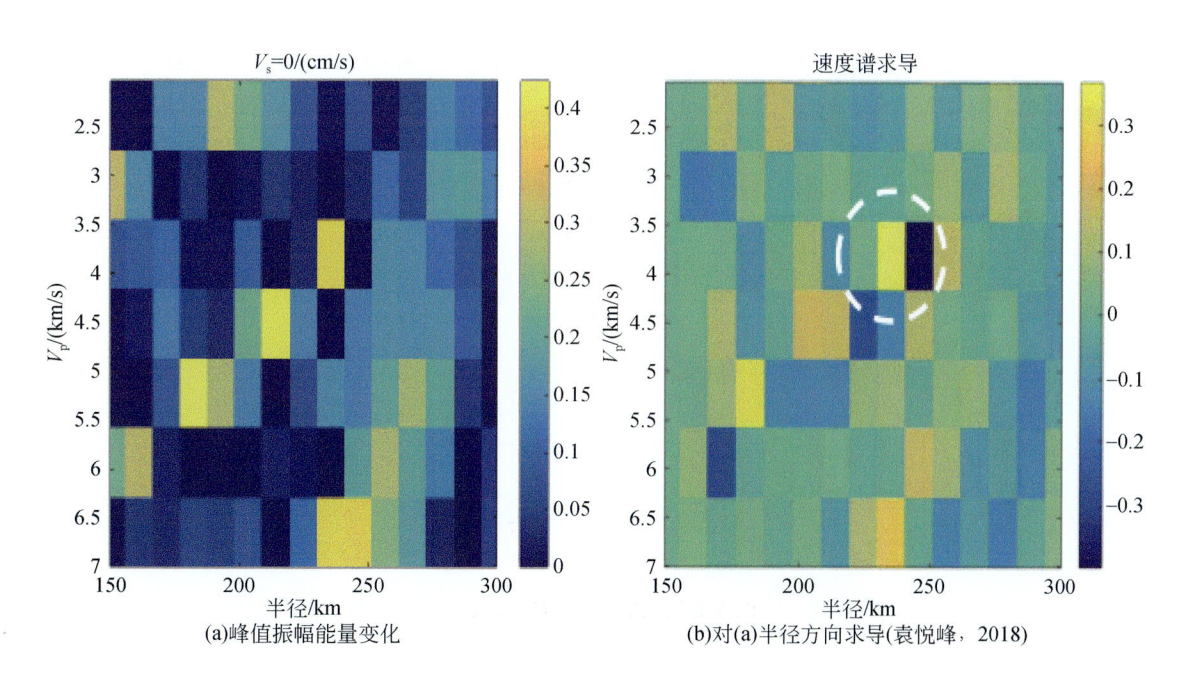

图 7.33 内核震相峰值振幅随 P 波速度变化图

将内核边界搜索范围定为 150～300km。速度扫面间隔如图 7.33 所示，其中 P 波间隔为 0.7km/s。由于液态外核的存在，SKiKS（S 波，核反射，ScS 波）能量很弱。因此，只考虑 PKiKP（P 波，核反射，P 波）、PKiKS（P 波，核反射，ScS 波）、SKiKP（S 波，核反射，P波）三个震相叠加，可看到出现多个能量峰值（图7.34）。为了保留较为尖锐的脉冲，对图7.34的振幅沿着半径方向求一次偏导，用于表明叠加峰值的变化率。该变化率越大，表明叠加结果越尖锐，说明不同震相的振幅具有相对较好的一致性。由此，提取到最佳峰值振幅对应的P波速度为3.81km/s，半径大小为230km。根据峰值一致性可判断内核半径约为230km，与三个震相的临近峰值误差分别为 -10km、$+10$km 和 $+20$km（图7.35）。由于内核边界能量较弱，再加上浅部层位的误差累计，会导致最底层界面具有不确定性。由于反射波振幅叠加法只能用来确定反射界面以上速度模型，无法直接对内核模型进行约束。

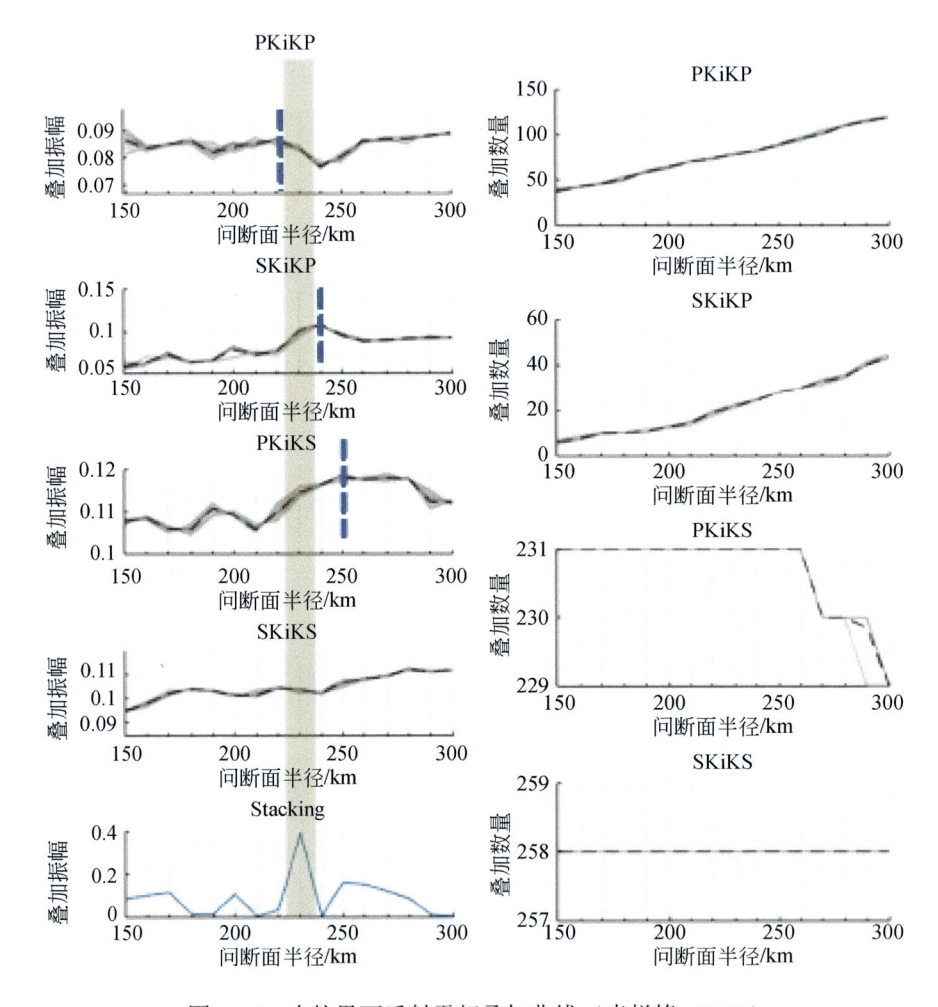

图7.34 内核界面反射震相叠加曲线（袁悦锋，2018）

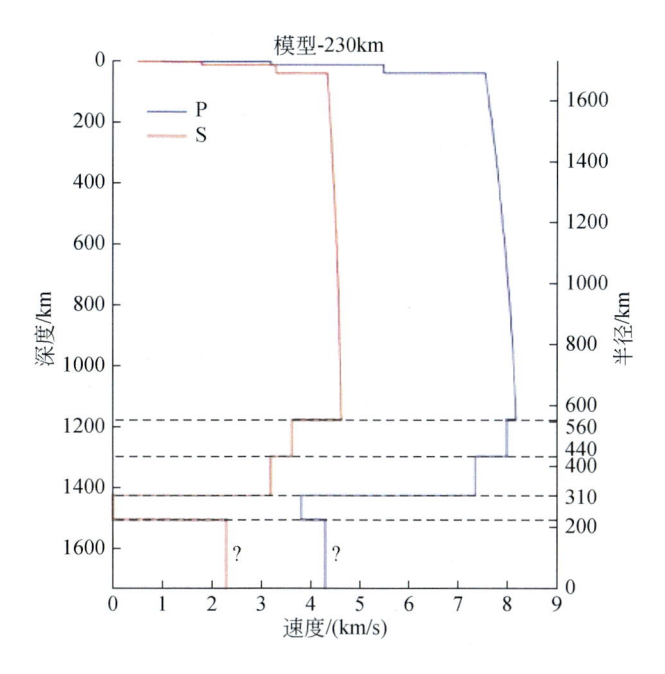

图 7.35 内核边界位置以及外核速度模型（袁悦锋，2018）

7.4 月球热流探测

月球热流定义为单位面积单位时间里由月球内部释放的热量，与温度梯度和热导率成正比，即

$$Q = -k \frac{dT}{dz} \tag{7.32}$$

式中，Q 为热流在垂直月表面方向的值；z 为月表深度；k 为热导率；T 为温度。月球表面物质的热导率很低，热趋肤深度非常小，太阳辐射对月球次表层温度的影响快速衰减。月表次表层以下深度的温度基本不随昼夜变化，月球热流对次表层温度的贡献相对增强。

月球内部热流是月球内部热能传输至月表的一种现象，是研究月球热演化历史的重要物理量。月球内部热流最早认为由月幔热流和放射性元素（主要有铀、钍和钾）衰变产生的热量构成。

7.4.1 热流测量

行星表面的热流测量可分为着陆探测和遥感探测两种方式。

1. 着陆探测

行星表面热流着陆探测精确获取行星表面辐射热流、红外图像和表面温度，同时获取月壤的导热物性参数。测量仪器主要有红外扫描辐射计、红外光谱仪、辐射热流计和导热测温探针等。

美国 Surveyor（1966～1968 年）软着陆探测器，其中 5 次成功着陆中（Surveyor 1/3/5/6/7），前四次的探测器上装有温度传感器，对月表的温度直接测量。从 1967 年 9 月发射的 Surveyor 5 探测器上装有月面热传导分析仪，对其他参数进行探测。

苏联 Luna（1959～1976 年）系列探测器，先后测量不同热环境参数，其中热流计测量了月表的热流，激光器获得了月球表面的反照率。

美国 Apollo（1961～1972 年）系列探测器，其中在 Apollo 15（1971 年）和 Apollo 17（1972 年）携带有红外扫描辐射计，测量月表的热发射，以获得高精度月表温度分布图，并采用两个可插入月壤的温度传感器，测量月壤垂直方向的温度分布。其中一个传感器具有电加热功能，当其被加热时，通过另一个传感器测量已知距离处月壤的温度响应，用于确定探测区域月球物质的导热系数。

2. 遥感探测

行星表面热流的遥感探测主要是获取行星表面的辐射热流、光谱图像与亮度温度等热环境特性。辐射测量仪器主要包括红外辐射计、红外光谱仪、红外干涉光谱仪、红外扫描辐射计、红外热像仪、热容量图谱辐射计、净热流辐射计、热发射光谱仪和复合红外光谱仪等。

1972 年发射的 Apollo 17 搭载的红外扫描辐射计（Infrared Scanning Radiometer，ISR），获取了月球表面总面积大约 25% 的热红外图像，空间分辨率为 10km。ISR 利用一个非制冷热电堆辐射测定器测量月表亮温，光谱测量范围是 1.2～70μm，温度测量范围是 80～400K±2K。ISR 测量数据证实了月表存在较多的夜晚热异常现象，主要表现为大型撞击坑中存在许多热点现象，可能是由于较大的撞击作用挖掘和暴露了比月表月壤热惯性更高的块状物质。

1994 年发射的 Clementine 上搭载了一个长波红外相机（long wavelength infrared，LWIR）。在其极地轨道内，一景测量面积约为月球整个面积的 0.4%，空间分辨率为两极地区 200m/像素，赤道附近 55m/像素。仪器采用机械冷却的 128×128 像元碲镉汞（HgCdTe）探测器阵列，红外通道中心波长为 8.75μm。LWIR 的最小探测温度大约是 200K，主要集中在太阳光直接照射区域。

2009 年发射 LRO 卫星搭载的 Diviner 是一个 9 通道推扫式辐射计，用于测量月表的太阳反射和热辐射。光谱通道范围从紫外到远红外，为 0.3～400μm。Diviner 有 7 个测量热辐射的红外通道。其中，3 个 8μm 附近的短波窄通道（以下称为 8μm 通道），4 个长波宽通道（以下称为热通道），跨越了中、远红外波段，精确测量月表温度，最低温度为 25 为 K。Diviner 影像的空间分辨率为沿轨道方向 320m，垂直轨道方向 160m，轨道高度大约 50km，像元大小 6.7×3.4 毫弧度。每景影像的宽度大约 3.4km（71 毫弧度）。在任何给定的 4h（如日出前、正午）内，赤道附近的 Diviner 空间覆盖度大约是 40%。

7.4.2 热流模型

月球热流是指单位时间内从月球内部通过单位面积月面所释放出的热量，是研究月球热演化历史的重要物理量。目前，大多数热流模型假设月球热演化起始于一个较热的月球，岩浆冷却后，对流传热可能对月球热演化有重要的影响。

将月表的温度变化 ΔT 通过半径为 R 的圆形区域内平均温度 ΔT_s 进行模拟，模型方程表示为

$$\Delta T(z,t) = \Delta T_s \left[\text{erfc}\left(\frac{z}{2\sqrt{\kappa t}}\right) - \frac{z}{\sqrt{z^2+R^2}} \text{erfc}\left(\frac{\sqrt{z^2+R^2}}{2\sqrt{\kappa t}}\right) \right] \tag{7.33}$$

式中，z 为深度；κ 为热导率；erfc 为误差方程。

模型模拟的 Apollo 15 和 Apollo 17 热流值低于月表的平均热流值（Langseth et al.，1976）。通过对 Apollo 15 γ 射线轨道探测仪（Orbital Gamma Ray Spectrometer）数据研究发现，两个 Apollo 热流点都位于钍元素含量较高（7ppm，1ppm=10^{-6}）区域的边界地带。

Conel 和 Morton（1975）提出月壳的密度和放射性元素的含量差异是 Apollo 登月点热流值变化的主要原因。模型中，单位体积 A_0 壤热量与铀元素含量间的关系为

$$A_0 = (1.56 + 2.65 \times 10^{-5} \beta) \times 10^{-7} [U] \tag{7.34}$$

式中，$\beta = [K]/[U]$，并且假设 $[^{40}K] = 1.19 \times 10^{-4}[K]$，$[Th]/[U] = 3.7$，$[^{238}U]/[^{235}U] = 137.7$，月壤平均密度为 3.34g/cm³。

其简单球状二维模型分为球核温度和球幔温度两部分，表示为

$$T_c = \frac{Q(R)R}{2K(1-\alpha^3/R^3)} \left[1 + 2\frac{\alpha^3}{R^3} - 3\frac{\alpha^2}{R^2} \right] + T_s, (0 \leq r \leq \alpha) \tag{7.35}$$

$$T_m(r) = \frac{Q(R)R}{2K(1-\alpha^3/R^3)} \left[1 - \frac{r^2}{R^2} - 2\frac{\alpha^3}{R^2}\left(\frac{1}{r}\right) + 2\frac{\alpha^3}{R^3} \right] + T_s, (\alpha \leq r \leq R) \tag{7.36}$$

式中，K 为热导率；$Q(R)$ 为月表总的热流；T_s 为表面温度，K；R 为月球半径；r 为球体半径。

但是，模型在计算月海和高地交界的边缘地带区域热流过程中，相对热导率的缓慢变化，热流的变化幅度明显，尤其在 Apollo 15 和 Apollo 17 热流实验点。

Warren 和 Rasmussen（1987）估算的 Apollo 着陆点热流增加量主要是 70km 厚度月壳内放射性元素产生的。然而，月表热流测量值增加量来源于放射性元素。放射性元素主要由更深层的克里普岩（KREEP）释放出来，而不是撞击或者火山运动。但是，从 Apollo 着陆点到亚平宁山脉和全月表面层，克里普岩的位置、深度和浓度变化剧烈。Hagermann 和 Tanaka（2006）调查和解释了 Apollo 着陆点热流测量值和近月表放射性元素产生热流增量间的关系，认为克里普岩喷出物大量暴露于 Apollo 热流实验区域，解释了不同 Apollo 点间的差异问题。在模拟雨海撞击坑（37.5°N，19°W）周围溅射物覆盖层的分布情况，局部厚度与 Haskin（1998）模拟的厚度相似。其中，Apollo 15 区域厚度为 5.5~22km，Apollo 17 厚度为 0.7~2.5km。利用月球勘探者号-伽马射线谱仪（Lunar Prospector Gamma Ray Spectrometer，LP-GRS）数据推测了这些覆盖层的放射性物质含量，Apollo 15 区域 Th 含量为 5.237ppm[①]，Apollo 17 区域 Th 含量为 2.74ppm。深层克里普岩含量较高的位置导

---

① 1ppm=10^{-6}。

致了点状溅射物的增加，主要归因于撞击作用挖掘出的深层中大量 Th 元素。

Wieczorek 和 Phillips（2000）从深度和雨海喷出物中，分析了 Apollo 着陆点热流值。假定 Apollo 着陆点所有的放射性元素热流增加值都来源于地面以下，模拟了以 Apollo 着陆点为中心，10km 厚度和 40°半径球冠范围内月表以下 60km 厚度的克里普岩层对热流测量值的影响，可解释 Apollo 15 与 Apollo 17 间热流的变化情况。

Siegler 和 Smrekar（2014）结合月表真实地形、月表热物理特性、克里普岩含量、放射性元素含量和月壳厚度与密度建立了一个三维模型，模型模拟结果如图 7.36 所示，涉及 Apollo 15 和 Apollo 17 两个着陆点所在区域，覆盖了 1500km×2700km 范围，并深入至 150km（Siegler and Smrekar，2014）。

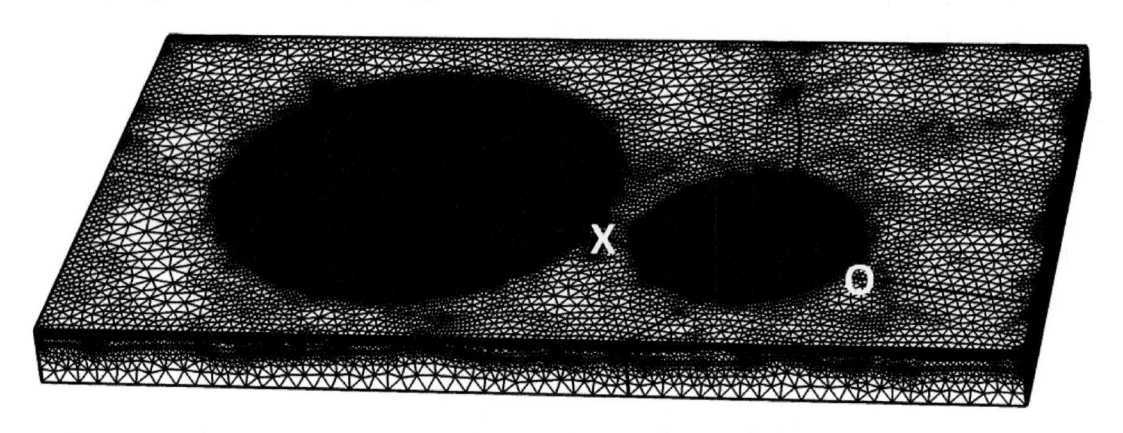

图 7.36　月表热流模型（Siegler and Smrekar，2014）

7.4.3　热流反演

早期研究认为，月幔热流和放射性元素（铀、钍和钾等）衰变是月球内部热流的主要成因。Langseth 等（1976）认为近表层的富含放射性元素月壤提供了少量但是可测量的热流值，影响了月球总的热流测量值，尤其对 Apollo 15 登陆区热流测量值的影响更大。以 Th/U 的比率（3.7）和 K/U 的比率（3200）为基础，每平方千米月壳热流贡献值大约为 $15.5 \times 10^{-2} \text{mW/m}^2$。Langseth 等（1976）反演的全月平均热流为 18mW/m^2，超过了 Apollo 17 着陆点的热流测量值。

Conel 和 Morton（1975）构建单一球体二维模型中嵌入了低密度的月壳数据，显示热流优先流向高热导率区域。Rasmussen 和 Warren（1985）与 Warren 和 Rasmussen（1987）结合月壤分层结构和 Apollo 着陆点放射性元素含量，利用改进的热导率模型，获得两个 Apollo 着陆点的热流反演值和 12mW/m^2 的全月反演值，并且铀元素含量的反演值下降至 14~21ppb[①]，与地幔中的铀元素含量大体一致。

在 Siegler 和 Smrekar（2014）热流反演模型中，结合 LOLA（Lunar Orbiting Laser

---

① 1ppb = 10^{-9}。

Altimeter)月球地形数据、100m 分辨率的 LRO Diviner (Lunar Radiometer Orbiting) 月表温度数据、GRAIL (Gravity Recovery and Interior Laboratory) 的月壳厚度数据、Apollo 地震分析数据,以及月幔密度和孔隙度数据建立的模型中计算的最厚月幔数据为平均厚度大约是 43km。其中,Apollo 12 着陆点的厚度大约是 38km,全月孔隙度为 7%,全月平均密度为 3300kg/m^{-3}。月表的放射性元素假定值分别为 0.14ppm U、0.53ppm Th 和 480ppm K,来源于 LPGRS 数据。同时,以 2550kg/m^{-3} 月壳密度为标准,增加了一个热背景常量为 5.875 ×10^{-8}W/m^{-2},用于密度变化区域的热流计算。利用 LPGRS 测量的 Th 元素值,Th/U 值为 3.7 和 K/Th 值为 2500,以及热模型计算获得克里普矿物中 Th 含量为 12.4ppm,将产生热流反演值为 2.102W/m^{-3}。为了推算放射性元素在月面产生的热流值,建立了放射性元素热流反演模型,即

$$c(z) = c_0 \exp\left(\frac{-z}{H}\right) \tag{7.37}$$

式中,z 为热流深度,km;H 为克里普矿物深度。放射性元素月表产生的热流计算结果如图 7.37 所示。

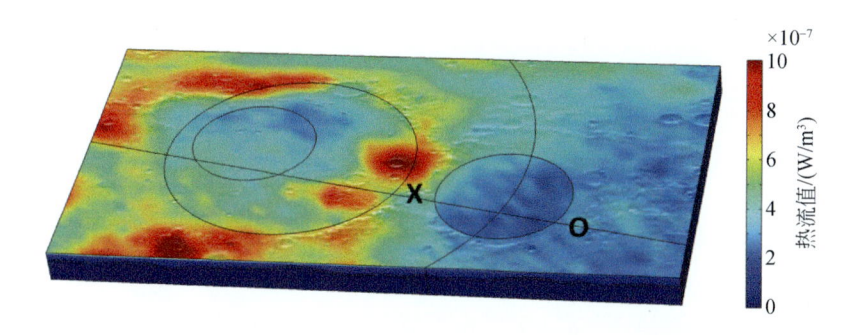

图 7.37 放射性元素月表热流数据(Siegler and Smrekar,2014)

此外,张丹(2014)利用 CE-1 和 CE-2 搭载的四通道微波辐射计微波亮温数据,结合微波理论模型、热传导模型和放射性元素产热率,利用约束最优化算法获取了月球热流。通过 CE-2 微波亮温数据反演月球内部热流,实际上是利用 CE-2 亮温数据确定月球内部深层的温度场,进而根据傅里叶定律确定月球内部的热流密度。

采用最小二乘法反演月壤温度剖面的未知参数,模拟亮温和实测亮温差异最小时确定的月壤温度剖面为反演的月壤温度剖面,表示为

$$\Delta T_b = \sqrt{(T_{b3} - T_{b3}^o)^2 + (T_{b19} - T_{b19}^o)^2 + (T_{b37} - T_{b37}^o)^2} \tag{7.38}$$

式中,上角标"o"为观测值。

根据获得月壤剖面的温度梯度后,结合月球热导率模型计算月球热流值。月球热流表示为月壤温度梯度和热导率的乘积,即

$$Q = -k \frac{dT}{dx} \tag{7.39}$$

式中,Q 为热流;T 为温度;x 为深度;k 为热导率。

热导率 k 反映了月表物质对热传导的效率。

月球表层热导率模型为

$$k = K_c\left[1+\chi\left(\frac{T}{T_{350}}\right)^3\right] \quad (7.40)$$

式中，K_c 为固态热传导率；χ 为 350K 时辐射热导率和固态热导率之比。

两层模型的 K_c 和 χ 分别为 $K_{ctop}=9.2\cdot 10^{-4} W/(m\cdot K)$，$\chi_{top}=1.48$，$\chi_{bot}=0.073$，$K_{cbot}=9.3\cdot 10^{-3} W/(m\cdot K)$，$T_{350}=350K$。将确定的月表深度 3m 处的温度代入式（7.40），得到热导率 k 值。然后，将 k 和确定的温度梯度代入式（7.39），由此可以得到月球 75°N~65°S 与 60°W~100°E 区域的月球热流，如图 7.38 所示。月球热流变化范围为 0.8~69.2mW/m²。Apollo 17 地区反演的热流值为 21.6mW/m²，反演偏差为 7.6mW/m²。这个偏差可能来源于 Apollo 17 地区复杂地形。

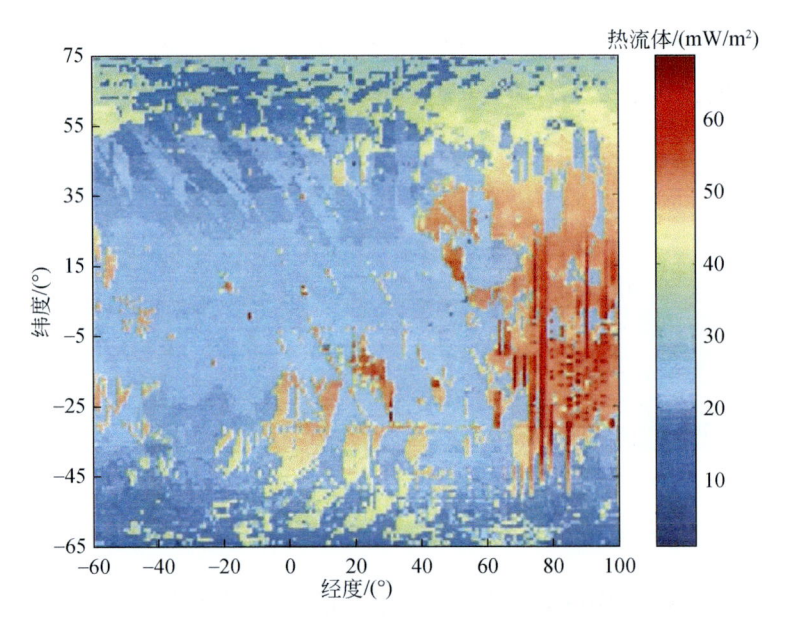

图 7.38　月球 75°N~65°S 与 60°W~100°E 区域月球热流（张丹，2014）

参 考 文 献

丰海，李建成，张守建，等. 2009. 利用重力场和地形数据反演月壳厚度［J］. 大地测量与地球动力学，（3）：131-134.

籍进柱. 2019. 月球撞击盆地中质量瘤形成机制及演化研究［D］. 北京：中国科学院大学.

刘万崧，陈圣波，于岩，等. 2014. 月球风暴洋地区玄武岩厚度的重力研究［J］. 地学前缘，21（6）：102-106.

欧阳自远. 2005. 月球科学概论［M］. 北京：中国宇航出版社.

曲保安. 2011. 月震探测模拟数据分析和信号提取［D］. 北京：中国地震局地球物理研究所.

鄢建国，平劲松，李斐，等. 2006. 应用 LP165P 模型分析月球重力场特征及其对绕月卫星轨道的影响［J］. 地球物理学报，（2）：408-414.

袁悦锋. 2018. 基于月震数据的月核结构分析［D］. 北京：中国地质大学.

张丹. 2014. 基于遥感数据的月球热流及月壤密度反演 [D]. 武汉：华中科技大学.

赵丰. 1986. 月震的研究 [J]. 国际地震动态, (6): 3-6.

Akim É L. 1967. Determination of the gravitational field of the Moon from the motion of the artificial Lunar Satellite "Luna-10" [J]. Soviet Physics Doklady, 11 (35): 1-13.

Alley K M, Parmentier E M. 1998. Numerical experiments on thermal convection in a chemically stratified viscous fluid heated from below: Implications for a model of Lunar evolution [J]. Physics of the Earth & Planetary Interiors, 108 (108): 15-32.

Anderson K A, Lin R P, Mcguire R E, et al. 1975. Measurements of Lunar and planetary magnetic fields by reflection of low energy electrons. [J]. Space Science Instrumentation, 1: 439-470.

Asmar S W, Konopliv A S, Watkins M M, et al. 2013. The scientific measurement system of the gravity recovery and interior laboratory (GRAIL) mission [J]. Space Science Reviews, 178 (1): 25-55.

Bills B G, Ferrari A J. 1980. A harmonic analysis of Lunar gravity [J]. Journal of Geophysical Research Atmospheres, 85 (B2): 1013-1025.

Binder A B. 1998. Lunar prospector: Overview [J]. Science, 281 (5382): 1475-1476.

Christensen U R, Aubert J. 2006. Scaling properties of convection-driven dynamos in rotating spherical shells and application to planetary magnetic fields [J]. Geophysical Journal International, 166 (1): 97-114.

Coleman P J, Russell C T, Sharp L R, et al. 1972. Magnetic fields near the Moon [J]. Geochimica Et Cosmochimica Acta, 3: 2271.

Conel J E, Morton J B. 1975. Interpretation of Lunar heat flow data [J]. Moon, 14 (2): 263-289.

Dainty A M, Toksöz M N, Anderson K R, et al. 1974. Seismic scattering and shallow structure of the Moon in oceanus procellarum [J]. Earth Moon & Planets, 9 (1-2): 11-29.

David L, Mitchell, Imke de Pater. 1994. Microwave Imaging of Mercury's Thermal Emission at Wavelengths from 0.3 to 20.5 cm [J]. ICARUS, 110: 2-32.

Dolginov S S, Eroshenko E G, Zhuzgov L N, et al. 1966. Measurements of the magnetic field in the vicinity of the Moon by the Luna 10 artificial satellite [J]. NASA-CR-79545: 1-7.

Dyal P and Parkin C W. 1971. The magnetism of the Moon [J]. Scientific Americe, 225: 62-63.

Elbaz F. 1979. Scientific exploration of the Moon [J]. Interdisciplinary Science Reviews, 4 (4/5/6): 239-261 (23).

Fatemi S, Fuqua H A, Poppe A R, et al. 2015. On the confinement of Lunar induced magnetic fields [J]. Geophysical Research Letters, 42 (17): 6931-6938.

Fuller M. 1974. Lunar magnetism [J]. Reviews of Geophysics, 12 (1): 23-70.

Fuller M, Cisowski S M. 1987. Lunar paleomagnetism [J]. Geomatik, 2: 307-455.

Gagnepain-Beyneix J, Lognonné P, Chenet H, et al. 2006. A seismic model of the Lunar mantle and constraints on temperature and mineralogy [J]. Physics of the Earth & Planetary Interiors, 159 (159): 140-166.

Garcia R F, Gagnepain-Beyneix J, Chevrot S, et al. 2011. Very preliminary reference Moon model [J]. Physics of the Earth and Planetary Interiors, 188 (1-2): 96-113.

Giacalone J, Hood L L. 2015. Hybrid simulation of the interaction of solar wind protons with a concentrated Lunar magnetic anomaly [J]. Journal of Geophysical Research Space Physics, 120 (6): 4081-4094.

Goins N R, Dainty A M, Nafi T M. 1981. Seismic energy release of the Moon [J]. Journal of Geophysical Research Solid Earth, 86 (B1): 378-388.

Goins N R, Dainty A M, Toksöz M N. 1981. Lunar seismology: The internal structure of the Moon [J]. Journal of Geophysical Research Solid Earth, 86 (B6): 5061-5074.

Grott M, Breuer D. 2010. On the spatial variability of the Martian elastic lithosphere thickness: Evidence for mantle plumes? [J]. Geophysical Research Letters, 115: E03005, 1-16.

Guuseppe D, Racca. 1995. Moon surface thermal characteristics for Moon orbiting spacecraft thermal analysis [J]. Planet Space Sci, 43 (6): 835-842.

Hagermann A, Tanaka S. 2006. Ejecta deposit thickness, heat flow, and a critical ambiguity on the Moon [J]. Geophysical Research Letters, 33: L19203.

Halekas J S, Mitchell D L, Lin R P, et al. 2001. Mapping of crustal magnetic anomalies on the Lunar near side by the Lunar prospector electron reflectometer [J]. Journal of Geophysical Research Planets, 106 (E11): 27841-27852.

Halekas J S, Mitchell D L, Lin R P, et al. 2002. Evidence for negative charging of the Lunar surface in shadow [J]. Geophysical Research Letters, 29 (10): 77-71.

Haskin L A. 1998. The imbrium impact event and the thorium distribution at the Lunar highlands surface [J]. Geophysical Research Letters, 103 (E1): 1679-1689.

Hess P C, Parmentier E M. 1995. A model for the thermal and chemical evolution of the Moon's interior: Implications for the onset of mare volcanism [J]. Earth & Planetary Science Letters, 134 (3-4): 501-514.

Hirt C, Featherstone W E. 2012. A 1.5km-resolution gravity field model of the Moon [J]. Earth & Planetary Science Letters, 329-330 (none): 22-30.

Holmström M, Fatemi S, Futaana Y, et al. 2012. The interaction between the Moon and the solar wind [J]. Earth, Planets and Space, 64 (2): 237-245.

Hood L L, Huang Z. 1991. Formation of magnetic anomalies antipodal to Lunar impact basins: Two-dimensional model calculations [J]. Journal of Geophysical Research Solid Earth, 96 (B6): 9837-9846.

Hood L L, Zakharian A, Halekas J, et al. 2001. Initial mapping and interpretation of Lunar crustal magnetic anomalies using Lunar prospector magnetometer data [J]. Journal of Geophysical Research: Planets, 106 (E11): 27825-27839.

Hood L L, Zakharian A, Halekas J, et al. 2001. Initial mapping and interpretation oflunar crustal magnetic anomalies using Lunar prospector magnetometerdata [J]. Geophysical Research Letters, 106: (27): 825-839.

Keihm S J, Langseth M G. 1973. Surface brightness temperatures at the Apollo 17 heat flow site: Thermal conductivity of the upper 15 cm of regolith [C]. 2503.

Khan A, Mosegaard K, Rasmussen K L. 2000. A new seismic velocity model for the Moon from a Monte Carlo inversion of the Apollo Lunar seismic data [J]. Geophysical Research Letters, 27 (11): 1591-1594.

Khan A, Mosegaard K. 2001. New information on the deep Lunar interior from an inversion of Lunar free oscillation periods [J]. Geophysical Research Letters, 28 (28): 1791-1794.

Khan A, Mosegaard K. 2002. An inquiry into the Lunar interior: A nonlinear inversion of the Apollo Lunar seismic data [J]. Journal of Geophysical Research: Planets, 107 (E6): 23-31.

Khan A, Connolly J A D, Maclennan J, et al. 2007. Joint inversion of seismic and gravity data for Lunar composition and thermal state [J]. Geophysical Journal International, 168 (1): 243-258.

Konopliv A S, Banerdt W B, Sjogren W L. 1999. Venus gravity: 180th degree and order model [J]. Icarus, 139 (1): 3-18.

Konopliv A S, Asmar S W, Carranza E, et al. 2001. Recent gravity models as a result of the Lunar prospector mission [J]. Icarus, 150 (1): 1-18.

Konopliv A S, Binder A B, Hood L L, et al. 1998. The gravity field of the Moon from the Lunar prospector mission

[J]. Memórias Do Instituto Oswaldo Cruz, 75 (3-4): 113-117.

Konopliv A S, Yuan D N. 1999. Lunar prospector 100th degree fravity model development [C]. Houston, Texas: Lunar and Planetary Science Conference. Lunar and Planetary Science Conference.

Konopliv A S, Binder A B, Hood L L, et al. 1998. Improved gravity field of the Moon from Lunar Prospector [J]. Science, 281 (5382): 1476-1480.

Konopliv A S, Park R S, Yuan D N, et al. 2014. High-resolution Lunar gravity fields from the GRAIL primary and extended missions [J]. Geophysical Research Letters, 41 (5): 1452-1458.

Kuskov O L, Kronrod V A, Hood L L. 2002. Geochemical constraints on the seismic properties of the Lunar mantle [J]. Physics of the Earth & Planetary Interiors, 134 (3-4): 175-189.

Lammlein D R, Latham G V, James D, et al. 1974. Lunar seismicity, structure, and tectonics [J]. Reviews of Geophysics, 12 (1): 1-21.

Langseth M G, Clark S P, Chute J L, et al. 1972. The Apollo 15 Lunar heat-flow measurement [J]. Earth, Moon, and Planets, 4 (3): 390-410.

Langseth M G, Keihm S J, Chute J L. 1973. Heat flow experiment [J]. In Apollo17 Preliminary Science Report. NASA Publication SP 330, (9): 1-24.

Langseth M G, Keihm S J, Peters K. 1976. Revised Lunar heat-flow values [C]. Houston, Texas: Lunar & Planetary Science Conference.

Latham G, Yates M. 1970. Seismic data from man-made impacts on the Moon. [J]. Science, 170 (3958): 620-626.

Lawson S L, Jakosky B M, Park H S, et al. 2000. Brightness temperatures of the Lunar surface: Calibration and analysis of clementine long-wave infrared camera images [J]. Journal of Geophysical Research: Planets (1991-2012), 105 (E2): 4273-4290.

Lemoine F G R, Smith D E, Zuber M T, et al. 1997. A 70th degree Lunar gravity model (GLGM-2) from Clementine and other tracking data [J]. Journal of Geophysical Research Atmospheres, 102 (E7): 16339-16359.

Lin R P. 1979. Constraints on the origins of Lunar magnetism from electron reflection measurements of surface magnetic fields [J]. Physics of the Earth & Planetary Interiors, 20 (2): 271-280.

Lin R P, Anderson K A, Hood L L. 1988. Lunar surface magnetic field concentrations antipodal to young large impact basins [J]. Icarus, 74 (3): 529-541.

Lin R P, Mitchell D L, Curtis D W, et al. 1998. Lunar surface magnetic fields and their interaction with the solar wind: Results from Lunar prospector [J]. Science, 281 (5382): 1480-1484.

Lognonné P. 2005. Planetary seismology [J]. Annual Review of Earth and Planetary Sciences, 33: 571-604.

Lognonné P, Gagnepain-Beyneix J, Chenet H. 2003. A new seismic model of the Moon: Implications for structure, thermal evolution and formation of the Moon [J]. Earth & Planetary Science Letters, 211 (1-2): 27-44.

Mccleese D J, Schofield J T, Taylor F W, et al. 2007. Mars climate sounder: An investigation of thermal and water vapor structure, dust and condensate distributions in the atmosphere, and energy balance of the polar regions [J]. Journal of Geophysical Research Atmospheres, 112 (E5): 51-70.

Mendell W W. 1976. The Apollo 17 infrared scanning radiometer [J]. Thesis Rice University, 13 (12): 1247-1248.

Mendell W W, Low F J. 1974. Preliminary results of the Apollo 17 infrared scanning radiometer [J]. Moon, 9 (1-2): 97-103.

Metzger A E, Trombka J I, Reedy R C, et al. 1974. Element concentrations from Lunar orbital gamma-ray measurements [J]. Lunar and Planetary Science Conference Proceedings, 5: 1067-1078.

Michael W H, Blackshear W T. 1972. Recent results on the mass, gravitational field, and moments of inertia of the Moon [J]. Earth Moon & Planets, 3 (4): 388-402.

Mitchell D L, Halekas J S, Lin R P, et al. 2008. Global mapping of Lunar crustal magnetic fields by Lunar prospector [J]. Icarus, 194 (2): 401-409.

Muller P M, Sjogren W L. 1968. Mascons: Lunar mass concentrations. [J]. Science, 161 (3842): 680-684.

Nagata T, Carleton B J. 1970. Natural remanent magnetization and viscous magnetization of Apollo 11 Lunar Materials [J]. Earth Planets & Space, 22: 491-506.

Nakamura Y. 1983. Seismic velocity structure of the Lunar mantle [J]. Journal of Geophysical Research Atmospheres, 88 (B1): 677-686.

Nakamura Y. 2003. New identification of deep moonquakes in the Apollo Lunar seismic data [J]. Physics of the Earth & Planetary Interiors, 139 (3-4): 197-205.

Nakamura Y. 2005. Farside deep moonquakes and deep interior of the Moon [J]. Journal of Geophysical Research, 110 (E1): 251-268.

Nakamura Y, Latham G V, Dorman H J. 1982. Apollo Lunar seismic experiment-final summary [C]. Houston, TX, Washington, DC: 13th Lunar and Planetary Science Conference Proceedings, 87 (2B1074): A117-A123.

Namiki N, Takano T. 2009. Farside gravity field of the Moon from four-way Doppler measurements of SELENE (Kaguya). [J]. Science, 323 (5916): 900-905.

NASA Jet Propulsion Laboratory, Technical report, 1969, 32-1443: 141-164.

Oberst, Jürgen. 1987. Unusually high stress drops associated with shallow moonquakes [J]. Journal of Geophysical Research, 92 (B2): 1397-1405.

Paige D A, Foote M C, Greenhagen B T, et al. 2009. The Lunar reconnaissance orbiter diviner Lunar radiometer experiment [J]. Space Science Reviews, 150 (1-4): 125-160.

Rasmussen K L, Warren P H. 1985. Megaregolith thickness, heat flow, and the bulk composition of the Moon [J]. Nature, 313: 121-124.

Richmond N C, Hood L L. 2008. A preliminary global map of the vector lunar crustal magnetic field based on Lunar Prospector magnetometer data [J]. Journal of Geophysical Research, 113 (E2): E02010, 1-15.

Richmond N C, Hood L L, Mitchell D L. 2005. Correlations between magnetic anomalies and sur-face geology antipodal to Lunar impact basins [J]. Geophysical Research Letters, 110: E05011.

Russell C T, Jr C P, Schubert G. 1974. Lunar magnetic field: Permanent and induced dipole moments. [J]. Science, 186 (4166): 825.

Ryder G. 1994. Coincidence in time of the Imbrium basin impact and Apollo 15 KREEP volcanic flows: The case for impact-induced melting [J]. Geological Society of America, NASA-CR-202500, (293): 11-18.

Ryder G, Wood J A. 1977. Serenitatis and Imbrium impact melts—Implications for large-scale layering in the Lunar crust [J]. In Lunar and Planetary Science Conference Proceedings, vol. 8: 655-668.

Saito Y S, Yokota K, Asamura T, et al. 2008. Low-energy charged particle measuremnt by MAP-PACE onboard SELENE. Earth Planets & Space, 60: 375-385.

Saur J, Neubauer F M, Glassmeier K H. 2010. Induced magnetic fields in solar system bodies [J]. Space Science Reviews, 152 (1): 391-421.

Scheinberg A, Soderlund K M, Schubert G. 2015. Magnetic field generation in the Lunar core: The role of inner core growth [J]. Icarus, 254 (3): 62-71.

Schubert G, Stevenson D, Cassen P. 1980. Whole planet cooling and the radiogenic heat source contents of the Earth and Moon [J]. Journal of Geophysical Research: Solid Earth, 85 (B5): 2531-2538.

Siegler M A, Smrekar S E. 2014. Lunar heat flow: Regional prospective of the Apollo landing sites [J]. Journal of Geophysical Research Planets, 119 (1): 47-63.

Solomatov V S. 2000. Fluid dynamics of a terrestrial magma ocean [J]. Origin of the Earth & Moon, 323-338.

Spohn T, Breuer D. 2002. Surface heat flow, radiogenic heating, and the evolution of the Moon [C]. Nice, France: EGS XXVII General Assembly.

Spreiter J R, Audrey L S, Arthur W R. 1970. Solar wind flow past nonmagnetic planets—Venus and Mars [J]. Planetary and Space Science, 18 (9): 1281-1299.

Taylor S R. 1986. The origin of the Moon- geochemical considerations [C]. Origin of the Moon. Origin of the Moon, 125-143.

Ted A, Calvert, George C. 1969. Themal and dielectric properties of a homogeneous Moon based on microwave and infrared temperature observations [J]. National Aeronautics and Space Asministration: Washington D. C, NASA-TM-X-1734: 1-38.

Toksöz M N, Press F, Anderson K, et al. 1972a. Lunar crust: Structure and composition. [J]. Science, 176 (4038): 1012-1016.

Toksöz M N, Press F, Anderson K, et al. 1972b. Velocity structure and properties of the Lunar crust [J]. Earth Moon & Planets, 4 (3): 490-504.

Toksöz M N, Dainty A M, Solomon S C, et al. 1974. Structure of the Moon [J]. Reviews of Geophysics & Space Physics, 12 (4): 539-567.

Tsunakawa H, Shibuya H, Takahashi F, et al. 2010. Lunar magnetic field observation and initial global mapping of Lunar magnetic anomalies by MAP-LMAG onboard SELENE (Kaguya) [J]. Space science reviews, 154 (1-4): 219-251.

Tsunakawa H, Takahashi F, ShimizuH, et al. 2014. Regional mapping of the Lunar magnetic anomalies at the surface: Method and its application to strong and weak magnetic anomalyregions [J]. Icarus, 228: 35-53.

Turcotte D L, Schubert G. 2002. Geodynamics, 2nd edition, chap. 4, Heat Transfer [M], New York: Cambridge Universitity Press.

Vasavada A R, Paige D A, Wood S E. 1999. Near-surface temperatures on mercury and the Moon and the stability of polar ice deposits [J]. ICARUS, 141: 179-193.

Vinnik L, Chenet H, Gagnepain-Beyneix J, et al. 2001. First seismic receiver functions on the Moon [J]. Geophysical Research Letters, 28 (15): 3031-3034.

Warren P H. 2001. Compositional structure within the Lunar crust as constrained by Lunar prospector thorium data [J]. Geophysical Research Letters, 28 (13): 2565-2568.

Warren P H, Rasmussen K L. Megaregolith insulation, internal temperatures, and bulk uranium content of the Moon [J]. Journal of Geophysical Research, 1987, 92 (B5): 3453-3465.

Weber R C, Lin P Y, Garnero E J, et al. 2011. Seismic detection of the lunar core [J]. science, 331 (6015): 309-312.

Wieczorek M A, Phillips R J. 1998. Potential anomalies on a sphere: Applications to the thickness of the Lunar crust [J]. Geophys Res, 103 (E1): 1715-1724.

Wieczorek M A, Phillips J R. 2000. The "Procellarum KREEP Terrane": Implications for mare volcanism and lunar evolution [J]. Journal of Geophysical Research, 105 (E8): 20417-20430.

Wieczorek M A, Zuber M T. 2001. The composition and origin of the lunar crust: Constraints from central peaks and crustal thickness modeling [J]. Geophysical Research Letters, 28 (21): 4023-4026.

Wieczorek M A. 2006. The Constitution and structure of the Lunar interior [J]. Reviews in Mineralogy & Geochemistry, 60 (1): 221-364.

Wieczorek M A. 2009. The interior structure of the Moon: What does geophysics have to say? [J]. Elements, 5 (1): 35-40.

Wieczorek M A, Neumann G A, Nimmo F, et al. 2013. The crust of the Moon as seen by GRAIL [J]. Science, 339 (6120): 671-675.

William P, Jones J R, Watkins T, et al. 1975. Temperatures and thermophysical properties of the Lunar outermost layer [J]. The moon, 13: 475-494.

Yan J, Goossens S, Matsumoto K, et al. 2012. CEGM02: An improved Lunar gravity model using Chang'E-1 orbital tracking data [J]. Planetary and Space Science, 62 (1): 1-9.

Yokota S, Saito Y, Asamura K, et al. 2014. Kaguya observation of the ion acceleration around a Lunar crustal magnetic anomaly [J]. Planetary and Space Science, s93-94: 87-95.

Yosio N, Junji K. 1982. Seismic Q of the Lunar upper mantle [J]. Journal of Geophysical Research Atmospheres, 87 (B6): 4855-4861.

Zhao D, Hasegawa A, Horiuchi S. 1992. Tomographic imaging of P and S wave velocity structure beneath northeastern Japan [J]. Journal of Geophysical Research: Solid Earth, 97 (B13): 19909-19928.

Zhao D P, Lei J S, Liu L. 2008. Seismic tomography of the Moon [J]. Chinese Science Bulletin, 53 (24): 3897-3907.

Zhong S, Parmentier E M, Zuber M T. 2000. A dynamic origin for the global asymmetry of Lunar mare basalts [J]. Earth & Planetary Science Letters, 177 (3-4): 131-140.

Zuber M T, Smith D E, Lemoine F G, et al. 1995. The shape and internal structure of the Moon from the clementine mission [J]. Science, 266 (5192): 1839-1843.

Zuber M T, Smith D E, Watkins M M, et al, 2012. Gravity field of the Moon from the gravity recovery and interior laboratory (GRAIL) mission [J]. Science, 339 (6120): 668-671.

第8章 月球大气遥感

月球重力十分微弱。在阳光照射下，轻的气体分子热运动速度大于逃逸速度，因而会散落到星际空间中。尽管从月球表面下有少量气体溢出，但能留住 Xe、Kr 等分子质量较大的气体。月球大气的密度小于地球海平面上大气密度的万分之一。基于月球大气成分组成，开展大气遥感探测，可以满足月球大气形成和循环研究的需要。

8.1 月球大气成分

月表大气成分主要由氦、氖、氩组成，其次还有极其微量的氢。日出时还会有些甲烷和氨，以及少量的氧、硅铝、钠、钾等元素。

1. 氦

氦（He）是月球外大气层的主要组成部分。月球上的大部分 He 的出现，是因为太阳风 α 粒子注入月球表面岩石时，必须与大气中 He 的逃逸相平衡。太阳活动的相关性可解释为大气中的 He 对太阳风 α 粒子通量的变化作出即时反应，以及先前注入的 He 从月壤颗粒中释放出来的速率受到总太阳风动量通量的影响。

自 Apollo 任务中的月球大气成分实验（Lunar Atmospheric Composition Experiment，LACE）以来，人们已经知道月球外大气层中的氦含量是可变的（Hoffman et al.，1973；Hodges，1973）。它具有与当地地表温度相关的空间变异性，即昼夜变化。

2012 年，莱曼-阿尔法制图仪（Lyman Alpha Mapping Project，LAMP）紫外光谱仪检测到了月球外逸层中的 He。这是自 Apollo 17 的 LACE 测量以来，首次对 He 进行测量，也是首次通过遥感仪器观测到 He（图 8.1 和图 8.2）。

Feldman 等（2012）报告了利用 LAMP 对月球外大气层 He 的探测结果。图 8.3 展示了 2012 年 1 月 LAMP 月球外大气层 He 的表面密度随时间的变化，黑色星号表示 LAMP 每日观测值的平均值，红色方块表示模型函数。LAMP 的结果与 Hodges（1978）的初始预测一致，LAMP 数据是第一个证实这些预测的测量数据。

2014 年，Cook 和 Stern 同样利用 LAMP 测量数据的日平均值，得到 He 密度随时间的变化（图 8.4）。

2016 年，Hurley 利用月球大气与尘埃环境探测器（Lunar Atmosphere and Dust Environment Explorer，LADEE）的中性质谱仪（Neutral Mass Spectrometer，NMS）探测数据，通过 Chamberlain 模型得到月表 He 密度（图 8.5）。

Hurley 还发现太阳风 α 通量是整个 LADEE 任务期间外逸层氦变化的主要驱动因素。利用 5 天的外逸层氦衰变时间，确定太阳风为月球的外逸层贡献了 64%±5% 的氦，剩余的 36%±5% 被认为是来自于月球内部释放的放射性氦。

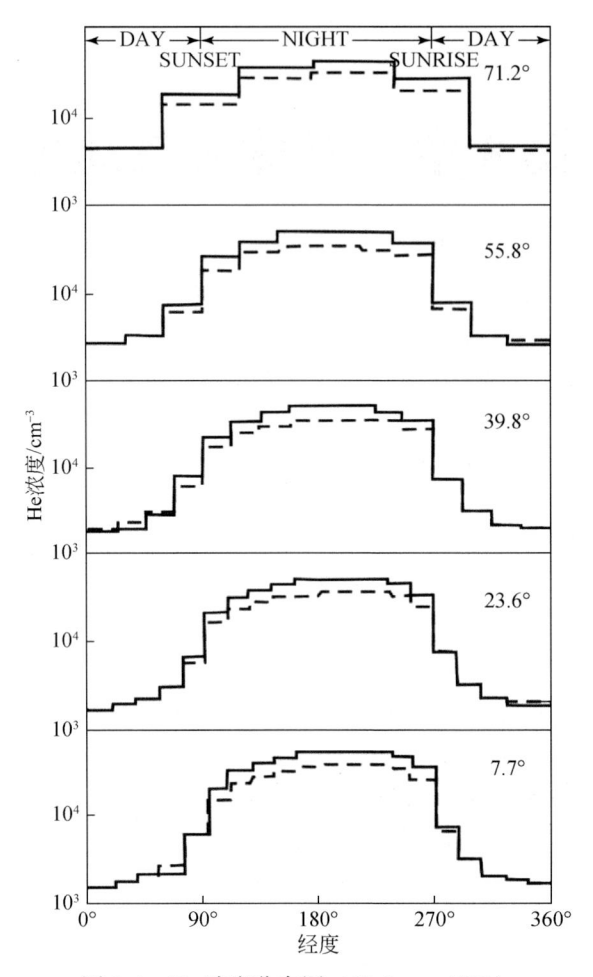

图 8.1　He 浓度分布图（Hodges，1973）

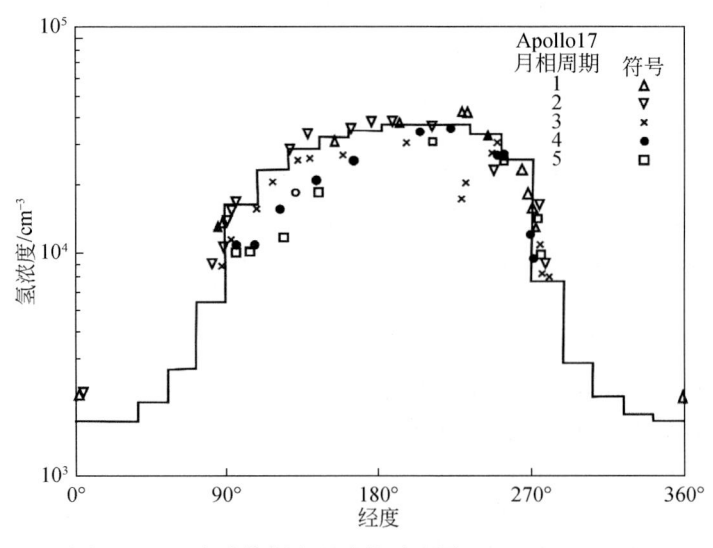

图 8.2　He 实验数据和理论值对比图（Hodges，1973）

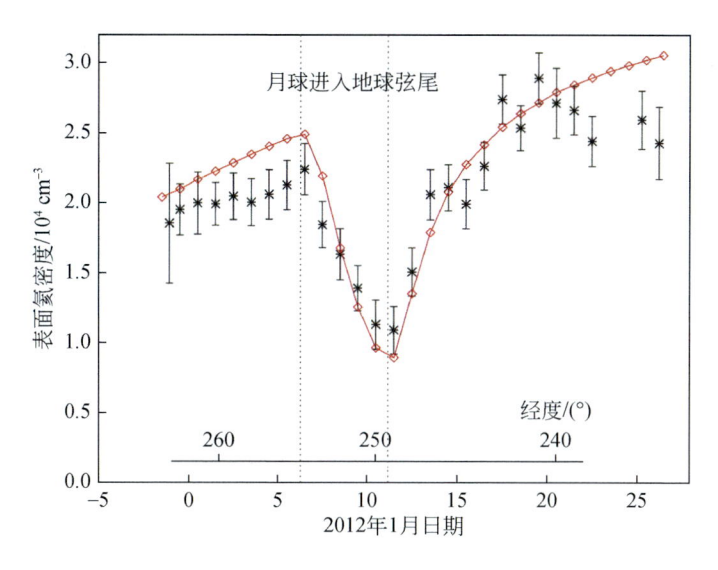

图 8.3　2012 年 1 月月表 He 密度随时间变化图（Feldman et al.，2012）

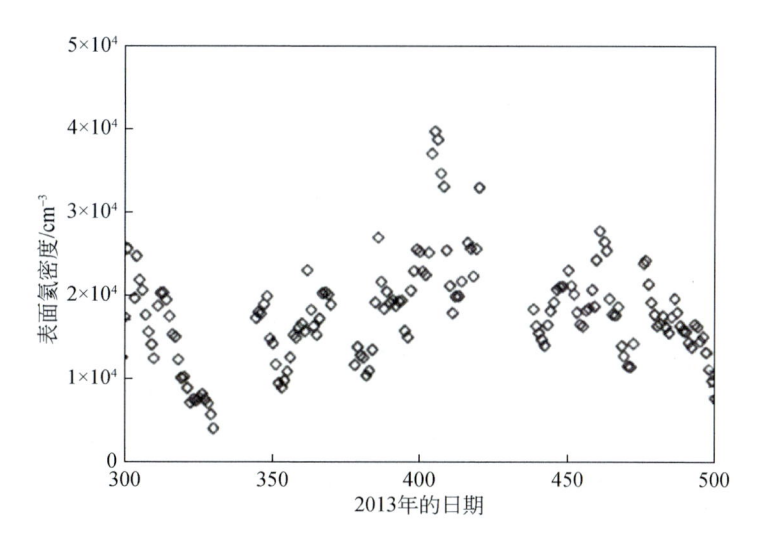

图 8.4　2013 年月表 He 密度随时间变化图（Cook and Stern，2014）

2. 氢

氢（H）的主要来源被认为是太阳风离子，它在白天撞击月球表面后被中和，然后进入大气层（Hinton and Taeusch，1964；Hodges and Johnson，1968）。H 的损失主要是由于热辐射。目前理论给出的 H、H_2 的停留时间分别约为 10^3 S、6×10^3 S。光电离逃逸的时间常数约为一个月，因此可以忽略。与太阳风和磁层质子的碰撞电离和电荷交换也被认为是可以忽略的。

在 Apollo 17 前，通过太阳风质子的流动估算了月球大气中氢原子的成分。但是通过

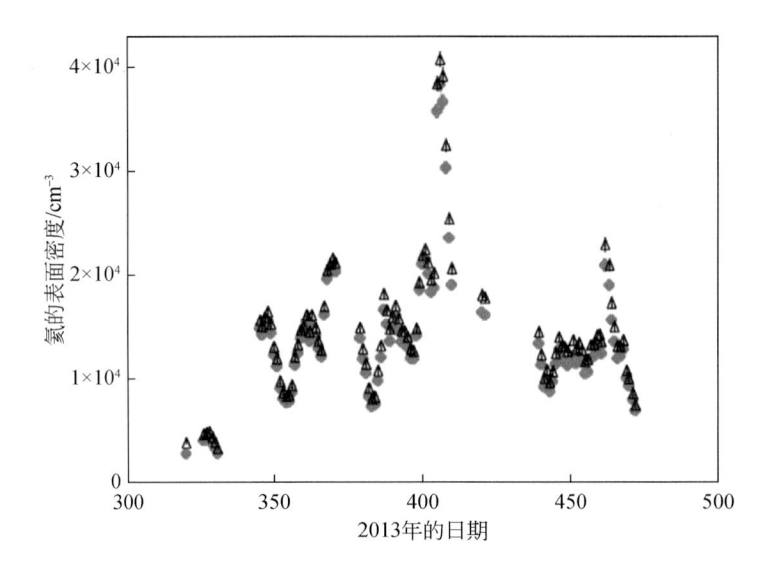

图 8.5　月表 He 密度随时间变化图（Hurley et al.，2016）

图中三角形表示 $T=100K$ 的标度高度温度，适合黎明前；菱形表示 $T=120K$ 的标度高度的相同测量值，适合黄昏后

Apollo 17 中紫外光谱探测不到氢原子。蒙特卡罗法模拟计算了月球大气总的氢原子，得出白天的最小浓度为 $600cm^{-3}$ 原子，在晚上则达到 $2\times10^3 cm^{-3}$。理论和实验结果的差异，是太阳风影响造成的。

图 8.6 表示不同经度上不同纬度上氢气浓度的分布。白天的浓度为 $2\times10^3 cm^{-3}$，晚上最大浓度为 $1.3\times10^4 cm^{-3}$。

月球探勘者号（Lunar Prospector）上搭载的中子谱仪，通过不同类型中子计数率的相对高低反映月球的氢含量。超热中子计数率的最低值，在北极附近沿 $-50°\sim+130°$ 的子午线方向延伸，覆盖皮尔里（Peary）、罗日杰斯特文斯基（Rozhdestvenskiy）、普拉斯基特（Plaskett）等撞击坑的范围。而在南极与最大撞击坑艾肯盆地的分布范围大致相当。说明其与极地附近撞击坑中永久阴影区有密切关系。超热中子对物质成分的敏感度相对较低，中子谱仪观测到超热中子衰减的地区正好和月球两极永久阴影区重合。月球勘探者号在月球南北极发现中能中子（能量：$5\sim100KeV$）的计数率出现明显的波谷，如图 8.7 所示，这是由于高能中子被月球表面的氢原子减速而数量减少的结果。

Feldman 等（1998）报道了在月球两极的超热中子减少，这为月球永久阴影区域及其周围氢丰度增强提供了证据（图 8.8）。Arnold（1979）假设氢丰度增强能达到 2m 的深度，这是 20 亿年前月球月壤的深度。通过使用 18 个月的完整数据集，对月球极地氢增强的位置和丰度进行了改进（图 8.9）。通过更高分辨率数据的分析，Feldman 等（2000，2001）表示，氢增强通常位于月球永久阴影区域及其周围。在月球南极更大的月球永久阴影区域，中子数据与月球永久阴影区域面积的测量相结合，估计得到永久阴影区域内氢浓度为 $1670\pm890ppm$。这些估计的不确定性主要来自于永久阴影区域大小的不确定性，以及每个永久阴影区域中有多少包含了增强的氢。在月球北极，有许多小区域的月球永久阴影区，Feldman 等（2000）揭示整个区域的平均氢浓度比赤道地区的氢浓度高 100ppm。

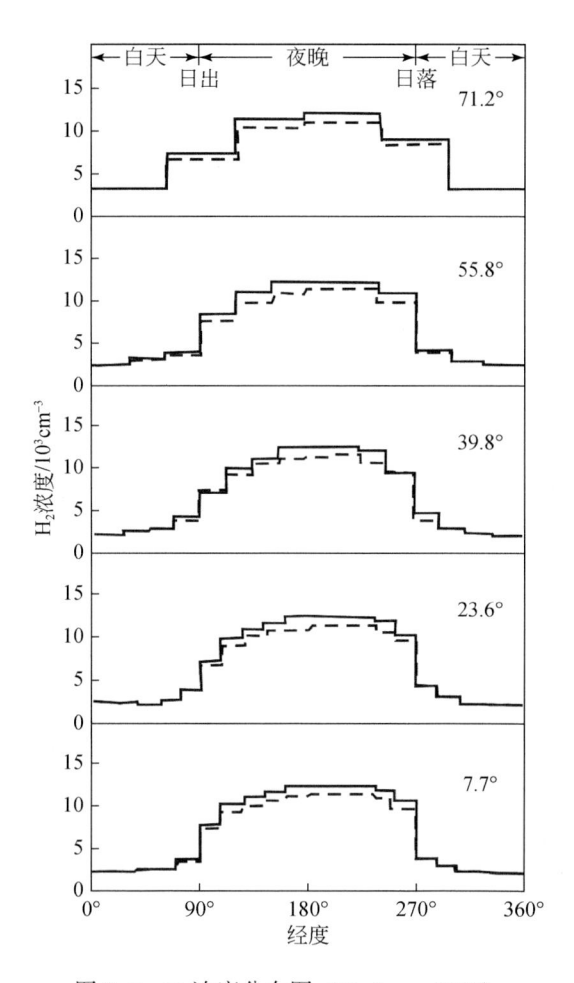

图 8.6 H$_2$浓度分布图（Hodges，1973）

2015 年，Thampi 通过月船一号上搭载的 CHACE（Chandra's Altitudinal Composition Explorer）得到了分子氢（H$_2$）的空间分布。

3. 氩（Ar）

氩是为数不多的已知月球大气成分之一，是通过放射性衰变从内部产生的。因此 Ar 的产生很大一部分是由 ^{40}K 存在于月壤及表面的数量决定的。

1973 年，Apollo 任务的月球大气成分实验（LACE）质谱仪通过混合光谱测量首次探测到夜间月球大气中存在 ^{40}Ar。但由于操作限制，没有日间数据。图 8.10 是 Apollo 17 在 1973 年的两个月历中观测到的 ^{40}Ar（Hodges et al.，1974），然而图中显示的两个月的日间行为是出乎意料的。在明显的非平衡夜间模式中，当表面冷却时，氩在日落后的衰变很容易与解吸联系在一起，日出前的积累表明日出时会快速解吸。这基本上是 Hodges 和 Johnson（1968）对可冷凝气体（如水蒸气）的预测。对于氩气，这种行为需要原始颗粒表面没有暴露在足够的水蒸气中形成单层（Hodges，2002）。图 8.10 的第二个值得注意的

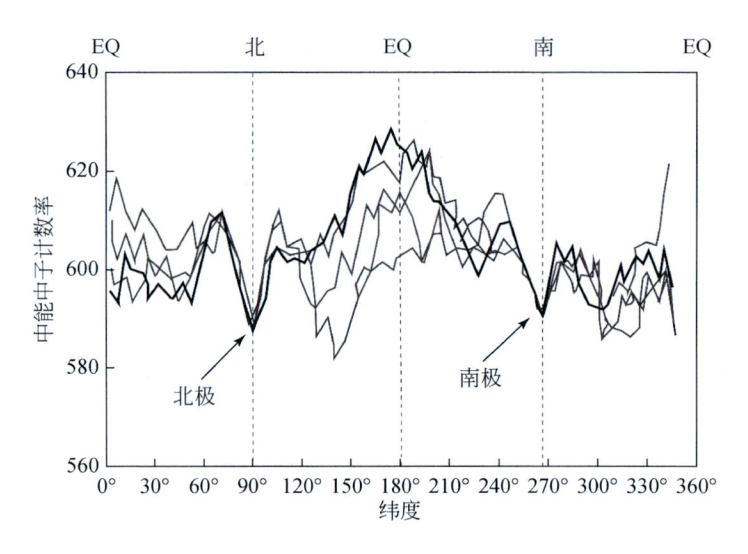

图 8.7 LP 中子谱仪探测到的月球上中能中子计数率随纬度的变化

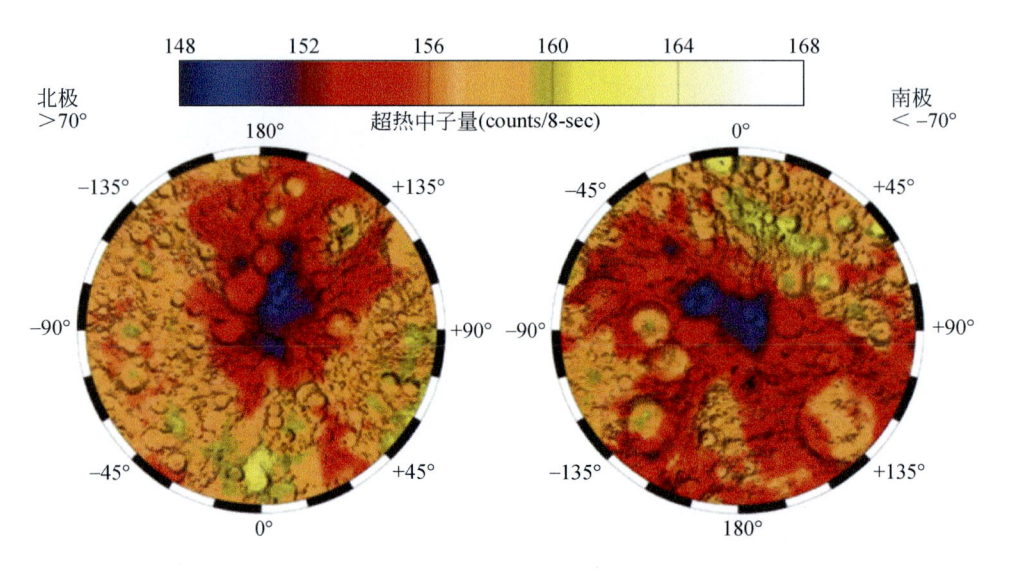

图 8.8 月球探勘者号中子光谱仪测量的月球极区超热中子量分布，越蓝表示越低（氢越多），越红表示越高（氢越少）。超热中子量越低就代表氢的富集度越高（Lawrence，2017）

特征是日廓线振幅的差异，这意味着在 3 月～7 月的间隔期间，逸出量超过了供应量，导致月球上氩的总丰度显著降低。很明显，月球内部放射成因气体的释放是间歇性的。Apollo 17 的数据表明其与远程地震事件相关。因此，在长时间的低地震活动期间，氩可能会从月球大气中消失。

2014 年，月球大气和尘埃环境探测器轨道任务（LADEE）产生了 3～140km 高度的月球外逸层的大量数据。中性质谱仪（NMS）除了测量 5 个月任务期间氩密度的日变化和长期变化外，还确定了外大气层的垂直结构以及随月球经度的变化（图 8.11）。这导致发现在月海西部上空有一个氩的外逸层密度的增强，Benna 等（2015）称之为氩的"凸起"

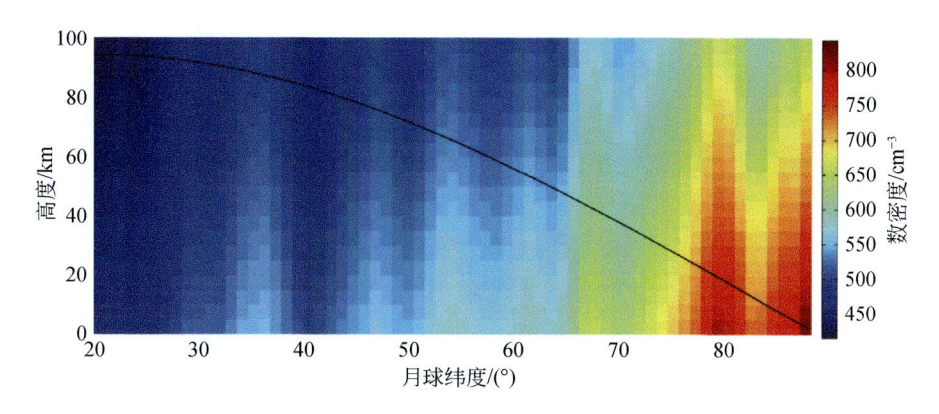

图 8.9 H$_2$数密度的二维地图

像元大小为纬度 11 度和 5 千米高度，黑线显示 MIP 轨迹（Thampi et al.，2015）

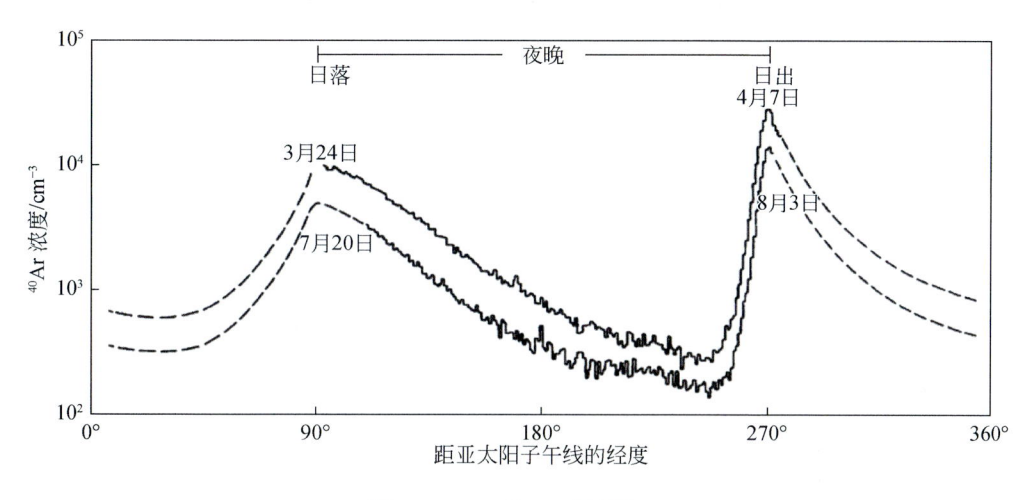

图 8.10 Apollo 17 测量^{40}Ar

（图 8.12）。在 LADEE 任务期间，氩丰度的长期变化为 28%，比 40 年前由 LACE 在类似时期观测到的变化要小得多。对此，Hodges 和 Mahaffy（2016）指出"Apollo 17 仪器缺乏与灵敏度相关的测试，这使得 1973 年的结果有可能部分是人为的"。

2015 年，Thampi 通过月船一号上搭载的 CHACE 得到了^{40}Ar 的空间分布（图 8.13）。

4. 钠（Na）

1985 年 Potter 和 Morgan 发现，水星上存在 Na 发射的黄色 D 线。但尚未发现这些微弱的来自月球的辐射，直到 Potter 和 Morgan（1988）经过日照边缘的观察才发现。在太阳系中，元素 Na 并不十分丰富，但相对容易探测，因为它能高效地散射太阳光。它不是月球大气的主要组分，但它是那些可能存在而难以探测的其他气体的极好"示踪"元素。

2007 年 9 月 13 日日本月亮女神搭载的高层大气和等离子成像仪（Upper-atmosphere and Plasma Imager，UPI）观测了月球外逸层的钠。2009 年 2 月 7 日观测结果与模拟结果显

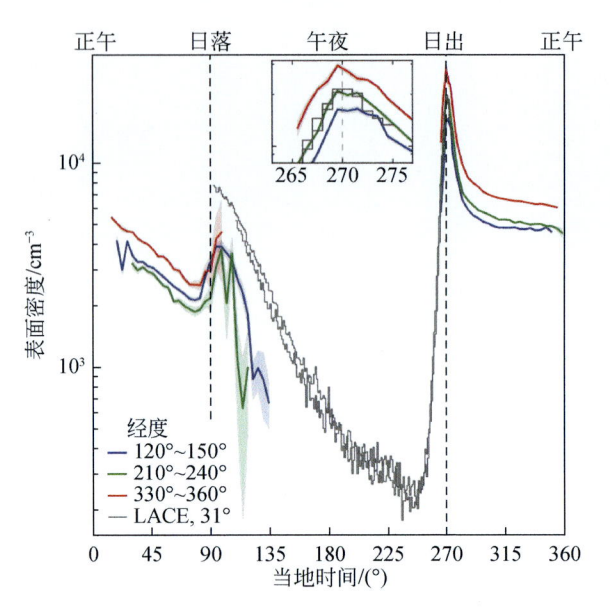

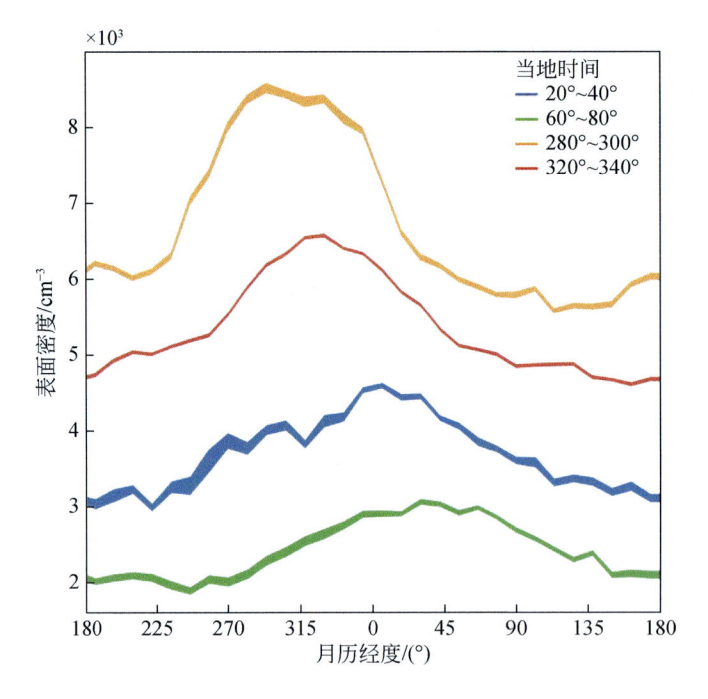

图 8.11 氩密度随当地时间的变化（Kegerreis et al., 2017）
彩色线是跨越月海（红色）和高地（蓝色和绿色）经度区域的 LADEE 数据，灰线是两组 LACE 数据

图 8.12 氩密度随月历经度的变化（Kegerreis et al., 2017）

示良好的一致性（图 8.14）（Kagitani et al., 2010）。

2008 年 12 月 17~19 日，利用月球轨道器 SELENE 上 TVIS 仪器首次成功观测到月球 Na 外逸层的共振散射辐射。图 8.15 显示了 2008 年 12 月 17 日至 19 日 Na 发射量的变化。

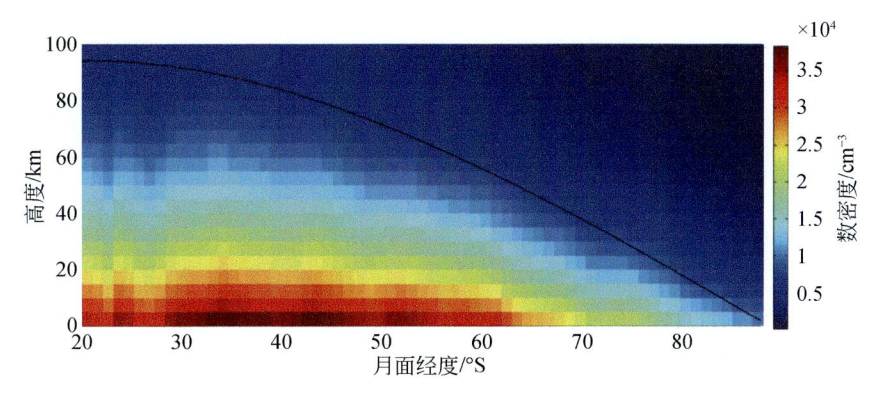

图 8.13　^{40}Ar 数密度的二维地图（Thampi et al.，2015）

像元大小为纬度 11° 和 5km 高度，黑线显示 MIP 轨迹

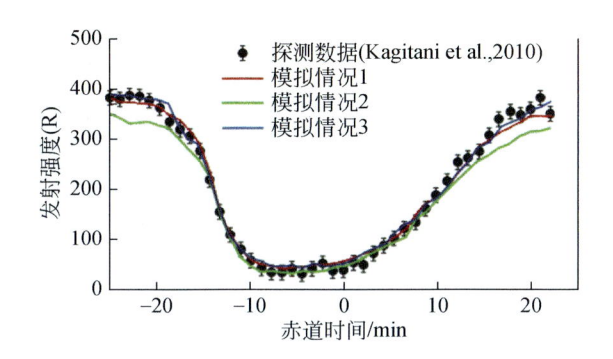

图 8.14　月亮女神飞船上的 UPI-TVIS 仪器在 2009 年 2 月 7 日观察到的外逸层钠
发射率（Kagitani et al.，2010）与模拟结果的比较

由于航天器在 MSE 坐标中的轨道平面向暗区移动，观测到的扇形区域有所不同，仰角在 12 月 18、19 日期间移动了 2°，以便在视野覆盖范围内保持反朝太阳的方向，平均发射强度在 3 天内逐渐减小。

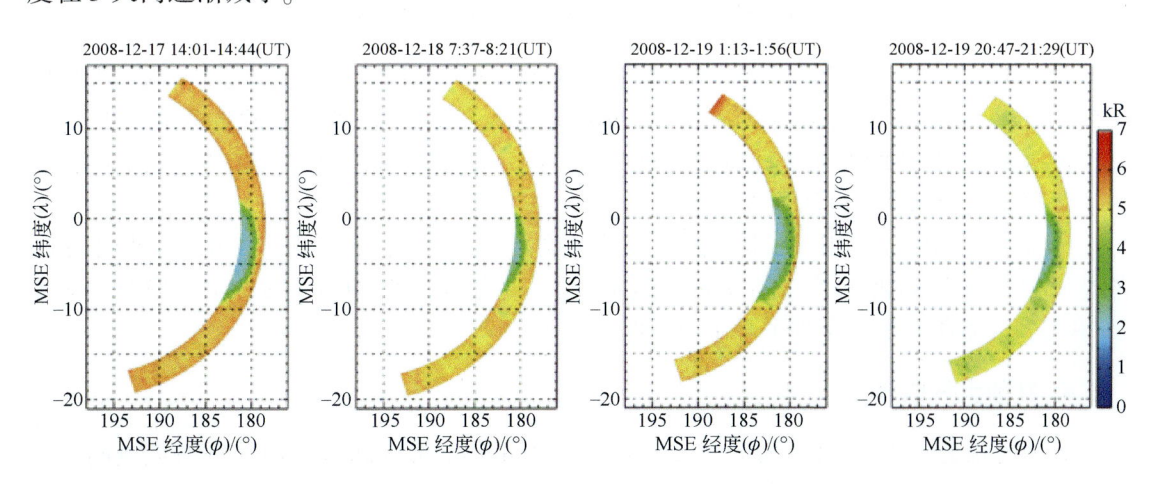

图 8.15　2008 年 12 月 17 日至 19 日四个时间的 MSE 坐标中 Na 发射的分布（Kagitani et al.，2006）

5. 钾（K）、钙（Ca）、镁（Mg）

月球外逸层是月球表面和行星之间可见的界面。使用蒙特卡罗模型对月球外逸层随日冕物质抛射（coronal mass ejection，CME）的变化进行模拟（Killen et al.，2012），记录了粒子位置和速度在表面上特定点的通量以及损失率。

月球外逸层钾的模拟如图 8.16 所示，左侧是由于在稳定状态下溅射通过 CME 的模拟，右侧是缓慢的太阳风影响下的模拟。假设 $T<200K$ 时，K 粒子黏附在月表，黏附在表面的 K 粒子 100% 重新发射。在稳态 CME 条件下，大气内部是周围大气 K 的 14.7 倍。

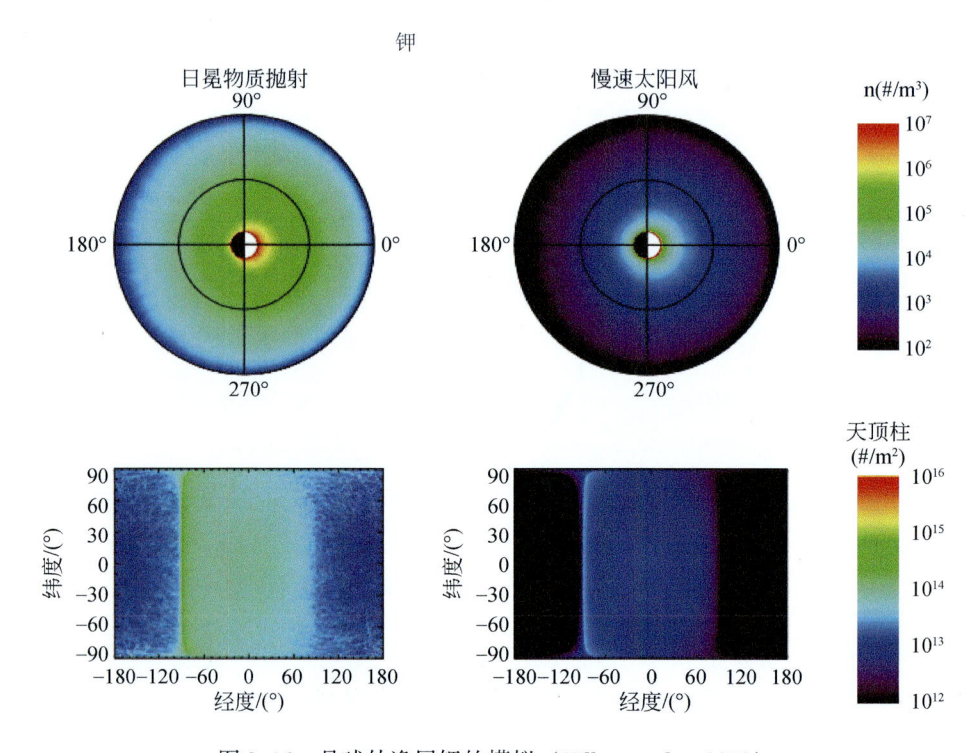

图 8.16 月球外逸层钾的模拟（Killen et al.，2012）

在 CME 运行中，大气中 K 的总质量走势类似于 Na（图 8.17）。对于 Na 和 K，大气质量的下降比上升需要更长的时间。K 的光化电离率大于 Na。此外，重质量的 K 使喷射的原子比 Na 慢。45% 的 K 被光化电离。这些离子随后被太阳风拾起，一部分返回地面，取决于电离的位置和动态电场的方向。

Na 和 K 绑定到表面比 Ca 弱。因此喷溅的能量 Ca 要大于 K 和 Na。CME 对外逸层 Ca 的总质量影响比 Na 和 K 大三倍左右（图 8.18）。这是因为外逸层的 Ca 没有光解吸。对于 Na 和 K，光解吸在稳态条件下是主要来源。

6. 其他大气成分

其他月球大气成分，Hoffman 等（1973）和 Hoffman 和 Hodges（1975）研究表明，尽管 LACE 对 1~110amu 质量很敏感，但除了 He 和 Ar，其他探测到的质量没有显示出明显

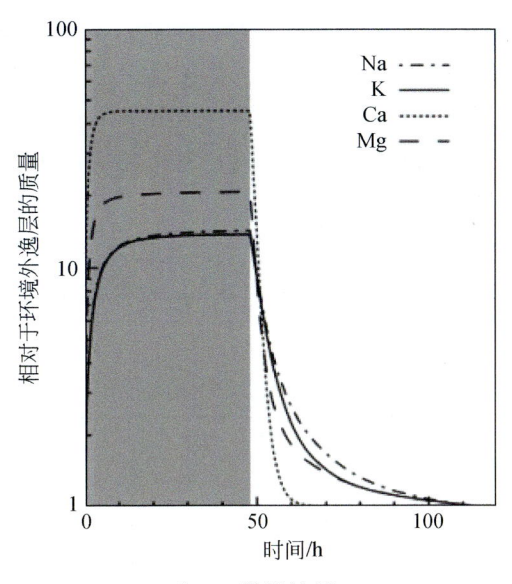

图 8.17　Na、K、Ca 和 Mg 模拟结果（Killen et al.，2012）

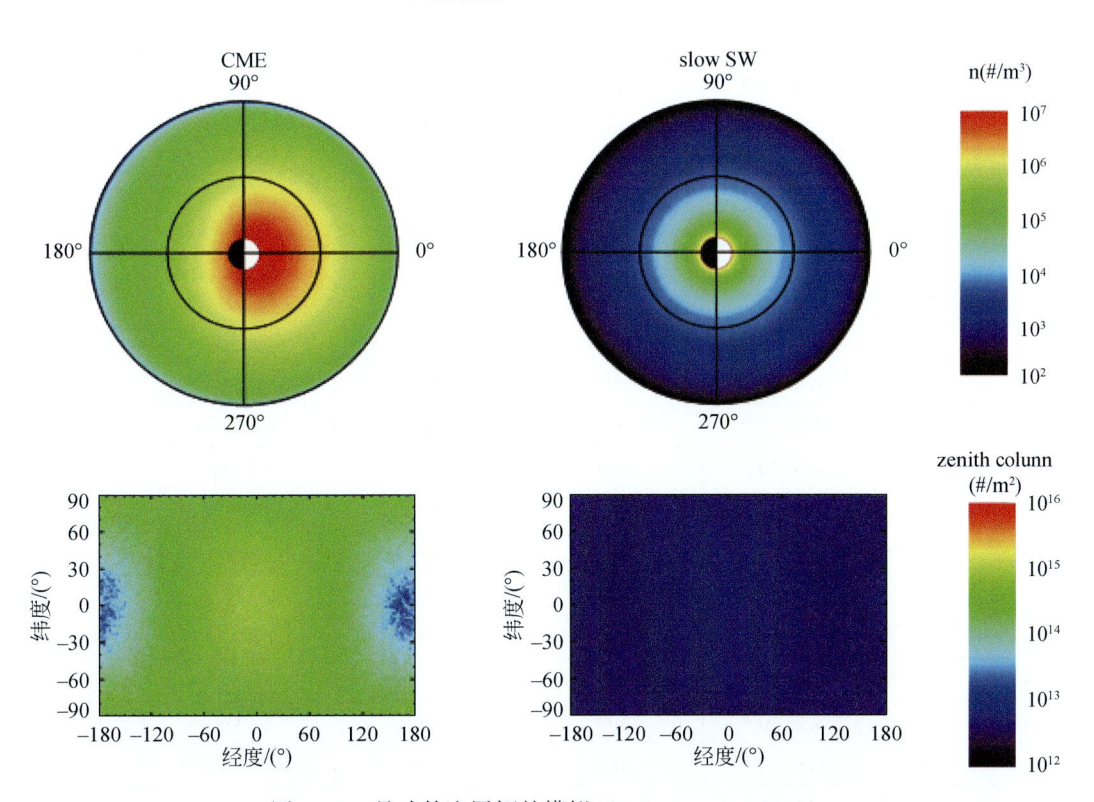

图 8.18　月球外逸层钙的模拟（Killen et al.，2012）

左边图是 CME，右边是由于缓慢太阳风。假设 Ca 原子黏附在月表面

的日变化或黎明前浓度增强。Hoffman 等（1973）表明，LACE 的冷却试验几乎能够清除仪器中可能存在的氢化卤素（HF 和 HCl）。这些卤素污染了质量为 20、36 和 38 的测量值。在这些测试之后发现，质量为 20 的残留信号是由 Ne 引起的。重复冷却测试四次，增强了 Hoffman 对于 Ne 探测的信心，测量了 $7\times10^4 \sim 9\times10^4 cm^{-3}$ 的地面夜间密度。同样还发现，确实有一些迹象表明存在多种成分，如 CH_4、NH_3、H_2O、N_2、CO、O_2 和 CO_2。

LAMP 检测到 LCROSS 撞击产生的羽流中 Mg、Ca、Hg、H_2 和 CO（Feldman, 2012），对月球大气的黄昏观测提供了 27 种物质的上限，主要是中性的原子和分子（表 8.1）（Cook Jason et al., 2013）。

表 8.1　27 种物质的测量上限

物质	波长/Å	g 因子/s⁻¹	LAMP 上限 亮度	LAMP 上限 表面密度/cm⁻³	以往上限表面密度/cm⁻³	比率（以往/现在）
H	1025.7	4.3×10^{-6}	460	24	<17[a]	0.71
B	1825.7	1.0×10^{-4}	86	0.46	None known	—
C	1656.9	2.2×10^{-5}	56	1.6	<200[a]	125
C⁺	1335.7	4.4×10^{-5}	47	0.63	None known	—
N	1135.0	1.4×10^{-7}	66	340	<600 (2σ)[b]	1.8
N⁺	1085.7	1.2×10^{-6}	220	130	None known	—
O	1304.9	8.9×10^{-6}	58	5.4	<500[a]	93
O⁺	834.5	5.8×10^{-7}	480	680	None known	—
Nec	630.5	2.5×10^{-7}	1100	4400	8×10^{4}[c]	18
Mg	1827.9	3.5×10^{-5}	87	3.4	<6000 (5σ)[d]	1800
Al	1766.4	2.2×10^{-4}	150	1.1	<55 (5σ)[e]	50
Si	1845.5	1.8×10^{-4}	91	0.9	<48 (5σ)[a]	53
P	1775.0	5.6×10^{-5}	110	4.2	None known	—
S	1807.3	7.3×10^{-5}	80	2.3	<150[a]	65
Cl	1335.7	8.2×10^{-6}	47	15	None known	—
Ar	1048.2	5.3×10^{-8}	420	2.3×10^{4}	3.5×10^{4}	1.5
Ca	1883.2	1.8×10^{-5}	89	16	<1 (5σ)[a]	0.03
Sc	1744.7	2.5×10^{-5}	150	24	None known	—
Mn	1785.3	5.3×10^{-6}	68	78	None known	—
Fe	1851.7	1.4×10^{-5}	98	45	<380 (5σ)[a]	8.4
Co	1822.4	1.5×10^{-5}	87	41	None known	—
Zn	1589.6	4.2×10^{-6}	103	220	None known	—
As	1890.4	9.6×10^{-4}	103	1.4	None known	—
Xe	1469.6	2.1×10^{-6}	100	3000	<3000[a]	1.0
Au	1879.8	2.4×10^{-5}	110	1100	None known	—
Hg	1849.5	7.0×10^{-4}	97	39	None known	—

续表

物质	波长/Å	g 因子/s^{-1}	LAMP 上限 亮度	LAMP 上限 表面密度/cm^{-3}	以往上限表面密度/cm^{-3}	比率（以往/现在）
CO	1510.0	1.9×10^{-7}	77	710	$<1.4\times10^{4a}$	20

a. Feldman 和 Morrison（1991）；b. Fastie 等（1973）；c. Hoffman 等（1973）；d. Stern 等（1997）；e. Flynn 和 Stern（1996）。

8.2 月球大气探测

月球大气探测包括早期的地基观测、阿波罗（Apollo）时代的月表探测，以及卫星遥感大气探测。

8.2.1 早期地基观测

虽然月球大气直到 Apollo 时代才被探测到，但基于科学的探索追溯到伽利略的望远镜观测。多个世纪以来，人们都知道，即便使用最原始的仪器也无法探测到雾霾、折射和云层等光学现象。因此，月球的大气层至少是极其稀薄的。

1943 年，Fessenkov 报告了对月球明暗分界线附近偏振效应的探测，并将月球大气表面压力的上限设置在 10^{-4} 附近。Dollfus（1952，1956）利用 Lyot 偏振计得到上限为 10^{-9} 和 10^{-10}。在早期的太空时代，科学家提出任何古代月球大气或目前可信的来源都会通过非热损失过程迅速流失到太空中，包括喷发、电荷交换、光电离和太阳风的吹扫（Herring and Licht，1959；Singer，1961；Hinton and Taeusch，1964）。

航天器（如 Pioneer VII）和射电星的无线电信号，能够对月球附近离子密度上限设定为 40e^{-1}/cm^3（Pomalaza-Diaz，1967）。1971 年，Johnson 将这些数据与月球大气的预期电离分数模型相结合，设定了多个与成分相关的表面压力限值，包括氢 $\sim 3\times10^{-9}$、氖 $\sim 8\times10^{-10}$ 和氩 $\sim 8\times10^{-12}$。

20 世纪后半叶，人们一直在努力寻找月球上零星气体逸出的证据。这种放气被称为"月球瞬变现象"（Lunar transient phenomenon，LTP），是大气活动的表现。关于地基观测离散 LTP 的探测历史悠久，至少可追溯到公元前 557 年。在现代，人们对 LTP 更加关注，1955 年的 Wilson 图像明显显示了阿方萨斯（Alphonsus）火山口或上方的发光区域。Kozyrev（1959，1962）1958 年 11 月的光谱序列显示了阿方萨斯中心峰的瞬态光谱发射。

Middlehurst（1967）和 Cameron（1972，1975）都对数百起 LTP 事件进行了深入研究，发现，LTP 事件中有三分之二发生在阿利斯塔克（Aristarchus）陨石坑上。该陨石坑是绕轨道运行的 Apollo16 号指挥/服务舱（command module，CM；Service module，SM）后来检测到氡排放的地方。Cameron（1972，1974）证明，LTP 事件与月相或太阳风活动没有统计上的显著相关性，但 LTP 地点的地理分布似乎与月海-高地的边界相关。在 20 世纪 90 年代，B. Burati（1999）使用 Clementin 任务的图像研究了 7 个 LTP 聚集的地点，发现其中多个地点与最近的地质滑坡或崩塌有关。

8.2.2 月表大气探测

阿波罗（Apollo）月球表面实验方案（ALSEP）中，包括月球大气成分探测实验。在月球表面部署了三个冷阴极规范实验（CCGE）和月球大气成分实验（LACE）质谱仪，旨在测量月表大气的各种成分和体积性质。

1969年12月、1971年1月和1971年7月，分别在Apollo 12、Apollo 14和Apollo 15号地点的月球表面安置了冷阴极探测器测量总气压。Apollo 12号仪器存在技术问题，运行不到一天就失败了，但Apollo 14和Apollo 15号仪器一直运行到20世纪70年代中期，提供了有用的数据。然而，他们面临的一个严重问题是空间模块和探测器的排气造成的污染，严重限制了每个CCGE在月球白天进行良好测量的能力。仪器在日出时饱和，CCGE只确定了当地白天环境中$2×10^7$分子cm^{-3}的弱上界。而在寒冷的月夜，设备的排气不再是一个重要的因素，CCGE清楚地探测到夜间的月球大气。由于导出的密度依赖于未知的大气成分，研究人员引用N_2密度作为假设，由此得到在夜间$2×10^5$分子cm^{-3}的上界。

1972~1973年，Apollo 17通过放置质谱仪进行了月球大气成分实验（LACE）（图8.19）。LACE质谱仪的质量范围为1~110amu，灵敏度为~200cm^{-3}。

图 8.19　Apollo 17 LACE 仪器

1. 混合光谱

Apollo 17从月球表面取得的混合光谱数据显示氩气是大气的组成部分。Ar夜间最小值接近$2×10^2 cm^{-3}$，然后在日出前后迅速增加，达到高达$3×10^4 cm^{-3}$（Hodges et al., 1972），如图8.20所示。^{40}Ar与^{36}Ar的比率为10∶1，所以月球Ar源主要是^{40}Ar，是^{40}K衰变的结果。

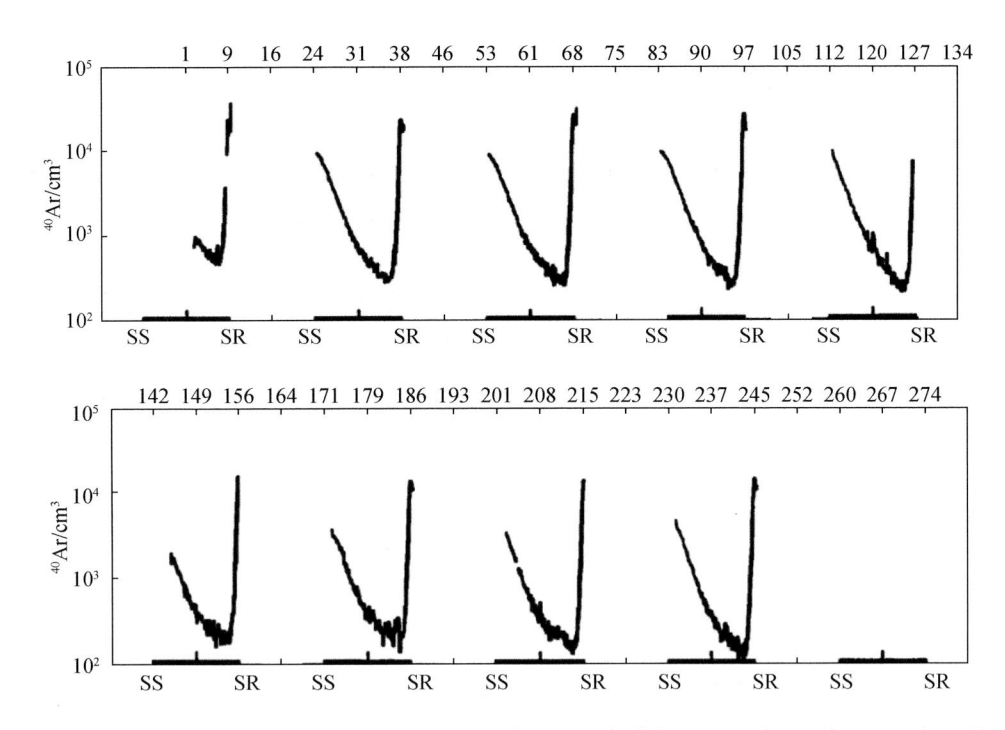

图 8.20 月球北半球的 Apollo 17 ALSEP 站测量的 LACE 氩数据（1972 年 12 月~1973 年 9 月）
SR 代表日出；SS 代表日落；黑线代表适合白天大气的模型

Apollo 17 检测到了 ^{4}He 形式的氦。其夜晚浓度达到 $4\times10^4\,\text{cm}^{-3}$，白天到晚上浓度变化比率高达 20 以上（Hoffman et al., 1973）。Johnson（1972）估计假设太阳风流动达到平衡，白天的氦气浓度应该是 $3\times10^3\,\text{cm}^{-3}$。Johnson（1972）以氦的太阳风数据推断平均的 He$^+$ 离子太阳风流量大约是 0.045 的质子，即 $1.3\times10^7\,\text{cm}^{-2}/\text{s}$。图 8.21 为 Apollo 17 探测到的 10 个月期间月球 He 的平均日变化，实线是 $1.3\times10^7\,\text{cm}^{-2}/\text{s}$ 太阳风流量的模型拟合结果。

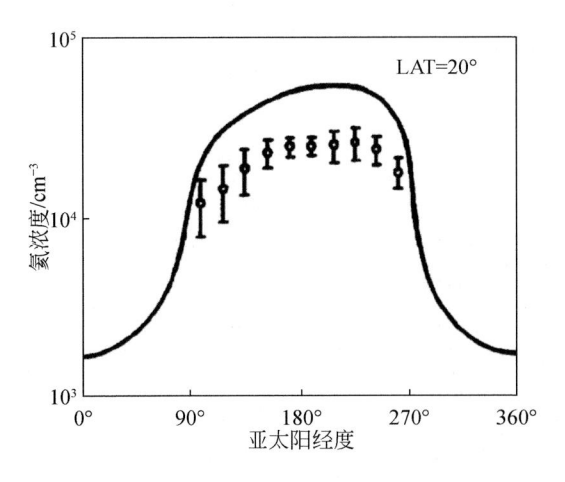

图 8.21 Apollo 17 LACE 的 He 数据

Apollo 17 还探测到了氢。1973 年，Hodges 利用 LACE 数据得到 H_2 日最大丰度的上限为 $8\times10^4 cm^{-3}$，这与 Apollo 17 紫外线光谱仪（UVS）得到的月球白天 H_2 上限为 $1.4\times10^3 cm^{-3}$ 一致。

Apollo 17 还有对质量为 15～16amu、28amu 和 44amu 的成分的检测（Hodges and Hoffman，1975）。这些质量通道的信号是在压力数据中获得的，表明 15～16amu 信号为 O 或 CH_4，28amu 信号为 N_2 或 CO，44amu 信号为 CO_2。在这三种情况下，信号在日出前数个小时开始增加，并持续上升，直到仪器在日出前后背景饱和。Hodges 根据特定的大气成分对这些信号进行分析，并导出了 CH_4、N_2、CO 和 CO_2 的日出附近浓度分别为 $1\times10^4 cm^{-3}$、$8\times10^2 cm^{-3}$、$1\times10^3 cm^{-3}$ 和 $1\times10^3 cm^{-3}$。但 Apollo 17 紫外光谱仪对这些成分不敏感，所以无法证实这些结果。

2. 紫外探测

Apollo 17 紫外光谱实验是通过遥感的手段探测极其稀薄的月球大气，紫外光谱仪的带通为 1180～1680Å。虽然 Apollo 17 紫外光谱仪对 H、O、C、N、Kr、Xe、H_2 和 CO 的共振荧光线进行了探测，但没有检测到（Fastie et al.，1973）。1991 年，Feldman 和 Morrison 重新分析了 Apollo 17 UVS 数据集，虽然仍未检测到，但使用改进的共振荧光因子来获得了所有这些分子以及原子的修正上限。表 8.2 总结了探测月球大气的方法和结果。

表 8.2　月球大气成分丰度

物质	探测方式	数密度/cm^3	参考
He	LACE 质谱仪	2×10^3，4×10^4（白天，夜晚）	Hoffman 等（1973）
Ar	LACE 质谱仪	1×10^5，4×10^4（白天，夜晚）	Hoffman 等（1973）
Rn	α 粒子光谱仪	变量	Gorenstein 等（1973）
CH_4	LACE 质谱仪	1×10^4（日出前）	Hodges 和 Hoffman（1975）
N_2	LACE 质谱仪	8×10^2（日出前）	Hodges 和 Hoffman（1975）
CO	LACE 质谱仪	1×10^3（日出前）	Hodges 和 Hoffman（1975）
CO_2	LACE 质谱仪	1×10^3（日出前）	Hodges 和 Hoffman（1975）
Na	地基光谱仪（5890Å）	070	Potter 和 Morgan（1988）
K	地基光谱仪（7699Å）	017	Potter 和 Morgan（1988）
H	Apollo 17 紫外光谱仪（1216Å）	<017（3σ）	Feldman 和 Morrison（1991）
O	Apollo 17 紫外光谱仪（1304Å）	<500（3σ）	Feldman 和 Morrison（1991）
N	Apollo 17 紫外光谱仪（1200Å）	<600（3σ）	Fastie 等（1973）
C	Apollo 17 紫外光谱仪（1657Å）	<200（3σ）	Feldman 和 Morrison（1991）
S	Apollo 17 紫外光谱仪（1474Å）	<150（3σ）	Feldman 和 Morrison（1991）
Kr	Apollo 17 紫外光谱仪（1236Å）	<20000（3σ）	Fastie 等（1973）
Xe	Apollo 17 紫外光谱仪（1470Å）	<3000（3σ）	Feldman 和 Morrison（1991）
H_2	Apollo 17 紫外光谱仪（1462Å）	<9000（3σ）	Feldman 和 Morrison（1991）

续表

物质	探测方式	数密度/cm³	参考
CO	Apollo 17 紫外光谱仪（1510Å）	<14000 (3σ)	Feldman 和 Morrison（1991）
Si	地基光谱仪（3906Å）	<048 (5σ)	Flynn 和 Stern（1996）
Al	地基光谱仪（3962Å）	<055 (5σ)	Flynn 和 Stern（1996）
Ca	地基光谱仪（4227Å）	<001 (5σ)	Flynn 和 Stern（1996）
Fe	地基光谱仪（3859Å）	<380 (5σ)	Flynn 和 Stern（1996）
Ti	地基光谱仪（5036Å）	<001 (5σ)	Flynn 和 Stern（1996）
Ba	地基光谱仪（5536Å）	<0.2 (5σ)	Flynn 和 Stern（1996）
Li	地基光谱仪（6708Å）	<0.01 (5σ)	Flynn 和 Stern（1996）
Al	HST 紫外光谱仪（3092Å）	<11000 (5σ)	Stern 等（1997）
Mg	HST 紫外光谱仪（2852Å）	<6000 (5σ)	Stern 等（1997）
OH	HST 紫外光谱仪（3085Å）	<10^6 (5σ)	Stern 等（1997）

8.2.3 月球卫星大气测量

月球大气卫星探测经历了数十年的努力，各种先进的遥感技术和仪器被应用于月球表面环境的精确探测。卫星探测到的月球大气参数，使人类对月球大气的成分、含量等特性有了更深入的认识。

1. 月球探勘者号

1998 年 1 月 6 日，在美国佛罗里达州卡纳维拉尔角的佛罗里达州航天港，雅典娜伊尔号三级火箭发射升空，月球探勘者号（Lunar Prospector）开始了为期四天的月球之旅。自旋稳定的微型月球探勘者飞船进入月球轨道，并向地球发回有价值的数据。

月球探勘者号携带了 5 台科学仪器，旨在绘制月球表面的组成，寻找可能的极区冰的沉积物、测量磁场和重力场，以及研究月球的"气体释放"。搭载的有效载荷包括 γ 射线谱仪、中子谱仪、磁强计、电子反射计、α 离子谱仪、多普勒（Doppler）重力场探测仪等仪器。其中，中子谱仪能够测量整个月球表面的氢含量。探测深度约为 0.5m，以 150 km² 分辨率在南北纬 80°和极地之间进行探测。

高能宇宙射线与月表物质作用时会释放中子和其他亚原子粒子，其中一些中子能量高，能直接逃离月表进入宇宙，称为快中子（能量：500KeV～8MeV）。一些中子射入月表物质并与其他原子碰撞，如果碰撞的是较重的原子，那么撞击过程失去的能量不多，仍然会以接近初始速度运动。当它们到达月球上空中子谱仪还会保持一定的能量，这些中子称为超热中子（能量：0.3eV～500KeV）。要使快速运动的中子减慢速度，唯一有效的方法是使中子与质量大小接近的原子碰撞。实际上只有一种原子的质量与中子相近，即氢原子。如果月球表面某个区域氢含量高，任何在这个区域运动的中子在从月球表面逃逸进入宇宙之前都会被快速"冷却"，速度明显变慢，能量锐减，成为热中子（能量<0.3eV）。

当中子谱仪经过氢含量高的地区上空时，中子谱仪检测到的超热中子数减少，同时检测到热中子数急剧增加。目标区域的氢含量就可通过不同类型中子计数率的相对高低来反映。图 8.22 为中子谱仪的探测原理示意图。

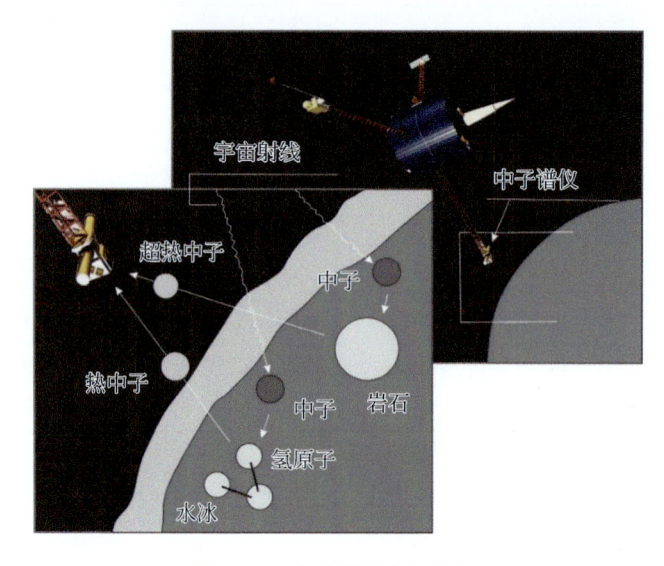

图 8.22　中子谱仪探测原理

2. 月船一号

印度登月任务月船一号（Chandrayaan-1）上搭载的垂直成分探测器 CHACE，用于测量月球受阳光照射侧大气成分的纬度和高度变化。

月船一号于 2008 年 10 月 22 日发射，并于 2008 年 11 月 8 日被月球引力捕获。它由轨道飞行器和独立微型卫星组成。轨道飞行器在约 100km 的极轨轨道绕月球运行，并进行 10 个实验，以探索高分辨率的地形特征和矿物学成分。此外，搭载在月船一号上的一颗名为"月球撞击探测器"（MIP）的独立微型卫星（34.6kg）进行了三次试验，即雷达高度计、月球成像系统和质谱仪。2008 年 11 月 14 日，MIP 从母航天器上释放，经过短暂的机动后，定向撞击位于南极地区的沙克尔顿陨石坑附近，途中飞越马拉珀特山。在 MIP 从 40°N、轨道高度 98km 释放前的 20min，CHACE 被打开。仪器通常需要 20min 来预热和稳定离子源灯丝发射电流。当 MIP 位于 20°S 时，它已变得稳定。飞行器以 82 转/min 的速度旋转稳定，在 13.3°S 和 14°E 分离后，MIP 采取倾斜轨道，撞击非常接近南极点 89°S ~ 30°W 位置。

为了开展性能检查，所有的 MIP 实验都被打开，所有的航天器操作都被执行了约 10min。月船一号实际释放 MIP 之前进行的 5 次轨道飞行。在这个预演阶段，与月船一号匹配的 MIP 被置于实际操作模式，并提供了沿 20.8°E 经线的 9°N ~ 39°N 区域内的总压力和中性成分数据。由于仪器尚未达到离子源发射电流显示的稳定运行模式，预演阶段数据只能在相对成分的情况下使用。在仪器稳定后，发生的实际任务提供了月球大气成分空间异质性的线索。图 8.23 描绘了预演和实际任务阶段的地面轨迹，以及 MIP 的撞击点。以前的阿波罗着陆地点也在月球地图上标出。

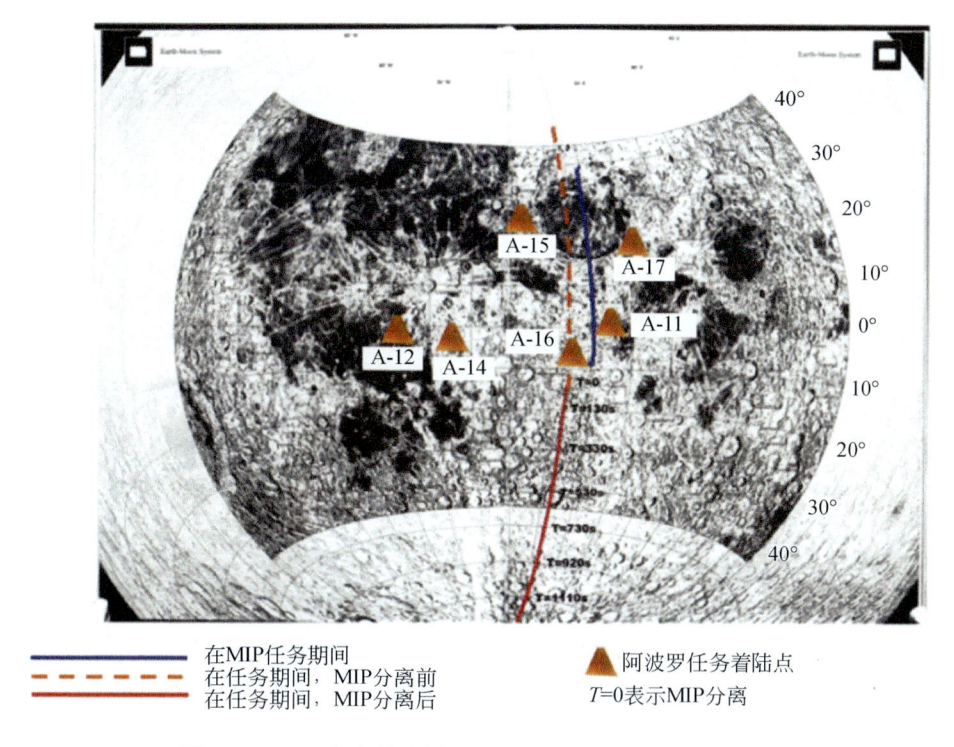

图 8.23　MIP 任务轨迹图（Sridharan and Ahmed，2010）

3. LRO

2009 年 6 月，美国宇航局月球勘测轨道飞行器（Lunar Reconnaissance Orbiter）进入绕月球的极地轨道。LRO 上搭载的莱曼阿尔法制图仪（Lyman Alpha Mapping Project，LAMP）紫外光谱仪（FUV）可探测月球大气中的气体成分（图 8.24）。

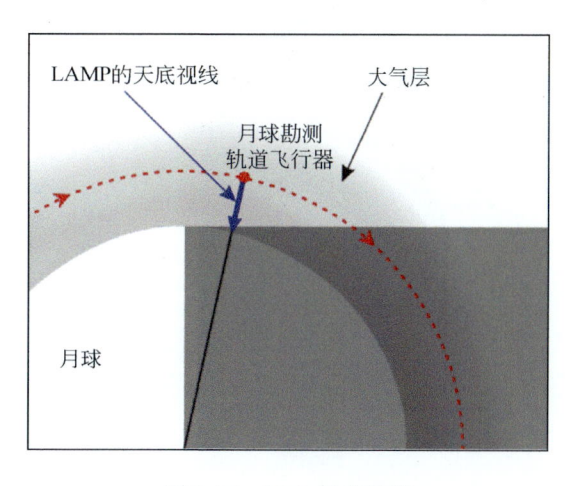

图 8.24　LRO 任务轨道

LAMP 被设计用于绘制月球永久阴影区域，但也被用于探测月球大气中的气体成分。LAMP 由望远镜和光谱仪组成，有一个 40mm×40mm 的入口孔径，将光线输送到仪器的望远镜部分。进入这个孔径的光被位于 LAMP 望远镜后端的 $f/3$ 离轴抛物面主镜收集并聚焦到 0.3°×6.0°光谱仪入口狭缝上。光通过狭缝后落在环形全息衍射光栅上，光栅将光分散到一个 2 维 (1024×32) 像素的双延迟线（DDL）微通道板探测器上。该探测器由 CsI 太阳盲光电阴极包裹，带通率为 575~1965Å。填满狭缝的谱线具有 28Å 的光谱分辨率（FWHM）。正常的 LAMP 操作从最低点开始的推扫扫描方式进行，这样连续地对表面进行映射。

4. LADEE

美国国家科学研究委员会于 2007 年在报告《月球探测的科学背景》(*The Scientific Context for Exploration of the Moon*) 中称在载人登月任务对月球环境造成影响之前，探测月球大气和尘埃的原始状态是目前优先级最高的月球探测目标。2008 年 3 月 NASA 月球探索计划（Lunar Quest Program）启动 LADEE（Lunar Atmosphere and Dust Environment Explorer）项目。

月球大气与粉尘环境探测器（LADEE）是一个用来研究月球大气和尘埃的月球探测器，于 2013 年 9 月 6 日 11：27 在美国维吉尼亚州瓦勒普斯岛，瓦罗普斯飞行研究所以米诺陶五号运载火箭发射。该任务总的持续时间是 223 天，包括 100 天致力于科学操作和 48 天扩展科学任务，至 2014 年 4 月 18 日结束。该探测器环绕月球的赤道并探测月球大气层的散逸层和周围的尘埃，收集关于月球大气的详细信息，月表的环境和月球尘埃环境影响，确定月球大气的构成及调查控制其分布和变化的过程。探测器上的仪器包括月球尘埃实验（Lunar Dust Experiment，LDEX）、中性质谱仪（Neutral Mass Spectrometer，NMS）和紫外线-可见光光谱仪（Ultraviolet and Visible Spectrometer，UVS）。此外，该探测器也是激光通讯技术示范的终端卫星（图 8.25）。LADEE 不同载荷的功能设计如表 8.3 所示。

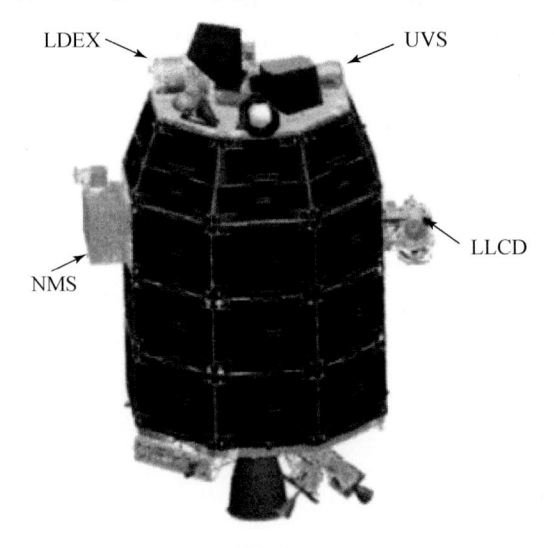

图 8.25 LADEE 探测器和仪器位置图

表 8.3　LADEE 有效载荷

有效载荷	功能
紫外光和可见光光谱仪（UVS）	确定月球大气成分
中性粒子质谱仪（NMS）	测量月球大气在不同高度、不同空间环境下的变化情况
月球尘埃实验装置（LDEX）	分析月球尘埃粒子的样品，判断执行 Apollo 任务航天员在日出前看到的水平面的辉光是否是月球尘埃
月球激光通信验证装置（LLCD）	使用激光而不是无线电与地球通信

8.3　月球大气形成

月球被一个表面数量、密度和压力与彗星彗发相似的薄层大气所包围。月球大气层实际上是一个外逸层，可将它的各种组成成分看作是占据同一空间的"独立大气层"。

8.3.1　大气来源

月球大气的来源机制可分为热源、溅射源、化学源、陨石源、内部释放和太阳风。不同种类的源机制对不同大气成分很重要，并且没有单一源机制提供全部大气成分。

1. 热源

这种来源有时也被称为热解吸，涉及"最表层"（即最上层）表面颗粒上的吸附井或最上层表土内吸附井的气候调节，即达到与昼夜循环热接触的深度。它明显遵循 29.5 天的日周期，但几乎没有或没有年度时间依赖性。当地球从 1 月的近日点移动到 7 月的远日点时，太阳辐射的峰谷变化仅为 4%。在空间上，该源集中在昼侧，并遵循：

$$S_{\text{therm}} = C_x / t_{\text{therm}} \tag{8.1}$$

式中，C_x 为表面物种 x 的浓度（单位面积的数量）；$t_{\text{therm}} \approx 1.6 \times 10^{-13} \exp(D/kT)$；$S$ 为热解吸速率或源强度；therm 为热解吸时间。这里，D 是一种表面和物种依赖的活化能，通常与井深有关（Hunten et al.，1988），kT 是温度 T 下的热能（k 是玻尔兹曼常数）；T 随太阳天顶角而变化，因此也随当地时间和纬度而变化。

Na 和 K 的活化能分别为 0.259eV 和 0.241eV；He 和 O 的活化能分别为 0.001eV 和 0.079eV（Hunten et al.，1988）。t_{therm} 的指数性质与吸附或冷凝到表面的有限气体储层相结合，意味着该源主要集中在早晨终止点附近，在白天的强度显著降低。除了 He、H_2、O_2 和 Ne 等不可逆的物质外，它在晚上基本上没有强度。由于月表反照率、发射率、电导率和坡度的变化，将产生局部效应。此外，该辐射源的指数依赖性使其在赤道纬度远强于两极附近。该辐射源产生了一个系综分布，该系统分布由整个表面的热麦克斯韦分布加权平均值设置。由于月球表面的最高温度接近 400K，该源将产生束缚的弹道原子（或分子），其（H、He 和 H_2 除外）的标度高度为几十千米或更小。

2. 溅射源

溅射定义为由于离散的能量脉冲注入，一种物质从表面上部几层单分子膜的晶格位置喷射出来。月球上的溅射过程一直使人们感兴趣，因为返回的阿波罗样品在颗粒和玻璃边缘显示出不寻常的成分（Kerridge and Kaplan，1978）。众所周知，太阳风会从表土中溅射物质，并在表土内部和周围植入物质（Hodges and Hoffman，1975）。从月球样品分析中表明，整个月球的溅射侵蚀为 0.1~0.2Å/a 或 10~100g/s（Arnold，1979）。

与简单的实验室情况相反，在真实表面上的所有类型的溅射都是复杂的，并且几乎没有关于屈服效应的可量化信息，如表面粗糙度（当溅射产物试图离开空间时遇到其他晶粒时，会使真实表面上的溅射屈服降低几倍）、晶粒化学不均匀性、溅射位置微坡度、颗粒暴露量和表面温度。这些情况妨碍了在空间和时间上对真实月球溅射产生简单量化。

月球大气的溅射类型主要包括光子溅射（也称为光子受激脱附）、带电粒子溅射（如由入射的高能电子、质子或 α 粒子引起的）和化学溅射。宇宙射线溅射并不重要，因为能量沉积发生在深处，从而阻止释放的物种逃逸到大气中。

光子溅射（McGrath et al.，1986；Morgan and Shemansky，1991）产生了一个基本上是昼间性的源，并集中在亚极纬度（当然这取决于季节性）。光子解吸的实验室研究（Townsend，1983；Wiens et al.，1993）证明了其源分布的麦克斯韦性质，其特征温度为 800~2000K。这会产生介于热源和带电粒子溅射之间的速度分布，并且是中度日冕分布，尤其是对于轻物质。

带电粒子溅射（McGrath et al.，1986；Johnson and Lanzerotti，1986；Johnson and Baragiola，1991）随着太阳天顶角的余弦而下降，从而产生了一个白天活动且集中在亚极纬度的源。月表温度和坡度引起的局部效应会干扰这种源分布。带电粒子溅射产生的 Sigmund-Thompson 速度分布的特征速度为 1~3km/s。这种速度足以填充高空日冕轨道和（$v>2.38$km/s）双曲线直接逃逸轨道。

3. 化学源

当月球表面上的化学反应（如入射太阳风质子）有足够的多余能量将原子或分子碎片解吸（而不是晶格喷射）到弹道上时，就会产生化学溅射（Roth，1983）。该过程似乎提供了溅射挥发物的高产率，以及至少部分适应的热速度分布。因为需要放热反应，它不适用于惰性气体。化学溅射比光子或带电粒子溅射更依赖于温度，因为没有光电效应需要克服最小能量。相关表面材料的化学溅射产额在 500~1000K 的温度范围内达到峰值（Potter，1995）。在关于 Na 丰度随太阳天顶角变化的研究（Potter 和 Morgan，1988）提供了一些有趣的证据，表明化学溅射可能在月球 Na 产生方面发挥重要作用。

4. 陨石源

陨石以每秒数千米的速度撞击月球表面（平均月球陨石撞击速度为 $v\approx15$km/s）产生撞击产生的蒸汽云和高温甚至熔融的表面物质源，随后会排出气体，直到冷却。不同物种的产量取决于碰撞的能量，以及（在较小程度上）表面温度、岩土比和压实状态（Morgan et al., 1989; Morgan and Shemansky, 1991; Sprague et al., 1992; Cremonese and Verani, 1997)。

陨石来源是所有撞击的平均值,每种物质都会产生一个局部源,其形式为

$$S_{met}(x) = C_x V_x \eta \tag{8.2}$$

式中,C_x 为加热目标和撞击器材料中 x 的加权平均浓度;V_x 为加热材料中 x 物质的蒸汽生成率;η 为逸出到大气中的蒸汽分数。

陨石撞击直接产生的蒸汽量是不固定的。当物质离开撞击地点时,局部宏观甚至微观粗糙度效应将改善蒸汽量。从撞击地点逸出的蒸汽将呈现麦克斯韦温度分布,其特征温度为 2000~5000K(Ahrens and O'Keefe, 1971; Eichom, 1978)。撞击地点的固体和熔融物质放气产生的蒸汽将产生加权平均麦克斯韦,温度范围可能高达 3000K。因此,陨石源将产生束缚物质和直接逃逸物质。二次撞击产生的蒸汽(即速度<2.4km/s)将比主要撞击点产生的蒸汽要冷。一般来说,陨石撞击源中的原子中性物质预计主要由碱和硫等挥发性物质组成,其中的分子碎片由金属氧化物、H_2O(尤其是冰撞击物或极地冷阱中的撞击点)和其他主要以分子碎片形式出现的物质组成。

5. 内部释放

火山作用(Taylor, 1982)、地壳扩散(Killen, 1989; Sprague, 1990)或月震诱发的渗流(Hodges et al., 1973)可从月球释放气体。火山作用在今天并不重要。Killen 的研究表明,地壳扩散对月球的 Na 和 K 并不重要。关于月震引起的渗漏,阿波罗地震台网报告了 6 年多的数据,证实在观测时间段内月球基本上是不活动的,从内部只观察到非常小的(10^7~10^9erg)潮汐和应力驱动的事件(Taylor, 1982)。

地球大气和海洋是通过地球内部脱气作用释放的,表 8.4 展示了平均速率和释放气体。如果月球同样的释放速率,就会积累浓厚的大气。太阳照射下的氮气和稀有气体聚集的生命期是离子化的两倍,也就是 2×10^7s。以水为例,其光离解比光氧化速率快,离解寿命大约是 3×10^4s,二氧化碳的电离寿命大约是 10^7s。当月球大气逃逸率等于地球逃逸率时,预期的大气积累速度如表 8.5 所示,表中所有气体的释放速率和这些气体的生命周期都是就月球亮面的,而月球暗面气体的生命周期更长、气体聚集更多。

表 8.4 地球内部平均气体释放速率

气体	释放速率/(分子/cm³·s)
H_2O	10^{11}
CO_2	6×10^3
N_2	2×10^3
Ne	3×10^3
Ar	2×10^4
Kr	2×10^4
Xe	1.5×10

表 8.5　假设气体释放速率等于地球大气预期月球大气

气体	存在期/s	总气体/(分子/cm³)	标高/km	表面浓度/(分子/cm³)	气压/torr
H_2O	3×10^4	3×10^{15}	111	3×10^8	10^{-5}
CO_2	10^7	6×10^{16}	45	1.3×10^{10}	4×10^{-7}
N_2	2×10^7	4×10^{16}	70	5.6×10^8	2×10^{-8}
Ar	2×10^7	4×10^{13}	50	8×10^5	3×10^{-11}
Ne	2×10^7	6×10^9	100	6×10^2	2×10^{-14}
Kr	2×10^7	4×10^9	25	1.6×10^3	5×10^{-14}
Xe	2×10^7	3×10^9	15	2×10^3	7×10^{-15}

6. 太阳风

太阳风是从恒星上层大气射出的等离子体带电粒子流，是一种连续存在、来自太阳并以 200~800km/s 的速度运动的高速带电粒子流。这种物质与地球上的空气不同，不是由气体的分子组成，而是由更简单的比原子还小的基本粒子、质子和电子等组成，它们流动时所产生的效应与空气流动相似，称为太阳风。

太阳风直接撞击月球表面，是构成月球大气某些成分的直接来源。在太阳风中，氦和氖相对于氢的浓度比率，宇宙丰度分别为 0.37 和 0.22，但是硅和铁的值没有变化。

太阳风在月球表面饱和后，释放中性气体。虽然气体可能会在月球表面被捕获，但是最终释放速率和太阳风撞击速率会达到一个平衡。表 8.6 展示了气体浓度、太阳风逃逸时间的流量、H 和 He 的逃逸时间和中子离子化的逃逸时间。表面浓度中又按照标高区分的总体浓度。

表 8.6　太阳风撞击月球表面预期月球大气含量（Heiken et al.，1991）

气体	太阳风通量/(分子/cm³·s)	逃逸时间/s	总气体/(分子/cm³·s)	标高/km	表面浓度/(分子/cm³·s)	表面压力/torr
H	3×10^5	3.5×10^3	10^{12}	2000	5×10^3	1.6×10^{-12}
He	3×10^7	10^4	3×10^{11}	500	6×10^3	2×10^{-13}
Ne	3×10^4	2×10^7	6×10^{11}	100	6×10^4	2×10^{-12}
Ar	3×10^2	2×10^6	6×10^9	50	1.2×10^2	4×10^{-14}
Kr	1	2×10^7	2×10^7	25	8	3×10^{-16}
Xe	0.1	2×10^7	2×10^6	15	1.3	4×10^{-17}

在月球夜晚，宁静的大气密度只有大约 2×10^5 分子/cm³，而白天则降到了 10^4 分子/cm³，这大约比地球大气的密度小 14 个数量级（Hoffman and Hodges，1973）。月球表面大气的主要成分是氖、氢、氦和氩。氖和氢主要来自太阳风，大部分氦也来自于太阳风，但

是 10% 的氦由月球本身的重核放射性衰变产生的。氩主要是 ^{40}Ar，通过月球上 ^{40}K 放射性衰变形成的。表 8.7 体现了月球气体可能的丰度。

表 8.7　月球表面气体密度和高度范围（Heiken et al.，1991）

气体	密度（分子/cm³） 白天	密度（分子/cm³） 夜晚	高度范围/km 白天	高度范围/km 夜晚
^{20}Ne	$4×10^3 \sim 10^4$	10^3	100	25
He	$8×10^2 \sim 4.7×10^3$	$4 \sim 7×10^4$	511	128
H$_2$	$2.5 \sim 9.9×10^3$	$10^4 \sim 1.5×10^5$	1022	256
Ar	$2×10^3$	$<10^2$	55	—
CH$_4$	$1.2×10^3$	—	—	—
CO$_2$	10^3	—	—	—
NH$_3$	$4×10^2$	—	—	—
OH+H$_2$O	0.5	—	—	—

注：高度范围是指在等温大气中，气体组成下降至表面气体密度的 1/e（0.368）时的高度。

8.3.2　大气损失

结合 SIDE 测量（Vondrak et al.，1974）和 He 引力逃逸率估计，月球大气总损失率为 ~10g/s。这种高损耗率（与 ~2×10^{7}g 的总大气质量相比）意味着损耗实际上控制着稀薄月球大气的柱密度和平衡丰度。目前已经确定的月球大气损失机制有引力逃逸、电离损失、化学物质损失和冷凝损失。

1. 引力逃逸

由于月球大气层是一个外大气层，其中的平均自由路径远远超过了当地的尺度高度，因此离开月球的原子或分子，其相对于月球中心的径向速度超过了月球逃逸速度，通常直接从月球大气层中消失。如果在"逃逸"过程中，辐射压力将速度延迟到低于局部逃逸速度，碰撞使原子或分子的过程逆转，或者原子或分子电离并被驱回月球，则会出现例外情况。在月球上，这些例外都不是特别重要的，每一种例外都只是轻微地干扰逃逸通量。无论是在表面还是在大气中，一个原子或分子是否达到 v_{escape} 主要取决于它从源头释放时的初始速度。因此，引力逃逸机制的时间依赖性直接取决于源机制的数量加权时间依赖性。纯粹通过引力逃逸的成分会被困在高月球轨道，直到它们因电离等其他过程而消失。然而，辐射压力加速了大气成分在月球外大气层尾部反太阳运动，提高了该方向的逃逸率，并创造了从月球直接逃逸到行星际空间的成分来源。

2. 电离损失

月球大气中电离的原子和分子通常会从系统中消失，这是因为电离成分在当地太阳风电场中移动时，其速度超过了逃逸速度。在低海拔（即月球的立体角占据半边天空）产生的离子中，约有一半会发生再撞击和注入。随着"月球障碍物"的立体角减小与海拔的升高，再撞击和注入变得不重要。需要注意的是，在任何给定的时间和地点，电场要么朝向表面，要么远离表面，因此将所有新产生的离子引导到该方向。

在月球大气中重要的电离源是太阳紫外线的光电离、电荷交换和太阳风碰撞电离。所有这些变化都与1年太阳周期一致，与28天太阳自转的程度较小。此外，太阳风驱动的电荷交换和电子碰撞还表现出明显的短期波动，并且在每个月球轨道的~15%期间（当月球位于地球磁尾内时）基本上受到抑制。然而，光电离始终是主要的，即最快的电离过程。

3. 化学物质损失

月球大气中会发生两种类型的化学物质损失。其中最重要的是与月表的碰撞可能导致化学反应，导致原子或分子在再次被弹射之前与月表结合。这被认为是太阳风撞击月球造成 P^+、He 和 O 损失的重要机制。气体碰撞中发生的化学反应的损失不太重要。尽管月球大气层是一个外逸层，但一些原子在损失在其他过程之前确实会与另一个原子发生碰撞。然而，许多成分的双碰撞（如 Ar-X、He-X、Na-Na、Na-K、K-K）发生反应的横截面非常低，进一步降低了这种损失过程（本来就已经很低）的有效性。月球大气中的化学物质损失没有重要的时间变异性。

4. 冷凝损失

月球大气圈的一个重要损失机制是冷凝损失，虽然通常是暂时的。冷凝主要发生在月球夜侧，当从昼侧输送的成分接触冷表面，并被吸附在浅势阱中，晶格停留时间相当于或超过14天的月夜。可冷凝的月球大气成分包括 Ar、Na 和 K。在大多数情况下，因冷凝而损失的大气成分会在日出后重新出现，冷凝损失应该被视为一个暂时的损失，而不是永久的损失。然而，如果凝聚体找到了一个永久阴影的极地冷阱（Arnold，1979；Hodges，1991；Morgan and Shemansky，1991），它可能会成功地永久消失。冷凝损失的概率没有显著的时间变量。

5. 损失过程的比较

表8.8比较了已知月球大气成分和 H_2O 的关键引力和电离逃逸时间尺度。除了 He 和任何 H、H_2 或 $T>1000K$ 水之外，光电离始终是主要（即最快）损耗过程。此外，每个成分的主要月球大气损失时间尺度较短，即数小时到数周，表明月球大气中的所有成分都在不断补充。

表8.8 月球大气特征成分损耗时间尺度

物质	引力逃逸		光电离	电子碰撞
	390K	1000K		
He	0.2 天	0.04 天	162 天	2900 天

续表

物质	引力逃逸		光电离	电子碰撞
	390K	1000K		
Ar	500Ma	3 年	25 天	550 天
Na	11Ka	23 天	0.6 天	15 天
K	11Ga	16 年	0.4 天	10 天
H_2O	175 年	6 天	29 天	165 天

8.3.3 大气循环

不同的月球大气成分有不同的来源机制和损失机制。

1. 氦（He）

由于 LACE 测量数据与使用太阳风中已知 He 的外大气层传输模型之间的良好一致性，Hodges 和 Hoffman 得出结论，^{4}He 的主要来源是太阳风，即粒子以典型的 $1\sim3\times10^{24}$ 原子/s^{-1} 的速度与月球相遇。这些粒子或在冲击中被中和（典型能量为 4keV），或随后从早期植入并随后在颗粒中中和的太阳风中作为中和的 ^{4}He 释放出来，氦丰度与太阳风动量通量的显著相关性，也支持了太阳风主要来源的说法（Hodges et al., 1974；Hodges, 1976）。太阳风的情况也受到氦丰度与太阳风动量通量显著相关性的支持（Hodges et al., 1974；Hodges, 1976）。Hodges 报告称，逸出放射性成因 He 的比例，被认为与 ^{40}Ar 相同，即 ~10%。这导致放射性 He 损失率约为 10^{23} 原子/s^{-1}，约为太阳风 α 粒子通量的 10%。

由于 LACE 只能在夜间进行测量，当仪器及其周围的场地事实上被直接的太阳风屏蔽时，LACE 检测到的典型氦原子必须被运送到夜间，并在与月球表面进行 10 次再浓缩后进行回收。10 次弹道跳跃（0.2 天）后，氦原子电离损失的概率可以忽略不计，但在 400K 时，氦原子逃逸损失不可忽略。Hodges 报告称，他们用 LACE 测量的氦丰度约为其模型预测值的 60%。冲击月球的太阳风中，约 40% 的 He 会以高速逃逸，或是通过入射 α 粒子的光谱反射，或通过捕获在土壤颗粒（如陨石、喷发物等）内的 He（以 4keV 入射能量）的超热释放。

总之，月球大气 He 的主要来源是太阳风，但约 10% 是由于内部释放（Hodges, 1975）。Hodges 和 Hoffman 在夜间测量期间指出的 ~40% He 损失表明存在一些再循环损失，可能是由于中和 ^{4}He 最初从表面反射，后来从颗粒中发出非热辐射。

2. 氩（Ar）

Ar 由 Apollo 17 的 LACE 探测到。探测到的 Ar 中约 90% 是 ^{40}Ar，这是 ^{40}K 衰变的结果。因此，月球内部为 Ar 的主要来源。10% 的 Ar 是 ^{36}Ar，其母源是太阳风。LACE 数据表明，^{40}Ar 源速率是可变的，表明从月球内部释放 Ar 的速率并不稳定。Ar 从月球大气中的平均损失率为 $1.5\times10^2\sim2\times10^2$ 原子/s^{-1}（Hodges, 1975）。

LACE 曾检测到 Ar 风吹过探测器（此时 LACE 仍处于黑暗中，且其局部表面仍很冷），证实在夜间冷凝的热解吸 Ar（吸附概率为~30%，平均热解吸时间为~1 天）被释放。在特征暴露时间为 25 天后，通过弹道传输和热再碰撞，在其最终因光电离而损失之前，月球上的平均氩寿命为 100 天，其中 80% 被吸附在月球表面。至于非热循环来源，目前还没有明确的迹象表明是否存在任何非热循环。

3. 钠（Na）

早期 Na 的观测是在近月表，后来地面观测延伸到月球外逸层，表明有一个更有活力的 Na 群体。大多数中性钠原子的初始能量注入到月球，而引力不够逃离外逸层的。只有大约 10% 直接逃离外逸层。其余则沿着相交月球表面的轨迹，分散或成为束到达月球月壤。由于太阳辐射压力，中性钠原子依靠日心速度的径向分量对日的方向加速，使粒子的速度接近逃逸来获得更多的能量，并且逃避月球的引力。通过丰富的起源过程可以释放到月球的外逸层，其中最主要的过程包括热脱附、光致脱附、太阳风溅射和微小陨石蒸发。消失机制包括月表附着消失和光致电离消失。

按全月球平均来算，Na 原子的散失速率是 10^3 原子/cm^2·s，假如近月表物质的钠含量为 1%，全部耗尽需要 10^7 年。可能的更替机制有，月壤的翻耕、陨石物质的添加或更深层物质的扩散。Morgan 认为，有月壤的翻转就足够，辅以陨石物质的添加。任何释放到大气中的原子必然要返回月表，除非它被离子化或以其他途径散失到太空。有半数离子本身处于向下的电场中而被带回月面。

参 考 文 献

Ahrens T J, O'Keefe J D. 1971. The chemical composition of the Moon [J]. Moon, 4: 214-222.
Arnold J R. 1979. Ice in the polar regions [J]. Geophys Res, 86 (810): 5659-5668.
Benna M, Mahaffy P R, Halekas J S, et al. 2015. Variability of helium, neon, and argon in the Lunar exosphere as observed by the LADEE NMS instrument [J]. Geophysical Research Letters, 42 (10): 3723-3729.
Benson J, Freeman J W, Hills H K. 1975. The Lunar terminator ionosphere, Proc. Lunar [J]. Science Conference, 6: 3013-3021.
Berg O E. 1978. A lunar terminator configuration [J]. Earth. Planet. Sci. Lett. 39: 377-381.
Binder A B. 1998. Lunar prospector: Overview, Science [J]. 281: 1475-1476.
Buratti B J, Hillier J K, Hill J. 1999. Multispectral Photometry of the Moon and Absolute Calibration of the Clementine UV/Vis Camera [J]. Icarus, 141 (2): 205-225.
Cameron W S. 1972. Comparative analyses of observations of Lunar transient phenomena [J]. Icarus, 16: 339-387.
Cameron W S. 1974. Report on ALPO Lunar transient phenomena observing program [J]. Strolling Astron. J. Assoc. Lunar Planet. Observ, 25: 1-14.
Cameron W S. 1975. Manifestations and possible sources of Lunar transient phenomena (LTP) [J]. Moon, 14: 187-199.
Cook J C, Stern A. 2014. Sporadic increases in lunar atmospheric helium detected by LAMP [J]. Icarus, 236: 48-55.
Cook J C, Stern S A, Feldman P D, et al. 2013. New upper limits on numerous atmospheric species in the native

Lunar atmosphere [J]. Icarus, 225 (1): 681-687.

Cremonese G, Verani S. 1997. High resolution observations of the sodium emission from the Moon [J]. Advances in Space Research, 19 (1): 1561-1569.

Dollfus A. 1952. A new investigation of an atmosphere in the neighborhood of the Moon [J]. Comptes Rendus, 234: 2046-2051.

Dollfus A. 1956. Polarization of light scattered by solid bodies and natural clouds [J]. Ann, Astrophys, 19: 83-113.

Eichorn G. 1978. Heating and vaporization during hypervelocity particle impact [J]. Planet, Space Sci, 26: 463-467.

Fastie W G, Feldman P D, Henry R C, et al. 1973. A search for far-ultraviolet emissions from the Lunar atmosphere [J]. Science, 182 (4113): 710-711.

Feldman P D, Morrison D. 1991. The Apollo 17 ultraviolet spectrometer-Lunar atmosphere measurements revisited [J]. Geophysical Research Letters, 18 (11): 2105-2108.

Feldman P D, Hurley D M, Retherford K D, et al. 2012. Temporal variability of Lunar exospheric helium during january 2012 from LRO/LAMP [J]. Icarus, 221 (2): 854-858.

Feldman W C, Maurice S, Binder A B, et al. 1998. Fluxes of fast and epithermal neutrons from Lunar prospector: Evidence for water ice at the Lunar poles [J]. Science, 281 (5382): 1496-1500.

Feldman W C, Lawrence D J, Elphic R C, et al. 2000. Polar hydrogen deposits on the Moon [J]. Journal of Geophysical Research, 105: 4175-4195.

Feldman W C, Maurice S, Lawrence D J, et al. 2001. Evidence for water ice near the Lunar poles [J]. Journal of Geophysical Research, 106: 23, 231-23, 251.

Fessenkov V C. 1943. On the mass of the Moon's atmosphere [J]. Astron. J. Sov. Union, 20: 1.

Flynn B C, Stern S A. 1996. A spectroscopic survey of metallic species abundances in the Lunar atmosphere [J]. Icarus 124 (December), 124 (2): 530-536.

Gibson E K. 1977. Production of simple molecules on surface of Mercury [J]. Phys, Earth Planet. Inter. 15 (2-3): 303-312.

Gorenstein P, Golub L, Bjorkholm P. 1973. Spatial non-homogeneity and temporal variability in the emanation of radon from the lunar surface: Interpretation [J]. In Abstracts of the Lunar and Planetary Science Conference, 4: 307.

Heiken G H, Vaniman D T, French B M. 1991. Lunar Sourcebook: A user's guide to the Moon [M]. New York: Cambridge University Press.

Herring J R, Licht A L. 1959. Effect of the solar wind on the Lunar atmosphere [J]. Science, 130: 206.

Hinton F L, Taeusch D R. 1964. Variation of the Lunar atmosphere with the strength of the solar wind [J]. Journal of Geophysical Research, 69 (7): 1341-1347.

Hodges Jr R R. 1976. Lunar Science Conference, 7th, Houston, Tex., March 15-19, 1976, Proceedings. Volume 1 [R]. (A77-34651 15-91) New York: Pergamon Press, Inc.,

Hodges Jr R R, Hoffman J H. 1975. Nonthermal escape of helium from the moon [J]. In Abstracts of the Lunar and Planetary Science Conference, 6: 379.

Hodges R R. 1973. Helium and hydrogen in the Lunar atmosphere [J]. Journal of Geophysical Research, 78 (34): 8055-8064.

Hodges R R. 1975. Formation of the Lunar atmosphere [J]. Moon, 14: 139-157.

Hodges R R. 1978. Gravitational and radiative effects on the escape of helium from the Moon [J]. Proceedings of the Lunar and Planetary Science Conference, (2): 1749-1764.

Hodges R R. 1991. Exospheric transport restrictions on water ice in the Lunar polar traps [J]. Geophysical Research Letters, 18 (11): 2113-2116.

Hodges R R, Hoffman J H. 1975. Implications of atmospheric ar escape on the interior structure of the Moon [J]. Proceedings of the Lunar and Planetary Science Conference, 6: 3039-3047.

Hodges R R, Johnson F S. 1968. Lateral transport in planetary exospheres [J]. Journal of Geophysical Research, 73 (23): 7307-7317.

Hodges R R, Mahaffy P R. 2016. Synodic and semiannual oscillations of argon-40 in the Lunar exosphere [J]. Geophysical Research Letters, 43 (1): 22-27.

Hodges R R, Hoffman J H, Yeh T T J, et al. 1972. Orbital search for Lunar volcanism [J]. Journal of Geophysical Research, 77 (22): 4079-4085.

Hodges R R, Hoffman J H, Johnson F S, et al. 1973. Composition and dynamics of the Lunar atmosphere [J]. Proceedings of the Lunar and Planetary Science Conference, 4: 2864-2865.

Hodges R R, Hoffman J H, Johnson F S. 1974. The Lunar atmosphere [J]. Icarus, 21: 415-440.

Hoffman J H. 1975. Lunar atmospheric composition experiment [D]. Texas: Texas University.

Hoffman J H, Hodges R R. 1975. Molecular gas species in the lunar atmosphere [J]. The Moon, 14: 159-167.

Hoffman J H, Hodges R R, Evans D E. 1973. Lunar atmospheric composition results from Apollo 17 [J]. Proceedings of the Lunar and Planetary Science Conference, 4: 2875-2875.

Hunten D M. 1991. The equilibrium of atmospheric sodium [J]. Planetary and Space Sciences, 40: 1607-1614.

Hunten D M, Morgan T H, Shemansky D. 1988. The Mercury atmosphere, in Mercury, edited by F [J]. Mercury, New York, 711: 562-612.

Hunten D M, Kozlowski R W H, Sprague A L. 1992. A possible meteor shower on the Moon [J]. Geophysical Research Letters, 18 (11): 2101-2104.

Hurley D M, Cook J C, Benna M, et al. 2016. Understanding temporal and spatial variability of the Lunar helium atmosphere using simultaneous observations from LRO, LADEE, and ARTEMIS [J]. ICARUS, 273: 45-52.

Johnson F S. 1971. Lunar atmosphere [J]. Reviews of Geophysics, 9 (3): 813-823.

Johnson H E. 1972. Backscatter of solar resonance radiation—I [J]. Planetary and Space Science, 20 (6): 829-840.

Johnson R E, Baragiola R. 1991. Lunar surface: Sputtering and secondary ion mass spectrometry [J]. Geophysical Research Letters, 18 (11): 2169-2172.

Johnson R E, Lanzerotti L J. 1986. Ion bombardment of interplanetary dust [J]. Icarus, 66 (3): 619-624.

Kagitani M, Taguchi M, Yamazaki A, et al. 2010. Variation in Lunar sodium exosphere measured from Lunar orbiter SELENE (Kaguya) [J]. Planetary & Space Science, 58 (12): 1660-1664.

Kegerreis J A, Eke V R, Massey R J, et al. 2017. Evidence for a localised source of the argon in the Lunar exosphere [J]. The Journal of Geophysical Research Planets, 122 (10): 2163-2121.

Kerridge J F, Kaplan J R. 1978. Sputtering: Its relationship to isotopic fractionation on the Lunar surface [J]. Proceedings of the Lunar and Planetary Science Conference, 9 (16-91): 1687-1709.

Killen R M. 1989. Crustal diffusion of gases out of Mercury and the Moon [J]. Geophysical Research Letters, 16 (2): 171-174.

Killen R M, Hurley D M, Farrell W M. 2012. The effect on the Lunar exosphere of a coronal mass ejection passage

[J]. Journal of Geophysical Research Planets, 117 (E00K02): 1-15.

Kozlowski R W H, Sprague A L, Hunten D M. 1990. Observations of potassium in the tenuous Lunar atmosphere [J]. Geophys. Res. Lett. 17 (12): 2253-2256.

Kozyrev N A. 1959. A Lunar transient phenomenon [J]. Sky Telescope, 18: 561.

Kozyrev N A. 1962. Spectroscopic Proofs for Existence of Volcanic Processes on the Moon- The Moon [C]. Prague, Czechoslavakia: IAU Symposium 14, Academic.

McGrath M A, Johnson R E, Lanzerotti L J. 1986. Sputtering of sodium on the planet Mercury [J]. Nature, 323: 694-696.

Mendillo M. 2001. The atmosphere of the Moon [M]. Springer: Springer Netherlands.

Middlehurst B M. 1967. An analysis of Lunar events [J]. Reviews of Geophysics, 5: 173-189.

Morgan T H, Killen R M. 1996. A non-stoichiometric model of the composition of the atmospheres of Mercury and the Moon [J]. Planetary and Space Sciense, 45: 81-94.

Morgan T H, Shemansky D E. 1991. Limits to the Lunar atmosphere [J]. Journal of Geophysical Research, 96: 1351-1367.

Morgan T H, Zook H A, Potter A E. 1989. Production of sodium vapor from exposed regolith in the inner solar system [J]. Proceedings of the Lunar and Planetary Science Conference, 19: 297-304.

Pomalaza-Diaz J C. 1967. Measurement of the Lunar ionosphere by occultation of the Pioneer 7 spacecraft [J]. Sci. Rep. SU-SEL-67-095, Stanford Electron. Lab.

Potter A E. 1995. Chemical sputtering could produce sodium vapor and ice on Mercury [J]. Geophysical Research Letters, 22 (23): 3289-3292.

Potter A E, Morgan T H. 1998. Coronagraphic observations of the lunar sodium exosphere near the lunar surface [J]. Journal of Geophysical Research: Planets, 103 (E4): 8581-8586.

Potter A E, Morgan T H. 1988. Discovery of sodium and potassium vapor in the atmosphere of the Moon [J]. Science, 241 (4866): 675-680.

Roth J. 1983. Chemical sputtering, sputtering by particle bombardment II, edited by R. Gehrisch, Topics Appl. Phys [M]. Berlin: Springer-Verlag.

Singer S F. 1961. Atmosphere near the Moon [J]. Astronaut. Acta, 7: 135-138.

Sprague A L. 1990. A diffusion source for sodium and potassium in the atmospheres of Mercury and the Moon [J]. Icarus. 84: 93-105.

Sprague A L, Kozlowski R W H, Hunten D M, et al. 1992. The sodium and potassium atmosphere of the Moon and its interaction with the surface [J]. Icarus, 96: 27-42.

Sridharan R, Ahmed S M, Tirtha Pratim Das, et al. 2010. The sunlit lunar atmosphere: A comprehensive study by CHACE on the Moon impact probe of Chandrayaan-1 [J]. Planetary And Space Science, 58: 1567-1577.

Stern S A. 1992. Imaging detection of atmospheric sodium over the Lunar terminator [J]. 23st Lunar and Planetary Science Conference, Houston, Texas, 23: 1363.

Stern S A, Campins H. 1996. Chiron and the centaurs: Escapees from the Kuiper belt [J]. Nature, 382: 507-511.

Stern S A, Flynn B C. 1995. Narrow-field imaging of the Lunar sodium exosphere [J]. Jorunal of Astronautice, 109: 835-841.

Stern S A, Parker J W, Morgan T H, et al. 1997. An HST search for magnesium in the Lunar atmosphere [J]. Icarus, 127: 523-526.

Taylor S R. 1982. Planetary science: A Lunar perspective [M]. Houston: Gedogy, Physics, Enviromental Science.

Thampi S V, Sridharan R, Das T P, et al. 2015. The spatial distribution of molecular hydrogen in the Lunar atmosphere—new results [J]. Planetary & Space Science, 106: 142-147.

Townsend P C. 1983. Sputtering by electrons and photons//Behrish R. Sputtering by Particle Bombardment II. Topics in Applied Physics. Heidelberg: Springer Berlin.

Vondrak R R. 1992. Lunar base activities and the Lunar environment [J]. NASA Conference Publications, 3166: 337-345.

Vondrak R R, Freeman J W, Linneman R A. 1974. Measurements of the Lunar atmospheric loss rates [J]. Houston, Texas: Lunar Science Conference, 5th.

Wiens R C, Burnett D S, Calaway W F, et al. 1993. Experimental studies of the role of photodesorption in the formation of planetary na atmospheres [J]. Bulletin of the Americal Astronomical Society, 25: 1089.